普通高等院校数学类课程教材

线性代数及应用

主　编　朱祥和
副主编　龙　松　叶牡才

U0303279

华中科技大学出版社
中国·武汉

内 容 提 要

线性代数是高等院校理工、经管等各专业的一门必修基础课，是后续专业课程和现代科学技术的重要理论基础，在自然科学、工程技术以及经济等领域都有着十分广泛的应用.

本书的主要内容有：行列式、矩阵、矩阵的初等变换与线性方程组、向量组的线性相关性、特征值和特征向量及矩阵的对角化、二次型、Matlab 软件在线性代数中的应用等. 为方便自学与复习，从第一章到第六章都有内容小结，每节后面都配套有基本练习题，每章末配有总复习题，书末附有练习题答案. 同时每章包含有线性代数的应用知识及阅读材料，能够帮助学生扩大知识面.

本书着眼于介绍线性代数的基本概念、基本原理、基本方法，突出基本思想和应用背景，表述上从具体问题入手，由易到难，由具体到抽象，深入浅出，便于学生学习以及教师的教学.

本书的主要特点是：① 强化了理论的基本原理的介绍，弱化了其理论的具体推导，更加注重其理论的应用实践；② 内容安排中，不仅加强了线性代数应用知识的介绍，同时也增加了 Matlab 软件在线性代数中的介绍，即将复杂的计算公式应用计算机技术进行了很方便的计算，从而使学生有更多的精力去理解定理的内容，同时也可使理论教学与实验教学、实践训练结合密切，摆脱了数学理论教学与数学实验教学分离的困境，教学效果更加显著；③ 为了使概念更加清晰，书中提供了大量的示例以及丰富的习题，以加强读者的理解并同时提高其应用计算能力.

本书结构严谨，逻辑清晰，叙述清楚，说明到位，行文流畅，例题丰富，可读性强，可作为高等院校各专业的教材，也可供相关领域的技术人员参考.

图书在版编目(CIP)数据

线性代数及应用/朱祥和主编. —武汉：华中科技大学出版社，2016.7(2024.9 重印)
ISBN 978-7-5680-1812-8

Ⅰ.①线… Ⅱ.①朱… Ⅲ.①线性代数-高等学校-教材 Ⅳ.①O151.2

中国版本图书馆 CIP 数据核字(2016)第 103128 号

线性代数及应用
Xianxing Daishu ji Yingyong

朱祥和　主编

策划编辑：谢燕群
责任编辑：余　涛
封面设计：原色设计
责任校对：何　欢
责任监印：周治超
出版发行：华中科技大学出版社(中国·武汉)　电话：(027)81321913
　　　　　武汉市东湖新技术开发区华工科技园　邮编：430223
录　　排：武汉市洪山区佳年华文印部
印　　刷：武汉邮科印务有限公司
开　　本：710mm×1000mm　1/16
印　　张：16.5
字　　数：346 千字
版　　次：2024 年 9 月第 1 版第 10 次印刷
定　　价：34.80 元

前　言

本书注重将线性代数的知识和实际相关应用问题适当结合，在保持传统教材优点的基础上，对体系进行了适当的调整和优化.

本书作者在多年从事线性代数教学及组织并辅导全国大学生数学建模竞赛的基础上，编写了本书，旨在为广大读者提供较系统的线性代数及应用的教材.

本书的主要内容如下。

第一章：从分析二阶、三阶行列式出发，递归地定义 n 阶行列式，由此导出求解一类特殊线性方程组的克拉默法则.

第二章：先介绍产生矩阵的实际例子，再讨论矩阵运算、逆矩阵、分块矩阵等内容，这一章叙述详尽，学生应该牢固掌握.

第三章：先从线性方程组的消元法引出矩阵的初等变换，再介绍矩阵的秩的概念及性质，讨论线性方程组有解的条件.

第四章：以第三章为基础讨论向量组的线性相关性理论，再综合前面的知识讨论线性方程组解的结构，这样第一章到第四章循序渐进，形成一个有机整体.

第五章：先介绍向量的内积、长度、正交性，然后从实例出发讨论矩阵的特征值和特征向量，介绍矩阵可对角化的条件，重点讨论实对称矩阵可对角化，为第六章做好铺垫.

第六章：利用前面所学知识，较全面地讨论了二次型化为标准型的三种方法及正定二次型的判定，重点讨论用正交变换化二次型为标准型.

第七章：介绍了 Matlab 软件在线性代数中的应用，包括如何运用 Matlab 软件进行矩阵的基本运算、方程组求解、矩阵的初等变换及求解二次型问题.

本书着眼于介绍线性代数的基本概念、基本原理、基本方法，突出基本思想和应用背景，注意将数学建模的思想融入课程内容. 表述上从具体问题入手，由易到难，由具体到抽象，深入浅出，便于学生学习以及教师的教学.

本书由朱祥和任主编，龙松、叶牡才任副主编，其中朱祥和编写了第一章到第六章的内容，龙松编写了第七章内容，叶牡才编写全书的习题. 参与编写的还有徐彬、张丹丹、沈小芳、张文钢、张秋颖、李春桃等，在此，对他们的工作表示感谢！

在教材的编写过程中，多次与华中科技大学齐欢教授、中国地质大学谢兴武教授、第二炮兵指挥学院阎国辉副教授进行了讨论，他们提出了许多宝贵的意见，对本书的编写与出版产生了十分积极的影响，在此表示由衷的感谢！

本书在编写过程中参考的相关书籍均列于书后的参考文献中，在此也向有关作者表示感谢！

最后，本书作者再次向所有支持和帮助过本书编写和出版的单位和个人表示衷心的感谢.

由于作者水平的限制，书中的错误和缺点在所难免，欢迎广大读者批评与指教.

编　者

2016 年 4 月

目　　录

第一章　行　列　式

行列式是线性代数中的一个基本工具，本章主要介绍 n 阶行列式的定义、性质、计算方法，以及用 n 阶行列式求解 n 元线性方程组的克拉默法则.

第一节　二阶与三阶行列式

一、二元线性方程组与二阶行列式

对于二元线性方程组

$$\begin{cases}a_{11}x_1+a_{12}x_2=b_1\\ a_{21}x_1+a_{22}x_2=b_2\end{cases}\tag{1.1}$$

使用消元法，为消去未知数 x_1，用 a_{21} 和 a_{11} 分别乘上列方程的两端，然后两个方程相减，得

$$(a_{11}a_{22}-a_{12}a_{21})x_2=a_{11}b_2-b_1a_{21}$$

类似地，消去 x_2，得

$$(a_{11}a_{22}-a_{12}a_{21})x_1=b_1a_{22}-a_{12}b_2$$

当 $a_{11}a_{22}-a_{12}a_{21}\neq 0$ 时，方程组(1.1)有解为

$$x_1=\frac{b_1a_{22}-a_{12}b_2}{a_{11}a_{22}-a_{12}a_{21}},\quad x_2=\frac{a_{11}b_2-b_1a_{21}}{a_{11}a_{22}-a_{12}a_{21}}\tag{1.2}$$

式(1.2)中的分子、分母都是 4 个数分两对相乘再相减而得，其中分母 $a_{11}a_{22}-a_{12}a_{21}$ 是由方程组(1.1)的 4 个系数确定的，把这 4 个数按它们在方程组(1.1)中的位置，排成 2 行 2 列(横排称行、竖排称列)的数表

$$\begin{matrix}a_{11} & a_{12}\\ a_{21} & a_{22}\end{matrix}\tag{1.3}$$

表达式 $a_{11}a_{22}-a_{12}a_{21}$ 称为数表(1.3)所确定的行列式，记作

$$\begin{vmatrix}a_{11} & a_{12}\\ a_{21} & a_{22}\end{vmatrix}\tag{1.4}$$

数 $a_{ij}(i=1,2;\ j=1,2)$ 称为行列式(1.4)的元素. 元素 a_{ij} 的第一个下标 i 称为行标，表明该元素位于第 i 行，第二个下标 j 称为列标，表明该元素位于第 j 列.

上述二阶行列式的定义可用对角线法则记忆. 如图 1-1 所示，即从左上角到右下角的主对角线的元素乘积减去从右上角到左下角的副对角线的元素乘积. 二阶行列

式的计算结果是一个数.

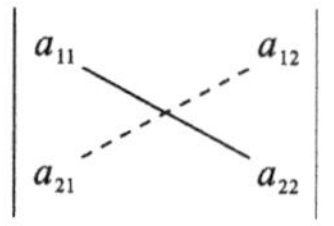

图 1-1

由此法则,式(1.2)中 x_1、x_2 的分子也可以写成二阶行列式,即

$$b_1a_{22}-a_{12}b_2=\begin{vmatrix} b_1 & a_{12} \\ b_2 & a_{22} \end{vmatrix},\quad a_{11}b_2-b_1a_{21}=\begin{vmatrix} a_{11} & b_1 \\ a_{21} & b_2 \end{vmatrix}$$

若记 $D=\begin{vmatrix} a_{11} & a_{12} \\ a_{21} & a_{22} \end{vmatrix}$, $D_1=\begin{vmatrix} b_1 & a_{12} \\ b_2 & a_{22} \end{vmatrix}$, $D_2=\begin{vmatrix} a_{11} & b_1 \\ a_{21} & b_2 \end{vmatrix}$,那么当 $D\neq 0$,式(1.2)可以写成

$$x_1=\frac{D_1}{D},\quad x_2=\frac{D_2}{D}$$

注意,这里的分母 D 是由方程组的系数所确定的二阶行列式,x_1 的分子 D_1 是用常数列 b_1、b_2 替换 D 中 x_1 的系数 a_{11}、a_{21} 所得的二阶行列式,x_2 的分子 D_2 是用常数列 b_1、b_2 替换 D 中 x_2 的系数 a_{21}、a_{22} 所得的二阶行列式.

【例 1-1】 (1) $\begin{vmatrix} 3 & -2 \\ 2 & 1 \end{vmatrix}=3\times 1-(-2)\times 2=7$;

(2) $\begin{vmatrix} a & b \\ a^2 & b^2 \end{vmatrix}=ab^2-a^2b$.

二、三阶行列式

定义 1.1 设有 9 个数排成 3 行 3 列的数表

$$\begin{matrix} a_{11} & a_{12} & a_{13} \\ a_{21} & a_{22} & a_{23} \\ a_{31} & a_{32} & a_{33} \end{matrix} \tag{1.5}$$

用记号

$$\begin{vmatrix} a_{11} & a_{12} & a_{13} \\ a_{21} & a_{22} & a_{23} \\ a_{31} & a_{32} & a_{33} \end{vmatrix}$$

表示代数和

$$a_{11}a_{22}a_{33}+a_{12}a_{23}a_{31}+a_{13}a_{21}a_{32}-a_{13}a_{22}a_{31}-a_{12}a_{21}a_{33}-a_{11}a_{23}a_{32}$$

上式称为数表(1.5)所确定的三阶行列式,即

$$D=\begin{vmatrix} a_{11} & a_{12} & a_{13} \\ a_{21} & a_{22} & a_{23} \\ a_{31} & a_{32} & a_{33} \end{vmatrix}$$

$$=a_{11}a_{22}a_{33}+a_{12}a_{23}a_{31}+a_{13}a_{21}a_{32}-a_{13}a_{22}a_{31}-a_{12}a_{21}a_{33}-a_{11}a_{23}a_{32} \tag{1.6}$$

三阶行列式表示的代数和也可以由下面的对角线法则来记忆,如图 1-2 所示,其

中各实线连接的 3 个元素的乘积是代数和中的正项，各虚线连接的 3 个元素的乘积是代数和中的负项.

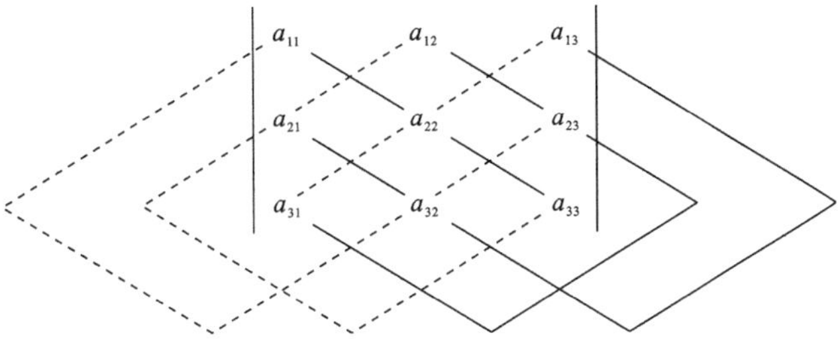

图 1-2

上述定义表明，三阶行列式含有 6 项，每项是位于 D 中既不同行也不同列的三个元素的乘积再冠以正负号.

【例 1-2】 计算三阶行列式

$$D=\begin{vmatrix} 1 & 2 & 3 \\ 2 & -2 & -1 \\ -3 & 4 & -5 \end{vmatrix}$$

解 由对角线法则

$$\begin{aligned} D &=1\times(-2)\times(-5)+2\times(-1)\times(-3)+3\times4\times2 \\ &\quad -3\times(-2)\times(-3)-2\times2\times(-5)-1\times4\times(-1) \\ &=46 \end{aligned}$$

【例 1-3】 $\begin{vmatrix} a & 1 & 0 \\ 1 & a & 0 \\ 4 & 1 & 1 \end{vmatrix}>0$ 的充要条件是什么?

解 由对角线法则

$$\begin{vmatrix} a & 1 & 0 \\ 1 & a & 0 \\ 4 & 1 & 1 \end{vmatrix}=a^2-1$$

要使 $a^2-1>0$，当且仅当 $|a|>1$，因此可得

$$\begin{vmatrix} a & 1 & 0 \\ 1 & a & 0 \\ 4 & 1 & 1 \end{vmatrix}>0$$

的充分必要条件是 $|a|>1$.

对角线法则只适用于二阶与三阶行列式，为研究四阶及更高阶行列式，先介绍 n 元排列的逆序和对换的概念，然后引出 n 阶行列式的概念.

习 题 1.1

1. 计算下列行列式.

(1) $D=\begin{vmatrix} \cos\theta & \sin\theta \\ -\sin\theta & \cos\theta \end{vmatrix}$；　(2) $D=\begin{vmatrix} \lambda^2 & \lambda \\ 3 & 1 \end{vmatrix}$；　(3) $\begin{vmatrix} 2 & 1 & 2 \\ -4 & 3 & 1 \\ 2 & 3 & 5 \end{vmatrix}$.

2. 解三元线性方程组.

$$\begin{cases} 3x_1+2x_2-x_3=4 \\ 3x_1-2x_2+3x_3=8 \\ -x_1-3x_2+2x_3=-1 \end{cases}$$

第二节　n 阶行列式的定义

一、全排列及其逆序数

引例　自然数 1、2、3 可以组成多少个没有重复数字的三位数？

显然，共有 $3\times2\times1=6$ 个，分别是：123、231、312、132、213、321.

把 n 个不同元素按某种次序排成一列，称为 n 个元素的全排列. n 个元素的全排列的总个数一般用 P_n 表示，且

$$P_n=n!$$

对于 n 个不同元素，先规定各元素间有一个标准次序(如 n 个不同的自然数，可规定由小到大为标准次序)，于是在这 n 个元素的任一排列中，当某两个元素的先后次序与标准次序不同时，就说它们构成了一个逆序. 一个排列中所有逆序个数的总和，称为该排列的逆序数，排列 $i_1i_2\cdots i_n$ 的逆序数记作 $\tau[i_1i_2\cdots i_n]$.

例如，对排列 32514 而言，4 与 5 就构成了一个逆序，1 与 3、2、5 分别构成一个逆序，3 与 2 也构成一个逆序，所以 $\tau(32514)=5$.

逆序数的计算法：不失一般性，不妨设 n 个元素为 1 至 n 这 n 个自然数，并规定由小到大为标准次序，设 $i_1i_2\cdots i_n$ 为这 n 个自然数的一个排列，从右至左先计算排在最后一位数字 i_n 的逆序数，等于排在 i_n 前面且比 i_n 大的数字的个数，再计算 $i_{n-1}\cdots i_2$ 的逆序数，然后把所有数字的逆序数加起来，就是该排列的逆序数.

【例 1-4】　计算下列排列的逆序数.

(1) 35412；　(2) $n(n-1)\cdots21$；　(3) $135\cdots(2n-1)246\cdots(2n)$.

解　(1) $\tau[35412]=3+3+1+0+0=7$；

(2) $\tau[n(n-1)\cdots21]=(n-1)+(n-2)+\cdots+2+1+0=\frac{n(n-1)}{2}$;

(3) 从排列 $135\cdots(2n-1)246\cdots(2n)$ 看,前 n 个数 $135\cdots(2n-1)$ 之间没有逆序,后 n 个数 $246\cdots(2n)$ 之间也没有逆序,只有前后数之间才构成逆序.

$2n$ 最大且排在最后,逆序数为 0,

$2n-2$ 的前面有 $2n-1$ 比它大,故逆序数为 1,

$2n-4$ 的前面有 $2n-1$、$2n-3$ 比它大,故逆序数为 2,

……

2 前面有 $n-1$ 个数比它大,故逆序数为 $n-1$,因此有

$$\tau[135\cdots(2n-1)246\cdots(2n)]=0+1+\cdots+(n-1)=\frac{n(n-1)}{2}$$

逆序数为奇数的排列称为奇排列,逆序数为偶数的排列称为偶排列.

二、对换

在排列中,将任意两个元素对调,其余元素保持不动,这种作出新排列的方法称为对换.将相邻两个元素对换,称为相邻对换.

定理 1.1　一个排列中的任意两个元素对换,排列改变奇偶性.

证　先证相邻对换的情形.

设排列为 $a_1a_2\cdots a_mabb_1b_2\cdots b_n$,对换 a 与 b,变为 $a_1a_2\cdots a_mbab_1b_2\cdots b_n$,显然这时排列中除 a、b 两数的顺序改变外,其他任意两数和任意一个数与 a 或 b 之间的顺序都没有变.当 $a>b$ 时,经对换后,a 的逆序数不变,b 的逆序数减少 1;当 $a<b$ 时,对换后,a 的逆序数增加 1,b 的逆序数不变,所以新排列与原排列奇偶性不同.

再证一般对换的情形.

设排列为 $a_1\cdots a_mab_1\cdots b_nbc_1\cdots c_l$,对换 a 与 b,变为 $a_1\cdots a_mbb_1\cdots b_nac_1\cdots c_l$,可以把它看作将原排列作 n 次相邻对换变成 $a_1\cdots a_mabb_1\cdots b_nc_1\cdots c_l$,再作 $n+1$ 次相邻对换变成 $a_1\cdots a_mbb_1\cdots b_nac_1\cdots c_l$.因此经过 $2n+1$ 次相邻对换,排列变为 $a_1\cdots a_mbb_1\cdots b_nac_1\cdots c_l$.所以这两个排列的奇偶性不同.

推论 1　奇排列变成标准排列的对换次数为奇数,偶排列变成标准排列的对换次数为偶数.

推论 2　全体 n 元排列的集合中,奇排列和偶排列各一半.

三、n 阶行列式的定义

为了给出 n 阶行列式的定义,我们先研究三阶行列式的定义,三阶行列式的定义为

$$\begin{vmatrix} a_{11} & a_{12} & a_{13} \\ a_{21} & a_{22} & a_{23} \\ a_{31} & a_{32} & a_{33} \end{vmatrix} = a_{11}a_{22}a_{33} + a_{12}a_{23}a_{31} + a_{13}a_{21}a_{32} - a_{13}a_{22}a_{31} - a_{12}a_{21}a_{33} - a_{11}a_{23}a_{32}$$

由定义可以看出：

(1) 上式右边的每一项都是 3 个元素的乘积，这 3 个元素位于不同的行、不同的列；且每一项 3 个元素的第 1 个下标（行标）依次为 123，排成了标准次序，第 2 个下标（列标）排成了 $p_1p_2p_3$，它是 1,2,3 这 3 个数的某一个排列，对应上式右端的 6 项，恰好等于这 3 个数排列的总数. 因此除了正负号外，右端的每一项都可以写成下列形式：

$$a_{1p_1}a_{2p_2}a_{3p_3}$$

其中，$p_1p_2p_3$ 是 1、2、3 的某一个排列，其项数等于 $3!=6$.

(2) 项的正、负号与列标排列的逆序数有关. 易验证上式右端带正号的项的列下标的排列都是偶排列，带负号的项的列下标的排列都是奇排列. 因此，各项所带符号由该项列下标的排列的奇偶性所决定，从而各项可表示为

$$(-1)^{\tau(p_1p_2p_3)}a_{1p_1}a_{2p_2}a_{3p_3}$$

综合(1)、(2)，三阶行列式可以写成

$$\begin{vmatrix} a_{11} & a_{12} & a_{13} \\ a_{21} & a_{22} & a_{23} \\ a_{31} & a_{32} & a_{33} \end{vmatrix} = \sum (-1)^{\tau(p_1p_2p_3)}a_{1p_1}a_{2p_2}a_{3p_3}$$

其中，$\tau(p_1p_2p_3)$ 为排列 $p_1p_2p_3$ 的逆序数. $\sum$ 表示对 1、2、3 这 3 个数的所有全排列 $p_1p_2p_3$ 对应的项进行求和. 由此，我们引入 n 阶行列式的定义.

定义 1.2 设有 n^2 个数，排成 n 行 n 列的数表

$$\begin{matrix} a_{11} & a_{12} & \cdots & a_{1n} \\ a_{21} & a_{22} & \cdots & a_{2n} \\ \vdots & \vdots & & \vdots \\ a_{n1} & a_{n2} & \cdots & a_{nn} \end{matrix}$$

作出表中位于不同行不同列的 n 个数的乘积，并冠以符号，即得

$$(-1)^{\tau(p_1p_2\cdots p_n)}a_{1p_1}a_{2p_2}\cdots a_{np_n} \tag{1.7}$$

由于 $p_1p_2\cdots p_n$ 为自然数 $1,2,\cdots,n$ 的一个排列，这样的排列共有 $n!$ 个，因而形如式(1.7)的项共有 $n!$ 项，所有这 $n!$ 项的代数和 $\sum(-1)^{\tau(p_1p_2\cdots p_n)}a_{1p_1}a_{2p_2}\cdots a_{np_n}$ 称为 n 阶行列式，记为

$$D=\begin{vmatrix} a_{11} & a_{12} & \cdots & a_{1n} \\ a_{21} & a_{22} & \cdots & a_{2n} \\ \vdots & \vdots & & \vdots \\ a_{n1} & a_{n2} & \cdots & a_{nn} \end{vmatrix}$$

简记为 $\det(a_{ij})$，其中数 a_{ij} 称为行列式 $\det(a_{ij})$ 的元素，即

$$\begin{vmatrix} a_{11} & a_{12} & \cdots & a_{1n} \\ a_{21} & a_{22} & \cdots & a_{2n} \\ \vdots & \vdots & & \vdots \\ a_{n1} & a_{n2} & \cdots & a_{nn} \end{vmatrix} = \sum (-1)^{\tau(p_1 p_2 \cdots p_n)} a_{1p_1} a_{2p_2} \cdots a_{np_n} \tag{1.8}$$

按此定义的二阶、三阶行列式，与用对角线法则定义的二阶、三阶行列式是一致的. 特别是当 $n=1$ 时，一阶行列式 $|a_{11}|=a_{11}$，注意与绝对值记号的区别.

【例 1-5】 按行列式的定义计算下三角行列式：$D=\begin{vmatrix} a_{11} & 0 & \cdots & 0 \\ a_{21} & a_{22} & \cdots & 0 \\ \vdots & \vdots & & \vdots \\ a_{n1} & a_{n2} & \cdots & a_{nn} \end{vmatrix}$，这个行列式的特点是主对角线上方的元素都为零.

解 由定义，n 阶行列式中共有 $n!$ 项，其一般项为 $(-1)^{\tau(p_1 p_2 \cdots p_n)} a_{1p_1} a_{2p_2} \cdots a_{np_n}$.

通常关注的是 D 的展开式中不为零的项，现第 1 行 a_{11} 除外其余元素全为零，故非零项只有 a_{11}，在第 2 行中 a_{21}、a_{22} 除外其余元素全为零，故应在 a_{21}、a_{22} 中取一个，且只能取一个，因为 a_{21} 是第 2 行第 1 列的元素，$p_1=1$ 不能再取 1，所以取 $p_2=2$，即第 2 行取 a_{22}，依此类推，第 n 行只能取 $p_n=n$，即取元素 a_{nn}，从而有

$$D=\begin{vmatrix} a_{11} & 0 & \cdots & 0 \\ a_{21} & a_{22} & \cdots & 0 \\ \vdots & \vdots & & \vdots \\ a_{n1} & a_{n2} & \cdots & a_{nn} \end{vmatrix} = a_{11} a_{22} \cdots a_{nn}$$

即 D 等于主对角线上元素的乘积.

同理可得上三角行列式

$$\begin{vmatrix} a_{11} & a_{12} & \cdots & a_{1n} \\ & a_{22} & \cdots & a_{2n} \\ & & \ddots & \vdots \\ & & & a_{nn} \end{vmatrix} = a_{11} a_{22} \cdots a_{nn}$$

其中，未写出元素都是 0.

作为三角形式特例的对角行列式(除对角线上的元素外，其他元素都为 0，在行列式中未写出来)，有

$$\begin{vmatrix} a_{11} & & & \\ & a_{22} & & \\ & & \ddots & \\ & & & a_{nn} \end{vmatrix} = a_{11} a_{22} \cdots a_{nn}$$

【例 1-6】 证明

$$\begin{vmatrix} & & & a_{1n} \\ & & a_{2,n-1} & \\ & \iddots & & \\ a_{n1} & & & \end{vmatrix} = (-1)^{\frac{n(n-1)}{2}} a_{1n}a_{2,n-1},\cdots a_{n1}.$$

证 由行列式的定义

$$\begin{vmatrix} & & & a_{1n} \\ & & a_{2,n-1} & \\ & \iddots & & \\ a_{n1} & & & \end{vmatrix} = (-1)^{\tau} a_{1n}a_{2,n-1},\cdots a_{n1}$$

其中，$\tau=\tau[n(n-1)\cdots 1]$为排列 $n(n-1)\cdots 1$ 的逆序数，又 $\tau[n(n-1)\cdots 1]=\frac{n(n-1)}{2}$，所以结论得以证明.

四、n 阶行列式定义的其他形式

利用定义 2.1，我们来讨论行列式定义的其他表示法.

对于行列式的任一项$(-1)^{\tau}a_{1p_1}\cdots a_{ip_i}\cdots a_{jp_j}\cdots a_{np_n}$，其中，$1\cdots i\cdots j\cdots n$ 为自然排列，对换 a_{ip_i} 与 a_{jp_j}，成为$(-1)^{\tau}a_{1p_1}\cdots a_{jp_j}\cdots a_{ip_i}\cdots a_{np_n}$，这时，这一项的值不变，而行标排列与列标排列同时作了一次相应的对换. 设新的行标排列 $1\cdots j\cdots i\cdots n$ 的逆序数为 τ_1，则 τ_1 为奇数；设新的列标排列 $p_1\cdots p_j\cdots p_i\cdots p_n$ 的逆序数为 τ_2，则

$$(-1)^{\tau_2}=-(-1)^{\tau(p_1p_2\cdots p_n)}\text{，故}(-1)^{\tau(p_1p_2\cdots p_n)}=(-1)^{\tau_1+\tau_2}.$$

于是

$$(-1)^{\tau}a_{1p_1}\cdots a_{ip_i}\cdots a_{jp_j}\cdots a_{np_n}=(-1)^{\tau_1+\tau_2}a_{1p_1}\cdots a_{jp_j}\cdots a_{ip_i}\cdots a_{np_n}$$

这就说明，对换乘积中两元素的次序，从而行标排列与列标排列同时作了一次对换，因此行标排列与列标排列的逆序数之和并不改变奇偶性. 经过一次对换如此，经过多次对换亦如此. 于是经过若干次对换，使列标排列变为自然排列（逆序数为 0）；行标排列则相应地从自然排列变为某个新的排列，设此新排列为 $q_1q_2\cdots q_n$，其逆序数为 s，则有

$$(-1)^{\tau}a_{1p_1}a_{2p_2}\cdots a_{np_n}=(-1)^{s}a_{q_11}a_{q_22}\cdots a_{q_nn}$$

又若 $p_i=j$，则 $q_j=i$（即 $a_{ip_i}=a_{ij}=a_{q_jj}$），可见排列 $q_1q_2\cdots q_n$ 由排列 $p_1p_2\cdots p_n$ 唯一确定.

由此可得 n 阶行列式的定义如下.

定义 1.3 n 阶行列式也可定义为

$$D=\sum(-1)^{\tau}a_{q_11}a_{q_22}\cdots a_{q_nn} \tag{1.9}$$

证 按行列式定义有

$$D=\sum(-1)^{\tau[p_1p_2\cdots p_n]}a_{1p_1}a_{2p_2}\cdots a_{np_n}$$

记

$$D_1=\sum(-1)^{\tau[q_1q_2\cdots q_n]}a_{q_1 1}a_{q_2 2}\cdots a_{q_n n}$$

按上面的讨论可知:对于 D 中任一项 D_1 中总有唯一的一项与之对应并相等;反之,对于 D_1 中的任一项 D 中总有唯一一项与之对应并相等,所以 $D=D_1$.

更一般的,n 阶行列式的定义如下.

定理 1.2　n 阶行列式可定义为

$$D=\sum(-1)^{\tau_1+\tau_2}a_{p_1q_1}a_{p_2q_2}\cdots a_{p_nq_n} \tag{1.10}$$

其中,$\tau_1=\tau(p_1p_2\cdots p_n)$,$\tau_2=\tau(q_1q_2\cdots q_n)$.

习　题　1.2

1. 求下列排列的逆序数和奇偶性.

(1) 653421;　　(2) 24687531.

2. 写出四阶行列式 $D=|a_{ij}|_{4\times4}$ 中含 $a_{13}a_{42}$ 的项.

3. 按定义计算下列行列式的值.

(1) $D_n=\begin{vmatrix}0&\cdots&0&1&0\\0&\cdots&2&0&0\\\vdots&&\vdots&\vdots&\vdots\\n-1&\cdots&0&0&0\\0&\cdots&0&0&n\end{vmatrix}$;　　(2) $D_n=\begin{vmatrix}0&1&0&\cdots&0\\0&0&2&\cdots&0\\\vdots&\vdots&\vdots&&\vdots\\0&0&\cdots&0&n-1\\n&0&\cdots&0&0\end{vmatrix}$.

第三节　行列式的性质

用行列式的定义计算 n 阶行列式,一般要计算 $n!$ 个乘积项,每一项是 n 个元素的乘积,需要做 $n-1$ 次乘积运算,所以一共需做$(n-1)n!$ 次乘积运算,这表明用定义计算较高阶的行列式并不是一个可行的求值方法.为此,从定义出发,建立行列式的基本性质,利用性质来简化行列式的计算.

记
$$D=\begin{vmatrix}a_{11}&a_{12}&\cdots&a_{1n}\\a_{21}&a_{22}&\cdots&a_{2n}\\\vdots&\vdots&&\vdots\\a_{n1}&a_{n2}&\cdots&a_{nn}\end{vmatrix}$$

将其中的行与列互换,即把行列式中的各行换成相应的列,得到行列式

$$\begin{vmatrix} a_{11} & a_{21} & \cdots & a_{n1} \\ a_{12} & a_{22} & \cdots & a_{n2} \\ \vdots & \vdots & & \vdots \\ a_{1n} & a_{2n} & \cdots & a_{nn} \end{vmatrix}$$

上式称为行列式 D 的转置行列式，记作 D^{T}（或记为 D'）.

性质 1　$D=D^{\mathrm{T}}$.

证　记 $D=\det(a_{ij})$ 的转置行列式

$$D^{\mathrm{T}}=\begin{vmatrix} b_{11} & b_{12} & \cdots & b_{1n} \\ b_{21} & b_{22} & \cdots & b_{2n} \\ \vdots & \vdots & & \vdots \\ b_{n1} & b_{n2} & \cdots & b_{nn} \end{vmatrix}$$

则 $b_{ij}=a_{ji}(i,j=1,2,\cdots,n)$，按行列式的定义

$$D^{\mathrm{T}}=\sum(-1)^{\tau(p_1p_2\cdots p_n)}b_{1p_1}b_{2p_2}\cdots b_{np_n}=\sum(-1)^{\tau(p_1p_2\cdots p_n)}a_{1p_1}a_{2p_2}\cdots a_{np_n}$$

由定义 1.2 知，$D^{\mathrm{T}}=D$.

此性质表明，在行列式中行与列有相同的地位，凡是有关行的性质对列同样成立，反之亦然.

性质 2　交换行列式的任意两行（或两列），行列式改变符号.

证　设行列式

$$D_1=\begin{vmatrix} b_{11} & b_{12} & \cdots & b_{1n} \\ b_{21} & b_{22} & \cdots & b_{2n} \\ \vdots & \vdots & & \vdots \\ b_{n1} & b_{n2} & \cdots & b_{nn} \end{vmatrix}$$

是由行列式 $D=\det(a_{ij})$ 交换第 i 和第 j 两行得到的，当 $k\neq i,j$ 时，$b_{kp}=a_{kp}$；当 $k=i$ 或 j 时，$b_{ip}=a_{jp}$，$b_{jp}=a_{ip}$. 于是

$$\begin{aligned} D_1 &= \sum(-1)^{\tau}b_{1p_1}\cdots b_{ip_i}\cdots b_{jp_j}\cdots b_{np_n}=\sum(-1)^{\tau}a_{1p_1}\cdots a_{jp_i}\cdots a_{ip_j}\cdots a_{np_n} \\ &= \sum(-1)^{\tau}a_{1p_1}\cdots a_{ip_j}\cdots a_{jp_i}\cdots a_{np_n} \end{aligned}$$

其中，$1\cdots i\cdots j\cdots n$ 为自然排列，τ 为排列 $p_1\cdots p_i\cdots p_j\cdots p_n$ 的逆序数，设排列 $p_1\cdots p_j\cdots p_i\cdots p_n$ 的逆序数为 τ_1，则 $(-1)^{\tau}=-(-1)^{\tau_1}$，故 $D_1=-D$.

推论 1　如果行列式有两行（或两列）完全相同，则此行列式等于零.

证　把这两行互换，有 $D=-D$，故 $D=0$.

以 r_i 表示行列式第 i 行，c_i 表示行列式第 i 列，交换 i、j 两行，记作 $r_i\leftrightarrow r_j$，交换 i,j 两列，记作 $c_i\leftrightarrow c_j$.

性质 3　行列式中某一行（或列）的各元素有公因子，则可将公因子提到行列式符号的外面，即

$$\begin{vmatrix} a_{11} & a_{12} & \cdots & a_{1n} \\ \vdots & \vdots & & \vdots \\ ka_{i1} & ka_{i2} & \cdots & ka_{in} \\ \vdots & \vdots & & \vdots \\ a_{n1} & a_{n2} & \cdots & a_{nn} \end{vmatrix} = k\begin{vmatrix} a_{11} & a_{12} & \cdots & a_{1n} \\ \vdots & \vdots & & \vdots \\ a_{i1} & a_{i2} & \cdots & a_{in} \\ \vdots & \vdots & & \vdots \\ a_{n1} & a_{n2} & \cdots & a_{nn} \end{vmatrix}$$

第 i 行(列)乘以 k,记作 $r_i\times k$(或 $c_i\times k$).

推论 2 行列式的某一行(或列)所有元素都乘以同一个数 k,等于用数 k 乘此行列式.

推论 3 行列式的某一行(或列)的元素全为零时,行列式的值等于零.

证 在原来行列式 D 的全为 0 的行乘以 3 得到新行列式 D_1,一方面,$0\times3=0$,$D_1=D$;另一方面,根据推论 2,$D_1=3D$,故 $D=3D$,则 $D=0$.

性质 4 若行列式中有两行(列)的元素对应成比例,则此行列式等于零.

证 若对应成比例的比值为 k,则在原来这个行列式 D 中将比例的分子行的因子比值 k 提取出来,就得到一个新的行列式 D_1,其中原来成比例的两行数字对应相等,故由前面已证明了的推论 1 知 $D_1=0$,又根据性质 3,$D=kD_1$,得 $D=0$.

性质 5 若行列式的某一行(列)的元素都是两数之和,则行列式可表示为两个行列式之和,即

$$\begin{vmatrix} a_{11} & a_{12} & \cdots & a_{1n} \\ \vdots & \vdots & & \vdots \\ b_{i1}+c_{i1} & b_{i2}+c_{i2} & \cdots & b_{in}+c_{in} \\ \vdots & \vdots & & \vdots \\ a_{n1} & a_{n2} & \cdots & a_{nn} \end{vmatrix} = \begin{vmatrix} a_{11} & \cdots & a_{1n} \\ \vdots & & \vdots \\ b_{i1} & \cdots & b_{in} \\ \vdots & & \vdots \\ a_{n1} & \cdots & a_{nn} \end{vmatrix} + \begin{vmatrix} a_{11} & \cdots & a_{1n} \\ \vdots & & \vdots \\ c_{i1} & \cdots & c_{in} \\ \vdots & & \vdots \\ a_{n1} & \cdots & a_{nn} \end{vmatrix}$$

证 在行列式的定义中,各项都有第 i 列的一个元素($b_{ki}+c_{ki}$),从而每一项均可拆成两项之和.

性质 6 把行列式的某一行(列)的各元素乘以同一数 k 后加到另一行(列)对应的元素上去,行列式的值不变.

例如,把行列式的第 j 行乘以常数 k 后加到第 i 行的对应元素上,记作 r_i+kr_j,有

$$D=\begin{vmatrix} a_{11} & a_{12} & \cdots & a_{1n} \\ \vdots & \vdots & & \vdots \\ ka_{j1}+a_{i1} & ka_{j2}+a_{i2} & \cdots & ka_{jn}+a_{in} \\ \vdots & \vdots & & \vdots \\ a_{j1} & a_{j2} & \cdots & a_{jn} \\ \vdots & \vdots & & \vdots \\ a_{n1} & a_{n2} & \cdots & a_{nn} \end{vmatrix}$$

以上没有给出性质的证明，读者可根据行列式的定义证明.

性质2、3、6介绍了行列式关于行和关于列的三种运算，即 $r_i \leftrightarrow r_j, r_i \times k, r_i + kr_j$ 和 $c_i \leftrightarrow c_j, c_i \times k, c_i + kc_j$，利用这些运算可以简化行列式的计算，特别是利用 $r_i + kr_j$（或 $c_i + kc_j$）可以把行列式中许多元素化为0. 计算行列式常用的一种方法就是利用 $r_i + kr_j$ 将行列式化为上三角行列式，从而算出行列式的值.

【例1-7】 计算行列式

$$D=\begin{vmatrix} 2 & -5 & 1 & 2 \\ -3 & 7 & -1 & 4 \\ 5 & -9 & 2 & 7 \\ 4 & -6 & 1 & 2 \end{vmatrix}.$$

解 $$D=-\begin{vmatrix} 1 & -5 & 2 & 2 \\ -1 & 7 & -3 & 4 \\ 2 & -9 & 5 & 7 \\ 1 & -6 & 4 & 2 \end{vmatrix}=-\begin{vmatrix} 1 & -5 & 2 & 2 \\ 0 & 2 & -1 & 6 \\ 0 & 1 & 1 & 3 \\ 0 & -1 & 2 & 0 \end{vmatrix}=\begin{vmatrix} 1 & -5 & -2 & 2 \\ 0 & 2 & 1 & 6 \\ 0 & 1 & -1 & 3 \\ 0 & -1 & -2 & 0 \end{vmatrix}$$

$$=\begin{vmatrix} 1 & -5 & -2 & 2 \\ 0 & 1 & 2 & 3 \\ 0 & 1 & -1 & 3 \\ 0 & -1 & -2 & 0 \end{vmatrix}=\begin{vmatrix} 1 & -5 & -2 & 2 \\ 0 & 1 & 1 & 3 \\ 0 & 0 & -3 & 0 \\ 0 & 0 & 0 & 3 \end{vmatrix}=1\times1\times(-3)\times3=-9$$

上述解法中，先运用运算 $c_1 \leftrightarrow c_3$，其目的是把 a_{11} 换成1，从而利用运算 $r_i - a_{i1}r_1$，即可把 $a_{i1}(i=2,3,4)$ 变为0. 如果不先作 $c_1 \leftrightarrow c_3$，原式中 $a_{11}=2$，需用运算 $r_i - \frac{a_{i1}}{2}r_1$ 把 a_{i1} 变为0，这样计算就比较麻烦.

【例1-8】 计算 n 阶行列式

$$D=\begin{vmatrix} a & b & b & \cdots & b \\ b & a & b & \cdots & b \\ b & b & a & \cdots & b \\ \vdots & \vdots & \vdots & & \vdots \\ b & b & b & \cdots & a \end{vmatrix}.$$

解 注意到行列式的各行(列)对应元素相加之和相等这一特点，把第2列至第 n 列的元素加到第1列对应元素上去，得

$$D=\begin{vmatrix} a+(n-1)b & b & \cdots & b \\ a+(n-1)b & a & \cdots & b \\ \vdots & \vdots & & \vdots \\ a+(n-1)b & b & \cdots & a \end{vmatrix}=[a+(n-1)b]\begin{vmatrix} 1 & b & \cdots & b \\ 1 & a & \cdots & b \\ \vdots & \vdots & & \vdots \\ 1 & b & \cdots & a \end{vmatrix}$$

$$=[a+(n-1)b]\begin{vmatrix} 1 & b & \cdots & b \\ 0 & a-b & \cdots & 0 \\ \vdots & \vdots & & \vdots \\ 0 & 0 & \cdots & a-b \end{vmatrix}=[a+(n-1)b]\cdot(a-b)^{n-1}$$

【例 1-9】 计算行列式

$$D=\begin{vmatrix} a & b & c & d \\ a & a+b & a+b+c & a+b+c+d \\ a & 2a+b & 3a+2b+c & 4a+3b+2c+d \\ a & 3a+b & 6a+3b+c & 10a+6b+3c+d \end{vmatrix}.$$

解 从第 4 行开始，后行减前行，得

$$D=\begin{vmatrix} a & b & c & d \\ 0 & a & a+b & a+b+c \\ 0 & a & 2a+b & 3a+2b+c \\ 0 & a & 3a+b & 6a+3b+c \end{vmatrix}=\begin{vmatrix} a & b & c & d \\ 0 & a & a+b & a+b+c \\ 0 & 0 & a & 2a+b \\ 0 & 0 & a & 3a+b \end{vmatrix}$$

$$=\begin{vmatrix} a & b & c & d \\ 0 & a & a+b & a+b+c \\ 0 & 0 & a & 2a+b \\ 0 & 0 & 0 & a \end{vmatrix}=a^4$$

可见，计算高阶行列式时利用性质将其化为上三角行列式，既简便又程序化.

上述各例中都用到把几个运算写在一起的省略写法，这里要注意各个运算的次序一般不能颠倒，这是由于后一次运算是作用在前一次运算结果上的缘故.

例如，$\begin{vmatrix} a & b \\ c & d \end{vmatrix}\overset{r_1+r_2}{=\!=\!=}\begin{vmatrix} a+c & b+d \\ c & d \end{vmatrix}\overset{r_2-r_1}{=\!=\!=}\begin{vmatrix} a+c & b+d \\ -a & -b \end{vmatrix}$；

$\begin{vmatrix} a & b \\ c & d \end{vmatrix}\overset{r_2-r_1}{=\!=\!=}\begin{vmatrix} a & b \\ c-a & d-b \end{vmatrix}\overset{r_1+r_2}{=\!=\!=}\begin{vmatrix} c & d \\ c-a & d-b \end{vmatrix}$.

【例 1-10】 计算行列式

$$D=\begin{vmatrix} 1 & x & y & z \\ x & 1 & 0 & 0 \\ y & 0 & 1 & 0 \\ z & 0 & 0 & 1 \end{vmatrix}.$$

解 这是一个三线行列式，把第 2 列乘 $-x$，第 3 列乘 $-y$，第 4 列乘 $-z$，加到第 1 列上，得

$$D=\begin{vmatrix} 1-x^2-y^2-z^2 & x & y & z \\ 0 & 1 & 0 & 0 \\ 0 & 0 & 1 & 0 \\ 0 & 0 & 0 & 1 \end{vmatrix}=1-x^2-y^2-z^2$$

【例 1-11】 证明:$D=\begin{vmatrix}1+x_1y_1 & 1+x_1y_2 & 1+x_1y_3\\ 1+x_2y_1 & 1+x_2y_2 & 1+x_2y_3\\ 1+x_3y_1 & 1+x_3y_2 & 1+x_3y_3\end{vmatrix}=0$.

证 将 D 的第 1 列拆开,得

$$D=\begin{vmatrix}1 & 1+x_1y_2 & 1+x_1y_3\\ 1 & 1+x_2y_2 & 1+x_2y_3\\ 1 & 1+x_3y_2 & 1+x_3y_3\end{vmatrix}+\begin{vmatrix}x_1y_1 & 1+x_1y_2 & 1+x_1y_3\\ x_2y_1 & 1+x_2y_2 & 1+x_2y_3\\ x_3y_1 & 1+x_3y_2 & 1+x_3y_3\end{vmatrix}$$

将第 1 个行列式的第 2、3 列减去第 1 列,第 2 个行列式第 1 列提取 y_1,得

$$D=\begin{vmatrix}1 & x_1y_2 & x_1y_3\\ 1 & x_2y_2 & x_2y_3\\ 1 & x_3y_2 & x_3y_3\end{vmatrix}+y_1\begin{vmatrix}x_1 & 1+x_1y_2 & 1+x_1y_3\\ x_2 & 1+x_2y_2 & 1+x_2y_3\\ x_3 & 1+x_3y_2 & 1+x_3y_3\end{vmatrix}$$

$$=y_2y_3\begin{vmatrix}1 & x_1 & x_1\\ 1 & x_2 & x_2\\ 1 & x_3 & x_3\end{vmatrix}+y_1\begin{vmatrix}x_1 & 1 & 1\\ x_2 & 1 & 1\\ x_3 & 1 & 1\end{vmatrix}=0+0=0$$

【例 1-12】 设 $D=\begin{vmatrix}a_{11} & \cdots & a_{1k} & & & \\ \vdots & & \vdots & & & \\ a_{k1} & \cdots & a_{kk} & & & \\ c_{11} & \cdots & c_{1k} & b_{11} & \cdots & b_{1n}\\ \vdots & & \vdots & \vdots & & \vdots\\ c_{n1} & \cdots & c_{nk} & b_{n1} & \cdots & b_{nn}\end{vmatrix}$,$D_1=\det(a_{ij})=\begin{vmatrix}a_{11} & \cdots & a_{1k}\\ \vdots & & \vdots\\ a_{k1} & \cdots & a_{kk}\end{vmatrix}$,

$D_2=\det(b_{ij})=\begin{vmatrix}b_{11} & \cdots & b_{1n}\\ \vdots & & \vdots\\ b_{n1} & \cdots & b_{nn}\end{vmatrix}$,证明:$D=D_1D_2$.

证 对 D_1 作运算 $r_i+\lambda r_j$,把 D_1 化为下三角行列式,并设 $D_1=\begin{vmatrix}p_{11} & & 0\\ \vdots & \ddots & \\ p_{k1} & \cdots & p_{kk}\end{vmatrix}=$ $p_{11}\cdots p_{kk}$.

对 D_2 作运算 $c_i+\lambda c_j$,把 D_2 化为下三角行列式,并设 $D_2=\begin{vmatrix}q_{11} & & 0\\ \vdots & \ddots & \\ q_{n1} & \cdots & q_{nn}\end{vmatrix}=$ $q_{11}\cdots q_{nn}$.

于是,把 D 的前 k 行作运算 $r_i+\lambda r_j$,再对后 n 列作运算 $c_i+\lambda c_j$,把 D 化为下三角行列式,即

$$D=\begin{vmatrix} p_{11} & & & & & \\ \vdots & \ddots & & & & \\ p_{k1} & \cdots & p_{kk} & & & \\ c_{11} & \cdots & c_{1k} & q_{11} & & \\ \vdots & & \vdots & \vdots & \ddots & \\ c_{n1} & \cdots & c_{nk} & q_{n1} & \cdots & q_{nn} \end{vmatrix}=p_{11}\cdots p_{kk}q_{11}\cdots q_{nn}=D_1D_2$$

习 题 1.3

1. 计算下列行列式.

(1) $D=\begin{vmatrix} 1 & 2 & 3 & 4 \\ 2 & 3 & 4 & 5 \\ 3 & 4 & 5 & 6 \\ 7 & 8 & 9 & 10 \end{vmatrix}$；　　(2) $D=\begin{vmatrix} 0 & -1 & -1 & 2 \\ 1 & -1 & 0 & 2 \\ -1 & 2 & -1 & 0 \\ 2 & 1 & 1 & 0 \end{vmatrix}$；

(3) $D=\begin{vmatrix} a^2 & ab & b^2 \\ 2a & a+b & 2b \\ 1 & 1 & 1 \end{vmatrix}$.

2. 证明：$\begin{vmatrix} a_1+b_1 & b_1+c_1 & c_1+a_1 \\ a_2+b_2 & b_2+c_2 & c_2+a_2 \\ a_3+b_3 & b_3+c_3 & c_3+a_3 \end{vmatrix}=2\begin{vmatrix} a_1 & b_1 & c_1 \\ a_2 & b_2 & c_2 \\ a_3 & b_3 & c_3 \end{vmatrix}$.

3. 计算 n 阶行列式 $D=\begin{vmatrix} x & & & a \\ & x & & \\ & & \ddots & \\ a & & & x \end{vmatrix}$.

4. 试证明：奇数阶反对称行列式 $D=\begin{vmatrix} 0 & a_{12} & \cdots & a_{1n} \\ -a_{12} & 0 & \cdots & a_{2n} \\ \vdots & \vdots & & \vdots \\ -a_{1n} & -a_{2n} & \cdots & 0 \end{vmatrix}=0$.

第四节 行列式按行(列)展开

将高阶行列式化为低阶行列式是计算行列式的又一途径，为此先引入余子式和代数余子式的概念.

在 n 阶行列式中，划去元素 a_{ij} 所在的行和列，余下的 $n-1$ 阶行列式(依原来的排法)，称为元素 a_{ij} 的余子式，记为 M_{ij}. 余子式前面冠以符号 $(-1)^{i+j}$，称为元素 a_{ij}

的代数余子式，记为 A_{ij}，有 $A_{ij}=(-1)^{i+j}M_{ij}$.

例如，四阶行列式

$$\begin{vmatrix} a_{11} & a_{12} & a_{13} & a_{14} \\ a_{21} & a_{22} & a_{23} & a_{24} \\ a_{31} & a_{32} & a_{33} & a_{34} \\ a_{41} & a_{42} & a_{43} & a_{44} \end{vmatrix}$$

中，元素 a_{23} 的余子式和代数余子式分别为

$$M_{23}=\begin{vmatrix} a_{11} & a_{12} & a_{14} \\ a_{31} & a_{32} & a_{34} \\ a_{41} & a_{42} & a_{44} \end{vmatrix}$$

$$A_{23}=(-1)^{2+3}M_{23}=-M_{23}$$

引理 一个 n 阶行列式 D，如果第 i 行所有元素除 a_{ij} 外全为零，则行列式

$$D=a_{ij}A_{ij}$$

证 先证 a_{ij} 位于第 1 行第 1 列的情形，此时

$$D=\begin{vmatrix} a_{11} & 0 & \cdots & 0 \\ a_{21} & a_{22} & \cdots & a_{2n} \\ \vdots & \vdots & & \vdots \\ a_{n1} & a_{n2} & \cdots & a_{nn} \end{vmatrix}$$

这是例 1-12 中当 $k=1$ 时的特殊情形，按例 1-12 的结论有

$$D=a_{11}M_{11}=a_{11}A_{11}.$$

再证一般情形，此时

$$D=\begin{vmatrix} a_{11} & \cdots & a_{1j} & \cdots & a_{1n} \\ \vdots & & \vdots & & \vdots \\ 0 & \cdots & a_{ij} & \cdots & 0 \\ \vdots & & \vdots & & \vdots \\ a_{n1} & \cdots & a_{nj} & \cdots & a_{nn} \end{vmatrix}$$

我们将 D 作如下的调换：把 D 的第 i 行依次与第 $i-1$ 行，第 $i-2$ 行，…，第 1 行对调，这样数 a_{ij} 就调到了第 1 行第 j 列的位置，调换次数为 $i-1$ 次；再把第 j 列依次与第 $j-1$ 列，第 $j-2$ 列，…，第 1 列对调，数 a_{ij} 就调到了第 1 行第 1 列的位置，调换次数为 $j-1$，总共经过 $(i-1)+(j-1)$ 次对调，将数 a_{ij} 调到第 1 行第 1 列的位置，第 1 行其他元素为零，所得的行列式记为 D_1，而 a_{ij} 在 D_1 中的余子式仍然是 a_{ij} 在 D 中的余子式 M_{ij}，利用前面的结果，有

$$D_1=a_{ij}M_{ij}$$

于是 $D=(-1)^{i+j}D_1=(-1)^{i+j}a_{ij}M_{ij}=a_{ij}A_{ij}$.

定理 1.3 行列式等于它的任一行(列)的各元素与其对应的代数余子式的乘积之和,即

$$D=a_{i1}A_{i1}+a_{i2}A_{i2}+\cdots+a_{in}A_{in},\ i=1,2,\cdots,n$$

或

$$D=a_{1j}A_{1j}+a_{2j}A_{2j}+\cdots+a_{nj}A_{nj},\ j=1,2,\cdots,n$$

证

$$D=\begin{vmatrix} a_{11} & a_{12} & \cdots & a_{1n} \\ \vdots & \vdots & & \vdots \\ a_{i1}+0+\cdots+0 & 0+a_{i2}+\cdots+0 & \cdots & 0+\cdots+0+a_{in} \\ \vdots & \vdots & & \vdots \\ a_{n1} & a_{n2} & \cdots & a_{nn} \end{vmatrix}$$

$$=\begin{vmatrix} a_{11} & a_{12} & \cdots & a_{1n} \\ \vdots & \vdots & & \vdots \\ a_{i1} & 0 & \cdots & 0 \\ \vdots & \vdots & & \vdots \\ a_{n1} & a_{n2} & \cdots & a_{nn} \end{vmatrix}+\begin{vmatrix} a_{11} & a_{12} & \cdots & a_{1n} \\ \vdots & \vdots & & \vdots \\ 0 & a_{i2} & \cdots & 0 \\ \vdots & \vdots & & \vdots \\ a_{n1} & a_{n2} & \cdots & a_{nn} \end{vmatrix}+\cdots+\begin{vmatrix} a_{11} & a_{12} & \cdots & a_{1n} \\ \vdots & \vdots & & \vdots \\ 0 & 0 & \cdots & a_{in} \\ \vdots & \vdots & & \vdots \\ a_{n1} & a_{n2} & \cdots & a_{nn} \end{vmatrix}$$

根据引理有

$$D=a_{i1}A_{i1}+a_{i2}A_{i2}+\cdots+a_{in}A_{in},\quad i=1,2,\cdots,n$$

类似地,我们可得到列的结论,即

$$D=a_{1j}A_{1j}+a_{2j}A_{2j}+\cdots+a_{nj}A_{nj},\quad j=1,2,\cdots,n$$

这个定理称为行列式按行(列)展开法则,利用这一法则并结合行列式的性质,可将行列式降阶,从而达到简化计算的目的.

【例 1-13】 再解例 1-7 中的行列式 $\begin{vmatrix} 2 & -5 & 1 & 2 \\ -3 & 7 & -1 & 4 \\ 5 & -9 & 2 & 7 \\ 4 & -6 & 1 & 2 \end{vmatrix}$.

解 $D=\begin{vmatrix} 2 & -5 & 1 & 2 \\ -3 & 7 & -1 & 4 \\ 5 & -9 & 2 & 7 \\ 4 & -6 & 1 & 2 \end{vmatrix}\xlongequal{c_1-2c_3,c_2+5c_3,c_4-2c_3}\begin{vmatrix} 0 & 0 & 1 & 0 \\ -1 & 2 & -1 & 6 \\ 1 & 1 & 2 & 3 \\ 2 & -1 & 1 & 0 \end{vmatrix}$

$$=(-1)^{1+3}\begin{vmatrix} -1 & 2 & 6 \\ 1 & 1 & 3 \\ 2 & -1 & 0 \end{vmatrix}\xlongequal{r_1-2r_2}\begin{vmatrix} -3 & 0 & 0 \\ 1 & 1 & 3 \\ 2 & -1 & 0 \end{vmatrix}$$

$$=(-1)^{1+1}\times(-3)\begin{vmatrix} 1 & 3 \\ -1 & 0 \end{vmatrix}=-9$$

【例 1-14】 计算行列式 $D_n=\begin{vmatrix} a_1 & 0 & 0 & \cdots & b_n \\ b_1 & a_2 & 0 & \cdots & 0 \\ 0 & b_2 & a_3 & \cdots & \vdots \\ & & \ddots & \ddots & \\ 0 & \cdots & 0 & b_{n-1} & a_n \end{vmatrix}$.

解 这是一个三线行列式,每行只有 2 个非零元素,可以从第 1 行展开,得

$$D=a_1\begin{vmatrix} a_2 & & & \\ b_2 & a_3 & & \\ & \ddots & \ddots & \\ & & b_{n-1} & a_n \end{vmatrix}+(-1)^{n+1}b_n\begin{vmatrix} b_1 & a_2 & & & \\ & b_2 & a_3 & & \\ & & \ddots & \ddots & \\ & & & \ddots & a_{n-1} \\ & & & & b_{n-1} \end{vmatrix}$$

$$=a_1a_2\cdots a_n+(-1)^{n+1}b_1b_2\cdots b_n$$

【例 1-15】 设 $D=\begin{vmatrix} 3 & -5 & 2 & 1 \\ 1 & 1 & 0 & -5 \\ -1 & 3 & 1 & 3 \\ 2 & -4 & -1 & -3 \end{vmatrix}$,求 $A_{11}+A_{12}+A_{13}+A_{14}$ 和 $M_{11}+M_{21}+M_{31}+M_{41}$.

解 $A_{11}+A_{12}+A_{13}+A_{14}$ 等于用 1,1,1,1 代替 D 的第 1 行所得的行列式,即

$$A_{11}+A_{12}+A_{13}+A_{14}=\begin{vmatrix} 1 & 1 & 1 & 1 \\ 1 & 1 & 0 & -5 \\ -1 & 3 & 1 & 3 \\ 2 & -4 & -1 & -3 \end{vmatrix}\overset{r_4+r_3}{\underset{r_3-r_1}{=\!=}}\begin{vmatrix} 1 & 1 & 1 & 1 \\ 1 & 1 & 0 & -5 \\ -2 & 2 & 0 & 2 \\ 1 & -1 & 0 & 0 \end{vmatrix}$$

$$=\begin{vmatrix} 1 & 1 & -5 \\ -2 & 2 & 2 \\ 1 & -1 & 0 \end{vmatrix}\overset{c_2+c_1}{=\!=}\begin{vmatrix} 1 & 2 & -5 \\ -2 & 0 & 2 \\ 1 & 0 & 0 \end{vmatrix}=\begin{vmatrix} 2 & -5 \\ 0 & 2 \end{vmatrix}=4$$

同理,

$$M_{11}+M_{21}+M_{31}+M_{41}=A_{11}-A_{21}+A_{31}-A_{41}=\begin{vmatrix} 1 & -5 & 2 & 1 \\ -1 & 1 & 0 & -5 \\ 1 & 3 & 1 & 3 \\ -1 & -4 & -1 & -3 \end{vmatrix}$$

$$\overset{r_4+r_3}{=\!=}\begin{vmatrix} 1 & -5 & 2 & 1 \\ -1 & 1 & 0 & -5 \\ 1 & 3 & 1 & 3 \\ 0 & -1 & 0 & 0 \end{vmatrix}$$

$$=(-1)(-1)^{4+2}\begin{vmatrix}1&2&1\\-1&0&-5\\1&1&3\end{vmatrix}$$

$$\xlongequal{r_1-2r_3}-\begin{vmatrix}-1&0&-5\\-1&0&-5\\1&1&3\end{vmatrix}=0.$$

【例 1-16】 证明:范德蒙(Vandermonde)行列式

$$D_n=\begin{vmatrix}1&1&1&1\\x_1&x_2&x_3&x_4\\x_1^2&x_2^2&x_3^2&x_4^2\\\vdots&\vdots&&\vdots\\x_1^{n-1}&x_2^{n-1}&\cdots&x_n^{n-1}\end{vmatrix}=\prod_{n\geqslant i\geqslant j\geqslant 1}(x_i-x_j) \tag{1.11}$$

其中,记号"$\prod$"表示所有同类型因子的连乘积.

证 用数学归纳法证明.当 $n=2$ 时,

$$D_2=\begin{vmatrix}1&1\\x_1&x_2\end{vmatrix}=\prod_{n\geqslant i>j\geqslant 1}(x_i-x_j)$$

式(1.11)成立.

假设式(1.11)对 $n-1$ 阶范德蒙行列式成立,要证式(1.11)对 n 阶范德蒙行列式成立.为此,将 D_n 降阶,从第 n 行开始,后一行减前一行的 x_1 倍得

$$D_n=\begin{vmatrix}1&1&1&\cdots&1\\0&x_2-x_1&x_3-x_1&\cdots&x_n-x_1\\0&x_2(x_2-x_1)&x_3(x_3-x_1)&\cdots&x_n(x_n-x_1)\\\vdots&\vdots&\vdots&&\vdots\\0&x_2^{n-2}(x_2-x_1)&x_3^{n-2}(x_3-x_1)&\cdots&x_n^{n-2}(x_n-x_1)\end{vmatrix}$$

按第 1 列展开,并提取每一列的公因子,有

$$D_n=(x_2-x_1)(x_3-x_1)\cdots(x_n-x_1)\prod_{n\geqslant i\geqslant j\geqslant 2}(x_i-x_j)=\prod_{n\geqslant i\geqslant j\geqslant 1}(x_i-x_j)$$

显然,范德蒙行列式不为零的充要条件是 $x_1,x_2,\cdots,x_n$ 互不相等.

由定理 1.3 还可以得到下述推论.

推论 行列式任一行(列)的元素与另一行(列)的对应元素的代数余子式乘积之和等于零,即

$$a_{i1}A_{j1}+a_{i2}A_{j2}+\cdots+a_{in}A_{jn}=0,\quad i\neq j$$

或

$$a_{1i}A_{1j}+a_{2i}A_{2j}+\cdots+a_{ni}A_{nj}=0,\quad i\neq j$$

证 作行列式($i\neq j$)

$$\begin{vmatrix} a_{11} & a_{12} & \cdots & a_{1n} \\ \vdots & \vdots & \vdots & \vdots \\ a_{i1} & a_{i2} & \cdots & a_{in} \\ \vdots & \vdots & & \vdots \\ a_{i1} & a_{i2} & \cdots & a_{in} \\ \vdots & \vdots & & \vdots \\ a_{n1} & a_{n2} & \cdots & a_{nn} \end{vmatrix}$$

则除其第 j 行与行列式 D 的第 j 行不相同外，其余各行均与行列式 D 的对应行相同. 但因该行列式第 i 行与第 j 行相同，故行列式为零. 将其按第 j 行展开，便得

$$a_{i1}A_{j1}+a_{i2}A_{j2}+\cdots+a_{in}A_{jn}=0$$

同理可证 $a_{1i}A_{1j}+a_{2i}A_{2j}+\cdots+a_{ni}A_{nj}=0$.

将定理 1.3 与推论综合起来得

$$\sum_{t=1}^{n}a_{it}A_{jt}=\begin{cases}D, & i=j\\ 0, & i\neq j\end{cases}\text{（按行展开）}\quad\text{或}\quad\sum_{t=1}^{n}a_{ti}A_{tj}=\begin{cases}D, & i=j\\ 0, & i\neq j\end{cases}\text{（按列展开）}$$

下面介绍更一般的拉普拉斯(Laplace)展开定理.

先推广余子式的概念.

定义 1.4 在一个 n 阶行列式 D 中，任意取定 k 行 k 列($k\leqslant n$)，位于这些行与列的交点处的 k^2 个元素，按原来的顺序构成的 k 阶行列式 M，称为行列式 D 的一个 k 阶子式；而在 D 中划去这 k 行 k 列后余下的元素，按原来的顺序构成的 $n-k$ 阶行列式 N，称为 k 阶子式 M 的余子式. 若 k 阶子式 M 在 D 中所在的行、列指标分别为 $i_1,i_2,\cdots,i_k$ 及 $j_1,j_2,\cdots,j_k$，则

$$(-1)^{(i_1+i_2+\cdots+i_k)+(j_1+j_2+\cdots+j_k)}N$$

称为 k 阶子式 M 的代数余子式.

如在五阶行列式

$$\begin{vmatrix} a_{11} & a_{12} & a_{13} & a_{14} & a_{15} \\ a_{21} & a_{22} & a_{23} & a_{24} & a_{25} \\ \vdots & \vdots & \vdots & \vdots & \vdots \\ a_{51} & a_{52} & a_{53} & a_{54} & a_{55} \end{vmatrix}$$

中选定第 2 行和第 5 行，第 1 列和第 4 列，则二阶子式

$$M=\begin{vmatrix} a_{21} & a_{24} \\ a_{51} & a_{54} \end{vmatrix}$$

的余子式

$$N=\begin{vmatrix} a_{12} & a_{13} & a_{15} \\ a_{32} & a_{33} & a_{35} \\ a_{42} & a_{43} & a_{45} \end{vmatrix}$$

而代数余子式为$(-1)^{2+5+1+4}N=N$.

* **定理 1.4**(拉普拉斯定理) 设在行列式 D 中任意选定 $k(1\leqslant k\leqslant n-1)$ 行(或列),则行列式 D 等于由这 k 行(列)元素组成的一切 k 阶子式与它们对应的代数余子式的乘积之和.(不证)

【例 1-17】 用拉普拉斯定理计算行列式

$$D=\begin{vmatrix}1&2&1&4\\0&-1&2&1\\1&0&1&3\\0&1&3&1\end{vmatrix}$$

解 若取第 1 行和第 2 行,则由这两行组成的一切二阶子式共有 $C_4^2=6$ 个.

$$M_1=\begin{vmatrix}1&2\\0&-1\end{vmatrix},\quad M_2=\begin{vmatrix}1&1\\0&2\end{vmatrix},\quad M_3=\begin{vmatrix}1&4\\0&1\end{vmatrix}$$

$$M_4=\begin{vmatrix}2&1\\-1&2\end{vmatrix},\quad M_5=\begin{vmatrix}2&4\\-1&1\end{vmatrix},\quad M_6=\begin{vmatrix}1&4\\2&1\end{vmatrix}$$

其对应的代数余子式为

$$A_1=\begin{vmatrix}1&3\\3&1\end{vmatrix},\quad A_2=-\begin{vmatrix}0&3\\1&1\end{vmatrix},\quad A_3=\begin{vmatrix}0&1\\1&3\end{vmatrix}$$

$$A_4=\begin{vmatrix}1&3\\0&1\end{vmatrix},\quad A_5=-\begin{vmatrix}1&1\\0&3\end{vmatrix},\quad A_6=\begin{vmatrix}1&0\\0&1\end{vmatrix}$$

则由拉普拉斯定理得

$$\begin{aligned}D&=M_1A_1+M_2A_2+\cdots+M_6A_6\\&=(-1)\times(-8)-2\times(-3)+1\times(-1)+5\times1-6\times3+(-7)\times1=-7\end{aligned}$$

注 当取定一行(列)即 $k=1$ 时,就是按一行(列)展开.从以上计算看到,采用拉普拉斯定理计算行列式一般并不简便,其主要是在理论上的应用.

习 题 1.4

1. 用行列式展开方法计算行列式.

$$D=\begin{vmatrix}2&1&-3&-1\\3&1&0&7\\-1&2&4&-2\\1&0&-1&5\end{vmatrix}$$

2. 计算 n 阶行列式.

$$D=\begin{vmatrix} x & y & 0 & \cdots & \cdots & 0 \\ 0 & x & y & \cdots & \cdots & 0 \\ \vdots & \vdots & x & & & \vdots \\ & & & \ddots & \ddots & \\ 0 & \cdots & \cdots & 0 & x & y \\ y & 0 & \cdots & \cdots & 0 & x \end{vmatrix}$$

3. 对于行列式$\begin{vmatrix} a_1 & a_2 & a_3 & p \\ b_1 & b_2 & b_3 & p \\ c_1 & c_2 & c_3 & p \\ d_1 & d_2 & d_3 & p \end{vmatrix}$，计算代数余子式的线性组合 $A_{11}+A_{21}+A_{31}+A_{41}$.

4. 设 $f(x)=\begin{vmatrix} 1 & 1 & 1 & 1 \\ -1 & 3 & 0 & x \\ 1 & 9 & 0 & x^2 \\ -1 & 27 & 0 & x^3 \end{vmatrix}$，求方程 $f(x)=0$ 的根.

5. 证明：$\begin{vmatrix} a_{11} & a_{12} & 0 & 0 \\ a_{21} & a_{22} & 0 & 0 \\ c_{11} & c_{12} & b_{11} & b_{12} \\ c_{21} & c_{22} & b_{21} & b_{22} \end{vmatrix}=\begin{vmatrix} a_{11} & a_{12} \\ a_{21} & a_{22} \end{vmatrix}\cdot\begin{vmatrix} b_{11} & b_{12} \\ b_{21} & b_{22} \end{vmatrix}$

第五节　克拉默法则

含有 n 个未知数 $x_1,x_2,\cdots,x_n$ 的 n 个线性方程的方程组

$$\begin{cases} a_{11}x_1+a_{12}x_2+\cdots+a_{1n}x_n=b_1 \\ a_{21}x_1+a_{22}x_2+\cdots+a_{2n}x_n=b_2 \\ \qquad\qquad\qquad\qquad\vdots \\ a_{n1}x_1+a_{n2}x_2+\cdots+a_{nn}x_n=b_n \end{cases} \tag{1.12}$$

有与二、三元线性方程组类似的结论，它的解可以用 n 阶行列式表示，即为下述法则.

定理 1.5（克拉默法则）　若方程组(1.12)的系数行列式

$$D=\begin{vmatrix} a_{11} & a_{12} & \cdots & a_{1n} \\ a_{21} & a_{22} & \cdots & a_{2n} \\ \vdots & \vdots & & \vdots \\ a_{n1} & a_{n2} & \cdots & a_{nn} \end{vmatrix}\neq 0$$

则方程组有唯一解，且可表示为

$$x_1=\frac{D_1}{D},x_2=\frac{D_2}{D},\cdots,x_n=\frac{D_n}{D} \tag{1.13}$$

其中，$D_j(j=1,2,\cdots,n)$是将 D 中的第 j 列元素换成常数项所得的行列式，即

$$D_j=\begin{vmatrix} a_{11} & \cdots & a_{1,j-1} & b_1 & a_{1,j+1} & \cdots & a_{1n} \\ \vdots & & \vdots & & \vdots & & \vdots \\ a_{n1} & \cdots & a_{n,j-1} & b_n & a_{n,j+1} & \cdots & a_{nn} \end{vmatrix}$$

证略.

【例 1-18】 求解线性方程组

$$\begin{cases} x_1-x_2+x_3+2x_4=1 \\ x_1+x_2-2x_3+x_4=1 \\ x_1+x_2 \qquad\quad +x_4=2 \\ x_1 \qquad\quad +x_3-x_4=1 \end{cases}$$

解

$$D=\begin{vmatrix} 1 & -1 & 1 & 2 \\ 1 & 1 & -2 & 1 \\ 1 & 1 & 0 & 1 \\ 1 & 0 & 1 & -1 \end{vmatrix}=\begin{vmatrix} 1 & -1 & 1 & 2 \\ 0 & 2 & -3 & -1 \\ 0 & 2 & -1 & -1 \\ 0 & 1 & 0 & -3 \end{vmatrix}$$

$$=\begin{vmatrix} 2 & -3 & -1 \\ 2 & -1 & -1 \\ 1 & 0 & -3 \end{vmatrix}=\begin{vmatrix} 2 & -3 & 5 \\ 2 & -1 & 5 \\ 1 & 0 & 0 \end{vmatrix}=\begin{vmatrix} -3 & 5 \\ -1 & 5 \end{vmatrix}=-10$$

$$D_1=\begin{vmatrix} 1 & -1 & 1 & 2 \\ 1 & 1 & -2 & 1 \\ 2 & 1 & 0 & 1 \\ 1 & 0 & 1 & -1 \end{vmatrix}=-8,\quad D_2=\begin{vmatrix} 1 & 1 & 1 & 2 \\ 1 & 1 & -2 & 1 \\ 1 & 2 & 0 & 1 \\ 1 & 1 & 1 & -1 \end{vmatrix}=-9$$

$$D_3=\begin{vmatrix} 1 & -1 & 1 & 2 \\ 1 & 1 & 1 & 1 \\ 1 & 1 & 2 & 1 \\ 1 & 0 & 1 & -1 \end{vmatrix}=-5,\quad D_4=\begin{vmatrix} 1 & -1 & 1 & 1 \\ 1 & 1 & -2 & 1 \\ 1 & 1 & 0 & 2 \\ 1 & 0 & 1 & 1 \end{vmatrix}=-3$$

故 $x_1=\frac{-8}{-10}=\frac{4}{5}, x_2=\frac{-9}{-10}=\frac{9}{10}, x_3=\frac{1}{2}, x_4=\frac{3}{10}$.

由此可见，用克拉默法则解方程组并不方便，因它需要计算很多行列式，故只适用于解未知量较少和某些特殊的方程组，但把方程组的解用一般公式表示出来，这在理论上是很重要的.

使用克拉默法则必须注意：① 未知量的个数与方程的个数要相等；② 系数行列式不为零. 对于不符合这两个条件的方程组，将在以后的一般线性方程组中讨论.

常数项全为零的线性方程组

$$\begin{cases} a_{11}x_1+a_{12}x_2+\cdots+a_{1n}x_n=0 \\ a_{21}x_1+a_{22}x_2+\cdots+a_{2n}x_n=0 \\ \qquad\qquad\vdots \\ a_{n1}x_1+a_{n2}x_2+\cdots+a_{nn}x_n=0 \end{cases} \tag{1.14}$$

称为齐次线性方程组.而方程组(1.12)称为非齐次线性方程组.

显然 $x_1=x_2=\cdots=x_n=0$ 是方程组(1.14)的解,称为零解;若方程组(1.14)除了零解外,还有 $x_1,x_2,\cdots,x_n$ 不全为零的解,则称为非零解.由克拉默法则,有以下定理.

定理 1.6 如果齐次线性方程组(1.14)的系数行列式 $D\neq 0$,则齐次线性方程组(1.14)只有零解.

定理 1.6′ 如果齐次线性方程组(1.13)有非零解,则它的系数行列式必为零.

定理 1.6′说明,系数行列式 $D=0$ 是齐次线性方程组有非零解的必要条件,在后面还将证明这个条件也是充分的.

【例 1-19】 问 λ 取何值时,齐次线性方程组

$$\begin{cases}(5-\lambda)x+2y+2z=0\\2x+(6-\lambda)y\qquad\quad=0\\2x\qquad\quad+(4-\lambda)z=0\end{cases}$$

有非零解?

解 齐次线性方程组有非零解,则其系数行列式 $D=0$,即

$$D=\begin{vmatrix}5-\lambda & 2 & 2\\2 & 6-\lambda & 0\\2 & 0 & 4-\lambda\end{vmatrix}=(5-\lambda)(6-\lambda)(4-\lambda)-4(6-\lambda)-4(4-\lambda)$$

$$=(5-\lambda)(2-\lambda)(8-\lambda)$$

由 $D=0$ 得

$$\lambda=2\quad 或\quad \lambda=5\quad 或\quad \lambda=8$$

习 题 1.5

1. 解下列线性方程组.

$$\begin{cases}x_1+x_2+x_3+x_4=1\\2x_1+3x_2+4x_3+5x_4=1\\4x_1+9x_2+16x_3+25x_4=1\\8x_1+27x_2+64x_3+125x_4=1\end{cases}$$

2. 讨论下列齐次线性方程组的解.

$$\begin{cases}2x_1+2x_2-x_3=0\\x_1-2x_2+4x_3=0\\5x_1+8x_2-2x_3=0\end{cases}$$

3. 设线性方程组 $\begin{cases}kx+y+z=0\\x+ky+z=0\\x+y+kz=0\end{cases}$ 有非零解,求 k 的值.

第六节 应用实例

一、用行列式表示面积或体积

定理 1.7 若 $\boldsymbol{A}$ 是一个二阶方阵，则由 $\boldsymbol{A}$ 的列确定的平行四边形的面积表示为 $|\det\boldsymbol{A}|$；若 $\boldsymbol{A}$ 是一个三阶方阵，则由 $\boldsymbol{A}$ 的列确定的平行六面体的体积为 $|\det\boldsymbol{A}|$.

证 若 $\boldsymbol{A}$ 为二阶对角矩阵，定理显然成立. $|\det\boldsymbol{A}|=\left|\det\begin{pmatrix}a&0\\0&d\end{pmatrix}\right|=|ad|$ 表示矩形的面积.

若 $\boldsymbol{A}$ 不为对角矩阵，只需证明 $\boldsymbol{A}=(\boldsymbol{\alpha}_1,\boldsymbol{\alpha}_2)$ 能变换成一个对角矩阵，同时既不改变相应的平行四边形面积又不改变 $|\det\boldsymbol{A}|$，由行列式的性质可知，当行列式的两列交换或一列的倍数加到另一列上时，行列式的绝对值不改变. 同时容易看到，这样的运算足以能够使 $\boldsymbol{A}$ 变换成对角矩阵，下面只需证明不改变相应的面积即可.

几何结论：设 $\boldsymbol{\alpha}_1$、$\boldsymbol{\alpha}_2$ 为非零向量，则对任意常数 c，由 $\boldsymbol{\alpha}_1$、$\boldsymbol{\alpha}_2$ 确定的平行四边形的面积等于由 $\boldsymbol{\alpha}_1$ 和 $\boldsymbol{\alpha}_2+c\boldsymbol{\alpha}_1$ 确定的平行四边形的面积.

为了证明这个结论，我们可以假设 $\boldsymbol{\alpha}_2$ 不是 $\boldsymbol{\alpha}_1$ 的倍数，否则这两个平行四边形将退化成面积为 0. 若 $\boldsymbol{L}$ 是通过 0 和 $\boldsymbol{\alpha}_1$ 的直线，则 $\boldsymbol{\alpha}_2+\boldsymbol{L}$ 是通过 $\boldsymbol{\alpha}_2$ 且平行于 $\boldsymbol{L}$ 的直线，$\boldsymbol{\alpha}_2+c\boldsymbol{\alpha}_1$ 在此直线上，如图 1-3 所示，$\boldsymbol{\alpha}_2$ 和 $\boldsymbol{\alpha}_2+c\boldsymbol{\alpha}_1$ 到直线 $\boldsymbol{L}$ 具有相同的垂直距离，因此，图 1-3 中的两个平行四边形具有相同的底边，即由 0 到 $\boldsymbol{\alpha}_1$ 的线段，所以这两个平行四边形具有相同的面积.

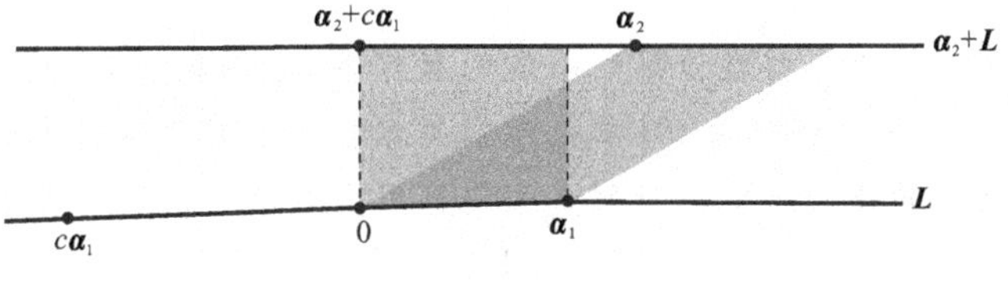

图 1-3

类似可证明三阶方阵的情形，即只需证明行列式性质中的变换不改变由 $\boldsymbol{A}$ 的列确定的平行六面体的体积即可，证略.

【例 1-20】 计算由点 $(-2,2)$，$(0,3)$，$(4,-1)$，$(6,4)$ 确定的平行四边形的面积.

解 先将此平行四边形平移到使原点作为其一顶点的情形，例如，将每个顶点坐标加上 $(2,2)$，得到新的平行四边形面积与原平行四边形面积相同.

其顶点为：$(0,0)$，$(2,5)$，$(6,1)$，$(8,6)$，此平行四边形由 $\boldsymbol{A}=\begin{pmatrix}2&6\\5&1\end{pmatrix}$ 的列确定，由于 $|\det\boldsymbol{A}|=|-28|=28$，所求平行四边形面积为 28.

二、克拉默法则在工程上的应用

许多工程上的问题,特别是在电子工程和控制论方面,能用拉普拉斯变换进行分析,这种技巧将一个适当的线性微分方程组转变为一个线性代数方程组,它的系数含有一个参数.

【例 1-21】 考虑下列方程组,其中 s 是一个未定的参数,确定 s 的值,使得这个方程组有唯一解,利用克拉默法则写出这个解.

$$\begin{cases} 3sx_1-2x_2=4 \\ -6x_1+sx_2=1 \end{cases}$$

解 系数行列式 $D=\begin{vmatrix} 3s & -2 \\ -6 & s \end{vmatrix}$, $D_1=\begin{vmatrix} 4 & -2 \\ 1 & s \end{vmatrix}$, $D_2=\begin{vmatrix} 3s & 4 \\ -6 & 1 \end{vmatrix}$.

由于 $D=3s^2-12=3(s+2)(s-2)$,当且仅当 $s\neq\pm2$ 时,这个方程组有唯一解.

其中,$x_1=\dfrac{D_1}{D}=\dfrac{4s+2}{3(s+2)(s-2)}$, $x_2=\dfrac{D_2}{D}=\dfrac{3s+24}{3(s+2)(s-2)}=\dfrac{s+8}{(s+2)(s-2)}$.

阅读材料

一、行列式的发展历史

行列式的概念源于解线性方程组的问题,行列式不仅是线性代数中的一个基本组成部分,也是研究线性代数的一个重要工具,线性代数的各章节都要用到行列式的概念和性质.

行列式实质上是由一些数值排列而成的数字表格,并按一定的法则计算得到的一个数.早在 1683 年和 1693 年,日本数学家关孝和与德国数学家莱布尼兹就分别独立地提出了行列式的概念.此后,行列式主要应用于线性方程组的研究并逐步发展成为线性代数的一个理论分支.1750 年,瑞士数学家克拉默在《线性代数分析导言》一书中给出了行列式的今日形式,并提出了利用行列式求解线性方程组的著名法则——克拉默法则.1812 年,法国数学家柯西发现了行列式在解析几何中的应用,这一发现激起了人们对行列式应用进行探索的浓厚兴趣,并将其应用到解析几何以及数学的其他分支中.1841 年,雅克比在《论行列式形成与性质》一书中对行列式及其性质、计算作出系统阐述.在行列式研究中做出重大贡献的还有后来的范德蒙、拉普拉斯等人.

二、解析几何中的行列式

行列式是一个数,它由一些数字按一定方式排成的方阵所确定,这个思想早在 1683 年和 1693 年就由日本数学家关孝和与德国数学家莱布尼兹提出,大约比形成独立体系的矩阵理论早 160 年. 多年以来,行列式主要出现在线性方程组的讨论中.

在 1750 年,瑞士数学家克拉默写了一篇文章指出行列式在解析几何学中很有用处,在那篇文章中,克拉默使用行列式构造 xOy 平面中的某些曲线方程组,而且他给出了著名的用行列式求解 $n\times n$ 方程组的克拉默法则. 随后在 1812 年,柯西发表了一篇文章,文中他使用行列式给出计算多个多面体体积的行列式公式,并将这些公式与早期行列式的工作联系起来,在柯西研究的"水晶体"中有图 1-4 所示的四面体和图 1-5 所示的平行六面体. 若平行六面体的顶点是原点 $O=(0,0,0)$, $v_1=(a_1,b_1,c_1)$, $v_2=(a_2,b_2,c_2)$, $v_3=(a_3,b_3,c_3)$,则它的体积是下面线性方程组的系数矩阵的行列式的绝对值

$$\begin{cases} a_1x+b_1y+c_1z=0 \\ a_2x+b_2y+c_2z=0 \\ a_3x+b_3y+c_3z=0 \end{cases}$$

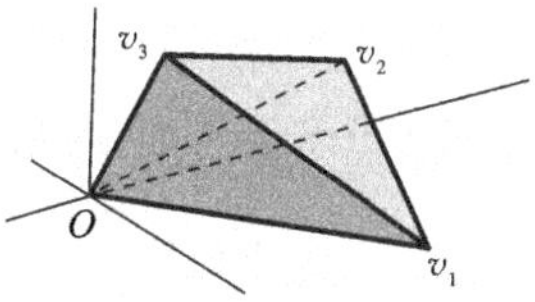

图 1-4

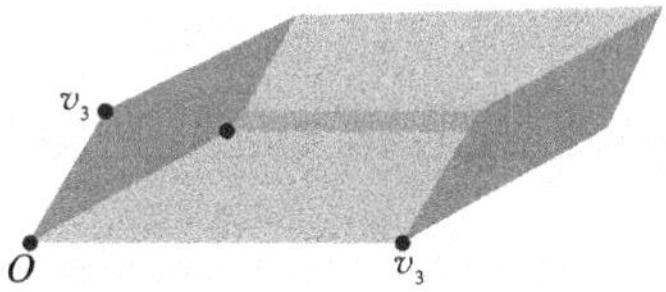

图 1-5

柯西在解析几何中使用行列式的工作激发了人们对行列式应用的强烈兴趣,持续了大约 100 年,有关这些内容的摘要可以在 20 世纪初由米尔写的四卷论著中查阅.

在柯西的年代,人们生活简单,矩阵规模不大,行列式在解析几何和数学其他分支中都起着重要的作用. 现在,虽然行列式对经常出现的大规模矩阵计算而言不具备太大的数值意义,但是行列式公式仍然给出关于矩阵的重要信息,并且行列式的知识在线性代数的一些应用中相当有用,这在后续章节介绍.

内 容 小 结

主要概念 n 元排列的逆序、排列的对换、排列的奇偶性、n 阶行列式和元素的代数余子式、转置行列式、克拉默法则

基本内容

1. 排列相关内容
2. 行列式定义
3. 行列式的基本性质 转置性质、拆分性质、数乘性质、对换性质、消元性质
4. 行列式的展开定理

$$\sum_{t=1}^{n} a_{it}A_{jt} = \begin{cases} D, & i=j \\ 0, & i\neq j \end{cases}, \quad \sum_{t=1}^{n} a_{ti}A_{tj} = \begin{cases} D, & i=j \\ 0, & i\neq j \end{cases}$$

5. 基本方法

行列式的计算方法与技巧很多,主要掌握如下几个方面:

(1) 熟练用对角线法计算二阶、三阶行列式;

(2) 用行列式的性质化为上(下)三角行列式或对角行列式;

(3) 用行列式一行(列)展开公式或把某一行(列)元素尽可能多地化为零元,然后用展开公式;

(4) 应用公式,如范德蒙行列式及分块三角或对角行列式.

6. 克拉默法则

总复习题 1

一、单项选择题

1. 下列排列是五元偶排列的是(　　).

A. 24315　　B. 14325　　C. 41523　　D. 24351

2. 如果 n 阶排列 $j_1j_2\cdots j_n$ 的逆序数是 k,则排列 $j_n\cdots j_2j_1$ 的逆序数是(　　).

A. k　　B. $n-k$　　C. $\dfrac{n!}{2}-k$　　D. $\dfrac{n(n-1)}{2}-k$

3. n 阶行列式的展开式中含 $a_{11}a_{12}$ 项共有(　　)项.

A. 0　　B. $n-2$　　C. $(n-2)!$　　D. $(n-1)!$

4. $\begin{vmatrix} 0 & 0 & 0 & 1 \\ 0 & 0 & 1 & 0 \\ 0 & 1 & 0 & 0 \\ 1 & 0 & 0 & 0 \end{vmatrix}=$(　　).

A. 0　　B. -1　　C. 1　　D. 2

5. $\begin{vmatrix} 0 & 0 & 1 & 0 \\ 0 & 1 & 0 & 0 \\ 0 & 0 & 0 & 1 \\ 1 & 0 & 0 & 0 \end{vmatrix}=$(　　).

A. 0　　B. -1　　C. 1　　D. 2

6. 在函数 $f(x)=\begin{vmatrix} 2x & x & -1 & 1 \\ -1 & -x & 1 & 2 \\ 3 & 2 & -x & 3 \\ 0 & 0 & 0 & 1 \end{vmatrix}$ 中,x^3 项的系数是(　　).

A. 0　　B. -1　　C. 1　　D. 2

7. 若 $D=\begin{vmatrix} a_{11} & a_{12} & a_{13} \\ a_{21} & a_{22} & a_{23} \\ a_{31} & a_{32} & a_{33} \end{vmatrix}=1$,则 $D_1=\begin{vmatrix} 2a_{11} & a_{13} & a_{11}-2a_{12} \\ 2a_{21} & a_{23} & a_{21}-2a_{22} \\ 2a_{31} & a_{33} & a_{31}-2a_{32} \end{vmatrix}=$(　　).

A. 4　　B. -4　　C. 2　　D. -2

8. 若$\begin{vmatrix} a_{11} & a_{12} \\ a_{21} & a_{22} \end{vmatrix}=a$，则$\begin{vmatrix} a_{12} & ka_{22} \\ a_{11} & ka_{21} \end{vmatrix}=$(　　).

A. ka　　B. $-ka$　　C. k^2a　　D. $-k^2a$

9. 已知四阶行列式中第1行元素依次是$-4,0,1,3$，第3行元素的余子式依次为$-2,5,1,x$，则$x=$(　　).

A. 0　　B. -3　　C. 3　　D. 2

10. 若$D=\begin{vmatrix} -8 & 7 & 4 & 3 \\ 6 & -2 & 3 & -1 \\ 1 & 1 & 1 & 1 \\ 4 & 3 & -7 & 5 \end{vmatrix}$，则$D$中第一行元素的代数余子式的和为(　　).

A. -1　　B. -2　　C. -3　　D. 0

11. 若$D=\begin{vmatrix} 3 & 0 & 4 & 0 \\ 1 & 1 & 1 & 1 \\ 0 & -1 & 0 & 0 \\ 5 & 3 & -2 & 2 \end{vmatrix}$，则$D$中第4行元素的余子式的和为(　　).

A. -1　　B. -2　　C. -3　　D. 0

12. k等于下列选项中哪个值时，齐次线性方程组$\begin{cases} x_1+x_2+kx_3=0 \\ x_1+kx_2+x_3=0 \\ kx_1+x_2+x_3=0 \end{cases}$有非零解.(　　)

A. -1　　B. -2　　C. -3　　D. 0

二、填空题

1. $2n$阶排列$24\cdots(2n)13\cdots(2n-1)$的逆序数是______.

2. 在六阶行列式中，项$a_{32}a_{54}a_{41}a_{65}a_{13}a_{26}$所带的符号是______.

3. 四阶行列式中包含$a_{22}a_{43}$且带正号的项是______.

4. 若一个n阶行列式中至少有n^2-n+1个元素等于0，则这个行列式的值等于______.

5. 行列式$\begin{vmatrix} 1 & 1 & 1 & 0 \\ 0 & 1 & 0 & 1 \\ 0 & 1 & 1 & 1 \\ 0 & 0 & 1 & 0 \end{vmatrix}=$______.

6. 行列式$\begin{vmatrix} 0 & 1 & 0 & \cdots & 0 \\ 0 & 0 & 2 & \cdots & 0 \\ \vdots & \vdots & \vdots & & \vdots \\ 0 & 0 & 0 & \cdots & n-1 \\ n & 0 & 0 & \cdots & 0 \end{vmatrix}$=______.

7. 行列式$\begin{vmatrix} a_{11} & \cdots & a_{1(n-1)} & a_{1n} \\ a_{21} & \cdots & a_{2(n-1)} & 0 \\ \vdots & \vdots & & \vdots \\ a_{n1} & \cdots & 0 & 0 \end{vmatrix}$=______.

8. 如果$D=\begin{vmatrix} a_{11} & a_{12} & a_{13} \\ a_{21} & a_{22} & a_{23} \\ a_{31} & a_{32} & a_{33} \end{vmatrix}=M$,则$D_1=\begin{vmatrix} a_{11} & a_{13}-3a_{12} & 3a_{12} \\ a_{21} & a_{23}-3a_{22} & 3a_{22} \\ a_{31} & a_{33}-3a_{32} & 3a_{32} \end{vmatrix}$=______.

9. 已知某五阶行列式的值为 5,将其第 1 行与第 5 行交换并转置,再用 2 乘所有元素,则所得的新行列式的值为______.

10. 行列式$\begin{vmatrix} 1 & -1 & 1 & x-1 \\ 1 & -1 & x+1 & -1 \\ 1 & x-1 & 1 & -1 \\ x+1 & -1 & 1 & -1 \end{vmatrix}$=______.

11. n 阶行列式$\begin{vmatrix} 1+\lambda & 1 & \cdots & 1 \\ 1 & 1+\lambda & \cdots & 1 \\ \vdots & \vdots & & \vdots \\ 1 & 1 & \cdots & 1+\lambda \end{vmatrix}$=______.

12. 已知三阶行列式中第 2 列元素依次为 1,2,3,其对应的余子式依次为 3,2,1,则该行列式的值为______.

13. 设行列式$D=\begin{vmatrix} 1 & 2 & 3 & 4 \\ 5 & 6 & 7 & 8 \\ 4 & 3 & 2 & 1 \\ 8 & 7 & 6 & 5 \end{vmatrix}$,$A_{4j}(j=1,2,3,4)$为 D 中第 4 行元素的代数余子式,则 $4A_{41}+3A_{42}+2A_{43}+A_{44}=$______.

14. 已知$D=\begin{vmatrix} a & b & c & a \\ c & b & a & b \\ b & a & c & c \\ a & c & b & d \end{vmatrix}$,$D$ 中第 4 列元素的代数余子式的和为______.

15. 设行列式 $D=\begin{vmatrix}1&2&3&4\\3&3&4&4\\1&5&6&7\\1&1&2&2\end{vmatrix}=-6$，$A_{4j}$ 为 $a_{4j}(j=1,2,3,4)$ 的代数余子式，则 $A_{41}+A_{42}=$______，$A_{43}+A_{44}=$______.

16. 已知行列式 $D=\begin{vmatrix}1&3&5&\cdots&2n-1\\1&2&0&\cdots&0\\1&0&3&\cdots&0\\\vdots&\vdots&\vdots&&\vdots\\1&0&0&\cdots&n\end{vmatrix}$，$D$ 中第 1 行元素的代数余子式的和为______.

17. 齐次线性方程组 $\begin{cases}kx_1+2x_2+x_3=0\\2x_1+kx_2\qquad=0\\x_1-\ x_2+x_3=0\end{cases}$ 仅有零解的充要条件是______.

18. 若齐次线性方程组 $\begin{cases}x_1+2x_2+\ x_3=0\\\qquad 2x_2+5x_3=0\\-3x_1-2x_2+kx_3=0\end{cases}$ 有非零解，则 $k=$______.

三、计算题

1. $\begin{vmatrix}a&b&c&d\\a^2&b^2&c^2&d^2\\a^3&b^3&c^3&d^3\\b+c+d&a+c+d&a+b+d&a+b+c\end{vmatrix}$.

2. $\begin{vmatrix}x&y&x+y\\y&x+y&x\\x+y&x&y\end{vmatrix}$.

3. 解方程 $\begin{vmatrix}0&1&x&1\\1&0&1&x\\x&1&1&0\\1&x&1&0\end{vmatrix}=0$.

4. $\begin{vmatrix}x&a_1&a_2&\cdots&a_{n-2}&1\\a_1&x&a_2&\cdots&a_{n-2}&1\\a_1&a_2&x&\cdots&a_{n-2}&1\\\vdots&\vdots&\vdots&&\vdots&\vdots\\a_1&a_2&a_3&\cdots&x&1\\a_1&a_2&a_3&\cdots&a_{n-1}&1\end{vmatrix}$.

5. $\begin{vmatrix}a_0&1&1&\cdots&1\\1&a_1&1&\cdots&1\\1&1&a_2&\cdots&1\\\vdots&\vdots&\vdots&&\vdots\\1&1&1&\cdots&a_n\end{vmatrix}(a_j\neq1,j=0,1,\cdots,n)$.

6. $\begin{vmatrix} 1 & 1 & 1 & \cdots & 1 \\ 3 & 1-b & 1 & \cdots & 1 \\ 1 & 1 & 2-b & \cdots & 1 \\ \vdots & \vdots & \vdots & & \vdots \\ 1 & 1 & 1 & \cdots & (n-1)-b \end{vmatrix}$.

7. $\begin{vmatrix} 1 & 1 & 1 & \cdots & 1 \\ b_1 & a_1 & a_1 & \cdots & a_1 \\ b_1 & b_2 & a_2 & \cdots & a_2 \\ \vdots & \vdots & \vdots & & \vdots \\ b_1 & b_2 & b_3 & \cdots & a_n \end{vmatrix}$.　　8. $\begin{vmatrix} x & a_1 & a_2 & \cdots & a_n \\ a_1 & x & a_2 & \cdots & a_n \\ a_1 & a_2 & x & \cdots & a_n \\ \vdots & \vdots & \vdots & & \vdots \\ a_1 & a_2 & a_3 & \cdots & x \end{vmatrix}$.

9. $\begin{vmatrix} 1+x_1^2 & x_1x_2 & \cdots & x_1x_n \\ x_2x_1 & 1+x_2^2 & \cdots & x_2x_n \\ \vdots & \vdots & & \vdots \\ x_nx_1 & x_nx_2 & \cdots & 1+x_n^2 \end{vmatrix}$.　　10. $\begin{vmatrix} 2 & 1 & 0 & \cdots & 0 & 0 \\ 1 & 2 & 1 & \cdots & 0 & 0 \\ 0 & 1 & 2 & \cdots & 0 & 0 \\ \vdots & \vdots & \vdots & & \vdots & \vdots \\ 0 & 0 & 0 & \cdots & 2 & 1 \\ 0 & 0 & 0 & \cdots & 1 & 2 \end{vmatrix}$.

11. $D=\begin{vmatrix} 1-a & a & 0 & 0 & 0 \\ -1 & 1-a & a & 0 & 0 \\ 0 & -1 & 1-a & a & 0 \\ 0 & 0 & -1 & 1-a & a \\ 0 & 0 & 0 & -1 & 1-a \end{vmatrix}$.

四、证明题

1. 设 $abcd=1$，证明：$\begin{vmatrix} a^2+\frac{1}{a^2} & a & \frac{1}{a} & 1 \\ b^2+\frac{1}{b^2} & b & \frac{1}{b} & 1 \\ c^2+\frac{1}{c^2} & c & \frac{1}{c} & 1 \\ d^2+\frac{1}{d^2} & d & \frac{1}{d} & 1 \end{vmatrix}=0$.

2. 证明：$\begin{vmatrix} a_1+b_1x & a_1x+b_1 & c_1 \\ a_2+b_2x & a_2x+b_2 & c_2 \\ a_3+b_3x & a_3x+b_3 & c_3 \end{vmatrix}=(1-x^2)\begin{vmatrix} a_1 & b_1 & c_1 \\ a_2 & b_2 & c_2 \\ a_3 & b_3 & c_3 \end{vmatrix}$.

3. 证明：$\begin{vmatrix} 1 & 1 & 1 & 1 \\ a & b & c & d \\ a^2 & b^2 & c^2 & d^2 \\ a^4 & b^4 & c^4 & d^4 \end{vmatrix}=(b-a)(c-a)(d-a)(c-b)(d-b)(d-c)(a+b+c+d)$.

4. 证明：$\begin{vmatrix} 1 & 1 & \cdots & 1 \\ a_1 & a_2 & \cdots & a_n \\ a_1^2 & a_2^2 & \cdots & a_n^2 \\ \vdots & \vdots & & \vdots \\ a_1^{n-2} & a_2^{n-2} & \cdots & a_n^{n-2} \\ a_1^n & a_2^n & \cdots & a_n^n \end{vmatrix}=\sum_{i=1}^{n} a_i \prod_{1 \leqslant i<j \leqslant n}(a_j-a_i)$.

5. 设 a,b,c 两两不等，证明：$\begin{vmatrix} 1 & 1 & 1 \\ a & b & c \\ a^3 & b^3 & c^3 \end{vmatrix}=0$ 的充要条件是 $a+b+c=0$.

第二章　矩　　阵

矩阵是线性代数的主要研究对象，是求解线性方程组的一个有力工具.本章将讨论矩阵的加、减、数乘、乘法、矩阵的求逆及矩阵的分块运算.

第一节　矩阵的概念

引例　线性方程组

$$\begin{cases} a_{11}x_1+a_{12}x_2+\cdots+a_{1n}x_n=b_1 \\ a_{21}x_1+a_{22}x_2+\cdots+a_{2n}x_n=b_2 \\ \qquad\qquad\vdots \\ a_{m1}x_1+a_{m2}x_2+\cdots+a_{mn}x_n=b_m \end{cases} \tag{2.1}$$

其中，$x_i(i=1,2,\cdots,n)$代表 n 个未知量，m 是方程的个数，$a_{ij}(i=1,2,\cdots,m;j=1,2,\cdots,n)$称为方程组的系数，$b_i(i=1,2,\cdots,m)$称为常数项.为了便于研究和求解线性方程组，我们把系数和常数项取出并按原来的位置排成下列数表：

$$\begin{pmatrix} a_{11} & a_{12} & \cdots & a_{1n} & b_1 \\ a_{21} & a_{22} & \cdots & a_{2n} & b_2 \\ \vdots & \vdots & & \vdots & \vdots \\ a_{m1} & a_{m2} & \cdots & a_{mn} & b_m \end{pmatrix} \tag{2.2}$$

这样的数表称为矩阵.

定义 2.1　由 $m\times n$ 个数 $a_{ij}(i=1,2,\cdots,m;j=1,2,\cdots,n)$排成 m 行 n 列，即

$$\begin{matrix} a_{11} & a_{12} & \cdots & a_{1n} \\ a_{21} & a_{22} & \cdots & a_{2n} \\ \vdots & \vdots & & \vdots \\ a_{m1} & a_{m2} & \cdots & a_{mn} \end{matrix}$$

称为 m 行 n 列的矩阵，简称 $m\times n$ 矩阵.为了表示它是一个整体，总是加一个括弧（中括弧或小括弧），并用大写黑体字母表示它，记作

$$\boldsymbol{A}=\begin{pmatrix} a_{11} & a_{12} & \cdots & a_{1n} \\ a_{21} & a_{22} & \cdots & a_{2n} \\ \vdots & \vdots & & \vdots \\ a_{m1} & a_{m2} & \cdots & a_{mn} \end{pmatrix} \tag{2.3}$$

其中，a_{ij} 表示矩阵第 i 行第 j 列的元素. 矩阵 $\boldsymbol{A}$ 也可简记为 $\boldsymbol{A}=(a_{ij})_{m\times n}$ 或 $\boldsymbol{A}=(a_{ij})$，$m\times n$ 矩阵 $\boldsymbol{A}$ 也记为 $\boldsymbol{A}_{m\times n}$.

元素是实数的矩阵称为实矩阵，元素是复数的矩阵称为复矩阵. 本书中除特别声明外，都是指实矩阵. 当 $m=n$ 时，$\boldsymbol{A}$ 称为 n 阶方阵.

只有一行的矩阵 $\boldsymbol{A}=(a_1\ a_2 \cdots\ a_n)$ 称为行矩阵，又称行向量，为了避免元素间的混淆，行矩阵一般记作 $\boldsymbol{A}=(a_1,a_2,\cdots,a_n)$.

只有一列的矩阵

$$\boldsymbol{A}=\begin{pmatrix} a_1 \\ a_2 \\ \vdots \\ a_n \end{pmatrix}$$

称为列矩阵，又称为列向量.

两个矩阵若行数相等且列数相等，则称它们是同型的. 若 $\boldsymbol{A}=(a_{ij})_{m\times n}$ 与 $\boldsymbol{B}=(b_{ij})_{m\times n}$ 同型，且它们的对应元素相等，即

$$a_{ij}=b_{ij}\ (i=1,2,\cdots,m;j=1,2,\cdots,n)$$

则称矩阵 $\boldsymbol{A}$ 与 $\boldsymbol{B}$ 相等，记为 $\boldsymbol{A}=\boldsymbol{B}$.

元素全为零的矩阵称为零矩阵，记为 $\mathbf{0}$. 注意不同型的零矩阵是不相等的.

显然，当未知量 $x_1,x_2,\cdots,x_n$ 的顺序排定后，线性方程组(2.1)与矩阵(2.2)是一一对应的，于是可以用矩阵来研究线性方程组.

【例 2-1】 设一组变量 $x_1,x_2,\cdots,x_n$ 与另一组变量 $y_1,y_2,\cdots,y_m$ 之间的关系式：

$$\begin{cases} y_1=a_{11}x_1+a_{12}x_2+\cdots+a_{1n}x_n \\ y_2=a_{21}x_1+a_{22}x_2+\cdots+a_{2n}x_n \\ \quad\vdots \\ y_m=a_{m1}x_1+a_{m2}x_2+\cdots+a_{mn}x_n \end{cases} \tag{2.4}$$

表示一个从变量 $x_1,x_2,\cdots,x_n$ 到变量 $y_1,y_2,\cdots,y_m$ 的线性变换，其中 $a_{ij}\ (i=1,2,\cdots,m;j=1,2,\cdots,n)$ 为常数，称为变换(2.4)的系数，线性变换的系数构成 $m\times n$ 矩阵 $\boldsymbol{A}$，称为线性变换(2.4)的系数矩阵.

给定线性变换，它的系数矩阵也就确定，反之，如果给出一个矩阵作为线性变换的系数矩阵，则线性变换也就确定，在这个意义上，线性变换和矩阵之间存在着一一对应的关系.

【例 2-2】 将某种物资从 m 个产地 $A_1,A_2,\cdots,A_m$ 运往 n 个销地 $B_1,B_2,\cdots,B_n$，用 a_{ij} 表示由产地 $A_i\ (i=1,2,\cdots,m)$ 运往销地 $B_j\ (j=1,2,\cdots,n)$ 的物资数量，则调运方案可用矩阵(2.3)表示.

下面介绍几个重要的 n 阶方阵.

【例 2-3】 由 n 个变量 $x_1,x_2,\cdots,x_n$ 到 n 个变量 $y_1,y_2,\cdots,y_n$ 的线性变换

$$\begin{cases} y_1=x_1 \\ y_2=x_2 \\ \quad\vdots \\ y_n=x_n \end{cases}$$

称为恒等变换，它的系数矩阵

$$\boldsymbol{E}=\begin{pmatrix} 1 & 0 & \cdots & 0 \\ 0 & 1 & \cdots & 0 \\ \vdots & \vdots & & \vdots \\ 0 & 0 & \cdots & 1 \end{pmatrix}$$

称为 n 阶单位矩阵，简称单位阵. n 阶单位矩阵的特点是：从左上角到右下角的直线（称为主对角线）上的元素都是 1，其他元素都为零. 也就是

$$\boldsymbol{E}=(\delta_{ij})$$

其中，

$$\delta_{ij}=\begin{cases} 1, & i=j \\ 0, & i\neq j \end{cases} \quad (i,j=1,2,\cdots,n)$$

【例 2-4】 线性变换

$$\begin{cases} y_1=\lambda_1 x_1 \\ y_2=\lambda_2 x_2 \\ \quad\vdots \\ y_n=\lambda_n x_n \end{cases}$$

对应的系数矩阵

$$\boldsymbol{A}=\begin{pmatrix} \lambda_1 & 0 & \cdots & 0 \\ 0 & \lambda_2 & \cdots & 0 \\ \vdots & \vdots & & \vdots \\ 0 & 0 & \cdots & \lambda_n \end{pmatrix}$$

称为对角阵. 对角阵也记作 $\boldsymbol{A}=\mathrm{diag}(\lambda_1,\lambda_2,\cdots,\lambda_n)$.

对角阵的特点是：不在主对角线上的元素都为零. 当 $\lambda_1=\lambda_2=\cdots=\lambda_n$ 时，称此矩阵为数量矩阵.

形如：

$$\begin{pmatrix} a_{11} & a_{12} & \cdots & a_{1n} \\ & a_{22} & \cdots & a_{2n} \\ & & \ddots & \vdots \\ & & & a_{nn} \end{pmatrix}$$

称为上三角阵.上三角阵的特点是:主对角线以下的元素全为零,即当 $i>j$ 时,$a_{ij}=0$.类似地,方阵

$$\begin{pmatrix} a_{11} & 0 & \cdots & 0 \\ a_{21} & a_{22} & \cdots & 0 \\ \vdots & \vdots & & \vdots \\ a_{n1} & a_{n2} & \cdots & a_{nn} \end{pmatrix}$$

称为下三角阵.

习　题　2.1

1. n 阶矩阵与 n 阶行列式有什么区别?

2. 试确定 a、b、c 的值,使得 $\begin{pmatrix} 2 & -1 & 0 \\ a+b & 3 & 5 \\ 1 & 0 & a \end{pmatrix}=\begin{pmatrix} c & -1 & 0 \\ -2 & 3 & 5 \\ 1 & 0 & 6 \end{pmatrix}$.

第二节　矩阵的运算

矩阵作为数表本身是无运算含义的,只有根据实际需要赋予它某些运算定义,使其能被看作一个量进行运算,从而获得广泛的应用.

一、矩阵的加法

定义 2.2　设有两个 $m\times n$ 矩阵:$\boldsymbol{A}=(a_{ij})_{m\times n}$,$\boldsymbol{B}=(b_{ij})_{m\times n}$,那么矩阵

$$\boldsymbol{C}=(c_{ij})_{m\times n}=(a_{ij}+b_{ij})_{m\times n}=\begin{pmatrix} a_{11}+b_{11} & a_{12}+b_{12} & \cdots & a_{1n}+b_{1n} \\ a_{21}+b_{21} & a_{22}+b_{22} & \cdots & a_{2n}+b_{2n} \\ \vdots & \vdots & & \vdots \\ a_{m1}+b_{m1} & a_{m2}+b_{m2} & \cdots & a_{mn}+b_{mn} \end{pmatrix}$$

矩阵 $\boldsymbol{C}$ 称为矩阵 $\boldsymbol{A}$ 与 $\boldsymbol{B}$ 的和,记为 $\boldsymbol{C}=\boldsymbol{A}+\boldsymbol{B}$.

注意:只有同型矩阵才能进行加法运算.

设 $\boldsymbol{A}$、$\boldsymbol{B}$、$\boldsymbol{C}$、$\boldsymbol{0}$ 均为 $m\times n$ 矩阵,容易证明矩阵加法满足下列运算规律:

(i) 交换律 $\boldsymbol{A}+\boldsymbol{B}=\boldsymbol{B}+\boldsymbol{A}$;

(ii) 结合律 $(\boldsymbol{A}+\boldsymbol{B})+\boldsymbol{C}=\boldsymbol{A}+(\boldsymbol{B}+\boldsymbol{C})$;

(iii) $\boldsymbol{A}+\boldsymbol{0}=\boldsymbol{A}$.

设矩阵 $\boldsymbol{A}=(a_{ij})_{m\times n}$,记 $-\boldsymbol{A}=(-a_{ij})_{m\times n}$,$-\boldsymbol{A}$ 称为 $\boldsymbol{A}$ 的负矩阵,显然有

$$\boldsymbol{A}+(-\boldsymbol{A})=\boldsymbol{0}$$

由此定义矩阵的减法为

$$\boldsymbol{A}-\boldsymbol{B}=\boldsymbol{A}+(-\boldsymbol{B})$$

二、数与矩阵的乘法

定义 2.3 设 λ 是常数，$\boldsymbol{A}=(a_{ij})_{m\times n}$，则矩阵

$$\lambda\boldsymbol{A}=\boldsymbol{A}\lambda=\begin{pmatrix}\lambda a_{11} & \lambda a_{12} & \cdots & \lambda a_{1n}\\ \lambda a_{21} & \lambda a_{22} & \cdots & \lambda a_{2n}\\ \vdots & \vdots & & \vdots\\ \lambda a_{m1} & \lambda a_{m2} & \cdots & \lambda a_{mn}\end{pmatrix}$$

称为数 λ 与矩阵 $\boldsymbol{A}$ 的乘积.

设 $\boldsymbol{A}$、$\boldsymbol{B}$ 为 $m\times n$ 矩阵，λ、μ 为数，由定义可以证明数与矩阵的乘法满足下列运算规律：

(i) $(\lambda\mu)\boldsymbol{A}=\lambda(\mu\boldsymbol{A})=\mu(\lambda\boldsymbol{A})$；

(ii) $(\lambda+\mu)\boldsymbol{A}=\lambda\boldsymbol{A}+\mu\boldsymbol{A}$；

(iii) $\lambda(\boldsymbol{A}+\boldsymbol{B})=\lambda\boldsymbol{A}+\lambda\boldsymbol{B}$；

(iv) $1\cdot\boldsymbol{A}=\boldsymbol{A}$，$0\boldsymbol{A}=\boldsymbol{0}$.

【例 2-5】 设矩阵 $\boldsymbol{A}=\begin{pmatrix}2 & 1 & 3\\ 0 & 1 & 2\end{pmatrix}$，$\boldsymbol{B}=\begin{pmatrix}-2 & 4 & 0\\ 1 & 3 & 1\end{pmatrix}$，求 $\boldsymbol{C}=\boldsymbol{A}-2\boldsymbol{B}$.

解 $$\boldsymbol{C}=\boldsymbol{A}-2\boldsymbol{B}=\begin{pmatrix}2 & 1 & 3\\ 0 & 1 & 2\end{pmatrix}-2\begin{pmatrix}-2 & 4 & 0\\ 1 & 3 & 1\end{pmatrix}=\begin{pmatrix}6 & -7 & 3\\ -2 & -5 & 0\end{pmatrix}$$

三、矩阵与矩阵相乘

设有两个线性变换

$$\begin{cases}y_1=a_{11}x_1+a_{12}x_2+a_{13}x_3\\ y_2=a_{21}x_1+a_{22}x_2+a_{23}x_3\end{cases}\tag{2.5}$$

和

$$\begin{cases}x_1=b_{11}t_1+b_{12}t_2\\ x_2=b_{21}t_1+b_{22}t_2\\ x_3=b_{31}t_1+b_{32}t_2\end{cases}\tag{2.6}$$

若想求出从 t_1、t_2 到 y_1、y_2 的线性变换，可将线性变换(2.6)代入线性变换(2.5)，便得

$$\begin{cases}y_1=(a_{11}b_{11}+a_{12}b_{21}+a_{13}b_{31})t_1+(a_{11}b_{12}+a_{12}b_{22}+a_{13}b_{32})t_2\\ y_2=(a_{21}b_{11}+a_{22}b_{21}+a_{23}b_{31})t_1+(a_{21}b_{12}+a_{22}b_{22}+a_{23}b_{32})t_2\end{cases}\tag{2.7}$$

线性变换(2.7)可看成是先作线性变换(2.6)再作线性变换(2.5)的结果，我们把线性变换(2.7)叫作线性变换(2.5)与线性变换(2.6)的乘积，相应地把线性变换(2.7)所对应的矩阵定义为线性变换(2.5)与线性变换(2.6)所对应的矩阵的乘积，即

$$\begin{pmatrix} a_{11} & a_{12} & a_{13} \\ a_{21} & a_{22} & a_{23} \end{pmatrix}\begin{pmatrix} b_{11} & b_{12} \\ b_{21} & b_{22} \\ b_{31} & b_{32} \end{pmatrix}=\begin{pmatrix} a_{11}b_{11}+a_{12}b_{21}+a_{13}b_{31} & a_{11}b_{12}+a_{12}b_{22}+a_{13}b_{32} \\ a_{21}b_{11}+a_{22}b_{21}+a_{23}b_{31} & a_{21}b_{12}+a_{22}b_{22}+a_{23}b_{32} \end{pmatrix}$$

定义 2.4　设矩阵 $\boldsymbol{A}=(a_{ij})_{m\times s}$，$\boldsymbol{B}=(b_{ij})_{s\times n}$，则 $m\times n$ 矩阵 $\boldsymbol{C}=(c_{ij})_{m\times n}$ 称为矩阵 $\boldsymbol{A}$ 与 $\boldsymbol{B}$ 的乘积，记为 $\boldsymbol{C}=\boldsymbol{AB}$.

其中，

$$c_{ij}=a_{i1}b_{1j}+a_{i2}b_{2j}+\cdots+a_{is}b_{sj}=\sum_{k=1}^{s}a_{ik}b_{kj}\,(i=1,2,\cdots,m;j=1,2,\cdots,n)$$

由定义可以看出：$\boldsymbol{C}=\boldsymbol{AB}$ 中第 i 行第 j 列的元素 c_{ij} 等于 $\boldsymbol{A}$ 的第 i 行与 $\boldsymbol{B}$ 的第 j 列的对应元素的乘积之和. 必须注意：只有当第一个矩阵（左矩阵）的列数等于第二个矩阵（右矩阵）的行数时，两个矩阵才能相乘.

其行数与列数之间的关系可简记为 $(m\times s)(s\times n)=(m\times n)$.

【例 2-6】　设矩阵

$$\boldsymbol{A}=\begin{pmatrix} 1 & 0 & 3 \\ 2 & 1 & 0 \end{pmatrix},\quad \boldsymbol{B}=\begin{pmatrix} 4 & 1 \\ -1 & 1 \\ 2 & 0 \end{pmatrix}$$

求乘积 $\boldsymbol{AB}$.

解　因为 $\boldsymbol{A}$ 是 2×3 矩阵，$\boldsymbol{B}$ 是 3×2 矩阵，$\boldsymbol{A}$ 的列数等于 $\boldsymbol{B}$ 的行数，所以矩阵 $\boldsymbol{A}$ 与 $\boldsymbol{B}$ 可以相乘，$\boldsymbol{AB}=\boldsymbol{C}$ 是 2×2 矩阵. 由定义 2.3 有

$$\boldsymbol{AB}=\begin{pmatrix} 1 & 0 & 3 \\ 2 & 1 & 0 \end{pmatrix}\begin{pmatrix} 4 & 1 \\ -1 & 1 \\ 2 & 0 \end{pmatrix}=\begin{pmatrix} 1\times 4+0\times(-1)+3\times 2 & 1\times 1+0\times 1+3\times 0 \\ 2\times 4+1\times(-1)+0\times 2 & 2\times 1+1\times 1+0\times 0 \end{pmatrix}$$

$$=\begin{pmatrix} 10 & 1 \\ 7 & 3 \end{pmatrix}$$

【例 2-7】　设 $\boldsymbol{A}=\begin{pmatrix} 1 & 1 \\ -1 & -1 \end{pmatrix}$，$\boldsymbol{B}=\begin{pmatrix} 1 & -1 \\ -1 & 1 \end{pmatrix}$，求 $\boldsymbol{AB}$ 与 $\boldsymbol{BA}$.

解

$$\boldsymbol{AB}=\begin{pmatrix} 1 & 1 \\ -1 & -1 \end{pmatrix}\begin{pmatrix} 1 & -1 \\ -1 & 1 \end{pmatrix}=\begin{pmatrix} 0 & 0 \\ 0 & 0 \end{pmatrix}$$

$$\boldsymbol{BA}=\begin{pmatrix} 1 & -1 \\ -1 & 1 \end{pmatrix}\begin{pmatrix} 1 & 1 \\ -1 & -1 \end{pmatrix}=\begin{pmatrix} 2 & 2 \\ -2 & -2 \end{pmatrix}$$

注：

(1) 矩阵乘法一般不满足交换律，即 $\boldsymbol{AB}\neq\boldsymbol{BA}$.

乘积 $\boldsymbol{AB}$ 有意义时，$\boldsymbol{BA}$ 不一定有意义，即使 $\boldsymbol{BA}$ 有意义，由例 2-7 可知，$\boldsymbol{AB}$ 也不一定等于 $\boldsymbol{BA}$. 由此可知，在矩阵乘法中必须注意矩阵相乘的顺序. $\boldsymbol{AB}$ 通常说成“$\boldsymbol{A}$ 左乘 $\boldsymbol{B}$”，$\boldsymbol{BA}$ 称“$\boldsymbol{A}$ 右乘 $\boldsymbol{B}$”. 因此，矩阵乘法不满足交换律，即在一般情况下，$\boldsymbol{AB}\neq\boldsymbol{BA}$.

对于两个 n 阶方阵 $\boldsymbol{A}$、$\boldsymbol{B}$，若 $\boldsymbol{AB}=\boldsymbol{BA}$，则称 $\boldsymbol{A}$ 与 $\boldsymbol{B}$ 是可交换的.

(2) 当 $\boldsymbol{A}$、$\boldsymbol{B}$ 都不是零矩阵时，但 $\boldsymbol{AB}=\boldsymbol{0}$，这是矩阵乘法与数的乘法又一不同之处. 若 $\boldsymbol{AB}=\boldsymbol{0}$，不能推出 $\boldsymbol{A}=\boldsymbol{0}$ 或 $\boldsymbol{B}=\boldsymbol{0}$ 的结论.

(3) 若 $\boldsymbol{AB}=\boldsymbol{AC}$，$\boldsymbol{A}\neq\boldsymbol{0}$，也不能推出 $\boldsymbol{B}=\boldsymbol{C}$ 的结论，即矩阵乘法消去率一般不成立.

例如，$\boldsymbol{A}=\begin{pmatrix}1 & -1\\ -2 & 2\end{pmatrix}$，$\boldsymbol{B}=\begin{pmatrix}3 & 1\\ 2 & -1\end{pmatrix}$，$\boldsymbol{C}=\begin{pmatrix}2 & -1\\ 1 & -3\end{pmatrix}$，有 $\boldsymbol{AB}=\boldsymbol{AC}=\begin{pmatrix}1 & 2\\ -2 & -4\end{pmatrix}$，而 $\boldsymbol{B}\neq\boldsymbol{C}$.

但可以证明，矩阵乘法满足以下运算规律，其中所涉及的运算均假定是可行的.

(i) 结合律：$(\boldsymbol{AB})\boldsymbol{C}=\boldsymbol{A}(\boldsymbol{BC})$；

(ii) 左分配律：$\boldsymbol{A}(\boldsymbol{B}+\boldsymbol{C})=\boldsymbol{AB}+\boldsymbol{AC}$；

右分配律：$(\boldsymbol{B}+\boldsymbol{C})\boldsymbol{A}=\boldsymbol{BA}+\boldsymbol{CA}$；

(iii) 数乘结合律：$\lambda(\boldsymbol{AB})=(\lambda\boldsymbol{A})\boldsymbol{B}=\boldsymbol{A}(\lambda\boldsymbol{B})$（其中 λ 为数）；

(iv) 设 $\boldsymbol{A}$ 是 $m\times k$ 矩阵，$\boldsymbol{B}$ 为 $k\times n$ 矩阵，则

$$\boldsymbol{E}_m\boldsymbol{A}=\boldsymbol{A},\quad \boldsymbol{AE}_k=\boldsymbol{A},\quad \boldsymbol{AE}_k\boldsymbol{B}=\boldsymbol{AB}$$

其中，$\boldsymbol{E}_m(\boldsymbol{E}_k)$ 为 $m(k)$ 阶单位矩阵，可见单位矩阵 $\boldsymbol{E}$ 在矩阵乘法中的作用类似于数 1.

以上性质可以根据矩阵运算的定义得到证明.

下面只证(ii)中左分配律：$\boldsymbol{A}(\boldsymbol{B}+\boldsymbol{C})=\boldsymbol{AB}+\boldsymbol{AC}$.

设 $\boldsymbol{A}=(a_{ij})_{m\times n}$，$\boldsymbol{B}=(b_{ij})_{n\times k}$，$\boldsymbol{C}=(c_{ij})_{n\times k}$.

只需证明左右两边矩阵对应元素相等，由乘法定义，有

$$[\boldsymbol{A}(\boldsymbol{B}+\boldsymbol{C})]_{ij}=\sum_{t=1}^{k}a_{it}(b_{tj}+c_{tj})=\sum_{t=1}^{k}a_{it}b_{tj}+\sum_{t=1}^{k}a_{it}c_{tj}=[\boldsymbol{AB}]_{ij}+[\boldsymbol{AC}]_{ij}，即证.$$

定义 2.5 矩阵的幂：设 $\boldsymbol{A}$ 是 n 阶方阵，定义 $\boldsymbol{A}$ 的正整数幂为

$$\boldsymbol{A}^0=\boldsymbol{E},\boldsymbol{A}^1=\boldsymbol{A},\boldsymbol{A}^2=\boldsymbol{A}^1\cdot\boldsymbol{A}^1,\boldsymbol{A}^k=\boldsymbol{AA}\cdots\boldsymbol{A},\boldsymbol{A}^{k+l}=\boldsymbol{A}^k\boldsymbol{A}^l,(\boldsymbol{A}^k)^l=\boldsymbol{A}^{kl}\quad(k,l\text{ 为正整数})$$

但一般地，$(\boldsymbol{AB})^k\neq\boldsymbol{A}^k\boldsymbol{B}^k$. 只有当 $\boldsymbol{A}$、$\boldsymbol{B}$ 可交换时，才有 $(\boldsymbol{AB})^k=\boldsymbol{A}^k\boldsymbol{B}^k$.

类似地，$(\boldsymbol{A}+\boldsymbol{B})^2=\boldsymbol{A}^2+2\boldsymbol{AB}+\boldsymbol{B}^2$，$(\boldsymbol{A}-\boldsymbol{B})(\boldsymbol{A}+\boldsymbol{B})=\boldsymbol{A}^2-\boldsymbol{B}^2$，也只有当 $\boldsymbol{A}$、$\boldsymbol{B}$ 可交换时才成立.

设 x 的 m 次多项式 $f(x)=a_0x^m+a_1x^{m-1}+\cdots+a_{m-1}x+a_m$，则定义 $f(\boldsymbol{A})=a_0\boldsymbol{A}^m+a_1\boldsymbol{A}^{m-1}+\cdots+a_{m-1}\boldsymbol{A}+a_m\boldsymbol{E}$ 为 n 阶方阵 $\boldsymbol{A}$ 的 m 次多项式矩阵.

注：矩阵 $\boldsymbol{A}^k$、$\boldsymbol{A}^l$ 和 $\boldsymbol{E}$ 是可交换的，所以矩阵 $\boldsymbol{A}$ 的 m 次多项式可以像数 x 的多项式一样相乘或分解因式，例如：

$$(\boldsymbol{E}+\boldsymbol{A})(2\boldsymbol{E}-\boldsymbol{A})=2\boldsymbol{E}+\boldsymbol{A}-\boldsymbol{A}^2,\quad (\boldsymbol{E}-\boldsymbol{A})^3=\boldsymbol{E}-3\boldsymbol{A}+3\boldsymbol{A}^2-\boldsymbol{A}^3$$

利用矩阵乘法，例 2-1 中的线性变换

$$\begin{cases}y_1=a_{11}x_1+a_{12}x_2+\cdots+a_{1n}x_n\\ y_2=a_{21}x_1+a_{22}x_2+\cdots+a_{2n}x_n\\ \quad\vdots\\ y_m=a_{m1}x_1+a_{m2}x_2+\cdots+a_{mn}x_n\end{cases}$$

可记作

$$Y=AX$$

其中，$\boldsymbol{A}=(a_{ij})$，$\boldsymbol{X}=\begin{pmatrix}x_1\\x_2\\\vdots\\x_n\end{pmatrix}$，$\boldsymbol{Y}=\begin{pmatrix}y_1\\y_2\\\vdots\\y_m\end{pmatrix}$.

【例 2-8】 设 $f(\boldsymbol{x})=2\boldsymbol{x}^2+3\boldsymbol{x}+5$，$\boldsymbol{A}=\begin{pmatrix}3&4\\4&-3\end{pmatrix}$，求 $f(\boldsymbol{A})$.

解

$$\boldsymbol{A}^2=\begin{pmatrix}3&4\\4&-3\end{pmatrix}\begin{pmatrix}3&4\\4&-3\end{pmatrix}=\begin{pmatrix}25&0\\0&25\end{pmatrix}$$

$$f(\boldsymbol{A})=2\begin{pmatrix}25&0\\0&25\end{pmatrix}+3\begin{pmatrix}3&4\\4&-3\end{pmatrix}+5\begin{pmatrix}1&0\\0&1\end{pmatrix}=\begin{pmatrix}64&12\\12&46\end{pmatrix}$$

【例 2-9】 求证

$$\begin{pmatrix}\cos\theta&-\sin\theta\\\sin\theta&\cos\theta\end{pmatrix}^n=\begin{pmatrix}\cos n\theta&-\sin n\theta\\\sin n\theta&\cos n\theta\end{pmatrix}$$

证 用数学归纳法证明.当 $n=1$ 时，等式显然成立.假设当 $n=k$ 时等式成立，即

$$\begin{pmatrix}\cos\theta&-\sin\theta\\\sin\theta&\cos\theta\end{pmatrix}^k=\begin{pmatrix}\cos k\theta&-\sin k\theta\\\sin k\theta&\cos k\theta\end{pmatrix}$$

要证当 $n=k+1$ 时成立，此时

$$\begin{aligned}\begin{pmatrix}\cos\theta&-\sin\theta\\\sin\theta&\cos\theta\end{pmatrix}^{k+1}&=\begin{pmatrix}\cos\theta&-\sin\theta\\\sin\theta&\cos\theta\end{pmatrix}^k\begin{pmatrix}\cos\theta&-\sin\theta\\\sin\theta&\cos\theta\end{pmatrix}\\&=\begin{pmatrix}\cos k\theta&-\sin k\theta\\\sin k\theta&\cos k\theta\end{pmatrix}\begin{pmatrix}\cos\theta&-\sin\theta\\\sin\theta&\cos\theta\end{pmatrix}\\&=\begin{pmatrix}\cos k\theta\cos\theta-\sin k\theta\sin\theta&-\cos k\theta\sin\theta-\sin k\theta\cos\theta\\\sin k\theta\cos\theta+\cos k\theta\sin\theta&-\sin k\theta\sin\theta+\cos k\theta\cos\theta\end{pmatrix}\\&=\begin{pmatrix}\cos(k+1)\theta&-\sin(k+1)\theta\\\sin(k+1)\theta&\cos(k+1)\theta\end{pmatrix}\end{aligned}$$

所以当 $n=k+1$ 时结论成立.因此，对一切自然数 n 都有

$$\begin{pmatrix}\cos\theta&-\sin\theta\\\sin\theta&\cos\theta\end{pmatrix}^n=\begin{pmatrix}\cos n\theta&-\sin n\theta\\\sin n\theta&\cos n\theta\end{pmatrix}$$

四、矩阵的转置

定义 2.6 将 $m\times n$ 矩阵 $\boldsymbol{A}=(a_{ij})_{m\times n}$ 的行和列依次互换位置，得到一个 $n\times m$ 矩阵，称为 $\boldsymbol{A}$ 的转置，记为 $\boldsymbol{A}^{\mathrm{T}}$(或 A').

例如，矩阵

$$A=\begin{pmatrix}1&2&0\\3&1&-1\end{pmatrix}$$

的转置矩阵为

$$A^{\mathrm{T}}=\begin{pmatrix}1&3\\2&1\\0&-1\end{pmatrix}$$

矩阵的转置也可看作是一种运算,满足下列规律:

(1) $(A^{\mathrm{T}})^{\mathrm{T}}=A$;

(2) $(A+B)^{\mathrm{T}}=A^{\mathrm{T}}+B^{\mathrm{T}}$;

(3) $(\lambda A)^{\mathrm{T}}=\lambda A^{\mathrm{T}}$($\lambda$ 为数);

(4) $(AB)^{\mathrm{T}}=B^{\mathrm{T}}A^{\mathrm{T}}$.

性质(1)~性质(3)可直接用定义验证,下面只证明性质(4).

证 设 $A=(a_{ij})_{m\times s}$,$B=(b_{ij})_{s\times n}$,$AB=C=(c_{ij})_{m\times n}$,$B^{\mathrm{T}}A^{\mathrm{T}}=D=(d_{ij})_{n\times m}$,$(AB)^{\mathrm{T}}$ 中第 i 行第 j 列的元素即 AB 中第 j 行第 i 列的元素,由乘法定义,即为 $c_{ji}=\sum\limits_{k=1}^{s}a_{jk}b_{ki}$,而 B^{T} 的第 i 行为 $(b_{1i},\cdots,b_{si})$,A^{T} 的第 j 列为 $(a_{j1},\cdots,a_{js})^{\mathrm{T}}$,因此,$d_{ij}=\sum\limits_{k=1}^{s}b_{ki}a_{jk}=\sum\limits_{k=1}^{s}a_{jk}b_{ki}$,所以 $d_{ij}=c_{ji}(i=1,2,\cdots,n;j=1,2,\cdots,m)$,即 $D=C^{\mathrm{T}}$,也即 $(AB)^{\mathrm{T}}=B^{\mathrm{T}}A^{\mathrm{T}}$.

性质(2)、性质(4)还可推广到一般情形:

$$(A_1+A_2+\cdots+A_n)^{\mathrm{T}}=A_1^{\mathrm{T}}+A_2^{\mathrm{T}}+\cdots+A_n^{\mathrm{T}}$$

$$(A_1A_2\cdots A_n)^{\mathrm{T}}=A_n^{\mathrm{T}}A_{n-1}^{\mathrm{T}}\cdots A_1^{\mathrm{T}}$$

【例 2-10】 已知 $A=\begin{pmatrix}2&0&-1\\1&3&2\end{pmatrix}$,$B=\begin{pmatrix}1&7&-1\\4&2&3\\2&0&1\end{pmatrix}$,求 $(AB)^{\mathrm{T}}$.

解法 1 因为 $$AB=\begin{pmatrix}2&0&-1\\1&3&2\end{pmatrix}\begin{pmatrix}1&7&-1\\4&2&3\\2&0&1\end{pmatrix}=\begin{pmatrix}0&14&-3\\17&13&10\end{pmatrix}$$

所以 $$(AB)^{\mathrm{T}}=\begin{pmatrix}0&17\\14&13\\-3&10\end{pmatrix}$$

解法 2 $$(AB)^{\mathrm{T}}=B^{\mathrm{T}}A^{\mathrm{T}}=\begin{pmatrix}1&4&2\\7&2&0\\-1&3&1\end{pmatrix}\begin{pmatrix}2&1\\0&3\\-1&2\end{pmatrix}=\begin{pmatrix}0&17\\14&13\\-3&10\end{pmatrix}$$

定义 2.7 设 A 为 n 阶方阵,如果满足 $A^{\mathrm{T}}=A$,即 $a_{ij}=a_{ji}(i,j=1,2,\cdots,n)$,那么

$\boldsymbol{A}$ 称为对称阵. 其特点是它的元素以主对角线为对称轴对应相等.

例如,

$$\boldsymbol{A}=\begin{pmatrix}2 & 1 & 3\\1 & -1 & -4\\3 & -4 & 0\end{pmatrix}$$

即为对称阵.

定义 2.8 若 n 阶方阵满足 $\boldsymbol{A}^{\mathrm{T}}=-\boldsymbol{A}$,即 $a_{ij}=--a_{ji}(i,j=1,2,\cdots,n)$,则称 $\boldsymbol{A}$ 为反对称阵.

据此定义,应有 $a_{ii}=-a_{ii}(i=1,2,\cdots,n)$,即 $a_{ii}=0$,表明主对角线上的元素 a_{ij} 全为零.

例如,

$$\boldsymbol{A}=\begin{pmatrix}0 & 1 & 3\\-1 & 0 & -2\\-3 & 2 & 0\end{pmatrix}$$

为反对称阵.

注:设 $\boldsymbol{A}$、$\boldsymbol{B}$ 为 n 阶对称矩阵,则 $\boldsymbol{A}+\boldsymbol{B}$ 是对称矩阵,因为

$$(\boldsymbol{A}+\boldsymbol{B})^{\mathrm{T}}=\boldsymbol{A}^{\mathrm{T}}+\boldsymbol{B}^{\mathrm{T}}=\boldsymbol{A}+\boldsymbol{B}$$

但若 $\boldsymbol{A}$、$\boldsymbol{B}$ 为 n 阶对称矩阵,$\boldsymbol{AB}$ 不一定是对称矩阵,因为

$$(\boldsymbol{AB})^{\mathrm{T}}=\boldsymbol{B}^{\mathrm{T}}\boldsymbol{A}^{\mathrm{T}}=\boldsymbol{BA}\neq\boldsymbol{AB}$$

若 $\boldsymbol{A}$、$\boldsymbol{B}$ 可交换,即 $\boldsymbol{AB}=\boldsymbol{BA}$,则$(\boldsymbol{AB})^{\mathrm{T}}=\boldsymbol{AB}$,这时 $\boldsymbol{AB}$ 就是对称矩阵.

【例 2-11】 设 $\boldsymbol{A}$ 为对称矩阵,$\boldsymbol{B}$ 为反对称矩阵,$\boldsymbol{A}$ 与 $\boldsymbol{B}$ 同阶,且 $k+l\neq0$,试证明:$k\boldsymbol{AB}+l\boldsymbol{BA}$ 为对称矩阵的充分必要条件是 $\boldsymbol{AB}+\boldsymbol{BA}=\boldsymbol{0}$.

证 由 $\boldsymbol{A}$ 为对称矩阵有 $\boldsymbol{A}^{\mathrm{T}}=\boldsymbol{A}$,由 $\boldsymbol{B}$ 为反对称矩阵有 $\boldsymbol{B}^{\mathrm{T}}=-\boldsymbol{B}$,从而$(k\boldsymbol{AB}+l\boldsymbol{BA})^{\mathrm{T}}=(k\boldsymbol{AB})^{\mathrm{T}}+(l\boldsymbol{BA})^{\mathrm{T}}=k\boldsymbol{B}^{\mathrm{T}}\boldsymbol{A}^{\mathrm{T}}+l\boldsymbol{A}^{\mathrm{T}}\boldsymbol{B}^{\mathrm{T}}=-k\boldsymbol{BA}-l\boldsymbol{AB}$,又 $k+l\neq0$,所以,$k\boldsymbol{AB}+l\boldsymbol{BA}$ 为对称矩阵$\Leftrightarrow(k\boldsymbol{AB}+l\boldsymbol{BA})^{\mathrm{T}}=k\boldsymbol{AB}+l\boldsymbol{BA}\Leftrightarrow-k\boldsymbol{BA}-l\boldsymbol{AB}=k\boldsymbol{AB}+l\boldsymbol{BA}\Leftrightarrow(k+l)(\boldsymbol{AB}+\boldsymbol{BA})=\boldsymbol{0}\xLongleftrightarrow{k+l\neq0}\boldsymbol{AB}+\boldsymbol{BA}=\boldsymbol{0}$.

五、方阵的行列式

定义 2.9 由 n 阶方阵 $\boldsymbol{A}$ 的元素所构成的行列式(各元素的位置不变),称为方阵 $\boldsymbol{A}$ 的行列式,记为$|\boldsymbol{A}|$或 $\det\boldsymbol{A}$.

注意:方阵与行列式是两个不同的概念,n 阶方阵是 n^2 个数按一定的顺序排成的数表,而 n 阶行列式则是 n^2 个数按一定的运算法则所确定的一个数.

方阵的行列式有下列性质:

(1) $|\boldsymbol{A}^{\mathrm{T}}|=|\boldsymbol{A}|$(行列式的性质 1);

(2) $|\lambda \boldsymbol{A}|=\lambda^n|\boldsymbol{A}|$;

(3) $|\boldsymbol{AB}|=|\boldsymbol{A}||\boldsymbol{B}|$.

其中,$\boldsymbol{A}$、$\boldsymbol{B}$ 为 n 阶方阵,λ 为数.

性质(1)和性质(2)由行列式的性质容易验证.

性质(3)对于 n 阶方阵 $\boldsymbol{A}$、$\boldsymbol{B}$,一般来说 $\boldsymbol{AB}\neq\boldsymbol{BA}$,但总有 $|\boldsymbol{AB}|=|\boldsymbol{BA}|=|\boldsymbol{A}||\boldsymbol{B}|$.

【例 2-12】 设两个 n 阶方阵 $\boldsymbol{A}$、$\boldsymbol{B}$ 的行列式 $|\boldsymbol{A}|=1$, $|\boldsymbol{B}|=2$, 计算 $|-(\boldsymbol{AB})^4\boldsymbol{B}^{\mathrm{T}}|$.

解 $|-(\boldsymbol{AB})^4\boldsymbol{B}^{\mathrm{T}}|=(-1)^n|\boldsymbol{A}|^4|\boldsymbol{B}|^4|\boldsymbol{B}^{\mathrm{T}}|=(-1)^n|\boldsymbol{A}|^4|\boldsymbol{B}|^5=(-1)^n 32$

【例 2-13】 利用行列式证明:

$$(a^2+b^2)(a_1^2+b_1^2)=(aa_1-bb_1)^2+(ab_1+a_1b)^2$$

证 $$(a^2+b^2)(a_1^2+b_1^2)=\begin{vmatrix} a & b \\ -b & a \end{vmatrix}\begin{vmatrix} a_1 & b_1 \\ -b_1 & a_1 \end{vmatrix}=\begin{vmatrix} aa_1-bb_1 & ab_1+a_1b \\ -a_1b-ab_1 & aa_1-bb_1 \end{vmatrix}$$
$$=(aa_1-bb_1)^2+(ab_1+a_1b)^2$$

习 题 2.2

1. 计算

(1) $(1\ \ 2\ \ 3)\begin{pmatrix} 3 \\ 2 \\ 1 \end{pmatrix}$;

(2) $\begin{pmatrix} 3 \\ 2 \\ 1 \end{pmatrix}(1\ \ 2\ \ 3)$.

2. 设 $\boldsymbol{A}=\begin{pmatrix} 3 & 1 \\ 4 & 6 \end{pmatrix}$,$\boldsymbol{B}=\begin{pmatrix} 2 & 1 \\ 4 & 6 \end{pmatrix}$,$\boldsymbol{C}=\begin{pmatrix} 0 & 0 \\ 1 & 1 \end{pmatrix}$,求 $\boldsymbol{AC}$ 和 $\boldsymbol{BC}$.

3. 设 $\boldsymbol{A}=\begin{pmatrix} 1 & 1 \\ -1 & -1 \end{pmatrix}$,$\boldsymbol{B}=\begin{pmatrix} 1 & -1 \\ -1 & 1 \end{pmatrix}$,计算 $\boldsymbol{AB}$ 和 $\boldsymbol{BA}$.

4. 求矩阵 $\boldsymbol{X}$ 使 $2\boldsymbol{A}+3\boldsymbol{X}=2\boldsymbol{B}$,其中 $\boldsymbol{A}=\begin{pmatrix} 2 & 0 & 5 \\ -6 & 1 & 0 \end{pmatrix}$,$\boldsymbol{B}=\begin{pmatrix} 1 & 3 & -1 \\ 0 & -2 & 1 \end{pmatrix}$.

5. 设 $\boldsymbol{A}_{3\times 3}=(\boldsymbol{\alpha}_1,\boldsymbol{\alpha}_2,\boldsymbol{\alpha}_3)$,$|\boldsymbol{A}|=-2$,求 $|\boldsymbol{\alpha}_3-2\boldsymbol{\alpha}_1,3\boldsymbol{\alpha}_2,\boldsymbol{\alpha}_1|$.

6. 设两个 n 阶方阵 $\boldsymbol{A}$、$\boldsymbol{B}$ 的行列式 $|\boldsymbol{A}|=-1$,$|\boldsymbol{B}|=2$,计算 $|-(\boldsymbol{AB})^3\boldsymbol{A}^{\mathrm{T}}|$ 的值.

7. 设列矩阵 $\boldsymbol{X}=(x_1,x_2,\cdots,x_n)^{\mathrm{T}}$ 满足 $\boldsymbol{X}^{\mathrm{T}}\boldsymbol{X}=1$,$\boldsymbol{E}$ 为 n 阶单位矩阵,$\boldsymbol{H}=\boldsymbol{E}-2\boldsymbol{X}\boldsymbol{X}^{\mathrm{T}}$,求证:$\boldsymbol{H}$ 为对称矩阵,且 $\boldsymbol{H}\boldsymbol{H}^{\mathrm{T}}=\boldsymbol{E}$.

第三节 逆 矩 阵

我们先来看一个具体问题.

设有从变量组 $x_1,x_2,\cdots,x_n$ 到变量组 $y_1,y_2,\cdots,y_n$ 的线性变换

$$\begin{cases} y_1=a_{11}x_1+a_{12}x_2+\cdots+a_{1n}x_n \\ y_2=a_{21}x_1+a_{22}x_2+\cdots+a_{2n}x_n \\ \quad\vdots \\ y_n=a_{n1}x_1+a_{n2}x_2+\cdots+a_{nn}x_n \end{cases} \tag{2.8}$$

若记 $\boldsymbol{A}=(a_{ij})$，$\boldsymbol{X}=\begin{pmatrix} x_1 \\ x_2 \\ \vdots \\ x_n \end{pmatrix}$，$\boldsymbol{Y}=\begin{pmatrix} y_1 \\ y_2 \\ \vdots \\ y_n \end{pmatrix}$，则线性变换(2.8)可记作

$$\boldsymbol{Y}=\boldsymbol{A}\boldsymbol{X} \tag{2.9}$$

若 $|\boldsymbol{A}|\neq 0$，则可用克拉默法则解得 $y_1,y_2,\cdots,y_n$ 表示 $x_1,x_2,\cdots,x_n$ 的线性表达式

$$\begin{cases} x_1=b_{11}y_1+b_{12}y_2+\cdots+b_{1n}y_n \\ x_2=b_{21}y_1+b_{22}y_2+\cdots+b_{2n}y_n \\ \quad\vdots \\ x_n=b_{n1}y_1+b_{n2}y_2+\cdots+b_{nn}y_n \end{cases} \tag{2.10}$$

这就是从变量组 $x_1,x_2,\cdots,x_n$ 到变量组 $y_1,y_2,\cdots,y_n$ 的逆变换，记

$$\boldsymbol{B}=\begin{pmatrix} b_{11} & \cdots & b_{1n} \\ \vdots & & \vdots \\ b_{n1} & \cdots & b_{nn} \end{pmatrix}$$

则线性变换(2.10)可记为

$$\boldsymbol{X}=\boldsymbol{B}\boldsymbol{Y} \tag{2.11}$$

把式(2.11)代入式(2.9)有

$$\boldsymbol{Y}=\boldsymbol{A}(\boldsymbol{B}\boldsymbol{Y})=(\boldsymbol{A}\boldsymbol{B})\boldsymbol{Y}$$

这个线性变换是一个恒等变换，于是 $\boldsymbol{AB}=\boldsymbol{E}$($\boldsymbol{E}$ 为 n 阶单位矩阵).

把式(2.9)代入式(2.11)有

$$\boldsymbol{X}=\boldsymbol{B}\boldsymbol{Y}=\boldsymbol{B}(\boldsymbol{A}\boldsymbol{X})=(\boldsymbol{B}\boldsymbol{A})\boldsymbol{X}$$

这也是一个恒等变换，于是

$$\boldsymbol{BA}=\boldsymbol{E}$$

因此，线性变换(2.8)与其逆变换(2.10)的矩阵 $\boldsymbol{A}$ 与 $\boldsymbol{B}$ 满足

$$\boldsymbol{AB}=\boldsymbol{BA}=\boldsymbol{E}$$

定义 2.10 设 $\boldsymbol{A}$ 为 n 阶方阵，若存在 n 阶方阵 $\boldsymbol{B}$，使得

$$\boldsymbol{AB}=\boldsymbol{BA}=\boldsymbol{E}$$

则称方阵 $\boldsymbol{A}$ 可逆的，称 $\boldsymbol{B}$ 是 $\boldsymbol{A}$ 的逆矩阵，简称逆阵. 也称 $\boldsymbol{A}$ 为满秩矩阵或非奇异矩阵.

由定义 2.10 可知：

(1) 若 $\boldsymbol{B}$ 是 $\boldsymbol{A}$ 的逆矩阵，则 $\boldsymbol{A}$ 也是 $\boldsymbol{B}$ 的逆矩阵.

(2) 若线性变换(2.8)有逆变换(2.10)，则(2.10)的矩阵必定是(2.8)的矩阵的逆矩阵.

(3) 若方阵 $\boldsymbol{A}$ 有逆矩阵，则 $\boldsymbol{A}$ 的逆矩阵是唯一的.

这是因为，若 $\boldsymbol{B}$、$\boldsymbol{C}$ 都是 $\boldsymbol{A}$ 的逆矩阵，则 $\boldsymbol{AC}=\boldsymbol{E}$，$\boldsymbol{BA}=\boldsymbol{E}$，于是

$$\boldsymbol{B}=\boldsymbol{BE}=\boldsymbol{B}(\boldsymbol{AC})=(\boldsymbol{BA})\boldsymbol{C}=\boldsymbol{EC}=\boldsymbol{C}$$

所以 $\boldsymbol{A}$ 的逆矩阵是唯一的.

$\boldsymbol{A}$ 的逆矩阵(如果存在)记为 $\boldsymbol{A}^{-1}$，依定义 2.8 有

$$\boldsymbol{AA}^{-1}=\boldsymbol{A}^{-1}\boldsymbol{A}=\boldsymbol{E}$$

下面给出方阵存在逆矩阵的条件及逆矩阵的求法.

定理 2.1 n 阶方阵 $\boldsymbol{A}$ 可逆的充分必要条件是 $|\boldsymbol{A}|\neq 0$. 且当 $\boldsymbol{A}$ 可逆时，有

$$\boldsymbol{A}^{-1}=\frac{1}{|\boldsymbol{A}|}\boldsymbol{A}^*$$

其中，
$$\boldsymbol{A}^*=\begin{pmatrix} A_{11} & A_{21} & \cdots & A_{n1} \\ A_{12} & A_{22} & \cdots & A_{n2} \\ \vdots & \vdots & & \vdots \\ A_{1n} & A_{2n} & \cdots & A_{nn} \end{pmatrix}$$

称为 $\boldsymbol{A}$ 的伴随矩阵，A_{ij} 是 $|\boldsymbol{A}|$ 的元素 a_{ij} 的代数余子式.

证 必要性. 设 $\boldsymbol{A}$ 可逆，即 $\boldsymbol{A}^{-1}$ 存在，则

$$\boldsymbol{AA}^{-1}=\boldsymbol{E}$$

于是 $|\boldsymbol{AA}^{-1}|=|\boldsymbol{A}^{-1}||\boldsymbol{A}|=|\boldsymbol{E}|=1$，所以 $|\boldsymbol{A}|\neq 0$.

充分性. 设 $|\boldsymbol{A}|\neq 0$，注意到

$$a_{i1}A_{j1}+a_{i2}A_{j2}+\cdots+a_{in}A_{jn}=a_{1i}A_{1j}+a_{2i}A_{2j}+\cdots+a_{ni}A_{nj}=|\boldsymbol{A}|\delta_{ij}=\begin{cases} |\boldsymbol{A}|, & i=j \\ 0, & i\neq j \end{cases}$$

因此，

$$\begin{aligned}\boldsymbol{A}\left(\frac{1}{|\boldsymbol{A}|}\boldsymbol{A}^*\right)&=\frac{1}{|\boldsymbol{A}|}(\boldsymbol{AA}^*)=\frac{1}{|\boldsymbol{A}|}\left(\sum_{k=1}^{n}a_{ik}A_{jk}\right)_{n\times n}\\&=\frac{1}{|\boldsymbol{A}|}(|\boldsymbol{A}|\delta_{ij})_{n\times n}=(\delta_{ij})_{n\times n}=\boldsymbol{E}\end{aligned}$$

$$\left(\frac{1}{|\boldsymbol{A}|}\boldsymbol{A}^*\right)\boldsymbol{A}=\frac{1}{|\boldsymbol{A}|}(\boldsymbol{A}^*\boldsymbol{A})=\frac{1}{|\boldsymbol{A}|}\left(\sum_{k=1}^{n}A_{ik}a_{jk}\right)$$

$$=\frac{1}{|\boldsymbol{A}|}(|\boldsymbol{A}|\delta_{ij})_{n\times n}=(\delta_{ij})_{n\times n}=\boldsymbol{E}$$

所以 $\boldsymbol{A}^{-1}$ 存在，且

$$\boldsymbol{A}^{-1}=\frac{1}{|\boldsymbol{A}|}\boldsymbol{A}^{*}$$

当 $|\boldsymbol{A}|=0$ 时，$\boldsymbol{A}$ 为奇异矩阵，否则，就为非奇异矩阵.

推论 若 $\boldsymbol{A}$、$\boldsymbol{B}$ 都是 n 阶方阵，且 $\boldsymbol{AB}=\boldsymbol{E}$(或 $\boldsymbol{BA}=\boldsymbol{E}$)，则 $\boldsymbol{B}=\boldsymbol{A}^{-1}$.

证 因为 $\boldsymbol{AB}=\boldsymbol{E}$，所以 $|\boldsymbol{AB}|=|\boldsymbol{A}||\boldsymbol{B}|=|\boldsymbol{E}|=1$，由此可知 $|\boldsymbol{A}|\neq 0$，$|\boldsymbol{B}|\neq 0$，于是根据定理 2.1，$\boldsymbol{A}$、$\boldsymbol{B}$ 都可逆，从而

$$\boldsymbol{B}=\boldsymbol{EB}=(\boldsymbol{A}^{-1}\boldsymbol{A})\boldsymbol{B}=\boldsymbol{A}^{-1}(\boldsymbol{AB})=\boldsymbol{A}^{-1}\boldsymbol{E}=\boldsymbol{A}^{-1}$$

这个推论说明，要验证 $\boldsymbol{B}$ 是 $\boldsymbol{A}$ 的逆矩阵，只需验证 $\boldsymbol{AB}=\boldsymbol{E}$ 或 $\boldsymbol{BA}=\boldsymbol{E}$ 其中的一个就可以了.

方阵的逆具有以下性质：

(1) 若 A 可逆，则 $(\boldsymbol{A}^{-1})^{-1}=\boldsymbol{A}$；

(2) 若 $\boldsymbol{C}$ 可逆，数 $\lambda\neq 0$，则 $\lambda\boldsymbol{A}$ 可逆，且 $(\lambda\boldsymbol{A})^{-1}=\frac{1}{\lambda}\boldsymbol{A}^{-1}$；

(3) 若 $\boldsymbol{A}$、$\boldsymbol{B}$ 为同阶方阵，且 $\boldsymbol{A}$、$\boldsymbol{B}$ 都可逆，则 $\boldsymbol{AB}$ 可逆，且

$$(\boldsymbol{AB})^{-1}=\boldsymbol{B}^{-1}\boldsymbol{A}^{-1}$$

(4) 若 $\boldsymbol{A}$ 可逆，则 $\boldsymbol{A}^{\mathrm{T}}$ 可逆，且 $(\boldsymbol{A}^{\mathrm{T}})^{-1}=(\boldsymbol{A}^{-1})^{\mathrm{T}}$；

(5) 若 A 可逆，则 $|\boldsymbol{A}^{-1}|=\frac{1}{|\boldsymbol{A}|}=|\boldsymbol{A}|^{-1}$.

我们只证明性质(2)、性质(3)、性质(4)，其他结论读者可以自己证明.

证(2) 设 $\boldsymbol{A}$ 为 n 阶方阵，因为 $\boldsymbol{A}$ 可逆，$\lambda\neq 0$，所以 $|\lambda\boldsymbol{A}|=\lambda^{n}|\boldsymbol{A}|\neq 0$，从而 $\lambda\boldsymbol{A}$ 可逆，且由

$$(\lambda\boldsymbol{A})\left(\frac{1}{\lambda}\boldsymbol{A}^{-1}\right)=\lambda\times\frac{1}{\lambda}(\boldsymbol{AA}^{-1})=\boldsymbol{E}$$

所以

$$(\lambda\boldsymbol{A})^{-1}=\frac{1}{\lambda}\boldsymbol{A}^{-1}$$

证(3) $\boldsymbol{A}$、$\boldsymbol{B}$ 均可逆，可知 $|\boldsymbol{A}|\neq 0$，$|\boldsymbol{B}|\neq 0$，从而 $|\boldsymbol{AB}|=|\boldsymbol{A}||\boldsymbol{B}|\neq 0$，所以 $\boldsymbol{AB}$ 可逆. 因为

$$(\boldsymbol{AB})(\boldsymbol{B}^{-1}\boldsymbol{A}^{-1})=\boldsymbol{A}(\boldsymbol{BB}^{-1})\boldsymbol{A}^{-1}=\boldsymbol{AEA}^{-1}=\boldsymbol{AA}^{-1}=\boldsymbol{E}$$

所以

$$(\boldsymbol{AB})^{-1}=\boldsymbol{B}^{-1}\boldsymbol{A}^{-1}$$

性质(3)可推广为：

设 $\boldsymbol{A}_1,\boldsymbol{A}_2,\cdots,\boldsymbol{A}_n$ 都是 n 阶可逆阵，则 $\boldsymbol{A}_1,\boldsymbol{A}_2,\cdots,\boldsymbol{A}_n$ 可逆，且

$$(\boldsymbol{A}_1\boldsymbol{A}_2\cdots\boldsymbol{A}_n)^{-1}=\boldsymbol{A}_n^{-1}\boldsymbol{A}_{n-1}^{-1}\cdots\boldsymbol{A}_1^{-1}$$

证(4)　$\boldsymbol{A}^{\mathrm{T}}(\boldsymbol{A}^{-1})^{\mathrm{T}}=(\boldsymbol{A}^{-1}\boldsymbol{A})^{\mathrm{T}}=\boldsymbol{E}^{\mathrm{T}}=\boldsymbol{E}$，所以

$$(\boldsymbol{A}^{\mathrm{T}})^{-1}=(\boldsymbol{A}^{-1})^{\mathrm{T}}$$

注：伴随矩阵具有下列重要的性质.

(1) $n\geqslant 2$ 时，$|\boldsymbol{A}_n^*|=|\boldsymbol{A}_n|^{n-1}$，$|(a_{11})^*|=|1|=1$.

证　后一个等式是显然的. 对前一个等式，我们采用一种连续性方法进行证明.

对 $n\geqslant 2$，当 $\boldsymbol{A}$ 可逆时，$|\boldsymbol{A}_n^*|=||\boldsymbol{A}|\boldsymbol{A}_n^{-1}|=|\boldsymbol{A}|^n|\boldsymbol{A}_n^{-1}|=|\boldsymbol{A}|^{n-1}$.

当 $\boldsymbol{A}$ 不可逆时，记 $\boldsymbol{B}=\boldsymbol{A}+t\boldsymbol{E}$，显然 $|\boldsymbol{B}|$ 是 t 的 n 次多项式，至多 n 个不同根，其中一个根为 $t=0$. 因此在 $t=0$ 的一个空心邻域内，$|\boldsymbol{B}|\neq 0$，$\boldsymbol{B}$ 可逆. 由前面已证明的结论可知，$|\boldsymbol{B}^*|=|\boldsymbol{B}|^{n-1}$ 在 $t=0$ 的一个空心邻域内总成立.

令 $t\to 0$，则 $\boldsymbol{B}^*\to\boldsymbol{A}^*$，$|\boldsymbol{B}^*|\to|\boldsymbol{A}^*|$，$\boldsymbol{B}\to\boldsymbol{A}$，$|\boldsymbol{B}|\to|\boldsymbol{A}|^{n-1}$，而等式两边仍是 t 的多项式，由多项式的连续性知，这时也有 $|\boldsymbol{A}_n^*|=|\boldsymbol{A}|^{n-1}$.

(2) $(\boldsymbol{A}^*)^{-1}=(\boldsymbol{A}^{-1})^*$.

(3) $(k\boldsymbol{A}_n)^*=k^{n-1}\boldsymbol{A}_n^*$（用伴随的定义和行列式性质即得）.

(4) $(\boldsymbol{A}\boldsymbol{B})^*=\boldsymbol{B}^*\boldsymbol{A}^*$.

(5) $(\boldsymbol{A}^k)^*=(\boldsymbol{A}^*)^k$.

(6) $(\boldsymbol{A}^{\mathrm{T}})^*=(\boldsymbol{A}^*)^{\mathrm{T}}$（用转置和伴随的定义即得）.

(7) $(\boldsymbol{A}^{-1})^*=(\boldsymbol{A}^*)^{-1}$（前面已有）.

(8) $(\boldsymbol{A}^*)^*=\begin{cases}|\boldsymbol{A}|^{n-2}\boldsymbol{A}, & n>2\\ \boldsymbol{A}, & n=2.\\ (1), & n=1\end{cases}$

(9) $\boldsymbol{A}\boldsymbol{A}^*=\boldsymbol{A}^*\boldsymbol{A}=|\boldsymbol{A}|\boldsymbol{E}$（前面已有）.

同样，举反例可证明

$$(\boldsymbol{A}+\boldsymbol{B})^*\neq\boldsymbol{A}^*+\boldsymbol{B}^*,\quad (\boldsymbol{A}-\boldsymbol{B})^*\neq\boldsymbol{A}^*-\boldsymbol{B}^*$$

【例 2-14】　讨论下列矩阵何时可逆，并在可逆时，求其逆矩阵.

(1) $\boldsymbol{A}=\begin{pmatrix}a & b\\ c & d\end{pmatrix}$；　(2) $\boldsymbol{A}=\begin{pmatrix}a_1 & & & \\ & a_2 & & \\ & & \ddots & \\ & & & a_n\end{pmatrix}$.

解　(1) $|\boldsymbol{A}|=ad-bc\neq 0$ 时，$\boldsymbol{A}$ 可逆，且 $\boldsymbol{A}^*=\begin{pmatrix}d & -b\\ -c & a\end{pmatrix}$，有

$$\boldsymbol{A}^{-1}=\frac{1}{|\boldsymbol{A}|}\boldsymbol{A}^*=\frac{1}{ad-bc}\begin{pmatrix}d & -b\\ -c & a\end{pmatrix}$$

(2) 当 $|\boldsymbol{A}|=a_1a_2\cdots a_n\neq 0$ 时,$\boldsymbol{A}$ 可逆,此时有

$$\begin{pmatrix} a_1 & & & \\ & a_2 & & \\ & & \ddots & \\ & & & a_n \end{pmatrix}\begin{pmatrix} a_1^{-1} & & & \\ & a_2^{-1} & & \\ & & \ddots & \\ & & & a_n^{-1} \end{pmatrix}=\boldsymbol{E}$$

得

$$\boldsymbol{A}^{-1}=\begin{pmatrix} a_1^{-1} & & & \\ & a_2^{-1} & & \\ & & \ddots & \\ & & & a_n^{-1} \end{pmatrix}$$

【例 2-15】 设 $\boldsymbol{A}=\begin{pmatrix} 1 & -1 & 2 \\ -2 & -1 & -2 \\ 4 & 3 & 3 \end{pmatrix}$,求 $\boldsymbol{A}^{-1}$.

解 经计算

$$|\boldsymbol{A}|=\begin{vmatrix} 1 & -1 & 2 \\ -2 & -1 & -2 \\ 4 & 3 & 3 \end{vmatrix}=1\neq 0$$

知 $\boldsymbol{A}$ 可逆,且

$$A_{11}=\begin{vmatrix} -1 & -2 \\ 3 & 3 \end{vmatrix}=3,\quad A_{21}=-\begin{vmatrix} -1 & 2 \\ 3 & 3 \end{vmatrix}=9,\quad A_{31}=\begin{vmatrix} -1 & 2 \\ -1 & -2 \end{vmatrix}=4$$

$$A_{12}=-\begin{vmatrix} -2 & -2 \\ 4 & 3 \end{vmatrix}=-2,\quad A_{22}=\begin{vmatrix} 1 & 2 \\ 4 & 3 \end{vmatrix}=-5,\quad A_{32}=-\begin{vmatrix} 1 & 2 \\ -2 & -2 \end{vmatrix}=-2$$

$$A_{13}=\begin{vmatrix} -2 & -1 \\ 4 & 3 \end{vmatrix}=-2,\quad A_{23}=-\begin{vmatrix} 1 & -1 \\ 4 & 3 \end{vmatrix}=-7,\quad A_{33}=\begin{vmatrix} 1 & -1 \\ -2 & -1 \end{vmatrix}=-3$$

故

$$\boldsymbol{A}^{-1}=\frac{1}{|\boldsymbol{A}|}\boldsymbol{A}^*=\begin{pmatrix} 3 & 9 & 4 \\ -2 & -5 & -2 \\ -2 & -7 & -3 \end{pmatrix}.$$

【例 2-16】 设

$$\boldsymbol{A}=\begin{pmatrix} 1 & -1 & 2 \\ -2 & -1 & -2 \\ 4 & 3 & 3 \end{pmatrix},\quad \boldsymbol{B}=\begin{pmatrix} 2 & 4 \\ -3 & -5 \end{pmatrix},\quad \boldsymbol{C}=\begin{pmatrix} -2 & 0 \\ 0 & 1 \\ 1 & -3 \end{pmatrix},$$

解矩阵方程 $\boldsymbol{AXB}=\boldsymbol{C}$.

解 因为 $|\boldsymbol{A}|=1$,$|\boldsymbol{B}|=2$,所以 $\boldsymbol{A}^{-1}$、$\boldsymbol{B}^{-1}$ 存在,分别以 $\boldsymbol{A}^{-1}$、$\boldsymbol{B}^{-1}$ 左乘与右乘矩阵方程的两边,得

$$A^{-1}(AXB)B^{-1}=A^{-1}CB^{-1}$$

于是

$$X=A^{-1}CB^{-1}$$

由例 2-15 有

$$A^{-1}=\begin{pmatrix}3&9&4\\-2&-5&-2\\-2&-7&-3\end{pmatrix}$$

$$B^{-1}=\frac{1}{|B|}B^{*}=\frac{1}{2}\begin{bmatrix}-5&-4\\3&2\end{bmatrix}=\begin{bmatrix}-\frac{5}{2}&-2\\\frac{3}{2}&1\end{bmatrix}$$

所以

$$X=A^{-1}CB^{-1}=\begin{pmatrix}3&9&4\\-2&-5&-2\\-2&-7&-3\end{pmatrix}\begin{pmatrix}-2&0\\0&1\\1&-3\end{pmatrix}\begin{pmatrix}-\frac{5}{2}&-2\\\frac{3}{2}&1\end{pmatrix}=\begin{pmatrix}\frac{1}{2}&1\\-\frac{7}{2}&-3\\\frac{1}{2}&0\end{pmatrix}$$

【例 2-17】 设

$$A=\begin{pmatrix}2&1&0\\0&3&1\\0&0&1\end{pmatrix}$$

解矩阵方程 $AX+4A=5X$.

解 移项

$$AX-5X=-4A$$

提出公因子

$$(A-5E)X=-4A$$

消去系数矩阵求解

$$X=(A-5E)^{-1}(-4A)$$

化简

$$X=(A-5E)^{-1}[-4(A-5E)-20E]=-4E-20(A-5E)^{-1}$$

由 $A=\begin{pmatrix}2&1&0\\0&3&1\\0&0&1\end{pmatrix}$ 知，

$$A-5E=\begin{pmatrix}-3&1&0\\0&-2&1\\0&0&-4\end{pmatrix},\quad |A-5E|=-24,$$

$$(\boldsymbol{A}-5\boldsymbol{E})^{-1}=\frac{1}{|\boldsymbol{A}-5\boldsymbol{E}|}(\boldsymbol{A}-5\boldsymbol{E})^{*}=\frac{1}{-24}\begin{pmatrix}8&-1&-1\\0&12&3\\0&0&6\end{pmatrix}$$

从而

$$\boldsymbol{X}=-4\begin{pmatrix}1&0&0\\0&1&0\\0&0&1\end{pmatrix}+\frac{5}{6}\begin{pmatrix}8&-1&-1\\0&12&3\\0&0&6\end{pmatrix}=\begin{pmatrix}\frac{8}{3}&-\frac{5}{6}&-\frac{5}{6}\\0&6&\frac{5}{2}\\0&0&1\end{pmatrix}$$

【例 2-18】 已知方阵 $\boldsymbol{A}$ 满足 $\boldsymbol{A}^2+3\boldsymbol{A}-2\boldsymbol{E}=\boldsymbol{0}$,试证 $\boldsymbol{A}$ 与 $\boldsymbol{A}+2\boldsymbol{E}$ 都可逆,并求 $\boldsymbol{A}^{-1}$ 和 $(\boldsymbol{A}+2\boldsymbol{E})^{-1}$.

证 由 $\boldsymbol{A}^2+3\boldsymbol{A}-2\boldsymbol{E}=\boldsymbol{0}$, 得 $\boldsymbol{A}\cdot\dfrac{\boldsymbol{A}+3\boldsymbol{E}}{2}=\boldsymbol{E}$.

因此 $\boldsymbol{A}$ 可逆,且 $\boldsymbol{A}^{-1}=\dfrac{\boldsymbol{A}+3\boldsymbol{E}}{2}$.

又由 $\boldsymbol{A}^2+3\boldsymbol{A}-2\boldsymbol{E}=\boldsymbol{0}$, 得

$$(\boldsymbol{A}+2\boldsymbol{E})(\boldsymbol{A}+\boldsymbol{E})=\boldsymbol{A}^2+3\boldsymbol{A}+2\boldsymbol{E}=(\boldsymbol{A}^2+3\boldsymbol{A}-2\boldsymbol{E})+4\boldsymbol{E}=4\boldsymbol{E}$$

因此,$\boldsymbol{A}+2\boldsymbol{E}$ 可逆,且 $(\boldsymbol{A}+2\boldsymbol{E})^{-1}=\dfrac{1}{4}(\boldsymbol{A}+\boldsymbol{E})$.

【例 2-19】 设 $\boldsymbol{P}=\begin{pmatrix}1&2\\1&4\end{pmatrix}$,$\boldsymbol{\Lambda}=\begin{pmatrix}1&0\\0&2\end{pmatrix}$,$\boldsymbol{AP}=\boldsymbol{P\Lambda}$,求 $\boldsymbol{A}^n$.

解

$$|\boldsymbol{P}|=2,\quad \boldsymbol{P}^{-1}=\frac{1}{2}\begin{pmatrix}4&-2\\-1&1\end{pmatrix}$$

$$\boldsymbol{A}=\boldsymbol{P\Lambda P}^{-1},\boldsymbol{A}^2=\boldsymbol{P\Lambda P}^{-1}\boldsymbol{P\Lambda P}^{-1}=\boldsymbol{P\Lambda}^2\boldsymbol{P}^{-1},\cdots,\boldsymbol{A}^n=\boldsymbol{P\Lambda}^n\boldsymbol{P}^{-1}$$

容易验证

$$\boldsymbol{\Lambda}=\begin{pmatrix}1&0\\0&2\end{pmatrix},\boldsymbol{\Lambda}^2=\begin{pmatrix}1&0\\0&2\end{pmatrix}\begin{pmatrix}1&0\\0&2\end{pmatrix}=\begin{pmatrix}1&0\\0&2^2\end{pmatrix},\cdots,\boldsymbol{\Lambda}^n=\begin{pmatrix}1^n&0\\0&2^n\end{pmatrix}=\begin{pmatrix}1&0\\0&2^n\end{pmatrix}$$

故

$$\boldsymbol{A}^n=\begin{pmatrix}1&2\\1&4\end{pmatrix}\begin{pmatrix}1&0\\0&2^n\end{pmatrix}\cdot\frac{1}{2}\begin{pmatrix}4&-2\\-1&1\end{pmatrix}=\begin{pmatrix}2-2^n&2^n-1\\2-2^{n+1}&2^{n+1}-1\end{pmatrix}$$

习　题　2.3

1. 设 $\boldsymbol{A}=\begin{pmatrix}1&0&2\\-1&1&3\\3&1&0\end{pmatrix}$,试求伴随矩阵 $\boldsymbol{A}^*$.

2. 证明:$(\boldsymbol{A}^{-1}+\boldsymbol{B}^{-1})^{-1}=\boldsymbol{A}(\boldsymbol{A}+\boldsymbol{B})^{-1}\boldsymbol{B}=\boldsymbol{B}(\boldsymbol{A}+\boldsymbol{B})^{-1}\boldsymbol{A}$.

3. 设 $\boldsymbol{A}$ 是三阶方阵，且 $|\boldsymbol{A}|=\frac{1}{27}$，求 $|(3\boldsymbol{A})^{-1}-18\boldsymbol{A}^*|$.

4. 设 $\boldsymbol{A}=\begin{pmatrix} a & b \\ c & d \end{pmatrix}$，问：当 a、b、c、d 满足什么条件时，矩阵 $\boldsymbol{A}$ 可逆？当 $\boldsymbol{A}$ 可逆时，求 $\boldsymbol{A}^{-1}$.

5. 设 $\boldsymbol{A}$、$\boldsymbol{B}$ 为三阶方阵，且 $|\boldsymbol{A}|=3$，$|\boldsymbol{B}|=2$，$|\boldsymbol{A}^{-1}+\boldsymbol{B}|=2$，求 $|\boldsymbol{A}+\boldsymbol{B}^{-1}|$.

6. 解矩阵方程

(1) $\begin{pmatrix} 1 & 4 \\ -1 & 2 \end{pmatrix}\boldsymbol{X}\begin{pmatrix} 2 & 0 \\ -1 & 1 \end{pmatrix}=\begin{pmatrix} 3 & 1 \\ 0 & -1 \end{pmatrix}$； (2) $\boldsymbol{X}\begin{pmatrix} 2 & 1 & -1 \\ 1 & 1 & 1 \\ 3 & 2 & 1 \end{pmatrix}=\begin{pmatrix} 1 & -1 & 3 \\ 4 & 3 & 2 \\ 2 & -2 & 5 \end{pmatrix}$.

7. 设 $\boldsymbol{A}=\begin{pmatrix} 3 & 3 & 2 \\ 0 & 1 & 0 \\ 2 & 2 & 1 \end{pmatrix}$ 满足 $\boldsymbol{A}^*\boldsymbol{X}+\boldsymbol{E}=\boldsymbol{X}$，求矩阵 $\boldsymbol{X}$.

8. 设 $\boldsymbol{A}$、$\boldsymbol{B}$ 满足 $\boldsymbol{A}^*\boldsymbol{BA}=2\boldsymbol{BA}-8\boldsymbol{E}$ 且 $\boldsymbol{A}=\begin{pmatrix} 1 & 1 & 0 \\ 0 & -2 & 0 \\ 0 & 0 & 1 \end{pmatrix}$，求 $\boldsymbol{B}$.

9. 设方阵 $\boldsymbol{A}=\begin{pmatrix} 1 & 0 & 0 \\ 9 & 3 & 0 \\ -5 & 7 & -2 \end{pmatrix}$，求(1) $|2\boldsymbol{A}^*+10\boldsymbol{A}^{-1}|$；(2) $(\boldsymbol{A}^*)^{-1}$.

10. 已知 $\boldsymbol{AP}=\boldsymbol{PB}$，其中 $\boldsymbol{B}=\begin{pmatrix} 1 & 0 & 0 \\ 0 & 0 & 0 \\ 0 & 0 & -1 \end{pmatrix}$，$\boldsymbol{P}=\begin{pmatrix} 1 & 0 & 0 \\ 2 & -1 & 0 \\ 2 & 1 & 1 \end{pmatrix}$，求 $\boldsymbol{A}$、$\boldsymbol{A}^{10}$.

11. 设 $\boldsymbol{\alpha}=(0,8,6)$，$\boldsymbol{A}=\boldsymbol{\alpha}^{\mathrm{T}}\boldsymbol{\alpha}$，计算 $\boldsymbol{A}^{101}$.

12. (1) 若 n 阶矩阵 $\boldsymbol{A}$ 满足 $\boldsymbol{A}^2-2\boldsymbol{A}-4\boldsymbol{E}=\boldsymbol{0}$，试证明：$\boldsymbol{A}+\boldsymbol{E}$ 可逆，并求 $(\boldsymbol{A}+\boldsymbol{E})^{-1}$.

(2) 若 n 阶矩阵 $\boldsymbol{A}$ 满足 $\boldsymbol{A}^3-2\boldsymbol{A}+3\boldsymbol{E}=\boldsymbol{0}$，试证明：$\boldsymbol{A}+\boldsymbol{E}$ 可逆，并求 $(\boldsymbol{A}+\boldsymbol{E})^{-1}$.

第四节　分块矩阵

对于行数和列数较高的矩阵，运算时常采用分块法，使大矩阵的运算化为小矩阵的运算，可以将矩阵 $\boldsymbol{A}$ 用若干条纵线和横线分成许多小矩阵，每一个小矩阵看作一个新的矩阵元素，这样就把阶数较高的矩阵化为较低阶的矩阵，从而简化表示，便于运算.

一、分块矩阵

定义 2.11　用若干条纵线和横线把 $\boldsymbol{A}$ 分成若干个小块，每一个小块构成的小矩

阵称为 $\boldsymbol{A}$ 的子块;以子块为元素的矩阵称为 $\boldsymbol{A}$ 的分块矩阵.

例如,

$$\boldsymbol{A}=\begin{pmatrix} a_{11} & a_{12} & a_{13} & a_{14} \\ a_{21} & a_{22} & a_{23} & a_{24} \\ a_{31} & a_{32} & a_{33} & a_{34} \end{pmatrix}$$

可如下分块:

$$\boldsymbol{A}=\left(\begin{array}{cc:cc} a_{11} & a_{12} & a_{13} & a_{14} \\ a_{21} & a_{22} & a_{23} & a_{24} \\ \hdashline a_{31} & a_{32} & a_{33} & a_{34} \end{array}\right)=\begin{pmatrix} \boldsymbol{A}_{11} & \boldsymbol{A}_{12} \\ \boldsymbol{A}_{21} & \boldsymbol{A}_{22} \end{pmatrix}$$

其中,$\boldsymbol{A}_{ij}$ 是子块的记号.

一个矩阵可以按不同的方式分块,上述矩阵 $\boldsymbol{A}$ 也可如下分块:

$$\boldsymbol{A}=\left(\begin{array}{cc:c:c} a_{11} & a_{12} & a_{13} & a_{14} \\ a_{21} & a_{22} & a_{23} & a_{24} \\ \hdashline a_{31} & a_{32} & a_{33} & a_{34} \end{array}\right)=\begin{pmatrix} \boldsymbol{A}_{11} & \boldsymbol{A}_{12} & \boldsymbol{A}_{13} \\ \boldsymbol{A}_{21} & \boldsymbol{A}_{22} & \boldsymbol{A}_{23} \end{pmatrix}$$

其中,子块 $\boldsymbol{A}_{11}=\begin{pmatrix} a_{11} & a_{12} \\ a_{21} & a_{22} \end{pmatrix}$, $\boldsymbol{A}_{12}=\begin{pmatrix} a_{13} \\ a_{23} \end{pmatrix}$, $\boldsymbol{A}_{13}=\begin{pmatrix} a_{14} \\ a_{24} \end{pmatrix}$

$$\boldsymbol{A}_{21}=(a_{31}\quad a_{32}),\quad \boldsymbol{A}_{22}=(a_{33}),\quad \boldsymbol{A}_{23}=(a_{34}).$$

又如 $\boldsymbol{A}=(a_{ij})_{m\times n}$ 按行分块得

$$\boldsymbol{A}=\begin{pmatrix} a_{11} & a_{12} & \cdots & a_{1n} \\ a_{21} & a_{22} & \cdots & a_{2n} \\ \vdots & \vdots & & \vdots \\ a_{m1} & a_{m2} & \cdots & a_{mn} \end{pmatrix}=\begin{pmatrix} \boldsymbol{A}_1 \\ \boldsymbol{A}_2 \\ \vdots \\ \boldsymbol{A}_m \end{pmatrix}$$

其中,$\boldsymbol{A}_i=(a_{i1},a_{i2},\cdots,a_{in})$,$i=1,2,\cdots,m$ 是一行矩阵,也称行向量.

$\boldsymbol{A}=(a_{ij})_{m\times n}$ 按列分块为

$$\boldsymbol{A}=\begin{pmatrix} a_{11} & a_{12} & \cdots & a_{1n} \\ a_{21} & a_{22} & \cdots & a_{2n} \\ \vdots & \vdots & & \vdots \\ a_{m1} & a_{m2} & \cdots & a_{mn} \end{pmatrix}=(\boldsymbol{A}_1\quad \boldsymbol{A}_2\quad \cdots\quad \boldsymbol{A}_n)$$

其中,$\boldsymbol{A}_i=(a_{1i},a_{2i},\cdots,a_{mi})^{\mathrm{T}}$,$i=1,2,\cdots,n$ 是一列矩阵,也称列向量.

究竟采用哪种方式分块,要根据矩阵的具体运算来确定.

二、分块矩阵的运算

分块后的矩阵,把小矩阵当作元素,按普通的矩阵运算法则进行运算.

1. 分块矩阵的加法

设 $\boldsymbol{A}$、$\boldsymbol{B}$ 是两个 $m\times n$ 矩阵,且用相同的分块法,有

$$\boldsymbol{A}=\begin{pmatrix}\boldsymbol{A}_{11} & \cdots & \boldsymbol{A}_{1r}\\ \vdots & & \vdots\\ \boldsymbol{A}_{s1} & \cdots & \boldsymbol{A}_{sr}\end{pmatrix},\quad \boldsymbol{B}=\begin{pmatrix}\boldsymbol{B}_{11} & \cdots & \boldsymbol{B}_{1r}\\ \vdots & & \vdots\\ \boldsymbol{B}_{s1} & \cdots & \boldsymbol{B}_{sr}\end{pmatrix}$$

其中,各对应的子块 $\boldsymbol{A}_{ij}$ 与 $\boldsymbol{B}_{ij}$ 有相同的行数和列数,则

$$\boldsymbol{A}\pm\boldsymbol{B}=\begin{pmatrix}\boldsymbol{A}_{11}\pm\boldsymbol{B}_{11} & \cdots & \boldsymbol{A}_{1r}\pm\boldsymbol{B}_{1r}\\ \vdots & & \vdots\\ \boldsymbol{A}_{s1}\pm\boldsymbol{B}_{s1} & \cdots & \boldsymbol{A}_{sr}\pm\boldsymbol{B}_{sr}\end{pmatrix} \tag{2.12}$$

2. 分块矩阵的数乘

设 λ 为数,有

$$\lambda\boldsymbol{A}=\begin{pmatrix}\lambda\boldsymbol{A}_{11} & \cdots & \lambda\boldsymbol{A}_{1r}\\ \vdots & & \vdots\\ \lambda\boldsymbol{A}_{s1} & \cdots & \lambda\boldsymbol{A}_{sr}\end{pmatrix} \tag{2.13}$$

3. 分块矩阵的转置

$$\boldsymbol{A}^{\mathrm{T}}=\begin{pmatrix}\boldsymbol{A}_{11}^{\mathrm{T}} & \boldsymbol{A}_{21}^{\mathrm{T}} & \cdots & \boldsymbol{A}_{s1}^{\mathrm{T}}\\ \boldsymbol{A}_{12}^{\mathrm{T}} & \boldsymbol{A}_{22}^{\mathrm{T}} & \cdots & \boldsymbol{A}_{s2}^{\mathrm{T}}\\ \vdots & \vdots & & \vdots\\ \boldsymbol{A}_{1r}^{\mathrm{T}} & \boldsymbol{A}_{2r}^{\mathrm{T}} & \cdots & \boldsymbol{A}_{sr}^{\mathrm{T}}\end{pmatrix} \tag{2.14}$$

转置一个分块矩阵,不仅整个分块矩阵按块转置,而且每一块都要做转置.

4. 分块矩阵的乘法

设 $\boldsymbol{A}$ 为 $m\times l$ 矩阵,$\boldsymbol{B}$ 为 $l\times n$ 矩阵,分块为

$$\boldsymbol{A}=\begin{pmatrix}\boldsymbol{A}_{11} & \cdots & \boldsymbol{A}_{1t}\\ \vdots & & \vdots\\ \boldsymbol{A}_{s1} & \cdots & \boldsymbol{A}_{st}\end{pmatrix},\quad \boldsymbol{B}=\begin{pmatrix}\boldsymbol{B}_{11} & \cdots & \boldsymbol{B}_{1r}\\ \vdots & & \vdots\\ \boldsymbol{B}_{t1} & \cdots & \boldsymbol{B}_{tr}\end{pmatrix}$$

其中,$\boldsymbol{A}_{i1},\boldsymbol{A}_{i2},\cdots,\boldsymbol{A}_{it}$ 的列数分别等于 $\boldsymbol{B}_{1j},\boldsymbol{B}_{2j},\cdots,\boldsymbol{B}_{tj}$ 的行数,则

$$\boldsymbol{AB}=\boldsymbol{C}=\begin{pmatrix}\boldsymbol{C}_{11} & \cdots & \boldsymbol{C}_{1r}\\ \vdots & & \vdots\\ \boldsymbol{C}_{s1} & \cdots & \boldsymbol{C}_{sr}\end{pmatrix} \tag{2.15}$$

其中,$\boldsymbol{C}_{ij}=\sum\limits_{k=1}^{t}\boldsymbol{A}_{ik}\boldsymbol{B}_{kj}\,(i=1,2,\cdots,s;j=1,2,\cdots,r)$.

注:特殊的分块矩阵.

若方阵 $\boldsymbol{A}$ 分块为

$$\boldsymbol{A}=\begin{pmatrix}\boldsymbol{A}_{1} & & & \\ & \boldsymbol{A}_{2} & & \\ & & \ddots & \\ & & & \boldsymbol{A}_{n}\end{pmatrix}\text{(未写出的子块都是零矩阵)}$$

其中,只有在对角线上有非零子块,其余的子块都为零矩阵,且在对角线上的子块都是方阵,此时称 $\boldsymbol{A}$ 为分块对角矩阵,则有

(1) $|\boldsymbol{A}|=|\boldsymbol{A}_1||\boldsymbol{A}_2|\cdots|\boldsymbol{A}_n|$;

(2) 当 $|\boldsymbol{A}_i|\neq 0\ (i=1,2,\cdots,n)$ 时,有

$$\boldsymbol{A}^{-1}=\begin{pmatrix}\boldsymbol{A}_1^{-1} & & & \\ & \boldsymbol{A}_2^{-1} & & \\ & & \ddots & \\ & & & \boldsymbol{A}_n^{-1}\end{pmatrix} \tag{2.16}$$

若

$$\boldsymbol{A}=\begin{pmatrix}\boldsymbol{A}_1 & & & \\ & \boldsymbol{A}_2 & & \\ & & \ddots & \\ & & & \boldsymbol{A}_n\end{pmatrix},\quad \boldsymbol{B}=\begin{pmatrix}\boldsymbol{B}_1 & & & \\ & \boldsymbol{B}_2 & & \\ & & \ddots & \\ & & & \boldsymbol{B}_n\end{pmatrix}$$

是两个分块对角矩阵,其中 $\boldsymbol{A}_i$ 与 $\boldsymbol{B}_i$ 是同阶方阵,则

$$\boldsymbol{A}\pm\boldsymbol{B}=\begin{pmatrix}\boldsymbol{A}_1\pm\boldsymbol{B}_1 & & & \\ & \boldsymbol{A}_2\pm\boldsymbol{B}_2 & & \\ & & \ddots & \\ & & & \boldsymbol{A}_n\pm\boldsymbol{B}_n\end{pmatrix} \tag{2.17}$$

$$\boldsymbol{A}\boldsymbol{B}=\begin{pmatrix}\boldsymbol{A}_1\boldsymbol{B}_1 & & & \\ & \boldsymbol{A}_2\boldsymbol{B}_2 & & \\ & & \ddots & \\ & & & \boldsymbol{A}_n\boldsymbol{B}_n\end{pmatrix} \tag{2.18}$$

由以上可看出,对于能划分为分块对角矩阵的矩阵,如果采用分块来求逆矩阵或进行运算是十分方便的.

【例 2-20】 设 $\boldsymbol{A}=\begin{pmatrix}1&0&2&2\\0&1&1&4\\0&0&-1&0\\0&0&0&-1\end{pmatrix}$,$\boldsymbol{B}=\begin{pmatrix}0&3&0&0\\3&0&0&0\\1&4&1&0\\0&2&0&1\end{pmatrix}$,计算 $\boldsymbol{A}+3\boldsymbol{B}$、$\boldsymbol{A}\boldsymbol{B}$ 及 $\boldsymbol{B}^{\mathrm{T}}$.

解 先将 $\boldsymbol{A}$、$\boldsymbol{B}$ 分块如下:

$$\boldsymbol{A}=\begin{pmatrix}1&0&2&2\\0&1&1&4\\0&0&-1&0\\0&0&0&-1\end{pmatrix}=\begin{pmatrix}\boldsymbol{E}&\boldsymbol{A}_1\\\boldsymbol{0}&-\boldsymbol{E}\end{pmatrix},\quad \boldsymbol{B}=\begin{pmatrix}0&3&0&0\\3&0&0&0\\1&4&1&0\\0&2&0&1\end{pmatrix}=\begin{pmatrix}3\boldsymbol{H}&\boldsymbol{0}\\\boldsymbol{B}_1&\boldsymbol{E}\end{pmatrix}$$

则

$$A+3B=\begin{pmatrix}E & A_1\\ 0 & -E\end{pmatrix}+3\begin{pmatrix}3H & 0\\ B_1 & E\end{pmatrix}=\begin{pmatrix}E & A_1\\ 0 & -E\end{pmatrix}+\begin{pmatrix}9H & 0\\ 3B_1 & 3E\end{pmatrix}=\begin{pmatrix}1 & 9 & 2 & 2\\ 9 & 1 & 1 & 4\\ 3 & 12 & 2 & 0\\ 0 & 6 & 0 & 2\end{pmatrix}$$

$$AB=\begin{pmatrix}E & A_1\\ 0 & -E\end{pmatrix}\begin{pmatrix}3H & 0\\ B_1 & E\end{pmatrix}=\begin{pmatrix}3H+A_1B_1 & A_1\\ -B_1 & -E\end{pmatrix}=\begin{pmatrix}2 & 15 & 2 & 2\\ 4 & 12 & 1 & 4\\ -1 & -4 & -1 & 0\\ 0 & -2 & 0 & -1\end{pmatrix}$$

$$B^{\mathrm T}=\begin{pmatrix}3H & 0\\ B_1 & E\end{pmatrix}^{\mathrm T}=\begin{pmatrix}(3H)^{\mathrm T} & B_1^{\mathrm T}\\ 0^{\mathrm T} & E^{\mathrm T}\end{pmatrix}=\begin{pmatrix}3H & B_1^{\mathrm T}\\ 0 & E\end{pmatrix}=\begin{pmatrix}0 & 3 & 1 & 0\\ 3 & 0 & 4 & 2\\ 0 & 0 & 1 & 0\\ 0 & 0 & 0 & 1\end{pmatrix}$$

【例 2-21】 设

$$A=\begin{pmatrix}3 & 0 & 0 & 0 & 0\\ 0 & 0 & 1 & 0 & 0\\ 0 & 2 & 5 & 0 & 0\\ 0 & 0 & 0 & 1 & 0\\ 0 & 0 & 0 & 0 & 1\end{pmatrix}$$

求 A^{-1}.

解 将 A 分块如下：

$$A=\left(\begin{array}{c:cc:cc}3 & 0 & 0 & 0 & 0\\ \hdashline 0 & 0 & 1 & 0 & 0\\ 0 & 2 & 5 & 0 & 0\\ \hdashline 0 & 0 & 0 & 1 & 0\\ 0 & 0 & 0 & 0 & 1\end{array}\right)=\begin{pmatrix}A_1 & & \\ & A_2 & \\ & & E_2\end{pmatrix}$$

其中，$A_1=(3)$，$A_2=\begin{pmatrix}0 & 1\\ 2 & 5\end{pmatrix}$，$E_2=\begin{pmatrix}1 & 0\\ 0 & 1\end{pmatrix}$.

由于 $A_1^{-1}=\left(\dfrac{1}{3}\right)$， $A_2^{-1}=-\dfrac{1}{2}\begin{pmatrix}5 & -1\\ -2 & 0\end{pmatrix}=\begin{pmatrix}-\dfrac{5}{2} & \dfrac{1}{2}\\ 1 & 0\end{pmatrix}$， $E_2^{-1}=E_2$

所以
$$A^{-1}=\begin{pmatrix}A_1^{-1} & & \\ & A_2^{-1} & \\ & & E_2^{-1}\end{pmatrix}=\left(\begin{array}{c:cc:cc}\dfrac{1}{3} & 0 & 0 & 0 & 0\\ \hdashline 0 & -\dfrac{5}{2} & \dfrac{1}{2} & 0 & 0\\ 0 & 1 & 0 & 0 & 0\\ \hdashline 0 & 0 & 0 & 1 & 0\\ 0 & 0 & 0 & 0 & 1\end{array}\right)$$

【例 2-22】 求 2×2 准上三角形矩阵 $\boldsymbol{D}=\begin{pmatrix}\boldsymbol{A} & \boldsymbol{C}\\ \boldsymbol{0} & \boldsymbol{B}\end{pmatrix}$ 的行列式、伴随矩阵、逆矩阵. 其中 $\boldsymbol{A}$、$\boldsymbol{B}$ 都是方阵但可以不同阶.

解 由第 1 章知 $|\boldsymbol{D}|=|\boldsymbol{A}||\boldsymbol{B}|$，其次设 $\boldsymbol{D}^{-1}=\begin{pmatrix}\boldsymbol{X} & \boldsymbol{Y}\\ \boldsymbol{Z} & \boldsymbol{W}\end{pmatrix}$，由 $\boldsymbol{D}\boldsymbol{D}^{-1}=\boldsymbol{E}=\begin{pmatrix}\boldsymbol{E} & \boldsymbol{0}\\ \boldsymbol{0} & \boldsymbol{E}\end{pmatrix}$ 知，$\begin{cases}\boldsymbol{AX}+\boldsymbol{CZ}=\boldsymbol{E}\\ \boldsymbol{AY}+\boldsymbol{CW}=\boldsymbol{0}\\ \boldsymbol{BZ}=\boldsymbol{0}\\ \boldsymbol{BW}=\boldsymbol{E}\end{cases}$，

从而 $\boldsymbol{W}=\boldsymbol{B}^{-1}$，$\boldsymbol{Z}=\boldsymbol{0}$，$\boldsymbol{X}=\boldsymbol{A}^{-1}$，$\boldsymbol{Y}=-\boldsymbol{A}^{-1}\boldsymbol{C}\boldsymbol{B}^{-1}$，所以

$$\boldsymbol{D}^{-1}=\begin{pmatrix}\boldsymbol{A}^{-1} & -\boldsymbol{A}^{-1}\boldsymbol{C}\boldsymbol{B}^{-1}\\ \boldsymbol{0} & \boldsymbol{B}^{-1}\end{pmatrix}$$

$$\boldsymbol{D}^{*}=|\boldsymbol{D}|\boldsymbol{D}^{-1}=|\boldsymbol{A}||\boldsymbol{B}|\begin{pmatrix}\boldsymbol{A}^{-1} & -\boldsymbol{A}^{-1}\boldsymbol{C}\boldsymbol{B}^{-1}\\ \boldsymbol{0} & \boldsymbol{B}^{-1}\end{pmatrix}=\begin{pmatrix}\boldsymbol{A}^{*}|\boldsymbol{B}| & -\boldsymbol{A}^{*}\boldsymbol{C}\boldsymbol{B}^{*}\\ \boldsymbol{0} & |\boldsymbol{A}|\boldsymbol{B}^{*}\end{pmatrix}$$

本例中求 $\boldsymbol{D}^{-1}$ 的待定元素法是一个好方法.

习 题 2.4

1. 利用分块方法化简计算 $\boldsymbol{AB}$.

其中，设 $\boldsymbol{A}=\begin{pmatrix}1 & 0 & 0 & 0\\ 0 & 1 & 0 & 0\\ -1 & 3 & 1 & 0\end{pmatrix}$，$\boldsymbol{B}=\begin{pmatrix}4 & 1 & 0\\ 3 & 4 & 1\\ 0 & -1 & 3\\ 1 & 0 & -1\end{pmatrix}$.

2. 设 $\boldsymbol{A}=\begin{pmatrix}5 & 0 & 0\\ 0 & 3 & 1\\ 0 & 2 & 1\end{pmatrix}$，求 $\boldsymbol{A}^{-1}$.

3. 利用分块矩阵求矩阵

$$\boldsymbol{D}=\begin{pmatrix}a_{11} & \cdots & a_{1k} & 0 & \cdots & 0\\ \vdots & & \vdots & \vdots & & \vdots\\ a_{k1} & \cdots & a_{kk} & 0 & \cdots & 0\\ c_{11} & \cdots & c_{1k} & b_{11} & \cdots & b_{1r}\\ \vdots & & \vdots & \vdots & & \vdots\\ c_{r1} & \cdots & c_{rk} & b_{r1} & \cdots & b_{rr}\end{pmatrix}=\begin{pmatrix}\boldsymbol{A} & \boldsymbol{0}\\ \boldsymbol{C} & \boldsymbol{B}\end{pmatrix}$$

的逆矩阵，其中 $\boldsymbol{A}$、$\boldsymbol{B}$ 分别是 k 阶和 r 阶的可逆矩阵，$\boldsymbol{C}$ 是 $r\times k$ 矩阵，$\boldsymbol{0}$ 是 $k\times r$ 零矩阵.

4. 试判断矩阵 $\boldsymbol{A}=\begin{pmatrix}3&0&0&0\\0&1&2&0\\0&1&3&0\\0&0&0&5\end{pmatrix}$ 是否可逆？若可逆，求出 $\boldsymbol{A}^{-1}$，并计算 $\boldsymbol{A}^2$.

第五节 应用实例

一、列昂惕夫投入产出模型

设某国的经济体系分为 n 个部门，这些部门生产商品和服务，设 $\boldsymbol{x}$ 为 $\mathbf{R}^n$ 中产出向量，它列出了每一部门一年中的产出；同时，设经济体系的另一部分(称为开放部门)不生产产品或服务，仅仅消费商品和服务，$\boldsymbol{d}$ 为最终需求向量，它列出经济体系中的各种非生产部门所需求的商品或服务，此向量代表消费者需求、政府消费、超额生产、出口或其他外部需求.

由于各部门生产商品以满足消费者需求，生产者本身创造了中间需求，需要这些产品作为生产部门的投入，部门之间的关系是很复杂的，而生产和最后需求之间的联系也还不清楚. 列昂惕夫思考是否存在某一生产水平 $\boldsymbol{x}$($\boldsymbol{x}$ 称为供给)恰好满足这一生产水平的总需求，那么

$$[\text{总产出 } \boldsymbol{x}]=[\text{中间需求}]+[\text{最终需求 } \boldsymbol{d}] \tag{2.19}$$

列昂惕夫的投入产出模型的基本假设是，对每个部门，有一个单位消费向量，它列出了该部门的单位产出所需的投入，所有的投入与产出都以百万美元作为单位，而不用具体的单位如吨等(假设商品和服务的价格为常数).

作为一个简单的例子，设经济体系由三个部门——制造业、农业和服务业组成，单位消费向量分别为 $\boldsymbol{c}_1$、$\boldsymbol{c}_2$、$\boldsymbol{c}_3$，如表 2.1 所示.

表 2.1 每单位产出消费的投入

购 买 自	制造业 $\boldsymbol{c}_1$	农业 $\boldsymbol{c}_2$	服务业 $\boldsymbol{c}_3$
制造业	0.50	0.40	0.20
农业	0.20	0.30	0.10
服务业	0.10	0.10	0.30

【例 2-23】 如果制造业决定生产 100 单位产品(见表 2.1)，它将消费多少？

解 计算
$$100\boldsymbol{c}_1=100\begin{pmatrix}0.50\\0.20\\0.10\end{pmatrix}=\begin{pmatrix}50\\20\\10\end{pmatrix}$$

为生产 100 单位产品，制造业需要消费制造业其他部门的 50 单位产品，20 单位农业

产品，10 单位服务业产品.

若制造业决定生产 $\boldsymbol{x}_1$ 单位产出，则在生产的过程中消费掉的中间需求是 $\boldsymbol{x}_1\boldsymbol{c}_1$，类似地，若 $\boldsymbol{x}_2$、$\boldsymbol{x}_3$ 分别表示农业和服务业的计划产出，则 $\boldsymbol{x}_2\boldsymbol{c}_2$、$\boldsymbol{x}_3\boldsymbol{c}_3$ 就为它们对应的中间需求，三个部门的中间需求为

$$[\text{中间需求}]=\boldsymbol{x}_1\boldsymbol{c}_1+\boldsymbol{x}_2\boldsymbol{c}_2+\boldsymbol{x}_3\boldsymbol{c}_3=\boldsymbol{Cx} \tag{2.20}$$

这里，$\boldsymbol{C}$ 是消耗矩阵$(\boldsymbol{c}_1,\boldsymbol{c}_2,\boldsymbol{c}_3)$，即

$$\boldsymbol{C}=\begin{pmatrix}0.50 & 0.40 & 0.20\\0.20 & 0.30 & 0.10\\0.10 & 0.10 & 0.30\end{pmatrix}. \tag{2.21}$$

于是，产生列昂惕夫投入产出模型或生产方程为

$$\text{总产出}=\text{中间需求}+\text{最终需求}$$

$$\boldsymbol{x}=\boldsymbol{Cx}+\boldsymbol{d} \tag{2.22}$$

把总产出 $\boldsymbol{x}$ 写成 $\boldsymbol{Ex}$，有 $\boldsymbol{Ex}-\boldsymbol{Cx}=\boldsymbol{d}$，即

$$(\boldsymbol{E}-\boldsymbol{C})\boldsymbol{x}=\boldsymbol{d} \tag{2.23}$$

【例 2-24】 考虑消耗矩阵为(2.21)的经济，假设最终需求是制造业 50 单位，农业 30 单位，服务业 20 单位，求生产水平 $\boldsymbol{x}$.

解 矩阵(2.23)中系数矩阵为

$$\boldsymbol{E}-\boldsymbol{C}=\begin{pmatrix}1 & 0 & 0\\0 & 1 & 0\\0 & 0 & 1\end{pmatrix}-\begin{pmatrix}0.5 & 0.4 & 0.2\\0.2 & 0.3 & 0.1\\0.1 & 0.1 & 0.3\end{pmatrix}=\begin{pmatrix}0.5 & -0.4 & -0.2\\-0.2 & 0.7 & -0.1\\-0.1 & -0.1 & 0.7\end{pmatrix}$$

为解矩阵(2.23)，对增广矩阵作初等行变换(下章介绍)

$$\begin{pmatrix}0.5 & -0.4 & -0.2 & 50\\-0.2 & 0.7 & -0.1 & 30\\-0.1 & -0.1 & 0.7 & 20\end{pmatrix}\xrightarrow{r}\begin{pmatrix}1 & 0 & 0 & 226\\0 & 1 & 0 & 119\\0 & 0 & 1 & 78\end{pmatrix}$$

最后一列四舍五入到整数，制造业需生产约 226 单位，农业 119 单位，服务业 78 单位.

若矩阵 $\boldsymbol{E}-\boldsymbol{C}$ 可逆，则可由方程$(\boldsymbol{E}-\boldsymbol{C})\boldsymbol{x}=\boldsymbol{d}$ 得出

$$\boldsymbol{x}=(\boldsymbol{E}-\boldsymbol{C})^{-1}\boldsymbol{d}$$

定理 2.2 设 $\boldsymbol{C}$ 为某一经济的消耗矩阵，$\boldsymbol{d}$ 为最终需求，若 $\boldsymbol{C}$ 和 $\boldsymbol{d}$ 的元素非负，$\boldsymbol{C}$ 的每一列的和小于 1，则$(\boldsymbol{E}-\boldsymbol{C})^{-1}$存在，而产出向量 $\boldsymbol{x}=(\boldsymbol{E}-\boldsymbol{C})^{-1}\boldsymbol{d}$ 有非负元素，且是下列方程的唯一解：$\boldsymbol{x}=\boldsymbol{Cx}+\boldsymbol{d}$.

注：

(1) 定理说明，在大部分实际情况下，$\boldsymbol{E}-\boldsymbol{C}$ 是可逆的，而且产出向量 $\boldsymbol{x}$ 是经济可行的，也即 $\boldsymbol{x}$ 中的元素是非负的.

(2) 此定理中，列的和表示矩阵中某一列元素的和，在通常情况下，某一消耗矩

阵的列的和是小于 1 的，因为一个部门要生产一单位产出所需投入的总价值应该小于 1.

(3) 对定理的理解.

① $(\boldsymbol{E}-\boldsymbol{C})^{-1}$的公式：假设由 $\boldsymbol{d}$ 表示的需求在年初提供给各种工业，它们制定产业水平为 $\boldsymbol{x}=\boldsymbol{d}$ 的计划，它将恰好满足最终需求，由于这些工业准备产出为 $\boldsymbol{d}$，它们将提出对原料及其他投入的要求，这就创造出 $\boldsymbol{Cd}$. 为满足附加需求 $\boldsymbol{Cd}$，这些工业又需要进一步的投入：$\boldsymbol{C}(\boldsymbol{Cd})=\boldsymbol{C}^2\boldsymbol{d}$，当然，它又创造出第二轮的中间需求，当要满足这些需求时，它们又创造出第三轮需求，理论上，这个过程可以无限延续下去，于是为了满足所有这些需求的产出水平，$\boldsymbol{x}$ 为

$$\boldsymbol{x}=\boldsymbol{d}+\boldsymbol{Cd}+\boldsymbol{C}^2\boldsymbol{d}+\cdots=(\boldsymbol{E}+\boldsymbol{C}+\boldsymbol{C}^2+\cdots)\boldsymbol{d} \tag{2.24}$$

为了使式(2.24)有意义，可以使用下列代数恒等式：

$$(\boldsymbol{E}-\boldsymbol{C})(\boldsymbol{E}+\boldsymbol{C}+\boldsymbol{C}^2+\cdots+\boldsymbol{C}^m)=\boldsymbol{E}-\boldsymbol{C}^{m+1} \tag{2.25}$$

可以证明，若 $\boldsymbol{C}$ 的列的和都严格小于 1，则 $\boldsymbol{E}-\boldsymbol{C}$ 是可逆的，当 m 趋于无穷时，$\boldsymbol{C}^m$ 趋于 $\boldsymbol{0}$，有 $\boldsymbol{E}-\boldsymbol{C}^{m+1}\to\boldsymbol{E}$（这有点类似于当正数 $t<1$ 时，随着 m 增大，$t^m\to 0$），应用式(2.25)，有当 $\boldsymbol{C}$ 的列的和小于 1 时

$$(\boldsymbol{E}-\boldsymbol{C})^{-1}\approx\boldsymbol{E}+\boldsymbol{C}+\boldsymbol{C}^2+\cdots+\boldsymbol{C}^m \tag{2.26}$$

将式(2.26)理解为当 m 充分大时，右边可以任意接近$(\boldsymbol{E}-\boldsymbol{C})^{-1}$. 式(2.26)实际上给出了一种计算$(\boldsymbol{E}-\boldsymbol{C})^{-1}$的方法.

② $(\boldsymbol{E}-\boldsymbol{C})^{-1}$中元素的经济重要性.

$(\boldsymbol{E}-\boldsymbol{C})^{-1}$中的元素是有意义的，因为它们可用来预计当最终需求 $\boldsymbol{d}$ 改变时，产出向量 $\boldsymbol{x}$ 如何改变. 事实上，$(\boldsymbol{E}-\boldsymbol{C})^{-1}$的第 j 列表示当第 j 个部门的最终需求增加 1 单位时，各部门需要增加产出的数量.

思考题：

设某一经济体有两个部门，即商品和服务部门，商品部门的单位产出需要 0.2 单位商品和 0.5 单位服务投入，服务部门的单位产出需要 0.4 单位商品和 0.3 单位服务的投入，最终需求是 20 单位商品和 30 单位服务，试写出列昂惕夫投入产出模型的方程.

二、线性变换介绍

例如，方程$\begin{pmatrix}4&-3&1&3\\2&0&5&1\end{pmatrix}\begin{pmatrix}1\\1\\1\\1\end{pmatrix}=\begin{pmatrix}5\\8\end{pmatrix}$，$\begin{pmatrix}4&-3&1&3\\2&0&5&1\end{pmatrix}\begin{pmatrix}1\\4\\-1\\3\end{pmatrix}=\begin{pmatrix}0\\0\end{pmatrix}$，对上面的矩阵方程 $\boldsymbol{Ax}=\boldsymbol{b}$，乘以矩阵 $\boldsymbol{A}$ 后，将$\begin{pmatrix}1\\1\\1\\1\end{pmatrix}$变成$\begin{pmatrix}5\\8\end{pmatrix}$，将$\begin{pmatrix}1\\4\\-1\\3\end{pmatrix}$变成$\begin{pmatrix}0\\0\end{pmatrix}$.

解方程 $\boldsymbol{Ax}=\boldsymbol{b}$ 就是要求出 $\mathbf{R}^4$ 中所有经过乘以 $\boldsymbol{A}$ 的“作用”后变为 $\boldsymbol{b}\in\mathbf{R}^2$ 的向量 $\boldsymbol{x}$.

由 $\boldsymbol{x}$ 到 $\boldsymbol{Ax}$ 的对应可看成由一个向量集到另一个向量集的函数，由 $\mathbf{R}^n$ 到 $\mathbf{R}^m$ 的一个变换（或称函数、映射）$\boldsymbol{T}$ 是一个规则，它把 $\mathbf{R}^n$ 中每个向量 $\boldsymbol{x}$ 对应 $\mathbf{R}^m$ 中的一个向量 $\boldsymbol{T}(x)$，集合 $\mathbf{R}^n$ 称为 $\boldsymbol{T}$ 的定义域，而 $\mathbf{R}^m$ 称为 $\boldsymbol{T}$ 的余定义域（取值空间），符号 $\boldsymbol{T}:\mathbf{R}^n\to\mathbf{R}^m$ 说明 $\boldsymbol{T}$ 的定义域是 $\mathbf{R}^n$，而余定义域是 $\mathbf{R}^m$，对于 $\mathbf{R}^n$ 中向量 $\boldsymbol{x}$，$\mathbf{R}^m$ 中向量 $\boldsymbol{T}(\boldsymbol{x})$ 称为 $\boldsymbol{x}$ 在 $\boldsymbol{T}$ 作用下的像，所有像 $\boldsymbol{T}(\boldsymbol{x})$ 的集合称为 $\boldsymbol{T}$ 的值域.

对于 $\mathbf{R}^n$ 中每个 $\boldsymbol{x}$，$\boldsymbol{T}(\boldsymbol{x})$ 由 $\boldsymbol{Ax}$ 计算得到，其中 $\boldsymbol{A}$ 是 $m\times n$ 矩阵，注意到当 $\boldsymbol{A}$ 有 n 列时，$\boldsymbol{T}$ 的定义域为 $\mathbf{R}^n$，而当 $\boldsymbol{A}$ 的每个列有 m 个元素时，T 的余定义域为 $\mathbf{R}^m$，$\boldsymbol{T}$ 的值域为 $\boldsymbol{A}$ 的列的所有线性组合的集合，因为每个像 $\boldsymbol{T}(x)$ 有 $\boldsymbol{Ax}$ 的形式.

【例 2-25】 设 $\boldsymbol{A}=\begin{pmatrix}1&-3\\3&5\\-1&7\end{pmatrix}$，$\boldsymbol{u}=\begin{pmatrix}2\\-1\end{pmatrix}$，$\boldsymbol{b}=\begin{pmatrix}3\\2\\-5\end{pmatrix}$，$\boldsymbol{c}=\begin{pmatrix}3\\2\\5\end{pmatrix}$，定义变换 $\boldsymbol{T}:\mathbf{R}^2\to\mathbf{R}^3$ 为 $\boldsymbol{T}(\boldsymbol{x})=\boldsymbol{Ax}$，于是 $\boldsymbol{T}(\boldsymbol{x})=\boldsymbol{Ax}=\begin{pmatrix}1&-3\\3&5\\-1&7\end{pmatrix}\begin{pmatrix}x_1\\x_2\end{pmatrix}=\begin{pmatrix}x_1-3x_2\\3x_1+5x_2\\-x_1+7x_2\end{pmatrix}$.

（1）求 $\boldsymbol{u}$ 在变换 $\boldsymbol{T}$ 下的像 $\boldsymbol{T}(\boldsymbol{u})$；

（2）求 $\mathbf{R}^2$ 中的向量 $\boldsymbol{x}$，使它在 $\boldsymbol{T}$ 下的像是向量 $\boldsymbol{b}$；

（3）是否有其他向量在 $\boldsymbol{T}$ 下的像也是 $\boldsymbol{b}$；

（4）确定 $\boldsymbol{c}$ 是否属于变换 $\boldsymbol{T}$ 的值域.

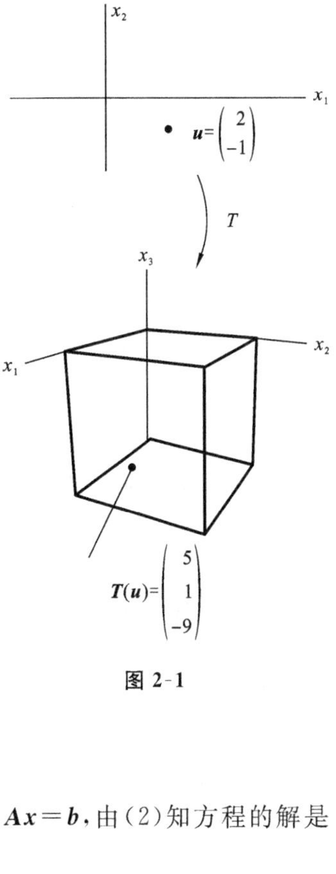

图 2-1

解 （1）如图 2-1 所示，$\boldsymbol{T}(\boldsymbol{u})=\boldsymbol{Au}=\begin{pmatrix}1&-3\\3&5\\-1&7\end{pmatrix}\begin{pmatrix}2\\-1\end{pmatrix}=\begin{pmatrix}5\\1\\-9\end{pmatrix}$.

（2）解 $\boldsymbol{T}(\boldsymbol{x})=\boldsymbol{b}$，即解 $\boldsymbol{Ax}=\boldsymbol{b}$ 或 $\begin{pmatrix}1&-3\\3&5\\-1&7\end{pmatrix}\begin{pmatrix}x_1\\x_2\end{pmatrix}=\begin{pmatrix}3\\2\\-5\end{pmatrix}$，对增广矩阵作初等行变换（下章介绍）：

$$\begin{pmatrix}1&-3&3\\3&5&-2\\-1&7&-5\end{pmatrix}\xrightarrow{r}\begin{pmatrix}1&0&1.5\\0&1&-0.5\\0&0&0\end{pmatrix}$$，因此，$x_1=1.5$，$x_2=-0.5$，$\boldsymbol{x}=\begin{pmatrix}1.5\\-0.5\end{pmatrix}$，这个向量 $\boldsymbol{x}$ 在 $\boldsymbol{T}$ 下的像是给定的向量 $\boldsymbol{b}$.

（3）任意 $\boldsymbol{x}$，若它在 $\boldsymbol{T}$ 下的像是 $\boldsymbol{b}$，它必须满足方程 $\boldsymbol{Ax}=\boldsymbol{b}$，由（2）知方程的解是

唯一的，所以仅有一个 $\boldsymbol{x}$ 使它的像是 $\boldsymbol{b}$.

(4) 若 $\boldsymbol{c}$ 是 $\mathbf{R}^2$ 中某个 $\boldsymbol{x}$ 在 $\boldsymbol{T}$ 下的像，则它属于 $\boldsymbol{T}$ 的值域，也就是说，对某个 $\boldsymbol{x}$，$\boldsymbol{c}=\boldsymbol{T}(\boldsymbol{x})$，相当于判断方程组 $\boldsymbol{Ax}=\boldsymbol{c}$ 是否有解，对增广矩阵作初等行变换有

$$\begin{pmatrix} 1 & -3 & 3 \\ 3 & 5 & 2 \\ -1 & 7 & 5 \end{pmatrix} \xrightarrow{r} \begin{pmatrix} 1 & -3 & 3 \\ 0 & 1 & 2 \\ 0 & 0 & -35 \end{pmatrix}$$

显然方程组无解，因此 $\boldsymbol{c}$ 不属于 $\boldsymbol{T}$ 的值域.

【例 2-26】 设 $\boldsymbol{A}=\begin{pmatrix} 1 & 3 \\ 0 & 1 \end{pmatrix}$，变换 $\boldsymbol{T}:\mathbf{R}^2\to\mathbf{R}^2$ 定义为 $\boldsymbol{T}(\boldsymbol{x})=\boldsymbol{Ax}$，称为剪切变换，可以说明，若 $\boldsymbol{T}$ 作用于图 2-2 的正方形的各点，则像的集构成带阴影的平行四边形，关键的想法是证明 $\boldsymbol{T}$ 将线段映射成为线段，然后验证正方形的 4 个顶点映射成平行四边形的 4 个顶点.

例如，点 $\boldsymbol{u}=\begin{pmatrix} 0 \\ 2 \end{pmatrix}$ 的像为 $\boldsymbol{T}(\boldsymbol{u})=\begin{pmatrix} 1 & 3 \\ 0 & 1 \end{pmatrix}\begin{pmatrix} 0 \\ 2 \end{pmatrix}=\begin{pmatrix} 6 \\ 2 \end{pmatrix}$，点 $\begin{pmatrix} 2 \\ 2 \end{pmatrix}$ 的像为 $\begin{pmatrix} 8 \\ 2 \end{pmatrix}$，$\boldsymbol{T}$ 将正方形变形，正方形的底保持不变，而正方形的顶拉向右边，剪切变换出现在物理学、地质学与晶体学中.

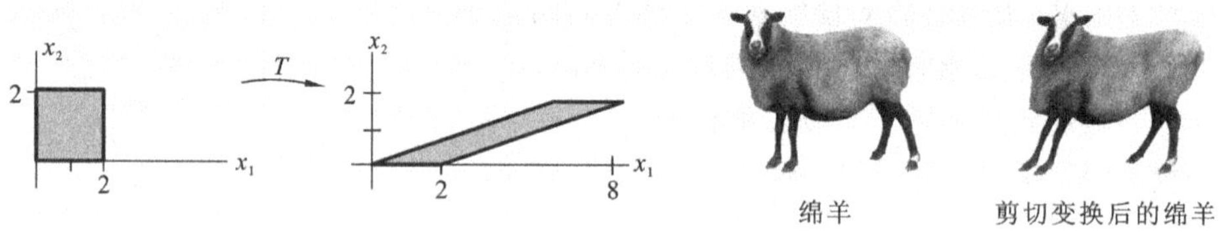

图 2-2

三、计算机图形学中的应用

计算机图形是在计算机屏幕上显示或活动的图像，计算机图形学的应用广泛，发展迅速. 例如，计算机辅助设计(CAD)是许多工程技术的组成部分之一.

绝大多数工业和商业的交互计算机软件在屏幕上应用计算机图形显示以及其他功能，如数据的图形显示、桌面编辑以及商业或教育用的幻灯片等，因此，任何学习计算机语言的学生至少要学会如何应用二维图形.

我们考虑用来操作和显示图形图像的一些基本的数学方法，如飞机的线形轮廓模型，这样的一个图像(图片)是由一系列的点和曲线组成，以及如何填充由直线和曲线所围成的封闭区域，通常，曲线用短的直线段逼近，而图形用一系列的点来定义.

在最简单的二维图形符号中，字母用于在屏幕上做标记，某些字母作为线框对象存储，其他有弯曲部分的字母还要将曲线的数学公式也存储进去.

【例 2-27】 图 2-3 中的大写字母 N 由 8 个点或顶点确定，这些点的坐标可存储在一个数据矩阵 $\boldsymbol{D}$ 中.

$$\begin{matrix} \text{顶点} & 1 & 2 & 3 & 4 & 5 & 6 & 7 & 8 \end{matrix}$$

$$\begin{pmatrix} 0 & 0.5 & 0.5 & 6 & 6 & 5.5 & 5.5 & 0 \\ 0 & 0 & 6.42 & 0 & 8 & 8 & 1.58 & 8 \end{pmatrix} = \boldsymbol{D}$$

矩阵中第一行表示 $\boldsymbol{x}$ 坐标，第二行表示 $\boldsymbol{y}$ 坐标. 除 $\boldsymbol{D}$ 外，还要说明哪些顶点用线相连，但我们省略这些细节.

图形对象使用一组直线线段描述的主要原因是，计算机图形学中标准变换把线性映射称为线段，当描述这些对象的顶点被变换以后，它们的像可以用适当的直线连接起来得到原来对象的完整图形.

【例 2-28】 给定 $\boldsymbol{A}=\begin{pmatrix} 1 & 0.25 \\ 0 & 1 \end{pmatrix}$ 描述剪切变换 $\boldsymbol{x}\rightarrow\boldsymbol{Ax}$ 对例 2-26 中字母 N 的作用.

解 由矩阵乘法的定义，乘积 $\boldsymbol{AD}$ 的各列给出字母 N 各顶点的像，

$$\boldsymbol{AD}=\begin{pmatrix} 0 & 0.5 & 2.105 & 6 & 8 & 7.5 & 5.895 & 2 \\ 0 & 0 & 6.420 & 0 & 8 & 8 & 1.580 & 8 \end{pmatrix}$$

变换过的顶点如图 2-4 所示.

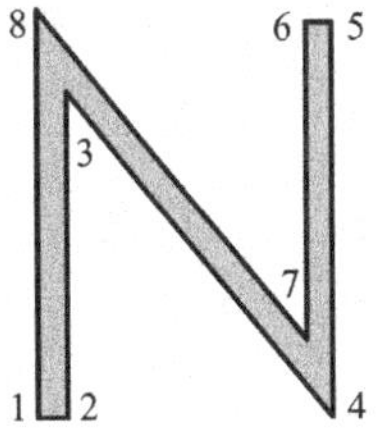

图 2-3

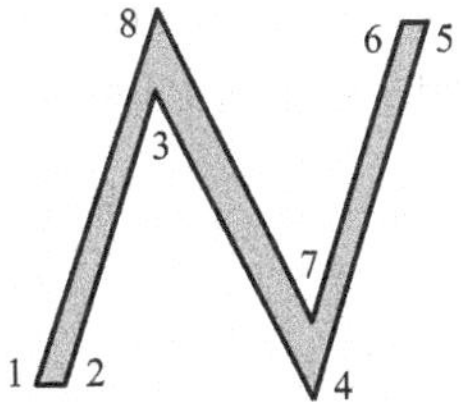

图 2-4

计算机图形学中的数学是与矩阵乘法紧密联系的，但是，屏幕上的物体的平移并不直接对应于矩阵乘法，因为平移并非线性变换，避免这一困难的标准办法是引入所谓齐次坐标.

1. 齐次坐标

$\mathbf{R}^2$ 中每个点(x,y)可以对应于 $\mathbf{R}^3$ 中的$(x,y,1)$，它们位于 xOy 平面上方 1 单位的平面上，我们称(x,y)有齐次坐标$(x,y,1)$. 例如，点$(0,0)$的齐次坐标$(0,0,1)$. 点的齐次坐标不能相加，也不能乘以数，但它们可以乘以 3×3 矩阵来做变换.

【例 2-29】 形如$(x,y)\rightarrow(x+h,y+k)$的平移可以用齐次坐标写成$(x,y,1)\rightarrow(x+h,y+k,1)$，这个变换可用矩阵乘法来实现：

$$\begin{pmatrix}1&0&h\\0&1&k\\0&0&1\end{pmatrix}\begin{pmatrix}x\\y\\1\end{pmatrix}=\begin{pmatrix}x+h\\y+k\\1\end{pmatrix}$$

【例 2-30】 $\mathbf{R}^2$ 中任意线性变换也可通过齐次坐标乘以分块矩阵 $\begin{pmatrix}\boldsymbol{A}&\boldsymbol{0}\\\boldsymbol{0}&1\end{pmatrix}$ 来实现，其中 $\boldsymbol{A}$ 是 2×2 矩阵，典型的例子如下.

绕原点逆时针旋转角度 φ：$\begin{pmatrix}\cos\varphi&-\sin\varphi&0\\\sin\varphi&\cos\varphi&0\\0&0&1\end{pmatrix}$；

关于 $y=x$ 对称：$\begin{pmatrix}0&1&0\\1&0&0\\0&0&1\end{pmatrix}$；

x 乘以 s，y 乘以 t：$\begin{pmatrix}s&0&0\\0&t&0\\0&0&1\end{pmatrix}$.

2. 复合变换

图形在计算机屏幕上的移动通常需要两个或多个基本变换，这些变换的复合相应于在使用齐次坐标时进行矩阵相乘.

【例 2-31】 求出 3×3 矩阵，对应于先乘以 0.3 倍的倍乘变换，然后旋转 90°，最后对图形的每个点的坐标加上(−0.5,2)做平移.

解 运用例 2-29、例 2-30 的结论，$\cos\frac{\pi}{2}=0,\sin\frac{\pi}{2}=1$，则

$$\begin{pmatrix}x\\y\\1\end{pmatrix}\to\begin{pmatrix}0.3&0&0\\0&0.3&0\\0&0&1\end{pmatrix}\begin{pmatrix}x\\y\\1\end{pmatrix}\text{（缩小）}$$

$$\to\begin{pmatrix}0&-1&0\\1&0&0\\0&0&1\end{pmatrix}\begin{pmatrix}0.3&0&0\\0&0.3&0\\0&0&1\end{pmatrix}\begin{pmatrix}x\\y\\1\end{pmatrix}\text{（旋转 90°）}$$

$$\to\begin{pmatrix}1&0&-0.5\\0&1&2\\0&0&1\end{pmatrix}\begin{pmatrix}0&-1&0\\1&0&0\\0&0&1\end{pmatrix}\begin{pmatrix}0.3&0&0\\0&0.3&0\\0&0&1\end{pmatrix}\begin{pmatrix}x\\y\\1\end{pmatrix}\text{（平移）}$$

所以复合变换的矩阵为

$$\begin{pmatrix}1&0&-0.5\\0&1&2\\0&0&1\end{pmatrix}\begin{pmatrix}0&-1&0\\1&0&0\\0&0&1\end{pmatrix}\begin{pmatrix}0.3&0&0\\0&0.3&0\\0&0&1\end{pmatrix}=\begin{pmatrix}0&-0.3&-0.5\\0.3&0&2\\0&0&1\end{pmatrix}$$

阅读材料

一、矩阵的发展历史

矩阵是数学中的一个重要的基本概念,是代数学的一个主要研究对象,也是数学研究和应用的一个重要工具.

中国现存的最古老的数学著作《九章算术》成书于公元前一世纪(西汉末、东汉初),该书把方程组的系数排成正方形数表,相当于现在的矩阵,并称这种数表为"方阵",但《九章算术》中并未给出现在理解的矩阵概念,虽然它在形式上与现在的矩阵相同,但在当时只是作为线性方程组的标准表示与处理方式.

在解线性方程组的消元过程中,《九章算术》使用了把某行乘以某一非零实数、从某行中减去另一行等运算技巧,相当于现在的矩阵初等行变换.

矩阵的现代概念在19世纪的欧洲逐渐形成,1801年,德国数学家高斯把一个线性变换的全部系数作为一个整体,其实质就是矩阵.1844年,德国数学家爱森斯坦因讨论了"变换"(矩阵)及其乘积.1850年,英国数学家薛尔威斯特首先使用了矩阵一词,它原指组成行列式的数字排列的表格,与中国"方阵"一词的意思是一致的.

1858年,英国数学家凯莱发表了《关于矩阵理论的研究报告》,他首先将矩阵作为一个独立的数学对象加以研究并发表了一系列文章,因而被认为是矩阵论的创立者,凯莱给出了现在通用的一系列定义,包括两个矩阵相等、零矩阵、单位矩阵、两个矩阵的和、一个数与一个矩阵的乘积、两个矩阵的积、矩阵的逆、转置矩阵等,凯莱注意到矩阵乘法是可结合的,但一般不可交换,且 $m\times n$ 矩阵只能用 $n\times p$ 矩阵去右乘.1854年,法国数学家埃尔米特使用了"正交矩阵"这一术语,但正交矩阵的正式定义直到1878年才由德国数学家佛罗贝尼乌斯发表,1879年,佛罗贝尼乌斯引入了矩阵的秩的概念.

矩阵作为一种工具,经过两个多世纪的发展,现在已经成为一门独立的数学分支——矩阵论,其又可以分为矩阵方程论、矩阵分解论和广义逆矩阵论等矩阵的现代理论,矩阵及其理论现已广泛应用于现代科技的各个领域.

二、飞机设计中的计算机模型

为了设计下一代的商业和军用飞机,波音的幻影工作室的工程师们使用三维建模和计算流体动力学,他们在建造实际的模型之前,研究一个虚拟的模拟周围的空气流动,这样做可以很大程度地缩短设计周期,降低成本,而线性代数在这个过程中起了关键的作用.

虚拟的飞机模型的设计从数学的线形轮廓模型开始,它存储在计算机内存中,并可显示在图形显示终端(如波音777),这个数学模型影响设计和制造飞机外部与内部的每一个过程,计算流体动力学分析主要考虑的是飞机外部表层的设计.

虽然飞机精巧的外表看上去是光滑的,但其表面的几何曲面是十分复杂的,除了机翼和机身,飞机上还有引擎机舱、水平尾翼、狭板、襟翼、副翼,空气在这些结构上的流动决定了飞机在天空中如何运动;描述气流的方程很复杂,它们必须考虑到引擎的吸气量、引擎的排气量和机翼留下的尾痕,为了研究气流,工程师们需要飞机表面的精确描述.

用计算机建立飞机外表的模型,首先在原来的线形轮廓模型上添加三维的立方体格子,这些立方体有的处于飞机的内部,有的在外部,有的和飞机的表面相交.计算机选出这些相交的立方体,并进一步细分,保留仍然和飞机表面相交的立方体,这种细分过程一直进行下去,直到立方体非常精细,一个典型的网格可以含有超过400000个的立方体.

研究飞机表面的气流的过程包含反复求解大型的线性方程 $\boldsymbol{Ax}=\boldsymbol{b}$,涉及的方程和变量的个数达到两百万个.向量 $\boldsymbol{b}$ 随来自网络的数据和前面的方程的解而改变.利用现在商业上买得到的最快的计算机,幻影工作组求解一个气流问题要用数小时至数天的时间,工作组分析方程组的解之后,会对飞机的外表进行稍微的修改,整个过程又再重新开始,计算流体动力学的分析有可能要进行数千遍.

协助求解这样大规模方程组需要如下两个重要概念.

(1) 分块矩阵:一个典型的计算流体动力学的方程组会有"稀疏"的系数矩阵,上面有许多零元素,将变量正确地分组会产生许多零方块的分块矩阵.

(2) 矩阵分解.

为了分析气流问题的解,工程师们希望将飞机表面的气流显示出来,他们利用计算机图形以及线性代数作为图形的引擎.飞机外表的线形轮廓模型作为许多矩阵数据存储,图像在计算机屏幕上染色显示后,工程师们可以改变图像的大小,对局部区域进行缩放,以及对图像旋转以看到在视图中被隐藏的部位,这里的每个操作都是通过适当的矩阵乘法运算来实现的.

内容小结

主要概念

转置矩阵、对称矩阵、反对称矩阵、逆矩阵、伴随矩阵

基本内容

1. 矩阵的加法、数乘、乘法运算

矩阵乘法的结合律、分配律与数的运算律相同,但应注意以下三点不同之处.

(1) 交换律一般不成立:$\boldsymbol{AB}\neq\boldsymbol{BA}$(若 $\boldsymbol{AB}=\boldsymbol{BA}$,称 $\boldsymbol{A}$、$\boldsymbol{B}$ 为可交换矩阵);

(2) 若 $\boldsymbol{AB}=\boldsymbol{0}$,不一定有 $\boldsymbol{A}=\boldsymbol{0}$ 或 $\boldsymbol{B}=\boldsymbol{0}$;

(3) 消去律一般不成立：若 $\boldsymbol{AB}=\boldsymbol{AC}$，不一定有 $\boldsymbol{B}=\boldsymbol{C}$.

但若 $\boldsymbol{A}$ 可逆，且 $\boldsymbol{AB}=\boldsymbol{AC}$，则必有 $\boldsymbol{B}=\boldsymbol{C}$.

2. 矩阵转置及方阵行列式运算

(1) $(\boldsymbol{A}^{\mathrm{T}})^{\mathrm{T}}=\boldsymbol{A}$；$(\boldsymbol{A}+\boldsymbol{B})^{\mathrm{T}}=\boldsymbol{A}^{\mathrm{T}}+\boldsymbol{B}^{\mathrm{T}}$；$(k\boldsymbol{A})^{\mathrm{T}}=k\boldsymbol{A}^{\mathrm{T}}$；$(\boldsymbol{AB})^{\mathrm{T}}=\boldsymbol{B}^{\mathrm{T}}\boldsymbol{A}^{\mathrm{T}}$.

(2) $|\boldsymbol{A}^{\mathrm{T}}|=|\boldsymbol{A}|$；$|\boldsymbol{A}^{\mathrm{T}}+\boldsymbol{B}^{\mathrm{T}}|=|\boldsymbol{A}+\boldsymbol{B}|$；$|k\boldsymbol{A}|=k^n|\boldsymbol{A}|$；$|\boldsymbol{AB}|=|\boldsymbol{A}||\boldsymbol{B}|$.

3. 矩阵的逆

(1) 运算性质.

① 若 $\boldsymbol{A}$ 可逆，则 $(\boldsymbol{A}^{-1})^{-1}=\boldsymbol{A}$；

② 若 $\boldsymbol{C}$ 可逆，数 $\lambda\neq0$，则 $\lambda\boldsymbol{A}$ 可逆，且 $(\lambda\boldsymbol{A})^{-1}=\dfrac{1}{\lambda}\boldsymbol{A}^{-1}$；

③ 若 $\boldsymbol{A}$、$\boldsymbol{B}$ 为同阶方阵，且 $\boldsymbol{A}$、$\boldsymbol{B}$ 都可逆，则 $\boldsymbol{AB}$ 可逆，且 $(\boldsymbol{AB})^{-1}=\boldsymbol{B}^{-1}\boldsymbol{A}^{-1}$；

④ 若 $\boldsymbol{A}$ 可逆，则 $\boldsymbol{A}^{\mathrm{T}}$ 可逆，且 $(\boldsymbol{A}^{\mathrm{T}})^{-1}=(\boldsymbol{A}^{-1})^{\mathrm{T}}$；

⑤ 若 $\boldsymbol{A}$ 可逆，则 $\boldsymbol{A}^{-1}=\dfrac{1}{|\boldsymbol{A}|}=|\boldsymbol{A}|^{-1}$.

(2) 求逆矩阵方法.

① 公式法：$\boldsymbol{A}^{-1}=\dfrac{\boldsymbol{A}^*}{|\boldsymbol{A}|}$；

② 定义法：将已知关系式变形为 $\boldsymbol{AB}=\boldsymbol{E}$，则 $\boldsymbol{A}^{-1}=\boldsymbol{B}$；

③ $|\boldsymbol{A}|\neq\boldsymbol{0}\Leftrightarrow n$ 阶方阵 $\boldsymbol{A}$ 可逆.

4. 分块对角矩阵

总复习题 2

一、单项选择题

1. 若 $\boldsymbol{A}$、$\boldsymbol{B}$ 均为 n 阶方阵，则（　　）.

A. 若 $\boldsymbol{AB}=\boldsymbol{0}$，则 $\boldsymbol{A}=\boldsymbol{0}$ 或 $\boldsymbol{B}=\boldsymbol{0}$

B. $(\boldsymbol{A}-\boldsymbol{B})^2=\boldsymbol{A}^2-2\boldsymbol{AB}+\boldsymbol{B}^2$

C. $(\boldsymbol{AB})^{\mathrm{T}}=\boldsymbol{A}^{\mathrm{T}}\boldsymbol{B}^{\mathrm{T}}$

D. $[(\boldsymbol{AB})^{-1}]^{\mathrm{T}}=(\boldsymbol{A}^{\mathrm{T}})^{-1}(\boldsymbol{B}^{\mathrm{T}})^{-1}$，$|\boldsymbol{A}|\neq0$，$|\boldsymbol{B}|\neq0$

2. $\left||\boldsymbol{A}^*|\boldsymbol{A}\right|=$（　　），其中 $\boldsymbol{A}$ 为 n 阶方阵，$\boldsymbol{A}^*$ 为 $\boldsymbol{A}$ 的伴随矩阵.

A. $|\boldsymbol{A}|^{n^2}$　　B. $|\boldsymbol{A}|^{n}$　　C. $|\boldsymbol{A}|^{n^2-n}$　　D. $|\boldsymbol{A}|^{n^2-n+1}$

3. 若 $\boldsymbol{A}$、$\boldsymbol{B}$ 都是 n 阶可逆矩阵，则 $\left|-3\begin{pmatrix}\boldsymbol{A}^{-1} & \boldsymbol{0}\\ \boldsymbol{0} & \boldsymbol{B}^{\mathrm{T}}\end{pmatrix}\right|=$（　　）.

A. $(-3)|\boldsymbol{A}|^{-1}|\boldsymbol{B}|$　　B. $(-3)^n|\boldsymbol{A}|^{-1}|\boldsymbol{B}|$

C. $(-3)^n|\boldsymbol{A}||\boldsymbol{B}|$　　D. $9^n|\boldsymbol{A}|^{-1}|\boldsymbol{B}|$

4. 设 $\boldsymbol{A}$ 为对称矩阵（$\boldsymbol{A}=-\boldsymbol{A}^{\mathrm{T}}$），且 $|\boldsymbol{A}|\neq0$，$\boldsymbol{B}$ 可逆，$\boldsymbol{A}$、$\boldsymbol{B}$ 为同阶方阵，$\boldsymbol{A}^*$ 为 $\boldsymbol{A}$ 的

伴随矩阵，则$[\boldsymbol{A}^{\mathrm{T}}\boldsymbol{A}^{*}(\boldsymbol{B}^{-1})^{\mathrm{T}}]^{-1}=$(　　).

A. $-\dfrac{\boldsymbol{B}}{|\boldsymbol{A}|}$　　B. $\dfrac{\boldsymbol{B}}{|\boldsymbol{A}|}$　　C. $-\dfrac{\boldsymbol{B}^{\mathrm{T}}}{|\boldsymbol{A}|}$　　D. $\dfrac{\boldsymbol{B}^{\mathrm{T}}}{|\boldsymbol{A}|}$

5. 设$\boldsymbol{A}$、$\boldsymbol{B}$、$\boldsymbol{C}$均为n阶非零矩阵，则下列说法正确的是(　　).

A. 若$\boldsymbol{B}\neq\boldsymbol{C}$，则$\boldsymbol{AB}\neq\boldsymbol{AC}$

B. 若$\boldsymbol{AB}=\boldsymbol{AC}$，则$\boldsymbol{B}=\boldsymbol{C}$

C. 若$\boldsymbol{AB}=\boldsymbol{BA}$，则$\boldsymbol{ABC}=\boldsymbol{CBA}$

D. 若$\boldsymbol{AB}=\boldsymbol{BA}$，则$\boldsymbol{A}^2\boldsymbol{B}+\boldsymbol{ACA}=\boldsymbol{A}(\boldsymbol{B}+\boldsymbol{C})\boldsymbol{A}$

二、填空题

1. 设四阶方阵$\boldsymbol{A}=(\boldsymbol{\alpha},\boldsymbol{\gamma}_1,\boldsymbol{\gamma}_2,\boldsymbol{\gamma}_3)$，$\boldsymbol{B}=(\boldsymbol{\beta},\boldsymbol{\gamma}_1,\boldsymbol{\gamma}_2,\boldsymbol{\gamma}_3)$，其中$\boldsymbol{\alpha}$、$\boldsymbol{\beta}$、$\boldsymbol{\gamma}_1$、$\boldsymbol{\gamma}_2$、$\boldsymbol{\gamma}_3$均为四维列向量，且$|\boldsymbol{A}|=4$，$|\boldsymbol{B}|=-1$，则$|\boldsymbol{A}+2\boldsymbol{B}|=$______.

2. 设$\boldsymbol{A}$为三阶矩阵，且$|\boldsymbol{A}|=-2$，则$\left|\left(\dfrac{1}{12}\boldsymbol{A}\right)^{-1}+(3\boldsymbol{A})^{*}\right|=$______.

3. 若矩阵$\boldsymbol{A}=\begin{pmatrix}1&-1\\2&3\end{pmatrix}$，$\boldsymbol{B}=\boldsymbol{A}^2-3\boldsymbol{A}+2\boldsymbol{E}$，则$\boldsymbol{B}^{-1}=$______.

4. 设$\boldsymbol{A}=\begin{pmatrix}0&a_1&0\\0&0&a_2\\a_3&0&0\end{pmatrix}$$(a_i\neq0,i=1,2,3)$，则$\boldsymbol{A}^{-1}=$______.

5. 设$\boldsymbol{A}=\begin{pmatrix}3&0&0\\1&4&0\\0&0&3\end{pmatrix}$，$\boldsymbol{E}=\begin{pmatrix}1&0&0\\0&1&0\\0&0&1\end{pmatrix}$，则$(\boldsymbol{A}-2\boldsymbol{E})^{-1}=$______.

6. 设三阶方阵$\boldsymbol{A}$、$\boldsymbol{B}$满足$\boldsymbol{A}^{-1}\boldsymbol{BA}=6\boldsymbol{A}+\boldsymbol{BA}$，且$\boldsymbol{A}=\begin{pmatrix}\frac{1}{3}&0&0\\0&\frac{1}{4}&0\\0&0&\frac{1}{7}\end{pmatrix}$，则$\boldsymbol{B}=$______.

7. 已知$\boldsymbol{AB}-\boldsymbol{B}=\boldsymbol{A}$，其中$\boldsymbol{B}=\begin{pmatrix}1&-2&0\\2&1&0\\0&0&2\end{pmatrix}$，则$\boldsymbol{A}=$______.

8. 设矩阵$\boldsymbol{A}$满足$\boldsymbol{A}^2+\boldsymbol{A}-4\boldsymbol{E}=\boldsymbol{0}$，其中$\boldsymbol{E}$为单位矩阵，则$(\boldsymbol{A}-\boldsymbol{E})^{-1}=$______.

9. $\boldsymbol{A}$、$\boldsymbol{B}$均为n阶对称矩阵，则$\boldsymbol{AB}$是对称矩阵的充要条件是______.

10. 四阶方阵$\boldsymbol{A}=\begin{pmatrix}0&0&5&2\\0&0&2&1\\1&-2&0&0\\-1&3&0&0\end{pmatrix}$，则$\boldsymbol{A}^{-1}=$______.

三、解答题

1. 求矩阵$\begin{pmatrix}1 & 1 & 1\\ 2 & 1 & 3\end{pmatrix}\begin{pmatrix}1 & 2 & 2\\ 0 & 3 & -2\\ -1 & 4 & 3\end{pmatrix}$.

2. 求矩阵$\boldsymbol{A}=\begin{pmatrix}1 & 1 & -1\\ 0 & 2 & 2\\ 1 & -1 & 0\end{pmatrix}$的逆.

3. 若方阵$\boldsymbol{A}$满足$\boldsymbol{A}^2=\boldsymbol{0}$,求矩阵$\boldsymbol{E}+\boldsymbol{A}$的逆矩阵.

4. 若方阵$\boldsymbol{A}$满足$\boldsymbol{A}^3=2\boldsymbol{E}$,求矩阵$\boldsymbol{E}-\boldsymbol{A}$的逆矩阵.

5. 设$\boldsymbol{A}$是n阶反对称矩阵($\boldsymbol{A}^{\mathrm{T}}=-\boldsymbol{A}$).证明:如果$\boldsymbol{A}$可逆,则$n$必是偶数.

6. 证明:设$\boldsymbol{A}$是n阶矩阵,对于任意$\boldsymbol{x}=(\boldsymbol{a}_1,\boldsymbol{a}_2,\cdots,\boldsymbol{a}_n)^{\mathrm{T}}$,$\boldsymbol{x}^{\mathrm{T}}\boldsymbol{A}\boldsymbol{x}=\boldsymbol{0}$的充要条件是$\boldsymbol{A}$是反对称矩阵.

7. 设$\boldsymbol{A}=\boldsymbol{E}-2\boldsymbol{x}^{\mathrm{T}}\boldsymbol{x}$,其中$\boldsymbol{x}=(\boldsymbol{a}_1,\boldsymbol{a}_2,\cdots,\boldsymbol{a}_n)^{\mathrm{T}}$,且$\boldsymbol{x}^{\mathrm{T}}\boldsymbol{x}=1$.证明:

(1) $\boldsymbol{A}$是对称矩阵; (2) $\boldsymbol{A}^2=\boldsymbol{E}$; (3) $\boldsymbol{A}^{\mathrm{T}}\boldsymbol{A}=\boldsymbol{E}$.

8. 设$\boldsymbol{A}=\begin{pmatrix}\lambda & 1 & 0\\ 0 & \lambda & 1\\ 0 & 0 & \lambda\end{pmatrix}$,求$\boldsymbol{A}^n$.

9. 设$\boldsymbol{\alpha}$为三维列向量,$\boldsymbol{\alpha}^{\mathrm{T}}$是$\boldsymbol{\alpha}$的转置.若$\boldsymbol{\alpha}\boldsymbol{\alpha}^{\mathrm{T}}=\begin{pmatrix}1 & -1 & 1\\ -1 & 1 & -1\\ 1 & -1 & 1\end{pmatrix}$,计算$\boldsymbol{\alpha}^{\mathrm{T}}\boldsymbol{\alpha}$的值.

10. 已知$\boldsymbol{\alpha}=(1,2,3)$,$\boldsymbol{\beta}=\left(1,\frac{1}{2},\frac{1}{3}\right)$,设$\boldsymbol{A}=\boldsymbol{\alpha}^{\mathrm{T}}\boldsymbol{\beta}$,其中$\boldsymbol{\alpha}^{\mathrm{T}}$是$\boldsymbol{\alpha}$的转置,求$\boldsymbol{A}^n$.

11. 设$\boldsymbol{A}$是三阶矩阵,$|\boldsymbol{A}|=-2$,将矩阵$\boldsymbol{A}$按列分块为$\boldsymbol{A}=(\boldsymbol{\alpha}_1,\boldsymbol{\alpha}_2,\boldsymbol{\alpha}_3)^{\mathrm{T}}$,其中$\boldsymbol{\alpha}_j$是$\boldsymbol{A}$第$j$列($j=1,2,3$)数.令矩阵$\boldsymbol{B}=(\boldsymbol{\alpha}_3-2\boldsymbol{\alpha}_1,3\boldsymbol{\alpha}_2,\boldsymbol{\alpha}_1)$,求$|\boldsymbol{B}|$.

12. 设n阶矩阵$\boldsymbol{A}=(\boldsymbol{\alpha}_1,\boldsymbol{\alpha}_2,\cdots,\boldsymbol{\alpha}_n)$,$\boldsymbol{B}=(\boldsymbol{\alpha}_1+\boldsymbol{\alpha}_2,\boldsymbol{\alpha}_2+\boldsymbol{\alpha}_3,\cdots,\boldsymbol{\alpha}_n+\boldsymbol{\alpha}_1)$,其中$\alpha_1$,$\alpha_2,\cdots,\alpha_n$为$n$维列向量.已知行列式$|\boldsymbol{A}|=a(a\neq 0)$,求行列式$|\boldsymbol{B}|$的值.

第三章　矩阵的初等变换与线性方程组

本章先引进矩阵的初等变换，建立矩阵的秩的概念，并利用初等变换讨论矩阵的秩的性质，然后利用矩阵的秩讨论线性方程组的解的情况，并介绍用初等变换解线性方程组的方法.

第一节　矩阵的初等变换

矩阵的初等变换是矩阵的一种十分重要的运算，在解线性方程组、求逆矩阵及矩阵理论的探讨中都可起重要的作用.

引例　求解下列线性方程组

$$\begin{cases} x_1+2x_2+x_3=3 & (1)\\ 3x_1-x_2-3x_3=-1 & (2)\\ 2x_1+3x_2+x_3=4 & (3)\end{cases}$$

解　原方程 $\xrightarrow[(3)-2(1)]{(2)-3(1)}\begin{cases} x_1+2x_2+x_3=3\\ -7x_2-6x_3=-10\\ -x_2-x_3=-2\end{cases}$

$$\xrightarrow[(3)\leftrightarrow(2)]{-(3)}\begin{cases} x_1+2x_2+x_3=3\\ x_2+x_3=2\\ -7x_2-6x_3=-10\end{cases}$$

$$\xrightarrow{(3)+7(2)}\begin{cases} x_1+2x_2+x_3=3\\ x_2+x_3=2\\ x_3=4\end{cases}$$

这是一个阶梯形的方程组，由回代法，解得 $x_1=3,x_2=-2,x_3=4$.

在上述消元过程中，始终把方程组看作一个整体，即不是着眼于某一个方程的变形，而是着眼于整个方程组变为另一个方程组，其中用到三种变换对线性方程组进行化简.

(1) 互换两个方程的位置；

(2) 用一个非零的数乘一个方程；

(3) 用数 k 乘一方程加到另一个方程上.

称这三种运算为线性方程组的初等变换，因为这三种变换都是可逆的，即若$(A)\xrightarrow{(i)\leftrightarrow(j)}(B)$，则$(B)\xrightarrow{(i)\leftrightarrow(j)}(A)$；

若$(A)\xrightarrow{(i)\times\lambda}(B)$，则$(B)\xrightarrow{(i)/\lambda}(A)$；

若$(A)\xrightarrow{(i)+\lambda(j)}(B)$，则$(B)\xrightarrow{(i)-\lambda(j)}(A)$.

由此变换前的方程组与变换后的方程组是同解的，这三种变换都是方程组的同解变换，所以最后求得的解也是原方程组的全部解.

在上述变换过程中，未知量并未参与运算，实际上只对方程组的系数和常数进行运算，因此将系数与常数列写成矩阵形式：

$$\boldsymbol{B}=(\boldsymbol{A},\boldsymbol{b})=\begin{pmatrix}1 & 2 & 1 & 3\\ 3 & -1 & -3 & -1\\ 2 & 3 & 1 & 4\end{pmatrix}$$

记此矩阵为方程组的增广矩阵，这样，引例的方程组可以用增广矩阵来刻画，求解线性方程组就可转化为对增广矩阵的行做相应的变换.

定义 3.1　对矩阵实施下列 3 种变换称为矩阵的初等行变换：

(i) 互换两行（对调 i,j 两行，记作 $r_i\leftrightarrow r_j$）；

(ii) 以非零数 λ 乘某一行的所有元素（第 i 行乘 λ，记作 $r_i\times\lambda$）；

(iii) 将某一行各元素乘数 λ 后加到另一行的对应元素上去（第 j 行的 λ 倍加到第 i 行上，记作 $r_i+\lambda r_j$）.

将“行”换成“列”，称为矩阵的初等列变换（所用记号把“r”换成“c”）.

矩阵的初等行变换与初等列变换统称为初等变换.

如果矩阵 $\boldsymbol{A}$ 经过有限次初等行变换变成矩阵 $\boldsymbol{B}$，就称矩阵 $\boldsymbol{A}$、$\boldsymbol{B}$ 行等价，记 $\boldsymbol{A}\xrightarrow{r}\boldsymbol{B}$；

如果矩阵 $\boldsymbol{A}$ 经过有限次初等列变换变成矩阵 $\boldsymbol{B}$，就称矩阵 $\boldsymbol{A}$、$\boldsymbol{B}$ 列等价，记 $\boldsymbol{A}\xrightarrow{c}\boldsymbol{B}$；

如果矩阵 $\boldsymbol{A}$ 经过有限次初等变换变成矩阵 $\boldsymbol{B}$，就称矩阵 $\boldsymbol{A}$、$\boldsymbol{B}$ 等价，记 $\boldsymbol{A}\rightarrow\boldsymbol{B}$.

下面研究矩阵用初等变换化为较简单的矩阵的三种形式：行阶梯形矩阵、行最简形矩阵、标准形矩阵.

譬如

$$\boldsymbol{A}=\begin{pmatrix}2 & 4 & 1 & 3 & 4\\ 1 & 2 & 2 & 1 & 2\\ 0 & 0 & 1 & 2 & 0\\ 1 & 2 & -1 & 2 & 2\end{pmatrix}\xrightarrow[\substack{r_2-r_1\\ r_4-r_1}]{r_1-r_2}\begin{pmatrix}1 & 2 & -1 & 2 & 2\\ 0 & 0 & 3 & -1 & 0\\ 0 & 0 & 1 & 2 & 0\\ 0 & 0 & 0 & 0 & 0\end{pmatrix}$$

$$\xrightarrow[r_3-r_2]{r_2-2r_3}\begin{pmatrix}1&2&-1&2&2\\0&0&1&-5&0\\0&0&0&7&0\\0&0&0&0&0\end{pmatrix}=\boldsymbol{A}_1$$

像 $\boldsymbol{A}_1$ 这种矩阵，称为行阶梯形矩阵，其特点是：可画一条阶梯线，线的下方全为0；每个台阶只有一行，阶梯线的竖线（每段竖线对应一个台阶）后面的第一个元素为非零元（称为非零首元）. 在 $\boldsymbol{A}_1$ 中就是 1、1、7 为非零首元.

一般化 $\boldsymbol{A}$ 为行阶梯形矩阵的方法是：在 $\boldsymbol{A}$ 中先找到第一个非零列，经过行初等变换，将其上方元素（非零首元位置）化成非零元，而下方所有元素都化成 0，除去这个非零首元所在位置前面所有列和上面所有行外，在剩下的子块中，再找到第一个非零列，经过行初等变换，将其上方元素（非零首元位置）化成非零元，下方所有元素化成 0. 再除去这个非零首元所在位置前面所有列和上面所有行之外，考虑剩下的子块. 这样一直做下去，直到剩下的子块元素全为 0 或没有剩下的子块元素为止.

再对行阶梯形矩阵化简，譬如上面的 $\boldsymbol{A}_1$.

$$\boldsymbol{A}_1\xrightarrow[\substack{r_2+5r_3\\r_1-2r_3}]{\frac{1}{7}r_3}\begin{pmatrix}1&2&-1&0&2\\0&0&1&0&0\\0&0&0&1&0\\0&0&0&0&0\end{pmatrix}\xrightarrow{r_1+r_2}\begin{pmatrix}1&2&0&0&2\\0&0&1&0&0\\0&0&0&1&0\\0&0&0&0&0\end{pmatrix}=\boldsymbol{A}_2$$

像 $\boldsymbol{A}_2$ 这种矩阵，称为行最简形矩阵，其特点是：首先它是阶梯形矩阵，其次它的每个非零首元元素为 1 且其上方都为 0.

一般化 $\boldsymbol{A}$ 为行最简形矩阵的方法是：先化 $\boldsymbol{A}$ 为行阶梯形矩阵，再经过行初等变换，化每个非零首元为 1 且其上方都为 0（这应该是从下面的非零首元开始化起，计算量会少）.

最后对行最简形再化简，譬如上面的 $\boldsymbol{A}_2$：

$$\boldsymbol{A}_2\xrightarrow[c_5-2c_1]{c_2-2c_1}\begin{pmatrix}1&0&0&0&0\\0&0&1&0&0\\0&0&0&1&0\\0&0&0&0&0\end{pmatrix}\xrightarrow[c_3\leftrightarrow c_4]{c_2\leftrightarrow c_3}\begin{pmatrix}1&0&0&0&0\\0&1&0&0&0\\0&0&1&0&0\\0&0&0&0&0\end{pmatrix}=\begin{pmatrix}\boldsymbol{E}_r&\boldsymbol{0}\\\boldsymbol{0}&\boldsymbol{0}\end{pmatrix}=\boldsymbol{D}$$

像 $\boldsymbol{D}=\begin{pmatrix}\boldsymbol{E}_r&\boldsymbol{0}\\\boldsymbol{0}&\boldsymbol{0}\end{pmatrix}$（或 $(\boldsymbol{E}_r,\boldsymbol{0})$ 或 $\begin{pmatrix}\boldsymbol{E}_r\\\boldsymbol{0}\end{pmatrix}$ 或 $\boldsymbol{E}_r$）这种矩阵，称为标准形. 其特点是：左上角为单位矩阵，其余元素全为 0.

一般化 $\boldsymbol{A}$ 为标准型的方法是：第一步化为行阶梯形矩阵，接着第二步化为行最简形矩阵，第三步经过列初等变换，化每个非零首元所在行后面全为 0，再将非零首元换到左上角.

矩阵的初等变换是矩阵的一种最基本的运算，有如下性质.

定理 3.1　设 $\boldsymbol{A}$、$\boldsymbol{B}$ 为 $m\times n$ 矩阵，那么：

(1) $\boldsymbol{A}\xrightarrow{r}\boldsymbol{B}$ 的充要条件是存在 m 阶可逆矩阵 $\boldsymbol{P}$，使 $\boldsymbol{PA}=\boldsymbol{B}$；

(2) $\boldsymbol{A}\xrightarrow{c}\boldsymbol{B}$ 的充要条件是存在 n 阶可逆矩阵 $\boldsymbol{Q}$，使 $\boldsymbol{AQ}=\boldsymbol{B}$；

(3) $\boldsymbol{A}\longrightarrow\boldsymbol{B}$ 的充要条件是存在 m 阶可逆矩阵 $\boldsymbol{P}$ 及 n 阶可逆矩阵 $\boldsymbol{Q}$，使 $\boldsymbol{PAQ}=\boldsymbol{B}$.

定义 3.2　单位矩阵 $\boldsymbol{E}$ 经过一次初等变换所得的矩阵称为**初等矩阵**.

初等矩阵有下列三种类型，分别对应三种初等变换.

1. 对换矩阵

$$\boldsymbol{E}(i,j)=\begin{pmatrix}1&&&&&&&&&\\&\ddots&&&&&&&&\\&&1&&&&&&&\\&&&0&\cdots&\cdots&\cdots&1&&\\&&&\vdots&1&&&\vdots&&\\&&&\vdots&&\ddots&&\vdots&&\\&&&\vdots&&&1&\vdots&&\\&&&1&\cdots&\cdots&\cdots&0&&\\&&&&&&&&1&\\&&&&&&&&&\ddots\\&&&&&&&&&&1\end{pmatrix}\begin{matrix}\\\\\\\longleftarrow\text{第 }i\text{ 行}\\\\\\\\\longleftarrow\text{第 }j\text{ 行}\\\\\\\\\end{matrix}$$

对应换行：第 i 行与第 j 行交换，即 $r_i\leftrightarrow r_j$；

或换列：第 i 列与第 j 列交换，即 $c_i\leftrightarrow c_j$.

2. 数乘矩阵

$$\boldsymbol{E}(i(\lambda))=\begin{pmatrix}1&&&&&&\\&\ddots&&&&&\\&&1&&&&\\&&&\lambda&&&\\&&&&1&&\\&&&&&\ddots&\\&&&&&&1\end{pmatrix}\begin{matrix}\\\\\\\longleftarrow\text{第 }i\text{ 行}\\\\\\\\\end{matrix}$$

对应倍行：第 i 行 λ 倍，即 λr_i；

或倍列：第 i 列 λ 倍，即 λc_i.

3. 倍加矩阵

$$
\boldsymbol{E}(i,j(\lambda))=\begin{pmatrix}1&&&&&&\\&\ddots&&&&&\\&&1&\cdots&\lambda&&\\&&&\ddots&\vdots&&\\&&&&1&&\\&&&&&\ddots&\\&&&&&&1\end{pmatrix}\begin{matrix}\\\\\leftarrow\text{第 } i \text{ 行}\\\\\leftarrow\text{第 } j \text{ 行}\\\\\\\end{matrix}
$$

对应的倍行加:第 j 行 λ 倍加到第 i 行上去,即 $r_i+\lambda r_j$;

或倍列加:第 i 列 λ 倍加到第 j 列上去,即 $c_j+\lambda c_i$.

注意:这里倍加矩阵对应的初等变换的行号和列号是有差别的.

归纳上面的讨论,可得:

性质 1 设 $\boldsymbol{A}$ 是一个 $m\times n$ 的矩阵,对 $\boldsymbol{A}$ 实施一次初等行变换,相当于在 $\boldsymbol{A}$ 的左边乘以相应的 m 阶初等矩阵;对 $\boldsymbol{A}$ 实施一次初等列变换,相当于在 $\boldsymbol{A}$ 的右边乘以相应的 n 阶初等矩阵.

初等矩阵也是特殊矩阵,它们的运算性质显然有

(1) $[\boldsymbol{E}(i,j)]^2=\boldsymbol{E}$,$[\boldsymbol{E}(i(\lambda))]^l=\boldsymbol{E}(i(\lambda^l))$,$[\boldsymbol{E}(i,j(\lambda))]^k=\boldsymbol{E}(i,j(k\lambda))$;

(2) $|\boldsymbol{E}(i,j)|=-1$,$|\boldsymbol{E}(i(\lambda))|=\lambda$,$|\boldsymbol{E}(i,j(\lambda))|=1$;

(3) $[\boldsymbol{E}(i,j)]^{-1}=\boldsymbol{E}(i,j)$,$[\boldsymbol{E}(i(\lambda))]^{-1}=\boldsymbol{E}\left(i\left(\frac{1}{\lambda}\right)\right)$,$[\boldsymbol{E}(i,j(\lambda))]^{-1}=\boldsymbol{E}(i,j(-\lambda))$;

(4) $[\boldsymbol{E}(i,j)]^{\mathrm{T}}=\boldsymbol{E}(i,j)$,$[\boldsymbol{E}(i(\lambda))]^{\mathrm{T}}=\boldsymbol{E}(i(\lambda))$,$[\boldsymbol{E}(i,j(\lambda))]^{\mathrm{T}}=\boldsymbol{E}(j,i(\lambda))$;

(5) $\boldsymbol{E}(i,j)=\boldsymbol{E}(j,i)$.

性质 2 方阵 $\boldsymbol{A}$ 可逆的充要条件是存在有限个初等矩阵 $\boldsymbol{P}_1,\boldsymbol{P}_2,\cdots,\boldsymbol{P}_l$,使 $\boldsymbol{A}=\boldsymbol{P}_1\boldsymbol{P}_2\cdots\boldsymbol{P}_l$.

证 充分性. 设 $\boldsymbol{A}=\boldsymbol{P}_1\boldsymbol{P}_2\cdots\boldsymbol{P}_l$,因初等矩阵可逆,有限个可逆矩阵的乘积仍可逆,故 $\boldsymbol{A}$ 可逆.

必要性. 设 n 阶方阵 $\boldsymbol{A}$ 可逆,且 $\boldsymbol{A}$ 的标准形矩阵为 $\boldsymbol{H}$,由于 $\boldsymbol{H}\to\boldsymbol{A}$,知 $\boldsymbol{H}$ 经过有限次初等变换可化为 $\boldsymbol{A}$,即存在初等矩阵 $\boldsymbol{P}_1,\boldsymbol{P}_2,\cdots,\boldsymbol{P}_l$,使 $\boldsymbol{A}=\boldsymbol{P}_1\boldsymbol{P}_2\cdots\boldsymbol{P}_s\boldsymbol{H}\boldsymbol{P}_{s+1}\cdots\boldsymbol{P}_e$,因 $\boldsymbol{A}$ 可逆,$\boldsymbol{P}_1,\boldsymbol{P}_2,\cdots,\boldsymbol{P}_l$ 也都可逆,故标准形矩阵 $\boldsymbol{H}$ 可逆,假设 $\boldsymbol{H}=\begin{pmatrix}\boldsymbol{E}_r&\boldsymbol{0}\\\boldsymbol{0}&\boldsymbol{0}\end{pmatrix}_{n\times n}$ 中的 $r<n$,则 $|\boldsymbol{H}|=0$,与 $\boldsymbol{H}$ 可逆矛盾,因此必有 $r=n$,即 $\boldsymbol{H}=\boldsymbol{E}$,从而 $\boldsymbol{A}=\boldsymbol{P}_1\boldsymbol{P}_2\cdots\boldsymbol{P}_l$.

以下应用初等矩阵的知识来证明定理 3.1(3).

依据 $\boldsymbol{A}\to\boldsymbol{B}$ 的定义和初等矩阵的性质,有

$\boldsymbol{A}\to\boldsymbol{B}\Leftrightarrow$ $\boldsymbol{A}$ 经有限次的初等行变换和初等列变换变成 $\boldsymbol{B}$

$\Leftrightarrow$ 存在有限个 m 阶初等矩阵 $\boldsymbol{P}_1\boldsymbol{P}_2\cdots\boldsymbol{P}_t$ 和有限个 n 阶初等矩阵 $\boldsymbol{Q}_1\boldsymbol{Q}_2\cdots\boldsymbol{Q}_l$,使 $\boldsymbol{P}_t\cdots\boldsymbol{P}_2\boldsymbol{P}_1\boldsymbol{A}\boldsymbol{Q}_1\boldsymbol{Q}_2\cdots\boldsymbol{Q}_l=\boldsymbol{B}$

$\Leftrightarrow$ 存在 m 阶可逆矩阵 $\boldsymbol{P}$，n 阶可逆矩阵 $\boldsymbol{Q}$，使 $\boldsymbol{PAQ}=\boldsymbol{B}$

推论　方阵 $\boldsymbol{A}$ 可逆的充要条件是 $\boldsymbol{A}\xrightarrow{r}\boldsymbol{E}$.

证　$\boldsymbol{A}$ 可逆$\Leftrightarrow$存在可逆矩阵 $\boldsymbol{P}$，使得 $\boldsymbol{PA}=\boldsymbol{E}$

$\Leftrightarrow\boldsymbol{A}\xrightarrow{r}\boldsymbol{E}$

利用定理 3.1 可以设计一种求逆矩阵的方法.

首先，$\boldsymbol{A}$ 可逆时，有初等矩阵 $\boldsymbol{P}_1\boldsymbol{P}_2\cdots\boldsymbol{P}_t$，使 $\boldsymbol{P}_t\cdots\boldsymbol{P}_2\boldsymbol{P}_1\boldsymbol{A}=\boldsymbol{E}$，由 $\boldsymbol{A}^{-1}\boldsymbol{A}=\boldsymbol{E}$ 知 $\boldsymbol{A}^{-1}=\boldsymbol{P}_t\cdots\boldsymbol{P}_2\boldsymbol{P}_1$，于是

$$\boldsymbol{P}_t\cdots\boldsymbol{P}_2\boldsymbol{P}_1(\boldsymbol{A},\boldsymbol{E})=(\boldsymbol{P}_t\cdots\boldsymbol{P}_2\boldsymbol{P}_1\boldsymbol{A},\boldsymbol{P}_t\cdots\boldsymbol{P}_2\boldsymbol{P}_1\boldsymbol{E})=(\boldsymbol{E},\boldsymbol{A}^{-1})$$

由于上式中的初等矩阵 $\boldsymbol{P}_t\cdots\boldsymbol{P}_2\boldsymbol{P}_1$ 都在$(\boldsymbol{A},\boldsymbol{E})$的左边，由性质 1 知$(\boldsymbol{A},\boldsymbol{E})$经过行初等变换成$(\boldsymbol{E},\boldsymbol{A}^{-1})$.

这时行初等变换的方法就是：对$(\boldsymbol{A},\boldsymbol{E})$进行行初等变换，把 $\boldsymbol{A}$ 化成行最简形就行了，后面的 $\boldsymbol{E}$ 就变成 $\boldsymbol{A}^{-1}$.

【例 3-1】　用行初等变换方法求 $\boldsymbol{A}^{-1}$，其中

$$\boldsymbol{A}=\begin{pmatrix}2&1&0\\3&1&-1\\3&2&2\end{pmatrix}$$

解　$$(\boldsymbol{A},\boldsymbol{E})=\begin{pmatrix}2&1&0&1&0&0\\3&1&-1&0&1&0\\3&2&2&0&0&1\end{pmatrix}\xrightarrow[r_3+3r_1]{\substack{r_1-r_2\\r_2+3r_1}}\begin{pmatrix}-1&0&1&1&-1&0\\0&1&2&3&-2&0\\0&2&5&3&-3&1\end{pmatrix}$$

$$\xrightarrow{r_3-2r_2}\begin{pmatrix}-1&0&1&1&-1&0\\0&1&2&3&-2&0\\0&0&1&-3&1&1\end{pmatrix}$$

$$\xrightarrow[r_1-r_3]{r_2-2r_3}\begin{pmatrix}-1&0&0&4&-2&-1\\0&1&0&9&-4&-2\\0&0&1&-3&1&1\end{pmatrix}$$

$$\xrightarrow{-r_1}\begin{pmatrix}1&0&0&-4&2&1\\0&1&0&9&-4&-2\\0&0&1&-3&1&1\end{pmatrix}$$

故
$$\boldsymbol{A}^{-1}=\begin{pmatrix}-4&2&1\\9&-4&-2\\-3&1&1\end{pmatrix}$$

注：若 $\boldsymbol{A}$ 不可逆，当对$(\boldsymbol{A},\boldsymbol{E})$进行行初等变换时，不能把 $\boldsymbol{A}$ 化为行最简形 $\boldsymbol{E}$.

【例 3-2】　求解矩阵方程 $\boldsymbol{AX}=\boldsymbol{B}$，其中 $\boldsymbol{A}=\begin{pmatrix}2&1&-3\\1&2&-2\\-1&3&2\end{pmatrix}$，$\boldsymbol{B}=\begin{pmatrix}1&-1\\2&0\\-2&5\end{pmatrix}$.

解 设可逆矩阵 $\boldsymbol{P}$ 使 $\boldsymbol{PA}=\boldsymbol{H}$($\boldsymbol{H}$ 为行最简形)，则 $\boldsymbol{P}(\boldsymbol{A},\boldsymbol{B})=(\boldsymbol{H},\boldsymbol{PB})$.

因此，对矩阵$(\boldsymbol{A},\boldsymbol{B})$作行初等变换把 $\boldsymbol{A}$ 变为 $\boldsymbol{H}$，同时把 $\boldsymbol{B}$ 变为 $\boldsymbol{PB}$，若 $\boldsymbol{H}=\boldsymbol{E}$，则 $\boldsymbol{A}$ 可逆，且 $\boldsymbol{P}=\boldsymbol{A}^{-1}$，这时所给方程有唯一解 $\boldsymbol{X}=\boldsymbol{PB}=\boldsymbol{A}^{-1}\boldsymbol{B}$.

$$(\boldsymbol{A},\boldsymbol{B})=\begin{pmatrix}2&1&-3&1&-1\\1&2&-2&2&0\\-1&3&2&-2&5\end{pmatrix}\xrightarrow[r_3+r_1]{\substack{r_1\leftrightarrow r_2\\ r_2-2r_1}}\begin{pmatrix}1&2&-2&2&0\\0&-3&1&-3&-1\\0&5&0&0&5\end{pmatrix}$$

$$\xrightarrow[r_3+3r_2]{\substack{r_3\leftrightarrow r_2\\ r_2/5}}\begin{pmatrix}1&2&-2&2&0\\0&1&0&0&1\\0&0&1&-3&2\end{pmatrix}\xrightarrow{r_1-2r_2+2r_3}\begin{pmatrix}1&0&0&-4&2\\0&1&0&0&1\\0&0&1&-3&2\end{pmatrix}$$

可知 $\boldsymbol{A}$ 可逆，且 $\boldsymbol{X}=\boldsymbol{A}^{-1}\boldsymbol{B}=\begin{pmatrix}-4&2\\0&1\\-3&2\end{pmatrix}$.

习 题 3.1

1. 用初等行变换把下面的矩阵化为行阶梯形矩阵以及行最简形矩阵.

$$\boldsymbol{A}=\begin{pmatrix}1&-2&3&-4&4\\1&3&0&-3&1\\0&1&-1&1&-3\\0&7&-3&-1&3\end{pmatrix}$$

2. 利用矩阵的行初等变换求 $\boldsymbol{A}^{-1}$.

(1) $\boldsymbol{A}=\begin{pmatrix}4&2&3\\3&1&2\\2&1&1\end{pmatrix}$；　　(2) $\boldsymbol{A}=\begin{pmatrix}2&2&3\\1&-1&0\\-1&2&1\end{pmatrix}$；

(3) $\boldsymbol{A}=\begin{pmatrix}1&1&1&1\\1&1&-1&-1\\1&-1&1&-1\\1&-1&-1&1\end{pmatrix}$.

3. 利用初等矩阵的性质解矩阵方程：

$$\begin{pmatrix}0&1&0\\1&0&0\\0&0&1\end{pmatrix}\boldsymbol{X}\begin{pmatrix}1&0&0\\0&0&1\\0&1&0\end{pmatrix}=\begin{pmatrix}1&-4&3\\2&0&-1\\1&-2&0\end{pmatrix}.$$

4. (1) 设 $\boldsymbol{A}=\begin{pmatrix}0&1&-1\\1&1&2\\0&-1&0\end{pmatrix}$，$\boldsymbol{B}=\begin{pmatrix}-2&0\\-3&2\\3&-1\end{pmatrix}$，求 $\boldsymbol{X}$ 使 $\boldsymbol{AX}=\boldsymbol{B}$；

(2) 设 $\boldsymbol{A}=\begin{pmatrix}0&2&1\\2&-1&3\\-3&3&-4\end{pmatrix}$，$\boldsymbol{B}=\begin{pmatrix}1&2&3\\2&-3&1\end{pmatrix}$，求 $\boldsymbol{X}$，使 $\boldsymbol{XA}=\boldsymbol{B}$.

第二节　矩阵的秩

定义 3.3　在 $m\times n$ 矩阵 $\boldsymbol{A}$ 中，任取 k 行 k 列 $(k\leqslant\min(m,n))$，位于这些行列交叉处的 k^2 个元素按原来的次序所构成的 k 阶行列式，称为 $\boldsymbol{A}$ 的 k 阶子式. 矩阵 $\boldsymbol{A}_{m\times n}$ 共有 $C_m^k C_n^k$ 个 k 阶子式.

例如，

$$\boldsymbol{A}=\begin{pmatrix}1&1&-1&2\\3&0&2&1\\-1&-2&3&4\end{pmatrix}$$

从 $\boldsymbol{A}$ 中选取第 1 行、第 2 行及第 2 列、第 4 列，它们交叉处元素构成 $\boldsymbol{A}$ 的一个二阶子式 $\begin{vmatrix}1&2\\0&1\end{vmatrix}=1$. 再如取 $\boldsymbol{A}$ 的第 1 行、第 2 行、第 3 行及第 1 列、第 3 列、第 4 列对应的 $\boldsymbol{A}$ 的三阶子式为

$$\begin{vmatrix}1&-1&2\\3&2&1\\-1&3&4\end{vmatrix}=40$$

显然 $\boldsymbol{A}$ 的每一元素 a_{ij} 都是 $\boldsymbol{A}$ 的一阶子式，当 $\boldsymbol{A}$ 为 n 阶方阵时，其 n 阶子式为 $|\boldsymbol{A}|$.

定义 3.4　若矩阵 $\boldsymbol{A}$ 中存在不等于 0 的 r 阶子式，而 $\boldsymbol{A}$ 的所有 $r+1$ 阶子式（若存在的话）都等于 0，则称矩阵 $\boldsymbol{A}$ 的秩为 r，即矩阵 $\boldsymbol{A}$ 中不为零的子式的最高阶数称为矩阵 $\boldsymbol{A}$ 的秩，简记为 $r(\boldsymbol{A})$.

(1) 零矩阵的秩为零：$r(\boldsymbol{0})=0$.

(2) 由于行列式与其转置行列式相等，$r(\boldsymbol{A})=r(\boldsymbol{A}^{\mathrm{T}})$.

(3) 由于 $r(\boldsymbol{A})$ 是 $\boldsymbol{A}$ 的非零子式的最高阶数，因此，若矩阵 $\boldsymbol{A}$ 中有某个 s 阶子式不为 0，则 $r(\boldsymbol{A})\geqslant s$；若 $\boldsymbol{A}$ 中所有 t 阶子式全为 0，则 $r(\boldsymbol{A})<t$.

若 $\boldsymbol{A}$ 为 $m\times n$ 矩阵，则 $0\leqslant r(\boldsymbol{A})\leqslant\min(m,n)$.

(4) 若 $\boldsymbol{A}$ 为 n 阶方阵，由于 $\boldsymbol{A}$ 的 n 阶子式只有一个 $|\boldsymbol{A}|$，故当 $|\boldsymbol{A}|\neq 0$ 时，$r(\boldsymbol{A})=n$.

当 $|\boldsymbol{A}|=0$ 时，$r(\boldsymbol{A})<n$，可见可逆矩阵的秩等于矩阵的阶数，因此可逆矩阵又称满秩矩阵，不可逆矩阵的秩小于矩阵的阶数，又称不可逆矩阵（奇异矩阵）为降秩矩阵.

例如，

$$A=\begin{pmatrix}1&-2&1\\2&1&0\\-2&4&-2\end{pmatrix}$$

易看出 A 有一个二阶子式 $\begin{vmatrix}1&-2\\2&1\end{vmatrix}=5\neq0$，而 A 的所有三阶子式只有 1 个，且 $|A|=0$，所以 $r(A)=2$.

从本例可知，对于一般的矩阵，当行数和列数较高时，按定义求秩是相当麻烦的，然而对于行阶梯形矩阵，它的秩就等于非零行的行数. 下面介绍用初等变换求矩阵的秩.

定理 3.2 矩阵经过初等变换后，其秩不变.

证 矩阵的初等变换有三种，下面分别来讨论.

(1) 对换矩阵 A 的任意两行(列)，则变换后的矩阵 B 的每一个子式与原矩阵中对应的子式或者相等，或者只改变正负号，故矩阵的秩不变.

(2) 数乘变换后的矩阵 B 的子式与原来矩阵 A 对应的子式或者相等，或者改变 $k(k\neq0)$ 倍，故矩阵的秩不变.

(3) 设用数 k 乘矩阵 A 的第 i 行加到第 j 行上，得到矩阵 B，并假定 A 的秩为 r，易知 B 中任意一个 $r+1$ 阶子式 B_1，则有

① 若 B_1 不含 B 的第 j 行，它就是 A 的一个 $r+1$ 阶子式，因此，$|B_1|=0$；

② 若 $r+1$ 阶子式 B_1 含 B 的第 j 行同时又含 B 的第 i 行元素，由行列式的性质知，B_1 与 A 中一个 $r+1$ 阶子式相等，所以这时也有 $|B_1|=0$；

③ 若 B_1 含 B 的第 j 行但不含 B 的第 i 行，根据行列式的性质，有 $B_1=A_1+kA_2$，这里 A_1、A_2 都是 A 的 $r+1$ 阶子式，所以也有 $|B_1|=0$.

以上三种情况说明，B 的任意 $r+1$ 阶子式都是零，即 $r(B)\leqslant r(A)$.

另一方面，由于用 $-k$ 乘 B 的第 i 行加到第 j 行所得的矩阵显然就是 A，于是又有 $r(A)\leqslant r(B)$.

因此，综上所述，$r(A)=r(B)$.

推论 若可逆矩阵 P、Q，使 $PAQ=B$，则 $r(A)=r(B)$.

根据定理 3.2，可得求矩阵的秩的方法：将矩阵用行初等变换变成行阶梯形矩阵，行阶梯形矩阵中非零行的行数即是该矩阵的秩.

【例 3-3】 用矩阵的初等变换求

$$A=\begin{pmatrix}3&2&1&1\\1&2&-3&2\\4&4&-2&3\end{pmatrix}$$

的秩，并求 A 的一个最高阶非零子式.

解

$$A \xrightarrow[r_3+2r_1]{r_2+3r_1} \begin{pmatrix} 3 & 2 & 1 & 1 \\ 10 & 8 & 0 & 5 \\ 10 & 8 & 0 & 5 \end{pmatrix} \xrightarrow{r_3+(-1)r_2} \begin{pmatrix} 3 & 2 & 1 & 1 \\ 10 & 8 & 0 & 5 \\ 0 & 0 & 0 & 0 \end{pmatrix} \xrightarrow{c_1 \leftrightarrow c_3} \begin{pmatrix} 1 & 2 & 3 & 1 \\ 0 & 8 & 10 & 5 \\ 0 & 0 & 0 & 0 \end{pmatrix}$$

所以，$r(\boldsymbol{A})=2$.

再求 $\boldsymbol{A}$ 的一个最高阶非零子式，因 $r(\boldsymbol{A})=2$，知 $\boldsymbol{A}$ 的最高阶非零子式为 2 阶，$\boldsymbol{A}$ 的三阶子式共有 $C_3^2C_4^2=18$ 个，要从 18 个子式中找出一个非零子式，是相当麻烦的. 考察 $\boldsymbol{A}$ 的行阶梯形矩阵，记 $\boldsymbol{A}=(\boldsymbol{\alpha}_1,\boldsymbol{\alpha}_2,\boldsymbol{\alpha}_3,\boldsymbol{\alpha}_4)$，则矩阵 $\boldsymbol{A}_0=(\boldsymbol{\alpha}_1,\boldsymbol{\alpha}_2)$ 的行阶梯形矩阵为 $\begin{pmatrix} 1 & 2 \\ 0 & 8 \\ 0 & 0 \end{pmatrix}$，知 $r(\boldsymbol{A}_0)=2$，故 $\boldsymbol{A}_0$ 中必有二阶非零子式. $\boldsymbol{A}_0$ 的二阶子式有 3 个，在 $\boldsymbol{A}_0$ 中找一个非零子式比在 $\boldsymbol{A}$ 中找非零子式要方便许多，计算 $\boldsymbol{A}_0$ 的前两行构成的子式 $\begin{vmatrix} 3 & 2 \\ 1 & 2 \end{vmatrix}=4\neq 0$，因此这个子式便是 $\boldsymbol{A}$ 的一个最高阶非零子式.

【例 3-4】 设 $\boldsymbol{A}=\begin{pmatrix} 1 & 0 & 2 & 1 \\ 7 & 1 & 14 & 7 \\ 0 & 5 & 1 & 4 \\ 2 & 1 & 1 & -10 \end{pmatrix}$，$\boldsymbol{b}=\begin{pmatrix} 0 \\ 1 \\ 6 \\ -2 \end{pmatrix}$，求矩阵 $\boldsymbol{A}$ 及矩阵 $\boldsymbol{B}=(\boldsymbol{A},\boldsymbol{b})$ 的秩.

解　对 $\boldsymbol{B}$ 作行初等变换，变为行阶梯形矩阵，设 $\boldsymbol{B}$ 的行阶梯形矩阵为 $\bar{\boldsymbol{B}}=(\bar{\boldsymbol{A}},\bar{\boldsymbol{b}})$，则 $\bar{\boldsymbol{A}}$ 就是 $\boldsymbol{A}$ 的行阶梯形矩阵，故从 $\bar{\boldsymbol{B}}=(\bar{\boldsymbol{A}},\bar{\boldsymbol{b}})$ 中可同时看出 $r(\boldsymbol{A})$、$r(\boldsymbol{B})$.

$$\boldsymbol{B}=\begin{pmatrix} 1 & 0 & 2 & 1 & 0 \\ 7 & 1 & 14 & 7 & 1 \\ 0 & 5 & 1 & 4 & 6 \\ 2 & 1 & 1 & -10 & -2 \end{pmatrix} \xrightarrow[r_4-2r_1]{r_2-7r_1} \begin{pmatrix} 1 & 0 & 2 & 1 & 0 \\ 0 & 1 & 0 & 0 & 1 \\ 0 & 5 & 1 & 4 & 6 \\ 0 & 1 & -3 & -12 & -2 \end{pmatrix}$$

$$\xrightarrow[r_4-r_2]{r_3-5r_2} \begin{pmatrix} 1 & 0 & 2 & 1 & 0 \\ 0 & 1 & 0 & 0 & 1 \\ 0 & 0 & 1 & 4 & 1 \\ 0 & 0 & -3 & -12 & -3 \end{pmatrix} \xrightarrow{r_4+3r_3} \begin{pmatrix} 1 & 0 & 2 & 1 & 0 \\ 0 & 1 & 0 & 0 & 1 \\ 0 & 0 & 1 & 4 & 1 \\ 0 & 0 & 0 & 0 & 0 \end{pmatrix}$$

易得 $r(\boldsymbol{A})=r(\boldsymbol{A},\boldsymbol{b})=3$.

【例 3-5】 设 $\boldsymbol{A}=\begin{pmatrix} 1 & 2 & -1 & 1 \\ 3 & 2 & \lambda & -1 \\ 5 & 6 & 3 & \mu \end{pmatrix}$，已知 $r(\boldsymbol{A})=2$，求 λ、μ 的值.

解 $$\boldsymbol{A} \xrightarrow[r_3-5r_1]{r_2-3r_1} \begin{pmatrix} 1 & 2 & -1 & 1 \\ 0 & -4 & \lambda+3 & -4 \\ 0 & -4 & 8 & \mu-5 \end{pmatrix} \xrightarrow{r_3-r_2} \begin{pmatrix} 1 & 2 & -1 & 1 \\ 0 & -4 & \lambda+3 & -4 \\ 0 & 0 & 5-\lambda & \mu-1 \end{pmatrix}$$

因为 $r(\boldsymbol{A})=2$，故 $\begin{cases}5-\lambda=0\\ \mu-1=0\end{cases}$，即 $\begin{cases}\lambda=5\\ \mu=1\end{cases}$.

下面介绍几个常用的矩阵秩的性质：

(1) $\max\{r(\boldsymbol{A}),r(\boldsymbol{B})\}\leqslant r(\boldsymbol{A},\boldsymbol{B})\leqslant r(\boldsymbol{A})+r(\boldsymbol{B})$.

(2) $r(\boldsymbol{AB})\leqslant\min\{r(\boldsymbol{A}),r(\boldsymbol{B})\}$.

(3) 若 $\boldsymbol{A}_{m\times n}\boldsymbol{B}_{n\times t}=\boldsymbol{0}$，则 $r(\boldsymbol{A})+r(\boldsymbol{B})\leqslant n$.

(4) $r(\boldsymbol{A}+\boldsymbol{B})\leqslant r(\boldsymbol{A})+r(\boldsymbol{B})$.

(5) $\boldsymbol{A}$ 为 $m\times n$ 型，$\boldsymbol{B}$ 为 $n\times s$ 型时，$r(\boldsymbol{A})+r(\boldsymbol{B})-n\leqslant r(\boldsymbol{AB})\leqslant r(\boldsymbol{A})r(\boldsymbol{B})$.

(6) $r(\boldsymbol{A}_n^*)=\begin{cases}n, & r(\boldsymbol{A})=n\\ 1, & r(\boldsymbol{A})=n-1.\\ 0, & r(\boldsymbol{A})<n-1\end{cases}$

证 (1) 因 $\boldsymbol{A}$ 的最高阶非零子式总是 $(\boldsymbol{A},\boldsymbol{B})$ 的非零子式，所以 $r(\boldsymbol{A})\leqslant r(\boldsymbol{A},\boldsymbol{B})$，同理，$r(\boldsymbol{B})\leqslant r(\boldsymbol{A},\boldsymbol{B})$，两式合起来，有 $\max\{r(\boldsymbol{A}),r(\boldsymbol{B})\}\leqslant r(\boldsymbol{A},\boldsymbol{B})$.

设 $r(\boldsymbol{A})=r$，$r(\boldsymbol{B})=t$，把 $\boldsymbol{A}$、$\boldsymbol{B}$ 分别作列变换化为列阶梯形 $\overline{\boldsymbol{A}}$、$\overline{\boldsymbol{B}}$，则列阶梯形矩阵中分别含有 r、t 个非零列，故可设 $\boldsymbol{A}\xrightarrow{c}\overline{\boldsymbol{A}}=(\bar{a}_1,\cdots,\bar{a}_r,0,\cdots,0)$，$\boldsymbol{B}\xrightarrow{c}\overline{\boldsymbol{B}}=(b_1,\cdots,b_t,0,\cdots,0)$，从而 $(\boldsymbol{A},\boldsymbol{B})\xrightarrow{c}(\overline{\boldsymbol{A}},\overline{\boldsymbol{B}})$.

由于 $(\overline{\boldsymbol{A}},\overline{\boldsymbol{B}})$ 中只含 $r+t$ 个非零列，因此 $r(\overline{\boldsymbol{A}},\overline{\boldsymbol{B}})\leqslant r+t$，从而 $r(\boldsymbol{A},\boldsymbol{B})=r(\overline{\boldsymbol{A}},\overline{\boldsymbol{B}})\leqslant r+t$，即 $r(\boldsymbol{A},\boldsymbol{B})\leqslant r(\boldsymbol{A})+r(\boldsymbol{B})$.

(2)、(3)证明见后续章节.

(4) 设 $\boldsymbol{A}$、$\boldsymbol{B}$ 为 $m\times n$ 阶矩阵，对 $(\boldsymbol{A}+\boldsymbol{B},\boldsymbol{B})$ 作列变换，$(\boldsymbol{A}+\boldsymbol{B},\boldsymbol{B})\xrightarrow{c_i-c_{n+i}}(\boldsymbol{A},\boldsymbol{B})$ $(i=1,2,\cdots,n)$，于是

$$r(\boldsymbol{A}+\boldsymbol{B})\leqslant r(\boldsymbol{A}+\boldsymbol{B},\boldsymbol{B})=r(\boldsymbol{A},\boldsymbol{B})\leqslant r(\boldsymbol{A})+r(\boldsymbol{B})$$

(5) 设 $\boldsymbol{PAQ}=\begin{pmatrix}\boldsymbol{E}_r & \boldsymbol{0}\\ \boldsymbol{0} & \boldsymbol{0}\end{pmatrix}$，$r=r(\boldsymbol{A})$，从而，$\boldsymbol{PAB}=\begin{pmatrix}\boldsymbol{E}_r & \boldsymbol{0}\\ \boldsymbol{0} & \boldsymbol{0}\end{pmatrix}\boldsymbol{Q}^{-1}\boldsymbol{B}=\begin{pmatrix}\boldsymbol{E}_r & \boldsymbol{0}\\ \boldsymbol{0} & \boldsymbol{0}\end{pmatrix}\begin{bmatrix}\boldsymbol{B}_1\\ \boldsymbol{B}_2\end{bmatrix}=\begin{pmatrix}\boldsymbol{B}_1\\ \boldsymbol{0}\end{pmatrix}$，$\boldsymbol{Q}^{-1}\boldsymbol{B}=\begin{bmatrix}\boldsymbol{B}_1\\ \boldsymbol{B}_2\end{bmatrix}$，$\boldsymbol{B}_1$ 为 r 行，于是 $r(\boldsymbol{AB})=r(\boldsymbol{PAB})=r\begin{pmatrix}\boldsymbol{B}_1\\ \boldsymbol{0}\end{pmatrix}=r(\boldsymbol{B}_1)\leqslant r=r(\boldsymbol{A})$，而 $r(\boldsymbol{AB})=r(\boldsymbol{AB})^{\mathrm{T}}=r(\boldsymbol{B}^{\mathrm{T}}\boldsymbol{A}^{\mathrm{T}})\leqslant r(\boldsymbol{B}^{\mathrm{T}})=r(\boldsymbol{B})$. 由 $\boldsymbol{B}_2$ 为 $n-r(\boldsymbol{A})$ 行知 $r(\boldsymbol{B}_1)\geqslant r\begin{bmatrix}\boldsymbol{B}_1\\ \boldsymbol{B}_2\end{bmatrix}-(n-r(\boldsymbol{A}))$.

再由 $r(\boldsymbol{B})=r(\boldsymbol{Q}^{-1}\boldsymbol{B})=r\begin{bmatrix}\boldsymbol{B}_1\\ \boldsymbol{B}_2\end{bmatrix}$ 就得到

$$r(\boldsymbol{A})+r(\boldsymbol{B})-n=r\begin{bmatrix}\boldsymbol{B}_1\\ \boldsymbol{B}_2\end{bmatrix}-(n-r(\boldsymbol{A}))\leqslant r(\boldsymbol{B}_1)=r(\boldsymbol{AB})$$

(6) 当 $r(\boldsymbol{A})<n-1$ 时，$\boldsymbol{A}^*=\boldsymbol{0}$，故 $r(\boldsymbol{A}^*)=0$；

当 $r(\boldsymbol{A})=n$ 时，$|\boldsymbol{A}|\neq 0$，$\boldsymbol{A}$ 可逆，$r(\boldsymbol{A}^{-1})=n$，由 $\boldsymbol{A}^*=|\boldsymbol{A}|\boldsymbol{A}^{-1}$ 得 $r(\boldsymbol{A}^*)=n$；

当 $r(\boldsymbol{A})=n-1$ 时，一方面，$\boldsymbol{A}$ 有元素的代数余子式不等于 0，从而 $\boldsymbol{A}^*\neq\boldsymbol{0}$，即 $r(\boldsymbol{A}^*)\geqslant 1$；另一方面，$|\boldsymbol{A}|=0$，$\boldsymbol{A}\boldsymbol{A}^*=|\boldsymbol{A}|\boldsymbol{E}=\boldsymbol{0}$，由上面已证的(5)得

$$0=r(\boldsymbol{0})=r(\boldsymbol{A}\boldsymbol{A}^*)\geqslant r(\boldsymbol{A})+r(\boldsymbol{A}^*)-n=(n-1)+r(\boldsymbol{A}^*)-n=r(\boldsymbol{A}^*)-1$$

即 $r(\boldsymbol{A}^*)\leqslant 1$，所以 $r(\boldsymbol{A}^*)=1$.

【例 3-6】 设 $\boldsymbol{A}$ 为 n 阶矩阵，证明：$r(\boldsymbol{A}-\boldsymbol{E})+r(\boldsymbol{A}+\boldsymbol{E})\geqslant n$.

证 因 $r(\boldsymbol{A}-\boldsymbol{E})=r(\boldsymbol{E}-\boldsymbol{A})$，同时 $(\boldsymbol{E}-\boldsymbol{A})+(\boldsymbol{E}+\boldsymbol{A})=2\boldsymbol{E}$，由性质(4)，有

$$r(\boldsymbol{E}-\boldsymbol{A})+r(\boldsymbol{E}+\boldsymbol{A})\geqslant r(2\boldsymbol{E})=n$$

即证.

【例 3-7】 证明：若 $\boldsymbol{A}_{m\times n}\boldsymbol{B}_{n\times l}=\boldsymbol{C}_{m\times l}$，且 $r(\boldsymbol{A})=n$，则 $r(\boldsymbol{B})=r(\boldsymbol{C})$.

证 因 $r(\boldsymbol{A})=n$，知 $\boldsymbol{A}$ 的行最简形矩阵为 $\begin{pmatrix}\boldsymbol{E}_n\\\boldsymbol{0}\end{pmatrix}_{m\times n}$，并有 m 阶可逆矩阵 $\boldsymbol{P}$，使 $\boldsymbol{PA}=\begin{pmatrix}\boldsymbol{E}_n\\\boldsymbol{0}\end{pmatrix}$. 于是，$\boldsymbol{PC}=\boldsymbol{PAB}=\begin{pmatrix}\boldsymbol{E}_n\\\boldsymbol{0}\end{pmatrix}\boldsymbol{B}=\begin{pmatrix}\boldsymbol{B}\\\boldsymbol{0}\end{pmatrix}$. 因为 $r(\boldsymbol{C})=r(\boldsymbol{PC})$，$r\begin{pmatrix}\boldsymbol{B}\\\boldsymbol{0}\end{pmatrix}=r(\boldsymbol{B})$，故 $r(\boldsymbol{B})=r(\boldsymbol{C})$.

注：本例中重要的特殊情形，设 $\boldsymbol{C}=\boldsymbol{0}$，则 $\boldsymbol{A}_{m\times n}\boldsymbol{B}_{n\times l}=\boldsymbol{0}$，若 $r(\boldsymbol{A})=n$，则 $\boldsymbol{B}=\boldsymbol{0}$.

这是因为，由例 3-7 结论，$r(\boldsymbol{B})=r(\boldsymbol{C})=0$，故 $\boldsymbol{B}=\boldsymbol{0}$.

若矩阵 $\boldsymbol{A}$ 的秩等于它的列秩，称矩阵 $\boldsymbol{A}$ 为列满秩矩阵.

若矩阵 $\boldsymbol{A}$ 的秩等于它的行秩，称矩阵 $\boldsymbol{A}$ 为行满秩矩阵.

习　题　3.2

1. 设 $\boldsymbol{A}=\begin{pmatrix}1&-1&1&2\\2&3&3&2\\1&1&2&1\end{pmatrix}$，$\boldsymbol{B}=\begin{pmatrix}1&3&-1&-2\\2&-1&2&3\\3&2&1&1\\1&-4&3&5\end{pmatrix}$，求 $r(\boldsymbol{A})$、$r(\boldsymbol{B})$.

2. 设 $\boldsymbol{A}=\begin{pmatrix}1&-2&3k\\-1&2k&-3\\k&-2&3\end{pmatrix}$，问 k 为何值，可使(1) $r(\boldsymbol{A})=1$；(2) $r(\boldsymbol{A})=2$；(3) $r(\boldsymbol{A})=3$.

3. 确定参数 λ，使矩阵 $\begin{pmatrix}1&1&\lambda^2&-2\\1&-2&\lambda&1\\-2&1&-2&\lambda\end{pmatrix}$ 的秩最小.

4. 设 $\boldsymbol{A}=\begin{pmatrix}1 & -1 & 1 & 2\\ 3 & \lambda & -1 & 2\\ 5 & 3 & \mu & 6\end{pmatrix}$,已知 $r(\boldsymbol{A})=2$,求 λ 与 μ 的值.

5. 设 $\boldsymbol{A}_{4\times 3}$ 且 $r(\boldsymbol{A})=3$,又 $\boldsymbol{B}=\begin{pmatrix}1 & 0 & 0\\ 0 & 2 & 0\\ -1 & 0 & 3\end{pmatrix}$,则 $r(\boldsymbol{AB})=$______.

6. 设矩阵 $\boldsymbol{A}$ 为 n 阶方阵,若存在 n 阶方阵 $\boldsymbol{B}\neq\boldsymbol{0}$,使 $\boldsymbol{AB}=\boldsymbol{0}$,证明:$r(\boldsymbol{A})<n$.

7. 判断题.

(1) 若 $r(\boldsymbol{A})=r$,则 $\boldsymbol{A}$ 的所有 r 阶子式不等于 0.

(2) 若 $r(\boldsymbol{A})=r$,则 $\boldsymbol{A}$ 的所有 $r-1$ 阶子式不等于 0.

(3) 若 $\boldsymbol{A}_{m\times n}$ 有一个 r 阶子式不等于 0,则 $r(\boldsymbol{A})\geqslant r$.

(4) 划去矩阵 $\boldsymbol{A}$ 的一行(列)得到矩阵 $\boldsymbol{B}$,则 $r(\boldsymbol{B})=r(\boldsymbol{A})-1$.

(5) $\boldsymbol{A}$ 为 n 阶可逆矩阵,则 $r(\boldsymbol{A}^2)=n$.

第三节　线性方程组

一、非齐次线性方程组

n 个未知量 m 个方程的线性方程组

$$\begin{cases}a_{11}x_1+a_{12}x_2+\cdots+a_{1n}x_n=b_1\\ a_{21}x_1+a_{22}x_2+\cdots+a_{2n}x_n=b_2\\ \qquad\qquad\vdots\\ a_{m1}x_1+a_{m2}x_2+\cdots+a_{mn}x_n=b_m\end{cases}\tag{3.1}$$

线性方程组 (3.1)写成矩阵形式为

$$\boldsymbol{Ax}=\boldsymbol{b}\tag{3.2}$$

其中,

$$\boldsymbol{A}=\begin{pmatrix}a_{11} & a_{12} & \cdots & a_{1n}\\ a_{21} & a_{22} & \cdots & a_{2n}\\ \vdots & \vdots & & \vdots\\ a_{m1} & a_{m2} & \cdots & a_{mn}\end{pmatrix}$$

称为系数矩阵;

$$\boldsymbol{b}=(b_1,b_2,\cdots,b_m)^{\mathrm{T}}$$

称为列向量(列矩阵);

$$\boldsymbol{x}=(x_1,x_2,\cdots,x_n)^{\mathrm{T}}$$

称矩阵

$$\boldsymbol{B}=(\boldsymbol{A},\boldsymbol{b})=\begin{pmatrix} a_{11} & a_{12} & \cdots & a_{1n} & b_1 \\ a_{21} & a_{22} & \cdots & a_{2n} & b_2 \\ \vdots & \vdots & & \vdots & \vdots \\ a_{m1} & a_{m2} & \cdots & a_{mn} & b_m \end{pmatrix}$$

为线性方程组(3.1)的增广矩阵.

关于非齐次线性方程组,主要讨论如下几个问题:

(1) 非齐次线性方程组是否有解? 在何条件下有解?

(2) 在何条件下非齐次线性方程组有唯一解? 无穷多组解?

(3) 当方程组有解时,如何求解?

结论如下:

定理 3.3　设非齐次线性方程组 $\boldsymbol{Ax}=\boldsymbol{b}$,其中 $\boldsymbol{A}$ 为 $m\times n$ 矩阵,则

(i) 方程组无解的充要条件是:$r(\boldsymbol{A})<r(\boldsymbol{A},\boldsymbol{b})$;

(ii) 方程组有唯一解的充要条件是:$r(\boldsymbol{A})=r(\boldsymbol{A},\boldsymbol{b})=n$;

(iii) 方程组有无穷多解的充要条件是:$r(\boldsymbol{A})=r(\boldsymbol{A},\boldsymbol{b})<n$.

证

下面仅证充分性.

设 $r(\boldsymbol{A})=r$,不妨设 $\boldsymbol{B}=(\boldsymbol{A},\boldsymbol{b})$ 的行最简形为

$$\overline{\boldsymbol{B}}=\begin{pmatrix} 1 & 0 & \cdots & 0 & b_{11} & \cdots & b_{1,n-r} & d_1 \\ 0 & 1 & \cdots & 0 & b_{21} & \cdots & b_{2,n-r} & d_2 \\ \vdots & \vdots & & \vdots & \vdots & & \vdots & \vdots \\ 0 & 0 & \cdots & 1 & b_{r1} & \cdots & b_{r,n-r} & d_r \\ 0 & 0 & \cdots & 0 & 0 & \cdots & 0 & d_{r+1} \\ 0 & 0 & \cdots & 0 & 0 & \cdots & 0 & 0 \\ \vdots & \vdots & & \vdots & \vdots & & \vdots & \vdots \\ 0 & 0 & \cdots & 0 & 0 & \cdots & 0 & 0 \end{pmatrix}$$

(1) 若 $r(\boldsymbol{A})<r(\boldsymbol{B})$,则 $\overline{\boldsymbol{B}}$ 中的 $d_{r+1}=1$,于是 $\overline{\boldsymbol{B}}$ 的第 $r+1$ 行对于矛盾方程 $0=1$,故方程组无解;

(2) 若 $r(\boldsymbol{A})=r(\boldsymbol{B})=r=n$,则 $\overline{\boldsymbol{B}}$ 中的 $d_{r+1}=0$,且 b_{ij} 都不出现,于是 $\overline{\boldsymbol{B}}$ 对应方程组

$$\begin{cases} x_1=d_1 \\ x_2=d_2 \\ \quad\vdots \\ x_n=d_n \end{cases}$$

故方程组有唯一解;

(3) 若 $r(\boldsymbol{A})=r(\boldsymbol{B})=r<n$,则 $\boldsymbol{B}$ 中的 $d_{r+1}=0$,于是 $\boldsymbol{B}$ 对应方程组

$$\begin{cases} x_1 = -b_{11}x_{r+1} - \cdots - b_{1,n-r}x_n + d_1 \\ x_2 = -b_{21}x_{r+1} - \cdots - b_{2,n-r}x_n + d_2 \\ \quad \vdots \\ x_n = -b_{r1}x_{r+1} - \cdots - b_{r,n-r}x_n + d_r \end{cases} \tag{3.3}$$

令自由未知数 $x_{r+1}=c_1,\cdots,x_n=c_{n-r}$，即方程组(3.1)含 $n-r$ 个参数的解为

$$\begin{pmatrix} x_1 \\ \vdots \\ x_r \\ x_{r+1} \\ \vdots \\ x_n \end{pmatrix} = c_1 \begin{pmatrix} -b_{11} \\ \vdots \\ -b_{r1} \\ 1 \\ \vdots \\ 0 \end{pmatrix} + \cdots + c_{n-r} \begin{pmatrix} -b_{1,n-r} \\ \vdots \\ -b_{r,n-r} \\ 0 \\ \vdots \\ 1 \end{pmatrix} + \begin{pmatrix} d_1 \\ \vdots \\ d_r \\ 0 \\ \vdots \\ 0 \end{pmatrix} \tag{3.4}$$

由于未知参数 $c_1,c_2,\cdots,c_{n-r}$ 可任意取值，故方程组(3.1)有无穷多个解.

定理 3.3 的证明过程给出了求解非齐次线性方程组的步骤，这个步骤归纳如下.

(1) 将非齐次线性方程组的增广矩阵 $\boldsymbol{B}$ 化为行阶梯形，从 $\boldsymbol{B}$ 的行阶梯形中看出 $r(\boldsymbol{A})$、$r(\boldsymbol{B})$，若 $r(\boldsymbol{A})<r(\boldsymbol{B})$，则方程组无解.

(2) 若 $r(\boldsymbol{A})=r(\boldsymbol{B})$，则进一步把 $\boldsymbol{B}$ 化为行最简形.

当 $r(\boldsymbol{A})=r(\boldsymbol{B})=r<n$ 时，由于含 $n-r$ 个参数的解(式(3.4))可表示线性方程组(3.3)的任一解，从而也可表示线性方程组(3.1)的任一解，因此解(式(3.4))称为线性方程组(3.1)的通解.

【例 3-8】 判别方程组 $\begin{cases} x_1-2x_2+3x_3-x_4=1 \\ 3x_1-x_2+5x_3-3x_4=2 \\ 2x_1+x_2+2x_3-2x_4=3 \end{cases}$ 是否有解.

解 对增广矩阵 $\boldsymbol{B}$ 作行初等变换，得

$$\boldsymbol{B} = \begin{pmatrix} 1 & -2 & 3 & -1 & 1 \\ 3 & -1 & 5 & -3 & 2 \\ 2 & 1 & 2 & -2 & 3 \end{pmatrix} \xrightarrow[r_3-2r_1]{r_2-3r_1} \begin{pmatrix} 1 & -2 & 3 & -1 & 1 \\ 0 & 5 & -4 & 0 & -1 \\ 0 & 5 & -4 & 0 & 1 \end{pmatrix}$$

$$\xrightarrow{r_3-r_2} \begin{pmatrix} 1 & -2 & 3 & -1 & 1 \\ 0 & 5 & -4 & 0 & -1 \\ 0 & 0 & 0 & 0 & 2 \end{pmatrix}$$

可见，$r(\boldsymbol{A})=2$，$r(\boldsymbol{B})=3$，故方程组无解.

【例 3-9】 求解方程组 $\begin{cases} x_1-x_2+x_3=1 \\ x_2+3x_3=0 \\ 2x_1+x_2+12x_3=0 \end{cases}$.

解 对增广矩阵 $\boldsymbol{B}$ 作行初等变换，得

$$\boldsymbol{B}=\begin{pmatrix}1&-1&1&1\\0&1&3&0\\2&1&12&0\end{pmatrix}\xrightarrow{r_3-2r_1}\begin{pmatrix}1&-1&1&1\\0&1&3&0\\0&3&10&-2\end{pmatrix}$$

$$\xrightarrow[r_3-3r_2]{r_1+r_2}\begin{pmatrix}1&0&4&1\\0&1&3&0\\0&0&1&-2\end{pmatrix}\xrightarrow[r_1-4r_3]{r_2-3r_3}\begin{pmatrix}1&0&0&9\\0&1&0&6\\0&0&1&-2\end{pmatrix}$$

可见，$r(\boldsymbol{A})=r(\boldsymbol{B})=3=n$，方程组有唯一解$\begin{cases}x_1=9\\x_2=6\\x_3=-2\end{cases}$.

【例 3-10】 求解方程组$\begin{cases}x_1+x_2-3x_3-x_4=-2\\2x_1+x_2-x_3+x_4=3\\3x_1+x_2+x_3+3x_4=8\end{cases}$.

解　对增广矩阵 $\boldsymbol{B}$ 作行初等变换，得

$$\boldsymbol{B}=(\boldsymbol{A},\boldsymbol{b})=\begin{pmatrix}1&1&-3&-1&-2\\2&1&-1&1&3\\3&1&1&3&8\end{pmatrix}\xrightarrow[r_3-3r_1]{r_2-2r_1}\begin{pmatrix}1&1&-3&-1&-2\\0&-1&5&3&7\\0&-2&10&6&14\end{pmatrix}$$

$$\xrightarrow[r_3-2r_2]{r_1+r_2}\begin{pmatrix}1&0&2&2&5\\0&-1&5&3&7\\0&0&0&0&0\end{pmatrix}\xrightarrow{(-1)\times r_2}\begin{pmatrix}1&0&2&2&5\\0&1&-5&-3&-7\\0&0&0&0&0\end{pmatrix}$$

故
$$r(\boldsymbol{A})=2=r(\boldsymbol{A},\boldsymbol{b})=r<n=4\Rightarrow n-r=2$$

即得与原方程组同解的方程组

$$\begin{cases}x_1+2x_3+2x_4=5\\x_2-5x_3-3x_4=-7\end{cases}$$

令 $x_3=c_1,x_4=c_2$，即得

$$x_1=-2c_1-2c_2+5,x_2=5c_1+3c_2-7$$

故原方程组的通解为

$$\begin{pmatrix}x_1\\x_2\\x_3\\x_4\end{pmatrix}=\begin{pmatrix}-2c_1-2c_2+5\\5c_1+3c_2-7\\c_1\\c_2\end{pmatrix}=c_1\begin{pmatrix}-2\\5\\1\\0\end{pmatrix}+c_2\begin{pmatrix}-2\\3\\0\\1\end{pmatrix}+\begin{pmatrix}5\\-7\\0\\0\end{pmatrix},c_1、c_2\text{ 为任意常数}$$

【例 3-11】 讨论线性方程组

$$\begin{cases}x_1+x_2+2x_3+3x_4=1\\x_1+3x_2+6x_3+x_4=3\\3x_1-x_2-\alpha x_3+15x_4=3\\x_1-5x_2-10x_3+12x_4=\beta\end{cases}$$

解的情况,并在有无穷多解的情况下求出全部解.

解 **解法1** 对增广矩阵 $\boldsymbol{B}$ 作行初等变换,得

$$\boldsymbol{B}=(\boldsymbol{A},\boldsymbol{b})=\begin{pmatrix}1&1&2&3&1\\1&3&6&1&3\\3&-1&-\alpha&15&3\\1&-5&-10&12&\beta\end{pmatrix}$$

$$\xrightarrow[r_4-r_1]{\substack{r_2-r_1\\r_3-3r_1}}\begin{pmatrix}1&1&2&3&1\\0&2&4&-2&2\\0&-4&-\alpha-6&6&0\\0&-6&-12&9&\beta-1\end{pmatrix}$$

$$\xrightarrow[r_2\times\frac{1}{2}]{\substack{r_3+2r_2\\r_4+3r_2}}\begin{pmatrix}1&1&2&3&1\\0&1&2&-1&1\\0&0&2-\alpha&2&4\\0&0&0&3&\beta+5\end{pmatrix}$$

(1) 当 $\alpha\neq2$ 时,有 $r(\boldsymbol{A})=r(\boldsymbol{A},\boldsymbol{b})=r=4=n$,故原方程组有唯一解.

(2) 当 $\alpha=2$ 时,

$$(\boldsymbol{A},\boldsymbol{b})\to\begin{pmatrix}1&1&2&3&1\\0&1&2&-1&1\\0&0&0&2&4\\0&0&0&3&\beta+5\end{pmatrix}\xrightarrow[r_3\times\frac{1}{2}]{r_4-\frac{3}{2}r_3}\begin{pmatrix}1&1&2&3&1\\0&1&2&-1&1\\0&0&0&1&2\\0&0&0&0&\beta-1\end{pmatrix}$$

若 $\beta\neq1$,则 $r(\boldsymbol{A})=3\neq r(\boldsymbol{A},\boldsymbol{b})=4$,故原方程组无解;

若 $\beta=1$,则 $r(\boldsymbol{A})=3=r(\boldsymbol{A},\boldsymbol{b})=r<n=4$,故原方程组有无穷多解. 此时

$$(\boldsymbol{A},\boldsymbol{b})\to\begin{pmatrix}1&1&2&3&1\\0&1&2&-1&1\\0&0&0&1&2\\0&0&0&0&0\end{pmatrix}\xrightarrow{r_1-r_2}\begin{pmatrix}1&0&0&4&0\\0&1&2&-1&1\\0&0&0&1&2\\0&0&0&0&0\end{pmatrix}$$

$$\xrightarrow[r_2+r_3]{r_1-4r_3}\begin{pmatrix}1&0&0&0&-8\\0&1&2&0&3\\0&0&0&1&2\\0&0&0&0&0\end{pmatrix}$$

令 $x_3=c$,得原方程组的全部解为

$$\begin{pmatrix}x_1\\x_2\\x_3\\x_4\end{pmatrix}=c\begin{pmatrix}0\\-2\\1\\0\end{pmatrix}+\begin{pmatrix}-8\\3\\0\\2\end{pmatrix},c\text{ 为任意常数}$$

解法 2　因系数矩阵 $\boldsymbol{A}$ 为方阵，故方程有唯一解的充要条件是系数行列式 $|\boldsymbol{A}|\neq 0$，而

$$|\boldsymbol{A}|=\begin{vmatrix}1&1&2&3\\1&3&6&1\\3&-1&-\alpha&15\\1&-5&-10&12\end{vmatrix}=\begin{vmatrix}1&1&2&3\\0&2&4&-2\\0&-4&-\alpha-6&6\\0&-6&-12&9\end{vmatrix}$$

$$=\begin{vmatrix}1&1&2&3\\0&2&4&-2\\0&0&-\alpha+2&2\\0&0&0&3\end{vmatrix}=6(2-\alpha)$$

因此，当 $\alpha\neq 2$ 时，方程组有唯一解；

当 $\alpha=2$ 时，

$$\boldsymbol{B}=\begin{pmatrix}1&1&2&3&1\\1&3&6&1&3\\3&-1&-2&15&3\\1&-5&-10&12&\beta\end{pmatrix}\xrightarrow{r}\begin{pmatrix}1&1&2&3&1\\0&1&2&-1&1\\0&0&0&1&2\\0&0&0&0&\beta-1\end{pmatrix}$$

若 $\beta\neq 1$，则 $r(\boldsymbol{A})=3\neq r(\boldsymbol{A},\boldsymbol{b})=4$，故原方程组无解；

若 $\beta=1$，则 $r(\boldsymbol{A})=3=r(\boldsymbol{A},\boldsymbol{b})=r<n=4$，故原方程组有无穷多解. 此时

$$\begin{pmatrix}x_1\\x_2\\x_3\\x_4\end{pmatrix}=c\begin{pmatrix}0\\-2\\1\\0\end{pmatrix}+\begin{pmatrix}-8\\3\\0\\2\end{pmatrix},c\text{ 为任意常数}$$

注：比较解法 1 和解法 2，解法 2 只适用于系数矩阵为方阵的情形，对含参数的矩阵作初等变换较不方便，对于系数矩阵为方阵的情形，用解法 2 较简单.

为下一章讨论的需要，把定理 3.1 进行推广，推广到矩阵方程，结论如下：

(1) 矩阵方程 $\boldsymbol{AX}=\boldsymbol{B}$ 有解的充要条件是：$r(\boldsymbol{A})=r(\boldsymbol{A},\boldsymbol{B})$.

证　设 $\boldsymbol{A}$ 为 $m\times n$ 矩阵，$\boldsymbol{B}$ 为 $m\times l$ 矩阵，则 $\boldsymbol{X}$ 为 $n\times l$ 矩阵，把 $\boldsymbol{X}$、$\boldsymbol{B}$ 按列分块，记为

$$\boldsymbol{X}=(\boldsymbol{x}_1,\boldsymbol{x}_2,\cdots,\boldsymbol{x}_l),\quad \boldsymbol{B}=(\boldsymbol{b}_1,\boldsymbol{b}_2,\cdots,\boldsymbol{b}_l)$$

则矩阵方程 $\boldsymbol{AX}=\boldsymbol{B}$ 等价于 l 个向量方程

$$\boldsymbol{A}\boldsymbol{x}_i=\boldsymbol{b}_i,\quad i=1,2,\cdots,l$$

又设 $r(\boldsymbol{A})=r$，且 $\boldsymbol{A}$ 的行最简形为 $\bar{\boldsymbol{A}}$，则 $\bar{\boldsymbol{A}}$ 有 r 个非零行，且 $\bar{\boldsymbol{A}}$ 的后 $m-r$ 行全为零行，再设 $(\boldsymbol{A},\boldsymbol{B})=(\boldsymbol{A},\boldsymbol{b}_1,\boldsymbol{b}_2,\cdots,\boldsymbol{b}_l)\xrightarrow{r}(\bar{\boldsymbol{A}},\bar{\boldsymbol{b}}_1,\bar{\boldsymbol{b}}_2,\cdots,\bar{\boldsymbol{b}}_l)$，从而 $(\boldsymbol{A},\boldsymbol{b}_i)\rightarrow(\bar{\boldsymbol{A}},\bar{\boldsymbol{b}}_i)$ $(i=1,2,\cdots,l)$. 可得

$$\begin{aligned}\boldsymbol{AX}=\boldsymbol{B}\text{ 有解}&\Leftrightarrow \boldsymbol{Ax}_i=\boldsymbol{b}_i(i=1,2,\cdots,l)\text{有解}\\&\Leftrightarrow r(\boldsymbol{A},\boldsymbol{b}_i)=r(\boldsymbol{A})\ (i=1,2,\cdots,l)\\&\Leftrightarrow \bar{\boldsymbol{b}}_i\text{ 的后 } m-r \text{ 个元素全为零}\\&\Leftrightarrow (\bar{\boldsymbol{b}}_1,\bar{\boldsymbol{b}}_2,\cdots,\bar{\boldsymbol{b}}_l)\text{的后 } m-r \text{ 行全为零行}\\&\Leftrightarrow r(\boldsymbol{A},\boldsymbol{B})=r(\boldsymbol{A})\end{aligned}$$

(2) 设 $\boldsymbol{AB}=\boldsymbol{C}$,则 $r(\boldsymbol{C})\leqslant\min(r(\boldsymbol{A}),r(\boldsymbol{B}))$(此式为上节中介绍的矩阵秩常用性质 2).

证 因 $\boldsymbol{AB}=\boldsymbol{C}$,知矩阵方程 $\boldsymbol{AX}=\boldsymbol{C}$ 有解 $\boldsymbol{X}=\boldsymbol{B}$,于是根据前面结论,有 $r(\boldsymbol{A},\boldsymbol{C})=r(\boldsymbol{A})$,而 $r(\boldsymbol{C})\leqslant r(\boldsymbol{A},\boldsymbol{C})$,因此 $r(\boldsymbol{C})\leqslant r(\boldsymbol{A})$.
又 $\boldsymbol{B}^{\mathrm{T}}\boldsymbol{A}^{\mathrm{T}}=\boldsymbol{C}^{\mathrm{T}}$,同理可得 $r(\boldsymbol{C}^{\mathrm{T}})\leqslant r(\boldsymbol{B}^{\mathrm{T}})$,即 $r(\boldsymbol{C})\leqslant r(\boldsymbol{B})$.

综合便得

$$r(\boldsymbol{C})\leqslant\min(r(\boldsymbol{A}),r(\boldsymbol{B}))$$

二、齐次线性方程组

设齐次线性方程组为

$$\boldsymbol{Ax}=\boldsymbol{0} \tag{3.5}$$

方程组总有解,其中 $x_1=x_2=\cdots=x_n=0$ 就是一组解,称为零解.

求解方法:与求解非齐次方程组相类似.

(1) 用行初等变换把系数矩阵 $\boldsymbol{A}$ 化简为行最简形矩阵.

(2) 设 $r(\boldsymbol{A})=r$,把行最简形中 r 个非零行的非零首元所对应的未知数取作非自由未知数,其余 $n-r$ 个未知数取作自由未知数,并令自由未知数分别等于 $c_1,c_2,\cdots,c_{n-r}$,由 $\boldsymbol{A}$ 的行最简形,即可写出含 $n-r$ 个参数的通解.

定理 3.4 设齐次线性方程组 $\boldsymbol{Ax}=\boldsymbol{0}$ 的系数矩阵为 $\boldsymbol{A}$($m\times n$ 矩阵).

若 $r(\boldsymbol{A})=n$,齐次线性方程组有唯一零解;当 $r(\boldsymbol{A})<n$,方程组有无穷多解(有非零解).

推论 1 若齐次线性方程组 $\boldsymbol{Ax}=\boldsymbol{0}$ 中方程个数 m 少于未知量个数 n,则该方程组必有无穷多解(非零解).

这是因为 $r(\boldsymbol{A})\leqslant m<n$,由定理 3.4 知,该齐次方程组有无穷多解(非零解).

推论 2 设 n 元 n 个方程的齐次方程组 $\boldsymbol{Ax}=\boldsymbol{0}$ 有无穷多解(非零解)的充要条件:$|\boldsymbol{A}|=0$.

这是因为 $|\boldsymbol{A}|=0$,即 $r(\boldsymbol{A})<n$,故该方程组有非零解. 反之,齐次方程组有非零解,则有 $|\boldsymbol{A}|=0$.

【例 3-12】 求解齐次线性方程组

$$\begin{cases}x_1+2x_2+2x_3+x_4=0\\2x_1+x_2-2x_3-2x_4=0\\x_1-x_2-4x_3-3x_4=0\end{cases}$$

解　对系数矩阵 $\boldsymbol{A}$ 作行初等变换化为行最简形矩阵

$$\boldsymbol{A}=\begin{pmatrix}1&2&2&1\\2&1&-2&-2\\1&-1&-4&-3\end{pmatrix}\xrightarrow[r_3-r_1]{r_2-2r_1}\begin{pmatrix}1&2&2&1\\0&-3&-6&-4\\0&-3&-6&-4\end{pmatrix}\xrightarrow[r_2/(-3)]{r_3-r_2}\begin{pmatrix}1&2&2&1\\0&1&2&\frac{4}{3}\\0&0&0&0\end{pmatrix}$$

$$\xrightarrow{r_1-2r_2}\begin{pmatrix}1&0&-2&-\frac{5}{3}\\0&1&2&\frac{4}{3}\\0&0&0&0\end{pmatrix}$$

即得到与原方程组同解的方程组：

$$\begin{cases}x_1-2x_3-\frac{5}{3}x_4=0\\x_2+2x_3+\frac{4}{3}x_4=0\end{cases}$$

由此，

$$\begin{cases}x_1=2x_3+\frac{5}{3}x_4\\x_2=-2x_3-\frac{4}{3}x_4\end{cases}$$

令 $x_3=c_1, x_4=c_2$（x_3、x_4 可取任意值），即原方程组的通解为

$$\begin{pmatrix}x_1\\x_2\\x_3\\x_4\end{pmatrix}=\begin{pmatrix}2c_1+\frac{5}{3}c_2\\-2c_1-\frac{4}{3}c_2\\c_1\\c_2\end{pmatrix}=c_1\begin{pmatrix}2\\-2\\1\\0\end{pmatrix}+c_2\begin{pmatrix}\frac{5}{3}\\-\frac{4}{3}\\0\\1\end{pmatrix}$$

习　题　3.3

1. 利用行初等变换判断非齐次方程组解的情况，并求解下列非齐次线性方程组.

(1) $\begin{cases}x_1-3x_2-6x_3+5x_4=0\\2x_1+x_2+4x_3-2x_4=1;\\5x_1-x_2+2x_3+x_4=7\end{cases}$　　(2) $\begin{cases}x_1-2x_2+3x_3-x_4=1\\3x_1-5x_2+5x_3-3x_4=2.\\2x_1-3x_2+2x_3-2x_4=1\end{cases}$

2. 求下列齐次线性方程组的通解：

(1) $\begin{cases} x_1+x_2-x_3-x_4=0 \\ 2x_1-5x_2+3x_3+2x_4=0; \\ 7x_1-7x_2+3x_3+x_4=0 \end{cases}$ (2) $\begin{cases} x_1-2x_2+4x_3-7x_4=0 \\ 2x_1+x_2-2x_3+x_4=0. \\ 3x_1-x_2+2x_3-4x_4=0 \end{cases}$

3. λ 取何值时，方程组

$$\begin{cases} (\lambda+3)x_1+x_2+2x_3=0 \\ \lambda x_1+(\lambda-1)x_2+x_3=0 \\ 3(\lambda+1)x_1+\lambda x_2+(\lambda+3)x_3=0 \end{cases}$$

有非零解？并求其一般解.

4. 解矩阵方程 $\boldsymbol{AX}+\boldsymbol{B}=\boldsymbol{X}$，其中 $\boldsymbol{A}=\begin{pmatrix} 0 & 1 & 0 \\ -1 & 1 & 1 \\ -1 & 0 & -1 \end{pmatrix}$，$\boldsymbol{B}=\begin{pmatrix} 1 & -1 \\ 2 & 0 \\ 5 & -3 \end{pmatrix}$.

5. 证明：(1) 矩阵方程 $\boldsymbol{A}_{m\times n}\boldsymbol{X}=\boldsymbol{E}_m$ 有解的充要条件是：$r(\boldsymbol{A})=m$.

(2) 矩阵方程 $\boldsymbol{YA}_{m\times n}=\boldsymbol{E}_n$ 有解的充要条件是：$r(\boldsymbol{A})=n$.

6. 证明：若 $R(\boldsymbol{A}_{m\times n})=n$，且 $\boldsymbol{AX}=\boldsymbol{AY}$，则 $\boldsymbol{X}=\boldsymbol{Y}$.

7. 判断题.

(1) 设 $\boldsymbol{A}$ 为 4×5 矩阵，则 $\boldsymbol{Ax}=\boldsymbol{0}$ 有非零解；

(2) 若 $\boldsymbol{Ax}=\boldsymbol{0}$ 有无穷多解，则 $\boldsymbol{Ax}=\boldsymbol{b}$ 有无穷多解；

(3) 若 $\boldsymbol{Ax}=\boldsymbol{0}$ 仅有零解，则 $\boldsymbol{Ax}=\boldsymbol{b}$ 有唯一解；

(4) 若 $\boldsymbol{Ax}=\boldsymbol{b}$ 有无穷多解，则 $\boldsymbol{Ax}=\boldsymbol{0}$ 有非零解；

(5) 若 $\boldsymbol{A}_{m\times n}\boldsymbol{x}_{n\times1}=\boldsymbol{b}_{m\times1}$，$m>n$，则方程组 $\boldsymbol{Ax}=\boldsymbol{b}$ 无解.

第四节　应 用 实 例

一、构造有营养的减肥食谱

有一种在 20 世纪 80 年代很流行的食谱，称为剑桥食谱，是经过多年研究编制出来的，这是由 Howard 博士领导的科学家团队经过 8 年对过度肥胖病人的临床研究，在剑桥大学完成的. 这种低热量的粉状食品精确地平衡了碳水化合物、高质量的蛋白质和脂肪，配合维生素、矿物质、微量元素和电解质，近年来，数百万人应用这一食谱实现了快速和有效的减肥.

为得到所希望的数量和比例的营养，Howard 博士在食谱中加入了多种食品，每种食品供应了多种所需要的成分，然而没有按正确的比例. 例如，脱脂牛奶是蛋白质的主要来源，但包含过多的钙，因此大豆粉用来作为蛋白质的来源，它包含较少量的钙，然而，大豆粉包含过多的脂肪，因而加上乳清，因它含脂肪较少，然而乳清又含有过多的碳水化合物……

【例 3-13】 求出脱脂牛奶、大豆粉和乳清的某种组合，使该食谱每天能供给表 3.1 中规定的蛋白质、碳水化合物和脂肪的含量.

表 3.1

营养素	每 100 g 成分所含营养素			剑桥食谱每天供应量/g
	脱脂牛奶/g	大豆粉/g	乳清/g	
蛋白质	36	51	13	33
碳水化合物	52	34	74	45
脂肪	0	7	1.1	3

解　设 x_1、x_2、x_3 分别表示这些食物的数量(以 100 g 为单位)，导出方程的一种方法是对每种营养素分别列出方程. 例如，乘积{x_1 单位的脱脂牛奶}{每单位脱脂牛奶所含蛋白质}表示 x_1 单位脱脂牛奶供给的蛋白质，类似地加上大豆粉和乳清所含蛋白质，就等于我们所需的蛋白质，类似地计算对每种成分都可以进行.

更有效的方法是考虑每种食物的"营养素向量"而建立向量方程，x_1 单位的脱脂牛奶供给的营养素是下列标量乘法：

标量　　　　　　　　　　向量

{x_1 单位的脱脂牛奶} 乘以 {每单位脱脂牛奶的营养素} $=x_1\boldsymbol{\alpha}_1$

这里 $\boldsymbol{\alpha}_1$ 为脱脂牛奶对应的向量，设 $\boldsymbol{\alpha}_2$、$\boldsymbol{\alpha}_3$ 分别为大豆粉和乳清对应的向量，$\boldsymbol{b}$ 表示所需要的营养素总量的向量(表中最后一列)，则 $x_2\boldsymbol{\alpha}_2$、$x_3\boldsymbol{\alpha}_3$ 分别给出由 x_2 单位大豆粉和 x_3 单位乳清给出的营养素，所需的方程为

$$x_1\boldsymbol{\alpha}_1+x_2\boldsymbol{\alpha}_2+x_3\boldsymbol{\alpha}_3=\boldsymbol{b}$$

把对应的方程组的增广矩阵进行初等行变换得

$$\begin{pmatrix}36&51&13&33\\52&34&74&45\\0&7&1.1&3\end{pmatrix}\xrightarrow{r}\begin{pmatrix}1&0&0&0.277\\0&1&0&0.392\\0&0&1&0.233\end{pmatrix}$$

精确到 3 位小数，该食谱需要 0.277 单位脱脂牛奶，0.392 单位大豆粉，0.233 单位乳清，这样就可供给所需要的蛋白质、碳水化合物与脂肪.

二、交通流量问题

【例 3-14】 设图 3-1 所示的是某一地区的公路交通网络图，所有道路都是单行道，且道上不能停车，通行方向用箭头表明，标示的数字为高峰期每小时进出网络的车辆，进入网络的车共有 800 辆等于离开网络的车辆总数. 另外，进入每个交叉点的车辆数等于离开该交叉点的车辆数，这两个交通流量平衡的条件都得到满足.

若引入每小时通过图示各交通干道的车辆数 s、t、u、v、w、x(例如，s 就是每小时通过干道 BA 的车辆数等)，则从交通流量平衡条件建立起的线性代数方程组，可得

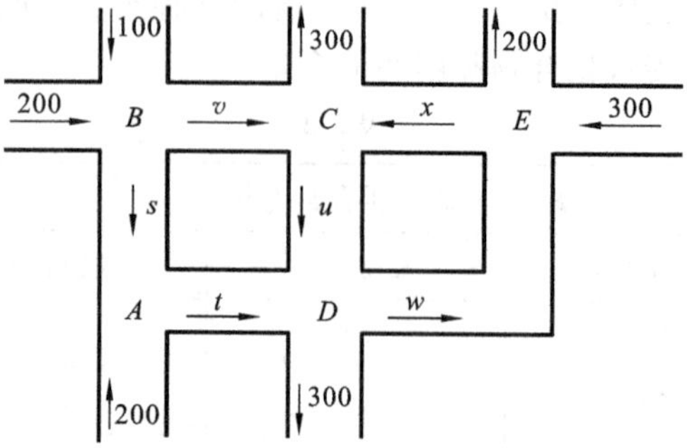

图 3-1

到网络交通流量的一些结论.

解 对每一个道路交叉点都可以写出一个流量平衡方程,如对 A 点,从图上可知,进入车辆数为 $200+s$,而离开车辆数为 t,于是有

对 A 点:$200+s=t$;

对 B 点:$200+100=s+v$;

对 C 点:$x+v=300+u$;

对 D 点:$u+t=300+w$;

对 E 点:$300+w=200+x$.

这样得到一个描述网络交通流量的线性代数方程组为

$$\begin{cases} s-t=-200 \\ s+v=300 \\ -u+v+x=300 \\ t+u-w=300 \\ -w+x=100 \end{cases}$$

由此可得

$$\begin{cases} s=300-v \\ t=500-v \\ u=-300+v+x \\ w=-100+x \end{cases}$$

其中,v、x 可取任意值,事实上,这就是方程组的解,当然也可将解写成

$$\begin{pmatrix} 300-k_1 \\ 500-k_1 \\ -300+k_1+k_2 \\ k_1 \\ -100+k_2 \\ k_2 \end{pmatrix} = \begin{pmatrix} 300 \\ 500 \\ -300 \\ 0 \\ -100 \\ 0 \end{pmatrix} + k_1 \begin{pmatrix} -1 \\ -1 \\ 1 \\ 1 \\ 0 \\ 0 \end{pmatrix} + k_2 \begin{pmatrix} 0 \\ 0 \\ 1 \\ 0 \\ 1 \\ 1 \end{pmatrix}$$

k_1, k_2 可取任意实数，方程组有无限多个解.

但必须注意的是，方程组的解并非就是原问题的解，对于原问题，必须顾及各变量的实际意义为行驶经过某路段的车辆数，故必须为非负整数，从而有

$$\begin{cases} s=300-k_1\geqslant 0 \\ t=500-k_1\geqslant 0 \\ u=-300+k_1+k_2\geqslant 0 \\ v=k_1\geqslant 0 \\ w=-100+k_2\geqslant 0 \\ x=k_2\geqslant 0 \end{cases}$$

可知 k_1 是不超过 300 的非负整数，k_2 是不小于 100 的正整数，而且 k_1+k_2 不小于 300，所以方程组的无限多个解中只有一部分是问题的解. 从上述讨论可知，若每小时通过 EC 段的车辆太少，不超过 100 辆，或者每小时通过 BC 及 EC 的车辆总数不到 300 辆，则交通平衡将被破坏.

三、人口问题

在生态学、经济学和工程技术等领域中，需要研究随时间变化的动力系统，这种系统通常在离散的时刻测量，得到一个向量序列 $\boldsymbol{x}_0, \boldsymbol{x}_1, \boldsymbol{x}_2, \cdots$，向量 $\boldsymbol{x}_k$ 的各个元素给出该系统在第 k 次测量中的状态的信息.

如果有矩阵 $\boldsymbol{A}$ 使 $\boldsymbol{x}_1=\boldsymbol{A}\boldsymbol{x}_0, \boldsymbol{x}_2=\boldsymbol{A}\boldsymbol{x}_1$，一般地，

$$\boldsymbol{x}_{k+1}=\boldsymbol{A}\boldsymbol{x}_k,\quad k=0,1,2,\cdots \tag{3.6}$$

则式(3.6)称为线性差分方程(或递归关系)，给定这样一种关系，可由已知的 $\boldsymbol{x}_0$ 计算 $\boldsymbol{x}_1, \boldsymbol{x}_2$，等等. 下面讨论说明导致差分方程问题产生的原因.

地理学家对人口的迁移很感兴趣，这里只考虑人口在某一城市与它的周边地区之间的迁移的简单模型. 固定一个初始年，比如说 2000 年，用 r_0 和 s_0 分别表示该年城市和郊区人口数，令 $\boldsymbol{x}_0$ 表示人口向量，即

$$\boldsymbol{x}_0=\begin{pmatrix} r_0 \\ s_0 \end{pmatrix}$$

对 2001 年及以后各年，把人口向量表示成

$$\boldsymbol{x}_1=\begin{pmatrix} r_1 \\ s_1 \end{pmatrix}, \boldsymbol{x}_2=\begin{pmatrix} r_2 \\ s_2 \end{pmatrix}, \boldsymbol{x}_3=\begin{pmatrix} r_3 \\ s_3 \end{pmatrix}, \cdots$$

人口统计学的研究说明，每年约有 5%的城市人口移居郊区(其他 95%留在城市)，而 3%的郊区人口移居城市(其他 97%留在郊区)，一年后，原来城市中的人口 r_0 在城市和郊区的分布为

$$\begin{pmatrix} 0.95r_0 \\ 0.05r_0 \end{pmatrix}=r_0\begin{pmatrix} 0.95 \\ 0.05 \end{pmatrix}$$

原来郊区中的人口 s_0 在城市和郊区的分布为

$$s_0\begin{pmatrix}0.03\\0.97\end{pmatrix}$$

2001 年的全部人口为

$$\begin{bmatrix}r_1\\s_1\end{bmatrix}=r_0\begin{pmatrix}0.95\\0.05\end{pmatrix}+s_0\begin{pmatrix}0.03\\0.97\end{pmatrix}=\begin{pmatrix}0.95&0.03\\0.05&0.97\end{pmatrix}\begin{bmatrix}r_0\\s_0\end{bmatrix}$$

即

$$\boldsymbol{x}_1=\boldsymbol{M}\boldsymbol{x}_0$$

这里 $\boldsymbol{M}=\begin{pmatrix}0.95&0.03\\0.05&0.97\end{pmatrix}$称为移民矩阵.

类似地,以后各年的变化可表示为

$$\boldsymbol{x}_{k+1}=\boldsymbol{M}\boldsymbol{x}_k,\ k=0,1,2,\cdots \tag{3.7}$$

向量序列$\{\boldsymbol{x}_0,\boldsymbol{x}_1,\boldsymbol{x}_2,\cdots\}$描述了若干年中城市、郊区人口的变化状况.

【例 3-15】 设 2000 年城市人口为 600000 人,郊区人口为 400000 人,求上述区域 2001 年到 2002 年的人口.

解 2000 年的人口为

$$x_0=\begin{pmatrix}600000\\400000\end{pmatrix}$$

2001 年的人口为

$$\boldsymbol{x}_1=\boldsymbol{M}\boldsymbol{x}_0=\begin{pmatrix}0.95&0.03\\0.05&0.97\end{pmatrix}\begin{pmatrix}600000\\400000\end{pmatrix}=\begin{pmatrix}582000\\418000\end{pmatrix}$$

2002 年的人口为

$$\boldsymbol{x}_2=\boldsymbol{M}\boldsymbol{x}_1=\begin{pmatrix}0.95&0.03\\0.05&0.97\end{pmatrix}\begin{pmatrix}582000\\418000\end{pmatrix}=\begin{pmatrix}565440\\434560\end{pmatrix}$$

式(3.7)的人口迁移模型是线性的,这依赖于两个事实:从一个地区迁往另一个地区的人口与该地区原有的人口成正比,而这些人口迁移选择的累积效果是不同区域的人口迁移的叠加.

阅读材料

一、线性方程组的发展历史

对于线性方程组的解法,中国早在古代的数学著作《九章算术》中已经作了比较完整的论述,其中所述方法实质上相当于现代的对方程组的增广矩阵实施初等行变换从而消去未知量的方法,即高斯消元法. 在西方,对线性方程组的研究是由莱布尼兹在 17 世纪后期开创的，他曾研究由含两个未知量的三个线性方程组成的方程组. 麦克劳林在 18 世纪上半叶研究了具有二、三、四个未知量的线性方程组，得到了现在被称为克拉默法则的结论. 克拉默在不久之后也发表了这个法则. 法国数学家裴蜀在 18 世纪下半叶对线性方程组理论进行了一系列的研究，证明了 n 元齐次线性方程组有非零解的条件是系数行列式等于零.

在 19 世纪，英国数学家史密斯和道奇森继续研究线性方程组的理论，前者引入了方程组的增广矩阵和非增广矩阵的概念，后者证明了方程组有解的充要条件是系数矩阵和增广矩阵的秩相同，这正是现代方程组理论中的重要结果之一.

大量的科学技术问题最终往往归结为解线性方程组的问题，因此，在线性方程组的数值解法得到发展的同时，线性方程组解的结构等理论性工作也取得了令人满意的进展. 现在，线性方程组的数值解法在计算数学中占有重要地位.

二、经济学与工程中的线性模型

1949 年夏末，哈佛大学教授列昂惕夫正在小心地将最后一部分穿孔卡片插入大学的 MarkII 计算机，这些卡片包含了美国经济的信息. 列昂惕夫把美国经济分解为 500 个部门，如煤炭工业、汽车工业、交通系统等，对每个部门，他写了一个描述该部门的产出如何分配给其他经济部门的线性方程，由于当时最大的计算机之一的 MarkII 还不能处理所得到的包含 500 个未知数的 500 个方程的方程组，列昂惕夫只好把问题简化为包含 42 个未知数的 42 个方程的方程组.

为解列昂惕夫的 42 个方程，编写 MarkII 计算机上的程序需要几个月的工作，他急于知道计算机解这个问题需要多长时间，MarkII 计算机运算了 56 个小时，才得到最后的答案.

列昂惕夫获得了 1973 年诺贝尔经济学奖，他打开了研究经济数学模型的新时代大门. 1949 年在哈佛的工作标志着应用计算机分析大规模数学模型的开始，从那以后，许多其他领域中的研究者应用计算机来分析数学模型，由于所涉及的数据数量庞大，这些模型通常是线性的，即它们使用线性方程组来描述.

线性代数在应用中的重要性随着计算机功能的强大而迅速增加，而每一代新的硬件和软件引发了对计算机能力的更大需求. 因此，计算机科学就通过并行处理和大规模计算的爆炸性增长与线性代数密切联系在一起.

科学家与工程师正在研究大量极其复杂的问题，这在几十年前是不可想象的. 如今，线性代数对许多科学技术和工商领域中的学生的重要性可以说超过了部分其他课程，本书中的材料是在许多有趣领域中进一步研究的基础. 例如，

石油勘测：当勘探船寻找海底石油储藏时，它的计算机每天要解几千个线性方程组，方程组的地震数据从气喷枪的爆炸引起水下冲击波获得，这些冲击波引起海底岩石的震动，并用几英里长的电缆拖在船后的地震测波器采集数据.

线性规划：许多重要的管理决策是在线性规划模型的基础上做出的，这些模型包含

几百个变量，例如，航运业使用线性规划调度航班，监视飞机的飞行位置，或计划维修和机场运作.

电路：工程师使用仿真软件来设计电路和微芯片，它们包含数百万的晶体管，这样的软件技术依赖于线性代数与线性方程组的方法.

内容小结

主要概念

矩阵的初等变换、初等矩阵、行阶梯形矩阵、行最简形矩阵、标准形矩阵、k 阶子式、矩阵的秩、增广矩阵、通解

基本内容

1. 初等变换化简矩阵

(1) 初等变换可将矩阵化为行阶梯形、行最简形、标准形.

其中，行初等变换一定可以把矩阵化为行阶梯形、行最简形，但仅用行初等变换不一定能把矩阵化为标准形.

(2) 对矩阵实施一次行(列)初等变换，相当于对矩阵左(右)乘相应的行(列)初等矩阵.

(3) 若 $r(\boldsymbol{A})=r$，则存在可逆矩阵 $\boldsymbol{P}$、$\boldsymbol{Q}$，使得 $\boldsymbol{PAQ}=\begin{pmatrix}\boldsymbol{E}_r & 0\\ 0 & 0\end{pmatrix}$.

(4) 行初等变换求矩阵的逆矩阵 $(\boldsymbol{A},\boldsymbol{E})\xrightarrow{r}(\boldsymbol{E},\boldsymbol{A}^{-1})$.

2. 矩阵的秩

(1) 初等变换不改变矩阵的秩，用初等变换化为阶梯形，则阶梯形中非零行的行数等于矩阵的秩.

(2) 矩阵秩的一些性质.

3. 求解线性方程组

(1) 设非齐次线性方程组 $\boldsymbol{A}_{m\times n}\boldsymbol{x}=\boldsymbol{b}$,

若 $r(\boldsymbol{A})\neq r(\boldsymbol{A},\boldsymbol{b})$，该方程组无解；

若 $r(\boldsymbol{A})=r(\boldsymbol{A},\boldsymbol{b})=n$，该方程组有唯一解；

若 $r(\boldsymbol{A})=r(\boldsymbol{A},\boldsymbol{b})<n$，则方程组有无穷多解.

(2) 设齐次线性方程组 $\boldsymbol{A}_{m\times n}\boldsymbol{x}=\boldsymbol{0}$,

若 $r(\boldsymbol{A})=n$，方程组有唯一解；

若 $r(\boldsymbol{A})<n$，方程组有无穷多解(非零解).

总复习题 3

一、判断题.

(1) $\boldsymbol{A}$、$\boldsymbol{B}$ 是有相同秩的 $m\times n$ 矩阵，则 $\boldsymbol{A}$ 可经过一些初等变换化为 $\boldsymbol{B}$.　(　　)

(2) $\boldsymbol{A}$ 为 $m\times n$ 矩阵，且 $r(\boldsymbol{A})=n$，则 $m\geqslant n$.　(　　)

(3) $\boldsymbol{A}$、$\boldsymbol{B}$ 为 $m\times n$ 矩阵，$r(\boldsymbol{A})>0$，$r(\boldsymbol{B})>0$，则 $r(\boldsymbol{A}+\boldsymbol{B})>0$.　(　　)

(4) $r(\boldsymbol{A})=s$，则矩阵 $\boldsymbol{A}$ 中必有一个非零的 s 阶子式.　(　　)

(5) $\boldsymbol{A}$ 为 $m\times n$ 矩阵，$r(\boldsymbol{A})=m$，且 $\boldsymbol{\beta}$ 为 m 维列向量，则 $r(\boldsymbol{A},\boldsymbol{\beta})=m$.　(　　)

(6) $\boldsymbol{A}$ 为 $m\times n$ 矩阵，$r(\boldsymbol{A})=m$，则 $\boldsymbol{Ax}=\boldsymbol{b}$ 必有解.　(　　)

(7) 矩阵 $\boldsymbol{A}$、$\boldsymbol{B}$ 等价，则 $r(\boldsymbol{A})=r(\boldsymbol{B})$.　(　　)

二、解答下列各题.

1. 利用初等变换法求线性方程组的通解.

(1) $\begin{cases}x_1+2x_2+3x_3+x_4=1\\3x_1+2x_2+x_3-x_4=1\\2x_1+3x_2+x_3+x_4=1\\2x_1+2x_2+2x_3-x_4=1\\5x_1+5x_2+2x_3=2\end{cases}$；　(2) $\begin{cases}x_1+3x_2+3x_3-2x_4+x_5=3\\2x_1+6x_2+x_3-3x_4=2\\x_1+3x_2-2x_3-x_4-x_5=-1\\3x_1+9x_2+4x_3-5x_4+x_5=5\end{cases}$.

2. a 为何值时，线性方程组 $\begin{cases}x_1+x_2-x_3+x_4=0\\x_1+2x_2-x_3+2x_4=0\\x_1-x_2+ax_3-x_4=0\\x_1+2x_2+3x_3+ax_4=0\end{cases}$ 有非零解，并求通解.

3. 设 $\boldsymbol{A}=\begin{pmatrix}2&1&-3\\1&2&-2\\-1&3&2\end{pmatrix}$，$\boldsymbol{B}=\begin{pmatrix}1&2&-2\\-1&0&5\end{pmatrix}$，解矩阵方程 $\boldsymbol{XA}=\boldsymbol{B}$.

4. 设矩阵 $\boldsymbol{A}=\begin{pmatrix}1&1&-1\\-1&1&1\\1&-1&1\end{pmatrix}$，矩阵 $\boldsymbol{X}$ 满足 $\boldsymbol{A}^*\boldsymbol{X}=\boldsymbol{A}^{-1}+2\boldsymbol{X}$，求矩阵 $\boldsymbol{X}$.

5. 讨论线性方程组 $\begin{cases}x_1+ax_2+x_3=3\\x_1+2ax_2+x_3=4\\x_1+x_2+bx_3=4\end{cases}$ 的解，当 a、b 为何值时方程组有无穷多解，并求此时的通解.

6. 设 $\boldsymbol{A}=\begin{pmatrix}2&-2&1&3\\9&-5&2&8\end{pmatrix}$，求一个 4×2 矩阵 $\boldsymbol{B}$，使 $\boldsymbol{AB}=\boldsymbol{0}$，且 $r(\boldsymbol{B})=2$.

7. 写一个以 $\boldsymbol{x}=c_1\begin{pmatrix}2\\-3\\1\\0\end{pmatrix}+c_2\begin{pmatrix}-2\\4\\0\\1\end{pmatrix}$为通解的齐次线性方程组.

8. λ 为何值时,非齐次线性方程组$\begin{cases}(2-\lambda)x_1+2x_2-2x_3=1\\2x_1+(5-\lambda)x_2-4x_3=2\\-2x_1-4x_2+(5-\lambda)x_3=-\lambda-1\end{cases}$,

(1) 此方程组有唯一解;(2) 此方程组无解;(3) 此方程组有无穷多解,并求无穷多解时的通解.

三、证明下列各题.

1. 证明 $r(\boldsymbol{A})=1$ 的充要条件是:存在非零列向量 $\boldsymbol{\alpha}$ 及非零行向量 $\boldsymbol{\beta}^{\mathrm{T}}$,使得 $\boldsymbol{A}=\boldsymbol{\alpha\beta}^{\mathrm{T}}$.

2. 设 $\boldsymbol{A}$ 为列满秩矩阵,$\boldsymbol{AB}=\boldsymbol{C}$,证明线性方程组 $\boldsymbol{Bx}=\boldsymbol{0}$ 与 $\boldsymbol{Cx}=\boldsymbol{0}$ 同解.

第四章　向量组的线性相关性

向量组是线性代数中的又一重要概念. 一方面，向量组的线性相关性与齐次线性方程组是否有非零解相联系，向量组的线性表示与非齐次线性方程组是否有解、解的个数相联系；另一方面，向量组理论方法指导线性方程组解的结构和向量空间的基的建立. 向量组理论是线性代数中比较难理解的内容，本章重点介绍线性相关性、线性表示、极大无关组等概念和性质，以及有关判别法，线性方程组解的结构以及向量空间的相关概念.

第一节　n 维向量及其线性运算

在解析几何中，以坐标原点 O 为起点，以点 $P(x,y,z)$ 为终点的有向线段所表示的向量 $\overrightarrow{OP}=\{x,y,z\}$，就是一个三维向量. 我们知道，点 P 和向量 $\overrightarrow{OP}$ 是一一对应的，又由于向量 $\overrightarrow{OP}$ 关键是由三个有序实数 x,y,z 所确定的，所以 $\overrightarrow{OP}$ 又可表示为 $\overrightarrow{OP}=\begin{pmatrix} x \\ y \\ z \end{pmatrix}=(x,y,z)^{\mathrm{T}}$，为了区分点 (x,y,z) 与向量 $\{x,y,z\}$，用了两种不同的括弧表示，而线性代数中向量常用圆括弧. n 维向量可以说是几何中三维向量的推广，不过三维向量可以用有向线段直观地体现出来，而 $n(n>3)$ 维向量就没有直观的几何意义了.

一个 n 元线性方程：$a_1x_1+a_2x_2+\cdots+a_nx_n=b$，由 $n+1$ 个有顺序的数 a_1，$a_2,\cdots,a_n,b$ 唯一确定，为了研究这种有序数组的性质，引入如下定义.

定义 4.1　n 个有顺序的数 $a_1,a_2,\cdots,a_n$ 所组成的数组称为 n 维向量，这 n 个数称为该向量的 n 个分量，数 a_j 称为向量 $\boldsymbol{a}$ 的第 j 个分量(或坐标). 分量是实数的向量称为实向量，分量是复数的向量称为复向量. 本章只讨论实向量.

向量可以写成一行

$$\boldsymbol{a}=(a_1,a_2,\cdots,a_n)$$

也可以写成一列

$$\boldsymbol{a}=\begin{pmatrix} a_1 \\ a_2 \\ \vdots \\ a_n \end{pmatrix}$$

为了区别，前者称为行向量，后者称为列向量，两种向量的本质是一致的，其差别仅在于写法不同.为了沟通向量与矩阵的联系,行向量亦可看作行矩阵,列向量可看作列矩阵.本书中,列向量用黑体小写字母 $\boldsymbol{a}$、$\boldsymbol{b}$、$\boldsymbol{\alpha}$、$\boldsymbol{\beta}$ 表示,行向量用 $\boldsymbol{a}^{\mathrm{T}}$、$\boldsymbol{b}^{\mathrm{T}}$、$\boldsymbol{\alpha}^{\mathrm{T}}$、$\boldsymbol{\beta}^{\mathrm{T}}$ 表示.若不加特别说明,所涉及的向量均为 n 维列向量,且为了书写方便,有时以行向量的转置表示列向量.

设 n 维向量 $\boldsymbol{\alpha}=(a_1,a_2,\cdots,a_n)^{\mathrm{T}}$,$\boldsymbol{\beta}=(b_1,b_2,\cdots,b_n)^{\mathrm{T}}$,则当且仅当它们对应的分量都相等,即 $a_i=b_i(i=1,2,\cdots,n)$时,称向量 $\boldsymbol{\alpha}$ 与 $\boldsymbol{\beta}$ 相等,记作 $\boldsymbol{\alpha}=\boldsymbol{\beta}$.

分量全是零的向量,称为零向量,记为 $\mathbf{0}=(0,0,\cdots,0)^{\mathrm{T}}$.

维数不同的零向量是不相等的.

向量$(-a_1,-a_2,\cdots,-a_n)^{\mathrm{T}}$ 称为 $\boldsymbol{\alpha}=(a_1,a_2,\cdots,a_n)^{\mathrm{T}}$ 的负向量,记为$-\boldsymbol{\alpha}$.

定义 4.2 设 $\boldsymbol{\alpha}=(a_1,a_2,\cdots,a_n)^{\mathrm{T}}$,$\boldsymbol{\beta}=(b_1,b_2,\cdots,b_n)^{\mathrm{T}}$,称向量$(a_1+b_1,a_2+b_2,\cdots,a_n+b_n)^{\mathrm{T}}$ 为向量 $\boldsymbol{\alpha}$ 与 $\boldsymbol{\beta}$ 的和,记为 $\boldsymbol{\alpha}+\boldsymbol{\beta}$,即

$$\boldsymbol{\alpha}+\boldsymbol{\beta}=(a_1+b_1,a_2+b_2,\cdots,a_n+b_n)^{\mathrm{T}}$$

由负向量定义向量 $\boldsymbol{\alpha}$ 与 $\boldsymbol{\beta}$ 的差为

$$\boldsymbol{\alpha}-\boldsymbol{\beta}=\boldsymbol{\alpha}+(-\boldsymbol{\beta})=(a_1-b_1,a_2-b_2,\cdots,a_n-b_n)^{\mathrm{T}}$$

定义 4.3 设 $\boldsymbol{\alpha}=(a_1,a_2,\cdots,a_n)^{\mathrm{T}}$ 为 n 维向量,λ 为实数,向量$(\lambda a_1,\lambda a_2,\cdots,\lambda a_n)^{\mathrm{T}}$ 称为向量 $\boldsymbol{\alpha}$ 与数 λ 的乘积,记为 $\lambda\boldsymbol{\alpha}$ 或 $\boldsymbol{\alpha}\lambda$,即

$$\lambda\boldsymbol{\alpha}=\boldsymbol{\alpha}\lambda=(\lambda a_1,\lambda a_2,\cdots,\lambda a_n)^{\mathrm{T}}$$

向量的加法和向量的数乘两种运算合起来,统称为向量的线性运算,可以验证,它满足下列运算规律(其中 $\boldsymbol{\alpha}$、$\boldsymbol{\beta}$、$\boldsymbol{\gamma}$ 都是 n 维向量,$\boldsymbol{\lambda}$、$\boldsymbol{\mu}$ 是实数):

(1) $\boldsymbol{\alpha}+\boldsymbol{\beta}=\boldsymbol{\beta}+\boldsymbol{\alpha}$;

(2) $(\boldsymbol{\alpha}+\boldsymbol{\beta})+\boldsymbol{\gamma}=\boldsymbol{\alpha}+(\boldsymbol{\beta}+\boldsymbol{\gamma})$;

(3) $\boldsymbol{\alpha}+\mathbf{0}=\boldsymbol{\alpha}$;

(4) $\boldsymbol{\alpha}+(-\boldsymbol{\alpha})=\mathbf{0}$;

(5) $1\boldsymbol{\alpha}=\boldsymbol{\alpha}$;

(6) $\lambda(\mu\boldsymbol{\alpha})=(\lambda\mu)\boldsymbol{\alpha}$;

(7) $\lambda(\boldsymbol{\alpha}+\boldsymbol{\beta})=\lambda\boldsymbol{\alpha}+\lambda\boldsymbol{\beta}$;

(8) $(\lambda+\mu)\boldsymbol{\alpha}=\lambda\boldsymbol{\alpha}+\mu\boldsymbol{\alpha}$.

【例 4-1】 某工厂两天生产的产量(单位:t)按产品顺序用向量表示,第一天为 $\boldsymbol{\alpha}_1=(10,15,20,5)^{\mathrm{T}}$,第二天为 $\boldsymbol{\alpha}_2=(12,22,18,9)^{\mathrm{T}}$,则两天各产品的产量和为

$$\boldsymbol{\alpha}_1+\boldsymbol{\alpha}_2=(10,15,20,5)^{\mathrm{T}}+(12,22,18,9)^{\mathrm{T}}=(22,37,38,14)^{\mathrm{T}}$$

习　题　4.1

1. 设 $\boldsymbol{\alpha}_1=(5,-8,-1,2)^{\mathrm{T}}$,$\boldsymbol{\alpha}_2=(2,-1,4,-3)^{\mathrm{T}}$,$\boldsymbol{\alpha}_3=(-3,2,-5,4)^{\mathrm{T}}$,从方程 $\boldsymbol{\alpha}_1+2\boldsymbol{\alpha}_2+3\boldsymbol{\alpha}_3+4\boldsymbol{\beta}=0$ 中求出 β.

2. 设 $\boldsymbol{\alpha}=(2,k,0)^{\mathrm{T}}$，$\boldsymbol{\beta}=(-1,0,\lambda)^{\mathrm{T}}$，$\boldsymbol{\gamma}=(\mu,-5,4)^{\mathrm{T}}$，且有 $\boldsymbol{\alpha}+\boldsymbol{\beta}+\boldsymbol{\gamma}=0$，求参数 k、λ、μ.

第二节　向量组的线性相关性

一、向量组的线性组合

若干个同维数的向量所组成的集合称为向量组.

向量组 $\boldsymbol{a}_i^{\mathrm{T}}=(\alpha_{i1},\alpha_{i2},\cdots,\alpha_{in})$ $(i=1,2,\cdots,m)$可以构成矩阵

$$\boldsymbol{A}=\begin{pmatrix} a_{11} & a_{12} & \cdots & a_{1n} \\ a_{21} & a_{22} & \cdots & a_{2n} \\ \vdots & \vdots & & \vdots \\ a_{m1} & a_{m2} & \cdots & a_{mn} \end{pmatrix}=\begin{pmatrix} \boldsymbol{a}_1^{\mathrm{T}} \\ \boldsymbol{a}_2^{\mathrm{T}} \\ \vdots \\ \boldsymbol{a}_m^{\mathrm{T}} \end{pmatrix}$$

$\boldsymbol{A}$ 称为由向量组 $\boldsymbol{a}_1^{\mathrm{T}},\boldsymbol{a}_2^{\mathrm{T}},\cdots,\boldsymbol{a}_m^{\mathrm{T}}$ 所构成的矩阵，$\boldsymbol{a}_i^{\mathrm{T}}$ 称为矩阵 $\boldsymbol{A}$ 的第 i 个行向量，所以一个含有限个向量的向量组，总可以看成由一个矩阵的全体行向量所构成.

$m\times n$ 矩阵 $\boldsymbol{A}$ 有 m 个 n 维行向量，同时它又有 n 个 m 维列向量，即

$$\boldsymbol{\beta}_j=\begin{pmatrix} \alpha_{1j} \\ \alpha_{2j} \\ \vdots \\ \alpha_{mj} \end{pmatrix}$$

从而 $\boldsymbol{A}$ 可记为

$$\boldsymbol{A}=\begin{pmatrix} \boldsymbol{a}_1^{\mathrm{T}} \\ \boldsymbol{a}_2^{\mathrm{T}} \\ \vdots \\ \boldsymbol{a}_m^{\mathrm{T}} \end{pmatrix} \quad 或 \quad \boldsymbol{A}=(\boldsymbol{\beta}_1,\boldsymbol{\beta}_2,\cdots,\boldsymbol{\beta}_n)$$

总之，一个含有限个向量的向量组可构成矩阵. 相反，一个矩阵也可以看作由有限个行向量(或列向量)所构成的向量组. 可见矩阵与向量组在形式上能够互相转化，因此可用矩阵讨论向量组的有关问题.

定义 4.4　对于给定的一组 m 个 n 维向量组成的向量组 $\boldsymbol{A}$：$\boldsymbol{\alpha}_1,\boldsymbol{\alpha}_2,\cdots,\boldsymbol{\alpha}_m$，对任何一组实数 $c_1,c_2,\cdots,c_m$，向量 $c_1\boldsymbol{\alpha}_1+c_2\boldsymbol{\alpha}_2+\cdots+c_m\boldsymbol{\alpha}_m$ 称为向量组 $\boldsymbol{A}$ 的一个线性组合，$c_1,c_2,\cdots,c_m$ 称为线性组合的系数.

给定向量组 $\boldsymbol{A}$：$\boldsymbol{\alpha}_1,\boldsymbol{\alpha}_2,\cdots,\boldsymbol{\alpha}_m$ 和向量 $\boldsymbol{b}$，如果存在一组数 $\lambda_1,\lambda_2,\cdots,\lambda_m$，使得 $\boldsymbol{b}=\lambda_1\boldsymbol{\alpha}_1+\lambda_2\boldsymbol{\alpha}_2+\cdots+\lambda_m\boldsymbol{\alpha}_m$，则称向量 $\boldsymbol{b}$ 是向量组 $\boldsymbol{A}$ 的线性组合，或称向量 $\boldsymbol{b}$ 可以由向量组 $\boldsymbol{A}$ 线性表示.

【例 4-2】 零向量可被任一向量组 $\boldsymbol{\alpha}_1,\boldsymbol{\alpha}_2,\cdots,\boldsymbol{\alpha}_m$ 线性表示，因为 $\mathbf{0}=0\cdot\boldsymbol{\alpha}_1+0\cdot\boldsymbol{\alpha}_2+\cdots+0\cdot\boldsymbol{\alpha}_m$.

【例 4-3】 向量组 $\boldsymbol{\alpha}_1,\boldsymbol{\alpha}_2,\cdots,\boldsymbol{\alpha}_m$ 中的每个向量 $\boldsymbol{\alpha}_i(i=1,2,\cdots,m)$ 都可以由该向量组线性表示，这是因为 $\boldsymbol{\alpha}_i=0\cdot\boldsymbol{\alpha}_1+\cdots+0\cdot\boldsymbol{\alpha}_{i-1}+1\cdot\boldsymbol{\alpha}_i+0\cdot\boldsymbol{\alpha}_{i+1}+\cdots+0\cdot\boldsymbol{\alpha}_m(i=1,2,\cdots,m)$.

向量 $\boldsymbol{b}$ 能由向量组 $\boldsymbol{A}$ 线性表示，也就是方程组 $x_1\boldsymbol{\alpha}_1+x_2\boldsymbol{\alpha}_2+\cdots+x_m\boldsymbol{\alpha}_m=\boldsymbol{b}$ 有解，由定理 3.3，可得下列定理.

定理 4.1 向量 $\boldsymbol{b}$ 能由向量组 $\boldsymbol{A}:\boldsymbol{\alpha}_1,\boldsymbol{\alpha}_2,\cdots,\boldsymbol{\alpha}_m$ 线性表示的充分必要条件是矩阵 $\boldsymbol{A}=(\boldsymbol{\alpha}_1,\boldsymbol{\alpha}_2,\cdots,\boldsymbol{\alpha}_m)$ 的秩等于矩阵 $\boldsymbol{B}=(\boldsymbol{\alpha}_1,\boldsymbol{\alpha}_2,\cdots,\boldsymbol{\alpha}_m,\boldsymbol{b})$ 的秩.

【例 4-4】 证明：向量 $\boldsymbol{b}=(8,-2,5,-9)^{\mathrm{T}}$ 能由向量组 $\boldsymbol{\alpha}_1=(3,1,1,1)^{\mathrm{T}},\boldsymbol{\alpha}_2=(-1,1,-1,3)^{\mathrm{T}},\boldsymbol{\alpha}_3=(1,3,-1,7)^{\mathrm{T}}$ 线性表示，并写出表达式.

证 $$\boldsymbol{B}=(\boldsymbol{\alpha}_1,\boldsymbol{\alpha}_2,\boldsymbol{\alpha}_3,\boldsymbol{b})=\begin{pmatrix}3&-1&1&8\\1&1&3&-2\\1&-1&-1&5\\1&3&7&-9\end{pmatrix}\xrightarrow{r_1\leftrightarrow r_2}\begin{pmatrix}1&1&3&-2\\3&-1&1&8\\1&-1&-1&5\\1&3&7&-9\end{pmatrix}$$

$$\xrightarrow[r_4-r_1]{\substack{r_2-3r_1\\r_3-r_1}}\begin{pmatrix}1&1&3&-2\\0&-4&-8&14\\0&-2&-4&7\\0&2&4&7\end{pmatrix}\xrightarrow[r_2\leftrightarrow r_4]{\substack{r_2+2r_4\\r_3+r_4}}\begin{pmatrix}1&1&3&-2\\0&2&4&-7\\0&0&0&0\\0&0&0&0\end{pmatrix}$$

$$\xrightarrow[\frac{1}{2}r_2]{r_1-\frac{1}{2}r_2}\begin{pmatrix}1&0&1&\frac{3}{2}\\0&1&2&-\frac{7}{2}\\0&0&0&0\\0&0&0&0\end{pmatrix}$$

故 $r(\boldsymbol{A})=r(\boldsymbol{B})=2$，向量 $\boldsymbol{b}$ 能够由向量组 $\boldsymbol{\alpha}_1,\boldsymbol{\alpha}_2,\boldsymbol{\alpha}_3$ 线性表示，又以 $\boldsymbol{B}$ 为增广矩阵的非齐次线性方程组的同解方程组为

$$\begin{cases}x_1+x_3=\dfrac{3}{2}\\x_2+2x_3=-\dfrac{7}{2}\end{cases}$$

取 x_3 为自由量，得

$$\begin{cases}x_1=-x_3+\dfrac{3}{2}\\x_2=-2x_3-\dfrac{7}{2}\\x_3=x_3\end{cases}$$

即
$$x=\begin{pmatrix}x_1\\x_2\\x_3\end{pmatrix}=c\begin{pmatrix}-1\\-2\\1\end{pmatrix}+\begin{pmatrix}\frac{3}{2}\\-\frac{7}{2}\\0\end{pmatrix}=\begin{pmatrix}-c+\frac{3}{2}\\-2c-\frac{7}{2}\\c\end{pmatrix}$$

从而表达式 $\boldsymbol{b}=\left(-c+\frac{3}{2}\right)\boldsymbol{\alpha}_1+\left(-2c-\frac{7}{2}\right)\boldsymbol{\alpha}_2+c\boldsymbol{\alpha}_3$，其中 c 可任意取值.

定义 4.5　设有两个向量组 $\boldsymbol{A}:\boldsymbol{\alpha}_1,\boldsymbol{\alpha}_2,\cdots,\boldsymbol{\alpha}_m$ 及 $\boldsymbol{B}:\boldsymbol{b}_1,\boldsymbol{b}_2,\cdots,\boldsymbol{b}_s$，若 $\boldsymbol{B}$ 组中的每个向量都能由向量组 $\boldsymbol{A}$ 线性表示，则称向量组 $\boldsymbol{B}$ 能由向量组 $\boldsymbol{A}$ 线性表示，若向量组 $\boldsymbol{A}$ 和向量组 $\boldsymbol{B}$ 能够相互线性表示，则称这两个向量组等价.

设向量组 $\boldsymbol{B}$ 能由向量组 $\boldsymbol{A}$ 线性表示，即存在着数 $k_{ij}(i=1,2,\cdots,m;j=1,2,\cdots,s)$使

$$\boldsymbol{b}_j=k_{1j}\boldsymbol{a}_1+k_{2j}\boldsymbol{a}_2+\cdots+k_{mj}\boldsymbol{a}_m,\quad j=1,2,\cdots,s \tag{4.1}$$

采用矩阵记号，记

$$\boldsymbol{A}=(\boldsymbol{\alpha}_1,\boldsymbol{\alpha}_2,\cdots,\boldsymbol{\alpha}_m),\quad \boldsymbol{B}=(\boldsymbol{b}_1,\boldsymbol{b}_2,\cdots,\boldsymbol{b}_s) \tag{4.2}$$

则式(4.1)可以写成

$$\boldsymbol{b}_j=(\boldsymbol{\alpha}_1,\boldsymbol{\alpha}_2,\cdots,\boldsymbol{\alpha}_m)\begin{pmatrix}k_{1j}\\k_{2j}\\\vdots\\k_{mj}\end{pmatrix},\quad j=1,2,\cdots,s$$

从而
$$\boldsymbol{B}=(\boldsymbol{b}_1,\boldsymbol{b}_2,\cdots,\boldsymbol{b}_s)=(\boldsymbol{\alpha}_1,\boldsymbol{\alpha}_2,\cdots,\boldsymbol{\alpha}_m)\begin{pmatrix}k_{11}&k_{12}&\cdots&k_{1s}\\k_{21}&k_{22}&\cdots&k_{2s}\\\vdots&\vdots&&\vdots\\k_{m1}&k_{m2}&\cdots&k_{ms}\end{pmatrix}=\boldsymbol{AK} \tag{4.3}$$

其中，$\boldsymbol{K}=(k_{ij})_{m\times s}$称为向量组 $\boldsymbol{B}$ 由向量组 $\boldsymbol{A}$ 线性表示的系数矩阵.

注　由此可知，若 $\boldsymbol{C}_{m\times n}=\boldsymbol{A}_{m\times l}\boldsymbol{B}_{l\times n}$，则矩阵 $\boldsymbol{C}$ 的列向量组 $\boldsymbol{c}_1,\boldsymbol{c}_2,\cdots,\boldsymbol{c}_n$ 能由矩阵 $\boldsymbol{A}$ 的列向量组线性表示，$\boldsymbol{B}$ 为这一表示的系数矩阵：

$$(\boldsymbol{c}_1,\boldsymbol{c}_2,\cdots,\boldsymbol{c}_n)=(\boldsymbol{\alpha}_1,\boldsymbol{\alpha}_2,\cdots,\boldsymbol{\alpha}_l)\begin{pmatrix}b_{11}&b_{12}&\cdots&b_{1n}\\b_{21}&b_{22}&\cdots&b_{2n}\\\vdots&\vdots&&\vdots\\b_{l1}&b_{l2}&\cdots&b_{ln}\end{pmatrix}$$

同时，$\boldsymbol{C}$ 的行向量组 $\boldsymbol{\gamma}_1^{\mathrm{T}},\boldsymbol{\gamma}_2^{\mathrm{T}},\cdots,\boldsymbol{\gamma}_m^{\mathrm{T}}$ 能由 $\boldsymbol{B}$ 的行向量组线性表示，$\boldsymbol{A}$ 为这一表示的系数矩阵：

$$\begin{pmatrix}\boldsymbol{\gamma}_1^{\mathrm{T}}\\\boldsymbol{\gamma}_2^{\mathrm{T}}\\\vdots\\\boldsymbol{\gamma}_m^{\mathrm{T}}\end{pmatrix}=\begin{pmatrix}a_{11}&a_{12}&\cdots&a_{1l}\\a_{21}&a_{22}&\cdots&a_{2l}\\\vdots&\vdots&&\vdots\\a_{m1}&a_{m2}&\cdots&a_{ml}\end{pmatrix}\begin{pmatrix}\boldsymbol{\beta}_1^{\mathrm{T}}\\\boldsymbol{\beta}_2^{\mathrm{T}}\\\vdots\\\boldsymbol{\beta}_l^{\mathrm{T}}\end{pmatrix}$$

由以上讨论不难得到如下的命题.

命题 1 若 $\boldsymbol{A}$、$\boldsymbol{B}$ 为有限个列向量组成的向量组，则向量组 $\boldsymbol{B}$ 能由向量组 $\boldsymbol{A}$ 线性表示的充要条件是：矩阵方程 $\boldsymbol{B}=\boldsymbol{A}\boldsymbol{X}$ 有解，其中，矩阵 $\boldsymbol{A}$、$\boldsymbol{B}$ 由式(4.2)确定.

于是，若已知 $\boldsymbol{C}=\boldsymbol{A}\boldsymbol{B}$，则矩阵 $\boldsymbol{C}$ 的列向量组能由矩阵 $\boldsymbol{A}$ 的列向量组线性表示，$\boldsymbol{B}$ 为这一表示的系数矩阵；由于 $\boldsymbol{C}^{\mathrm{T}}=\boldsymbol{B}^{\mathrm{T}}\boldsymbol{A}^{\mathrm{T}}$，故矩阵 $\boldsymbol{C}$ 的行向量组能由矩阵 $\boldsymbol{B}$ 的行向量组线性表示，$\boldsymbol{A}$ 为这一表示的系数矩阵.

另外，设矩阵 $\boldsymbol{A}$ 能够经过初等行(列)变换变成矩阵 $\boldsymbol{B}$，则 $\boldsymbol{B}$ 的每个行(列)向量都是 $\boldsymbol{A}$ 的行(列)向量组的线性组合，即 $\boldsymbol{B}$ 的行(列)向量组都能由 $\boldsymbol{A}$ 的行(列)向量组线性表示. 由于初等变换可逆，于是矩阵 $\boldsymbol{B}$ 亦可经过初等行(列)变换变成 $\boldsymbol{A}$，从而 $\boldsymbol{A}$ 的行(列)向量组也能由 $\boldsymbol{B}$ 的行(列)向量组线性表示.

命题 2 若矩阵 $\boldsymbol{A}$ 经过初等行(列)变换变成矩阵 $\boldsymbol{B}$，则矩阵 $\boldsymbol{A}$ 的行(列)向量组与矩阵 $\boldsymbol{B}$ 的行(列)向量组等价.

显然，向量组的等价具有自反性、对称性和传递性.

(1) 自反性：向量组与自身等价；

(2) 对称性：若向量组 $\boldsymbol{A}$ 与向量组 $\boldsymbol{B}$ 等价，则向量组 $\boldsymbol{B}$ 也与向量组 $\boldsymbol{A}$ 等价；

(3) 传递性：若向量组 $\boldsymbol{A}$ 与向量组 $\boldsymbol{B}$ 等价，向量组 $\boldsymbol{B}$ 与向量组 $\boldsymbol{C}$ 等价，则向量组 $\boldsymbol{A}$ 与向量组 $\boldsymbol{C}$ 等价.

向量组的线性组合、线性表示及等价等概念，也可移用于线性方程组：对方程组 $\boldsymbol{A}$ 的各个方程作线性运算所得到的一个方程就称为方程组 $\boldsymbol{A}$ 的一个线性组合；若方程组 $\boldsymbol{B}$ 的每个方程都是方程组 $\boldsymbol{A}$ 的线性组合，则称方程组 $\boldsymbol{B}$ 能由方程组 $\boldsymbol{A}$ 线性表示，这时方程组 $\boldsymbol{A}$ 的解一定是方程组 $\boldsymbol{B}$ 的解；若方程组 $\boldsymbol{A}$ 与方程组 $\boldsymbol{B}$ 能相互线性表示，则称这两个方程组可互推，可互推的线性方程组一定同解.

定理 4.2 向量组 $\boldsymbol{B}:\boldsymbol{b}_1,\boldsymbol{b}_2,\cdots,\boldsymbol{b}_s$ 能由向量组 $\boldsymbol{A}:\boldsymbol{\alpha}_1,\boldsymbol{\alpha}_2,\cdots,\boldsymbol{\alpha}_m$ 线性表示的充要条件是矩阵 $\boldsymbol{A}=(\boldsymbol{\alpha}_1,\boldsymbol{\alpha}_2,\cdots,\boldsymbol{\alpha}_m)$ 的秩等于矩阵 $(\boldsymbol{A},\boldsymbol{B})=(\boldsymbol{\alpha}_1,\cdots,\boldsymbol{\alpha}_m,\boldsymbol{b}_1,\cdots,\boldsymbol{b}_s)$ 的秩，即

$$r(\boldsymbol{A})=r(\boldsymbol{A},\boldsymbol{B})$$

该定理可看成是本章定理 4.1 的一个推广.

推论 向量组 $\boldsymbol{A}:\boldsymbol{\alpha}_1,\boldsymbol{\alpha}_2,\cdots,\boldsymbol{\alpha}_m$ 和向量组 $\boldsymbol{B}:\boldsymbol{b}_1,\boldsymbol{b}_2,\cdots,\boldsymbol{b}_s$ 等价的充要条件是：

$$r(\boldsymbol{A})=r(\boldsymbol{B})=r(\boldsymbol{A},\boldsymbol{B})$$

证 因向量组 $\boldsymbol{A}$ 和向量组 $\boldsymbol{B}$ 能相互线性表示，依据定理 4.2，知它们等价的充要条件是：$r(\boldsymbol{A})=r(\boldsymbol{A},\boldsymbol{B})$ 且 $r(\boldsymbol{B})=r(\boldsymbol{B},\boldsymbol{A})$，而 $r(\boldsymbol{A},\boldsymbol{B})=r(\boldsymbol{B},\boldsymbol{A})$，合起来即得充要条件为：$r(\boldsymbol{A})=r(\boldsymbol{B})=r(\boldsymbol{A},\boldsymbol{B})$.

【例 4-5】 设 $\boldsymbol{\alpha}_1=\begin{pmatrix}1\\-1\\1\\-1\end{pmatrix}$，$\boldsymbol{\alpha}_2=\begin{pmatrix}3\\1\\1\\3\end{pmatrix}$，$\boldsymbol{b}_1=\begin{pmatrix}2\\0\\1\\1\end{pmatrix}$，$\boldsymbol{b}_2=\begin{pmatrix}1\\1\\0\\2\end{pmatrix}$，$\boldsymbol{b}_3=\begin{pmatrix}3\\-1\\2\\0\end{pmatrix}$，证明：向量组

$\boldsymbol{\alpha}_1,\boldsymbol{\alpha}_2$ 与向量组 $\boldsymbol{b}_1,\boldsymbol{b}_2,\boldsymbol{b}_3$ 等价.

证　记 $\boldsymbol{A}=(\boldsymbol{\alpha}_1,\boldsymbol{\alpha}_2)$，$\boldsymbol{B}=(\boldsymbol{b}_1,\boldsymbol{b}_2,\boldsymbol{b}_3)$，根据定理 4.2 的推论，只要证 $r(\boldsymbol{A})=r(\boldsymbol{B})=r(\boldsymbol{A},\boldsymbol{B})$，

$$(\boldsymbol{A},\boldsymbol{B})=\begin{pmatrix}1&3&2&1&3\\-1&1&0&1&-1\\1&1&1&0&2\\-1&3&1&2&0\end{pmatrix}\xrightarrow{r}\begin{pmatrix}1&3&2&1&3\\0&4&2&2&2\\0&-2&-1&-1&-1\\0&6&3&3&3\end{pmatrix}$$

$$\xrightarrow{r}\begin{pmatrix}1&3&2&1&3\\0&2&1&1&1\\0&0&0&0&0\\0&0&0&0&0\end{pmatrix}$$

可见：$r(\boldsymbol{A})=r(\boldsymbol{A},\boldsymbol{B})=2$，容易看出矩阵 $\boldsymbol{B}$ 中有不等于 0 的二阶子式，故 $r(\boldsymbol{B})\geqslant 2$，又 $r(\boldsymbol{B})\leqslant r(\boldsymbol{A},\boldsymbol{B})=2$，知 $r(\boldsymbol{B})=2$，因此 $r(\boldsymbol{A})=r(\boldsymbol{B})=r(\boldsymbol{A},\boldsymbol{B})$，从而向量组 $\boldsymbol{\alpha}_1,\boldsymbol{\alpha}_2$ 与向量组 $\boldsymbol{b}_1,\boldsymbol{b}_2,\boldsymbol{b}_3$ 等价.

二、向量组的线性相关与线性无关

定义 4.6　设有 n 维向量组 $\boldsymbol{a}_1,\boldsymbol{a}_2,\cdots,\boldsymbol{a}_m$，若存在不全为零的数 $c_1,c_2,\cdots,c_m$，使得 $c_1\boldsymbol{a}_1+c_2\boldsymbol{a}_2+\cdots+c_m\boldsymbol{a}_m=0$，则称向量组 $\boldsymbol{a}_1,\boldsymbol{a}_2,\cdots,\boldsymbol{a}_m$ 线性相关，否则称向量组 $\boldsymbol{a}_1,\boldsymbol{a}_2,\cdots,\boldsymbol{a}_m$ 线性无关. 当向量组线性无关时，也称这个向量组是线性无关(向量)组.

由定义 4.6 可知，$\boldsymbol{a}_1,\boldsymbol{a}_2,\cdots,\boldsymbol{a}_m$ 线性无关的充要条件是：当且仅当 $c_1=c_2=\cdots=c_m=0$ 时，$c_1\boldsymbol{a}_1+c_2\boldsymbol{a}_2+\cdots+c_m\boldsymbol{a}_m=\boldsymbol{0}$ 才成立.

【例 4-6】　证明：

(1) n 维单位向量组 $\boldsymbol{e}_1^{\mathrm{T}}=(1,0,\cdots,0)$，$\boldsymbol{e}_2^{\mathrm{T}}=(0,1,\cdots,0)$，$\cdots$，$\boldsymbol{e}_n^{\mathrm{T}}=(0,0,\cdots,1)$ 线性无关；

(2) 若 $\boldsymbol{a}^{\mathrm{T}}=(\alpha_1,\alpha_2,\cdots,\alpha_n)$ 为任一 n 维向量，则 $\boldsymbol{e}_1^{\mathrm{T}},\boldsymbol{e}_2^{\mathrm{T}},\cdots,\boldsymbol{e}_n^{\mathrm{T}},\boldsymbol{a}^{\mathrm{T}}$ 线性相关.

证　(1) 设有实数 $c_1,c_2,\cdots,c_n$，使得

$$c_1\boldsymbol{e}_1^{\mathrm{T}}+c_2\boldsymbol{e}_2^{\mathrm{T}}+\cdots+c_n\boldsymbol{e}_n^{\mathrm{T}}=\boldsymbol{0}$$

由向量运算定义有 $c_1=c_2=\cdots=c_n=0$，因此，$\boldsymbol{e}_1^{\mathrm{T}},\boldsymbol{e}_2^{\mathrm{T}},\cdots,\boldsymbol{e}_n^{\mathrm{T}}$ 线性无关.

(2) 显然存在不全为零的实数 $\alpha_1,\alpha_2,\cdots,\alpha_n,-1$，使得

$$\alpha_1\boldsymbol{e}_1^{\mathrm{T}}+\alpha_2\boldsymbol{e}_2^{\mathrm{T}}+\cdots+\alpha_n\boldsymbol{e}_n^{\mathrm{T}}+(-1)\boldsymbol{a}^{\mathrm{T}}=\boldsymbol{0}$$

因此，$\boldsymbol{e}_1^{\mathrm{T}},\boldsymbol{e}_2^{\mathrm{T}},\cdots,\boldsymbol{e}_n^{\mathrm{T}},\boldsymbol{a}^{\mathrm{T}}$ 线性相关.

【例 4-7】　讨论下列向量组的线性相关性：

(1) $\boldsymbol{\alpha}_1=(1,2,0)^{\mathrm{T}}$，$\boldsymbol{\alpha}_2=(2,-1,1)^{\mathrm{T}}$；

(2) $\boldsymbol{\alpha}_1=(1,-1,1)^{\mathrm{T}}$，$\boldsymbol{\alpha}_2=(2,1,-1)^{\mathrm{T}}$，$\boldsymbol{\alpha}_3=(1,-4,p)^{\mathrm{T}}$（$p$ 为实数）.

解　(1) 设有实数 λ_1,λ_2，使得 $\lambda_1\boldsymbol{a}_1+\lambda_2\boldsymbol{a}_2=\boldsymbol{0}$，即

$$(\lambda_1+2\lambda_2,2\lambda_1-\lambda_2,\lambda_2)^{\mathrm{T}}=(0,0,0)^{\mathrm{T}}$$

由此得

$$\begin{cases}\lambda_1+2\lambda_2=0\\2\lambda_1-\lambda_2=0\\\lambda_2=0\end{cases}$$

此方程组有唯一解 $\lambda_1=\lambda_2=0$，所以 $\boldsymbol{a}_1,\boldsymbol{a}_2$ 线性无关.

(2) 设有实数 $\lambda_1,\lambda_2,\lambda_3$，使得 $\lambda_1\boldsymbol{a}_1+\lambda_2\boldsymbol{a}_2+\lambda_3\boldsymbol{a}_3=\mathbf{0}$，由此得

$$\begin{cases}\lambda_1+2\lambda_2+\lambda_3=0\\-\lambda_1+\lambda_2-4\lambda_3=0\\\lambda_1-\lambda_2+p\lambda_3=0\end{cases}$$

这个方程组的系数行列式为

$$D=\begin{vmatrix}1&2&1\\-1&1&-4\\1&-1&p\end{vmatrix}=3p-12$$

当 $p\neq4$ 时，$D\neq0$，上述齐次方程只有零解，即必有 $\lambda_1=\lambda_2=\lambda_3=0$. 因此，$p\neq4$ 时，向量组 $\boldsymbol{a}_1,\boldsymbol{a}_2,\boldsymbol{a}_3$ 线性无关.

当 $p=4$ 时，$D=0$，上述齐次方程组有非零解，且有无穷多组解，容易求得 $\lambda_1=-3,\lambda_2=1,\lambda_3=1$ 是它的一组解，从而有 $-3\boldsymbol{a}_1+\boldsymbol{a}_2+\boldsymbol{a}_3=0$.

因此，当 $p=4$ 时，向量组 $\boldsymbol{a}_1,\boldsymbol{a}_2,\boldsymbol{a}_3$ 线性相关.

【例 4-8】 设向量组 $\boldsymbol{a}_1,\boldsymbol{a}_2,\boldsymbol{a}_3$ 线性无关，$\boldsymbol{\beta}_1=\boldsymbol{\alpha}_1+\boldsymbol{\alpha}_2,\boldsymbol{\beta}_2=\boldsymbol{\alpha}_2+\boldsymbol{\alpha}_3,\boldsymbol{\beta}_3=\boldsymbol{\alpha}_3+\boldsymbol{\alpha}_1$，试证向量组 $\boldsymbol{\beta}_1,\boldsymbol{\beta}_2,\boldsymbol{\beta}_3$ 也线性无关.

证 设有 $\lambda_1,\lambda_2,\lambda_3$ 使 $\lambda_1\boldsymbol{\beta}_1+\lambda_2\boldsymbol{\beta}_2+\lambda_3\boldsymbol{\beta}_3=\mathbf{0}$，即

$$\lambda_1(\boldsymbol{a}_1+\boldsymbol{a}_2)+\lambda_2(\boldsymbol{a}_2+\boldsymbol{a}_3)+\lambda_3(\boldsymbol{a}_3+\boldsymbol{a}_1)=\mathbf{0}$$

整理得

$$(\lambda_1+\lambda_3)\boldsymbol{a}_1+(\lambda_1+\lambda_2)\boldsymbol{a}_2+(\lambda_2+\lambda_3)\boldsymbol{a}_3=\mathbf{0}$$

因 $\boldsymbol{a}_1,\boldsymbol{a}_2,\boldsymbol{a}_3$ 线性无关，有

$$\begin{cases}\lambda_1+\lambda_3=0\\\lambda_1+\lambda_2=0\\\lambda_2+\lambda_3=0\end{cases}$$

方程组的系数行列式

$$\begin{vmatrix}1&0&1\\1&1&0\\0&1&1\end{vmatrix}=2\neq0$$

齐次方程组只有零解 $\lambda_1=\lambda_2=\lambda_3=0$，所以 $\boldsymbol{\beta}_1,\boldsymbol{\beta}_2,\boldsymbol{\beta}_3$ 线性无关.

注 讨论向量组 $\boldsymbol{\alpha}_1,\boldsymbol{\alpha}_2,\cdots,\boldsymbol{\alpha}_m$ 的线性相关性，通常指 $m\geqslant2$ 的情形，当 $m=1$ 时，

即向量组只含一个向量 $\boldsymbol{\alpha}$ 时，由定义可知，它线性相关的充要条件是：$\boldsymbol{\alpha}=\mathbf{0}$；对含有两个向量 $\boldsymbol{\alpha}_1,\boldsymbol{\alpha}_2$ 的向量组，它线性相关的充要条件是：$\boldsymbol{\alpha}_1=\lambda\boldsymbol{\alpha}_2$ 或 $\boldsymbol{\alpha}_2=\mu\boldsymbol{\alpha}_1$，即 $\boldsymbol{\alpha}_1,\boldsymbol{\alpha}_2$ 中至少有一个可由另一个向量线性表示，也就是 $\boldsymbol{\alpha}_1,\boldsymbol{\alpha}_2$ 对应的分量成比例，几何意义就是两向量共线. 3 个向量线性相关的几何意义是三向量共面.

由上面的讨论，容易得到以下结论.

(1) 零向量是线性相关的. 因为总存在非零常数 k，使 $k\cdot\mathbf{0}=\mathbf{0}$，所以线性相关.

(2) 任一非零向量线性无关. 因为要使 $k\boldsymbol{\alpha}=\mathbf{0}$，$\boldsymbol{\alpha}\neq\mathbf{0}$，只有 $k=0$，所以线性无关.

(3) 包含零向量的向量组是线性相关的.

(4) 两个向量线性相关的充要条件是它们的对应分量成比例.

以下给出向量组线性相关的几个判别定理.

定理 4.3 向量组 $\boldsymbol{a}_1,\boldsymbol{a}_2,\cdots,\boldsymbol{a}_m(m\geqslant 2)$ 线性相关的充要条件是：这个向量组中至少有一个向量可由其余 $m-1$ 个向量线性表示.

证 充分性. 设 $\boldsymbol{a}_1,\boldsymbol{a}_2,\cdots,\boldsymbol{a}_m$ 中有一向量 $\boldsymbol{a}_i$ 是其余向量的线性组合，即

$$\boldsymbol{a}_i=k_1\boldsymbol{a}_1+\cdots+k_{i-1}\boldsymbol{a}_{i-1}+k_{i+1}\boldsymbol{a}_{i+1}+\cdots+k_m\boldsymbol{a}_m$$

所以

$$k_1\boldsymbol{a}_1+\cdots+k_{i-1}\boldsymbol{a}_{i-1}-\boldsymbol{\alpha}_i+k_{i+1}\boldsymbol{a}_{i+1}+\cdots+k_m\boldsymbol{a}_m=\mathbf{0}$$

因为 $k_1,\cdots,k_{i-1},-1,k_{i+1},\cdots,k_m$ 不全为零，故 $\boldsymbol{a}_1,\boldsymbol{a}_2,\cdots,\boldsymbol{a}_m$ 线性相关.

必要性. 若 $\boldsymbol{a}_1,\boldsymbol{a}_2,\cdots,\boldsymbol{a}_m$ 线性相关，则有不全为零的数 $k_1,k_2,\cdots,k_m$ 使

$$k_1\boldsymbol{a}_1+\cdots+k_{i-1}\boldsymbol{a}_{i-1}+k_{i+1}\boldsymbol{a}_{i+1}+\cdots+k_m\boldsymbol{a}_m=\mathbf{0}$$

因 $k_1,k_2,\cdots,k_m$ 不全为零，不妨设 $k_1\neq 0$，由上式可得

$$\boldsymbol{a}_1=\left(-\frac{k_2}{k_1}\right)\boldsymbol{a}_2+\left(-\frac{k_2}{k_1}\right)\boldsymbol{a}_3+\cdots+\left(-\frac{k_m}{k_1}\right)\boldsymbol{a}_m$$

所以 $\boldsymbol{a}_1$ 可由其余向量 $\boldsymbol{a}_2,\cdots,\boldsymbol{a}_m$ 线性表示.

由定理 4.3，向量组 $\boldsymbol{a}_1,\boldsymbol{a}_2,\cdots,\boldsymbol{a}_m(m\geqslant 2)$ 线性无关的充要条件是其中任何一个向量都不能由其余 $m-1$ 个向量线性表示.

定理 4.4 若 n 维向量组 $\boldsymbol{a}_1,\boldsymbol{a}_2,\cdots,\boldsymbol{a}_m(m\geqslant 2)$ 有一个部分组(即由该向量组的部分向量所成的集合)线性相关，则该向量组也线性相关.

证 不妨设向量组 $\boldsymbol{a}_1,\boldsymbol{a}_2,\cdots,\boldsymbol{a}_r(r<m)$ 线性相关，于是存在不全为零的数 k_1，$k_2,\cdots,k_r$，使得

$$k_1\boldsymbol{a}_1+k_2\boldsymbol{a}_2+\cdots+k_r\boldsymbol{a}_r=\mathbf{0}$$

从而存在不全为零的数 $k_1,k_2,\cdots,k_r,0,\cdots,0$，使得

$$k_1\boldsymbol{a}_1+k_2\boldsymbol{a}_2+\cdots+k_r\boldsymbol{a}_r+0\boldsymbol{a}_{r+1}+\cdots+0\boldsymbol{a}_m=\mathbf{0}$$

这就证明了向量组 $\boldsymbol{a}_1,\boldsymbol{a}_2,\cdots,\boldsymbol{a}_m$ 线性相关.

这个定理的等价命题是：若 n 维向量组 $\boldsymbol{a}_1,\boldsymbol{a}_2,\cdots,\boldsymbol{a}_m$ 线性无关，则其任一部分组都线性无关.

定理 4.5 设 $\boldsymbol{a}_1,\boldsymbol{a}_2,\cdots,\boldsymbol{a}_m$ 线性无关，而 $\boldsymbol{a}_1,\boldsymbol{a}_2,\cdots,\boldsymbol{a}_m,\boldsymbol{\beta}$ 线性相关，则 $\boldsymbol{\beta}$ 能由 $\boldsymbol{a}_1,\boldsymbol{a}_2,\cdots,\boldsymbol{a}_m$ 线性表示，且表示法是唯一的.

证 因 $\boldsymbol{a}_1,\boldsymbol{a}_2,\cdots,\boldsymbol{a}_m,\boldsymbol{\beta}$ 线性相关，故有不全为零的数 $k_1,k_2,\cdots,k_m,k$，使

$$k_1\boldsymbol{a}_1+k_2\boldsymbol{a}_2+\cdots+k_m\boldsymbol{a}_m+k\boldsymbol{\beta}=\boldsymbol{0}$$

要证能线性表示，只需证 $k\neq0$. 用反证法，假设 $k=0$，则 $k_1,k_2,\cdots,k_m$ 不全为零，且有

$$k_1\boldsymbol{\alpha}_1+k_2\boldsymbol{a}_2+\cdots+k_m\boldsymbol{a}_m=\boldsymbol{0}$$

这与 $\boldsymbol{a}_1,\boldsymbol{a}_2,\cdots,\boldsymbol{a}_m$ 线性无关矛盾，所以 $k\neq0$.

再证唯一性. 设有两个表示式

$$\boldsymbol{\beta}=\lambda_1\boldsymbol{a}_1+\lambda_2\boldsymbol{a}_2+\cdots+\lambda_m\boldsymbol{a}_m$$

及

$$\boldsymbol{\beta}=l_1\boldsymbol{a}_1+l_2\boldsymbol{a}_2+\cdots+l_m\boldsymbol{a}_m$$

两式相减，得

$$(\lambda_1-l_1)\boldsymbol{a}_1+(\lambda_2-l_2)\boldsymbol{a}_2+\cdots+(\lambda_m-l_m)\boldsymbol{a}_m=\boldsymbol{0}$$

因 $\boldsymbol{a}_1,\boldsymbol{a}_2,\cdots,\boldsymbol{a}_m$ 线性无关，所以 $\lambda_i-l_i=0$，即

$$\lambda_i=l_i,\quad i=1,2,\cdots,m$$

按向量组线性相关的定义，可知矩阵 $\boldsymbol{A}$ 的列向量组 $\boldsymbol{\beta}_1,\boldsymbol{\beta}_2,\cdots,\boldsymbol{\beta}_n$ 线性相关的充要条件是齐次线性方程 $x_1\boldsymbol{\beta}_1+x_2\boldsymbol{\beta}_2+\cdots+x_n\boldsymbol{\beta}_n=\boldsymbol{0}$，即

$$(\boldsymbol{\beta}_1,\boldsymbol{\beta}_2,\cdots,\boldsymbol{\beta}_n)\begin{pmatrix}x_1\\x_2\\\vdots\\x_n\end{pmatrix}=\boldsymbol{0}\quad 或\quad \boldsymbol{A}\boldsymbol{x}=\boldsymbol{0}$$

有非零解，其中 $\boldsymbol{x}=(x_1,x_2,\cdots,x_n)^{\mathrm{T}}$.

列向量 $\boldsymbol{b}$ 能由 $\boldsymbol{\beta}_1,\boldsymbol{\beta}_2,\cdots,\boldsymbol{\beta}_n$ 线性表示的充要条件是线性方程组 $x_1\boldsymbol{\beta}_1+x_2\boldsymbol{\beta}_2+\cdots+x_n\boldsymbol{\beta}_n=\boldsymbol{b}$，即 $\boldsymbol{A}\boldsymbol{x}=\boldsymbol{b}$ 有解（不一定是唯一解）.

类似地，矩阵 $\boldsymbol{A}$ 的行向量组 $\boldsymbol{a}_1^{\mathrm{T}},\boldsymbol{a}_2^{\mathrm{T}},\cdots,\boldsymbol{a}_m^{\mathrm{T}}$ 线性相关的充要条件是齐次线性方程组

$$x_1\boldsymbol{a}_1^{\mathrm{T}}+x_2\boldsymbol{a}_2^{\mathrm{T}}+\cdots+x_m\boldsymbol{a}_m^{\mathrm{T}}=\boldsymbol{0}$$

即 $\boldsymbol{x}^{\mathrm{T}}\boldsymbol{A}=\boldsymbol{0}$（或 $\boldsymbol{A}^{\mathrm{T}}\boldsymbol{x}=\boldsymbol{0}$）有非零解，其中 $\boldsymbol{x}=(x_1,x_2,\cdots,x_m)^{\mathrm{T}}$.

行向量 $\boldsymbol{a}^{\mathrm{T}}$ 能由行向量组 $\boldsymbol{a}_1^{\mathrm{T}},\boldsymbol{a}_2^{\mathrm{T}},\cdots,\boldsymbol{a}_m^{\mathrm{T}}$ 线性表示的充要条件是线性方程组

$$x_1\boldsymbol{a}_1^{\mathrm{T}}+x_2\boldsymbol{a}_2^{\mathrm{T}}+\cdots+x_m\boldsymbol{a}_m^{\mathrm{T}}=\boldsymbol{a}^{\mathrm{T}}$$

即 $\boldsymbol{A}^{\mathrm{T}}\boldsymbol{x}=\boldsymbol{a}^{\mathrm{T}}$ 有解（不一定是唯一解）.

定理 4.6 设向量组 $\boldsymbol{A}:\boldsymbol{\alpha}_1,\boldsymbol{\alpha}_2,\cdots,\boldsymbol{\alpha}_m$ 构成矩阵 $\boldsymbol{A}=(\boldsymbol{\alpha}_1,\boldsymbol{\alpha}_2,\cdots,\boldsymbol{\alpha}_m)$，则向量组 $\boldsymbol{A}$ 线性相关的充要条件是矩阵 $\boldsymbol{A}$ 的秩小于向量个数 m，即 $r(\boldsymbol{A})<m$；向量组线性无关的充要条件是 $r(\boldsymbol{A})=m$.

推论 1 当向量的个数等于向量的维数时，向量组线性相关的充要条件是该向

量组构成的矩阵 $\boldsymbol{A}$ 的行列式 $|\boldsymbol{A}|=0$；而向量组线性无关的充要条件是 $|\boldsymbol{A}|\neq 0$.

推论 2　m 个 n 维列向量组成的向量组，当 $n<m$ 时一定线性相关.

由推论 2 可知，任一个 n 维向量组(含有有限个或无限多个向量)中线性无关的向量个数不超过 n，有下面推论成立.

推论 3　任一个 n 维向量组中线性无关的向量最多有 n 个.

推论 4　若 m 个 n 维向量 $\boldsymbol{\alpha}_1,\boldsymbol{\alpha}_2,\cdots,\boldsymbol{\alpha}_m$ 线性相关，同时去掉其第 i $(1\leqslant i\leqslant n)$ 个分量得到的 m 个 $n-1$ 维向量也线性相关；反之，若 m 个 $n-1$ 维向量 $\boldsymbol{\alpha}_1,\boldsymbol{\alpha}_2,\cdots,\boldsymbol{\alpha}_m$ 线性无关，同时增加其第 i $(1\leqslant i\leqslant n)$ 个分量得到 m 个 n 维向量也线性无关.

证　记 $\boldsymbol{A}_{n\times m}=(\boldsymbol{\alpha}_1,\boldsymbol{\alpha}_2,\cdots,\boldsymbol{\alpha}_m)$，将 $\boldsymbol{\alpha}_1,\boldsymbol{\alpha}_2,\cdots,\boldsymbol{\alpha}_m$ 去掉第 i 个分量得到的 m 个 $n-1$ 维向量，记作 $\boldsymbol{b}_1,\boldsymbol{b}_2,\cdots,\boldsymbol{b}_m$，记 $\boldsymbol{B}_{(n-1)\times m}=(\boldsymbol{b}_1,\boldsymbol{b}_2,\cdots,\boldsymbol{b}_m)$，显然 $r(\boldsymbol{B})\leqslant r(\boldsymbol{A})$，因为 $\boldsymbol{\alpha}_1,\boldsymbol{\alpha}_2,\cdots,\boldsymbol{\alpha}_m$ 线性相关，所以 $r(\boldsymbol{A})<m$，从而 $r(\boldsymbol{B})<m$，可知向量组 $\boldsymbol{b}_1,\boldsymbol{b}_2,\cdots,\boldsymbol{b}_m$ 线性相关.

【例 4-9】　判别下列向量组的线性相关性.

(1) $\boldsymbol{\alpha}_1=(1,0,0,1)^{\mathrm{T}},\boldsymbol{\alpha}_2=(0,1,0,3)^{\mathrm{T}},\boldsymbol{\alpha}_3=(0,0,1,4)^{\mathrm{T}}$；

(2) $\boldsymbol{\alpha}_1=(1,2,3,5)^{\mathrm{T}},\boldsymbol{\alpha}_2=(4,1,0,2)^{\mathrm{T}},\boldsymbol{\alpha}_3=(5,10,15,25)^{\mathrm{T}}$；

(3) $\boldsymbol{\alpha}_1=(1,0,0)^{\mathrm{T}},\boldsymbol{\alpha}_2=(0,1,0)^{\mathrm{T}},\boldsymbol{\alpha}_3=(0,0,1)^{\mathrm{T}},\boldsymbol{\alpha}_4=(1,1,2)^{\mathrm{T}}$.

解　(1) 因为 $\boldsymbol{e}_1=(1,0,0)^{\mathrm{T}},\boldsymbol{e}_2=(0,1,0)^{\mathrm{T}},\boldsymbol{e}_3=(0,0,1)^{\mathrm{T}}$ 线性无关，由定理 4.6 的推论 4 知，$\boldsymbol{\alpha}_1,\boldsymbol{\alpha}_2,\boldsymbol{\alpha}_3$ 线性无关；

(2) 因为 $\boldsymbol{\alpha}_3=5\boldsymbol{\alpha}_1$，故 $\boldsymbol{\alpha}_1,\boldsymbol{\alpha}_3$ 线性相关，从而可知 $\boldsymbol{\alpha}_1,\boldsymbol{\alpha}_2,\boldsymbol{\alpha}_3$ 线性相关；

(3) 4 个三维向量一定线性相关，由定理 4.6 的推论 2 知，$\boldsymbol{\alpha}_1,\boldsymbol{\alpha}_2,\boldsymbol{\alpha}_3,\boldsymbol{\alpha}_4$ 线性相关.

【例 4-10】　设向量组 $\boldsymbol{\alpha}_1,\boldsymbol{\alpha}_2,\boldsymbol{\alpha}_3$ 线性相关，向量组 $\boldsymbol{\alpha}_2,\boldsymbol{\alpha}_3,\boldsymbol{\alpha}_4$ 线性无关，证明：

(1) $\boldsymbol{\alpha}_1$ 能由 $\boldsymbol{\alpha}_2,\boldsymbol{\alpha}_3$ 线性表示；

(2) $\boldsymbol{\alpha}_4$ 不能由 $\boldsymbol{\alpha}_1,\boldsymbol{\alpha}_2,\boldsymbol{\alpha}_3$ 线性表示.

证　(1) 因 $\boldsymbol{\alpha}_2,\boldsymbol{\alpha}_3,\boldsymbol{\alpha}_4$ 线性无关，知 $\boldsymbol{\alpha}_2,\boldsymbol{\alpha}_3$ 线性无关，而 $\boldsymbol{\alpha}_1,\boldsymbol{\alpha}_2,\boldsymbol{\alpha}_3$ 线性相关，知 $\boldsymbol{\alpha}_1$ 能由 $\boldsymbol{\alpha}_2,\boldsymbol{\alpha}_3$ 线性表示；

(2) 用反证法，假设 $\boldsymbol{\alpha}_4$ 能由 $\boldsymbol{\alpha}_1,\boldsymbol{\alpha}_2,\boldsymbol{\alpha}_3$ 线性表示，而由(1)知，$\boldsymbol{\alpha}_1$ 能由 $\boldsymbol{\alpha}_2,\boldsymbol{\alpha}_3$ 线性表示，因此 $\boldsymbol{\alpha}_4$ 能由 $\boldsymbol{\alpha}_2,\boldsymbol{\alpha}_3$ 线性表示，这与 $\boldsymbol{\alpha}_2,\boldsymbol{\alpha}_3,\boldsymbol{\alpha}_4$ 线性无关矛盾.

习　题　4.2

1. 下列各题中的向量 $\boldsymbol{\beta}$ 能否为其余向量组成的向量组的线性表示？若能，求出表达式.

(1) $\boldsymbol{\beta}=(-1,1,5)^{\mathrm{T}},\boldsymbol{\alpha}_1=(1,2,3)^{\mathrm{T}},\boldsymbol{\alpha}_2=(0,1,4)^{\mathrm{T}},\boldsymbol{\alpha}_3=(2,3,6)^{\mathrm{T}}$；

(2) $\boldsymbol{\beta}=(-1,1,0,1)^{\mathrm{T}},\boldsymbol{\alpha}_1=(5,0,1,2)^{\mathrm{T}},\boldsymbol{\alpha}_2=(4,1,0,1)^{\mathrm{T}},\boldsymbol{\alpha}_3=(1,1,1,0)^{\mathrm{T}}$.

2. 已知向量组 $\boldsymbol{A}:\boldsymbol{\alpha}_1=\begin{pmatrix}0\\1\\1\end{pmatrix},\boldsymbol{\alpha}_2=\begin{pmatrix}1\\1\\0\end{pmatrix};\boldsymbol{B}:\boldsymbol{b}_1=\begin{pmatrix}-1\\0\\1\end{pmatrix},\boldsymbol{b}_2=\begin{pmatrix}1\\2\\1\end{pmatrix},\boldsymbol{b}_3=\begin{pmatrix}3\\2\\-1\end{pmatrix}$,证明:向量组 $\boldsymbol{A},\boldsymbol{B}$ 等价.

3. 判断题.

(1) $\boldsymbol{\alpha}_1,\boldsymbol{\alpha}_2,\boldsymbol{\alpha}_3$ 线性无关,则 $\boldsymbol{\alpha}_1-\boldsymbol{\alpha}_2,\boldsymbol{\alpha}_2-\boldsymbol{\alpha}_3,\boldsymbol{\alpha}_3-\boldsymbol{\alpha}_1$ 线性无关. (　　)

(2) 向量组 $\boldsymbol{\alpha}_1,\boldsymbol{\alpha}_2,\cdots,\boldsymbol{\alpha}_m(m\geqslant3)$ 两两线性无关,则 $\boldsymbol{\alpha}_1,\boldsymbol{\alpha}_2,\cdots,\boldsymbol{\alpha}_m$ 线性无关. (　　)

(3) 向量 $\boldsymbol{b}$ 不能由向量组 $\boldsymbol{\alpha}_1,\boldsymbol{\alpha}_2,\cdots,\boldsymbol{\alpha}_m$ 线性表示,则 $\boldsymbol{\alpha}_1,\boldsymbol{\alpha}_2,\cdots,\boldsymbol{\alpha}_m,\boldsymbol{b}$ 线性无关. (　　)

(4) 向量组 $\boldsymbol{\alpha}_1,\boldsymbol{\alpha}_2,\boldsymbol{\alpha}_3$ 线性无关,向量组 $\boldsymbol{\beta}_1,\boldsymbol{\beta}_2$ 线性无关,则向量组 $\boldsymbol{\alpha}_1,\boldsymbol{\alpha}_2,\boldsymbol{\alpha}_3,\boldsymbol{\beta}_1,\boldsymbol{\beta}_2$ 线性无关. (　　)

(5) 对任意组不全为零的数 $k_1,k_2,\cdots,k_m$,使得 $k_1\boldsymbol{\alpha}_1+k_2\boldsymbol{\alpha}_2+\cdots+k_m\boldsymbol{\alpha}_m\neq\boldsymbol{0}$,则 $\boldsymbol{\alpha}_1,\boldsymbol{\alpha}_2,\cdots,\boldsymbol{\alpha}_m$ 线性无关. (　　)

4. 证明:向量组 $\boldsymbol{\alpha}_1=(1,a,a^2,a^3),\boldsymbol{\alpha}_2=(1,b,b^2,b^3),\boldsymbol{\alpha}_3=(1,c,c^2,c^3),\boldsymbol{\alpha}_4=(1,d,d^2,d^3)$ 线性无关,其中 a,b,c,d 各不相同.

5. 证明:如果向量组 $\boldsymbol{\alpha}_1,\boldsymbol{\alpha}_2,\boldsymbol{\alpha}_3$ 线性无关,则向量 $2\boldsymbol{\alpha}_1+\boldsymbol{\alpha}_2,\boldsymbol{\alpha}_2+5\boldsymbol{\alpha}_3,4\boldsymbol{\alpha}_3+3\boldsymbol{\alpha}_1$ 也线性无关.

6. 判断下列向量组的线性相关性. 如果线性相关,写出其中一个向量由其余向量线性表示的表达式.

(1) $\boldsymbol{\alpha}_1=(3,4,-2,5)^{\mathrm{T}},\boldsymbol{\alpha}_2=(2,-5,0,-3)^{\mathrm{T}},\boldsymbol{\alpha}_3=(5,0-1,2)^{\mathrm{T}},\boldsymbol{\alpha}_4=(3,3,-3,5)^{\mathrm{T}}$.

(2) $\boldsymbol{\alpha}_1^{\mathrm{T}}=(1,-2,0,3),\boldsymbol{\alpha}_2^{\mathrm{T}}=(2,5,-1,0),\boldsymbol{\alpha}_3^{\mathrm{T}}=(3,4,-1,2)$.

7. (1) 若 $\boldsymbol{\beta}$ 可由 $\boldsymbol{\alpha}_1,\boldsymbol{\alpha}_2,\boldsymbol{\alpha}_3$ 线性表示,且 $\boldsymbol{\beta}=(7,-2,\lambda)^{\mathrm{T}},\boldsymbol{\alpha}_1=(2,3,5)^{\mathrm{T}},\boldsymbol{\alpha}_2=(3,7,8)^{\mathrm{T}},\boldsymbol{\alpha}_3=(1,-6,1)^{\mathrm{T}}$,求 λ;

(2) 若向量组 $\boldsymbol{\alpha}_1=(t,-1,-1)^{\mathrm{T}},\boldsymbol{\alpha}_2=(-1,t,-1)^{\mathrm{T}},\boldsymbol{\alpha}_3=(-1,-1,t)^{\mathrm{T}}$ 线性相关,求 t.

8. 已知

$$\boldsymbol{\alpha}_1=(1,0,2,3)^{\mathrm{T}},\quad \boldsymbol{\alpha}_2=(1,1,3,5)^{\mathrm{T}},\quad \boldsymbol{\alpha}_3=(1,-1,a+2,1)^{\mathrm{T}},$$
$$\boldsymbol{\alpha}_4=(1,2,4,a+8)^{\mathrm{T}},\quad \boldsymbol{\beta}=(1,1,b+3,5)^{\mathrm{T}},$$

(1) a,b 为何值时,$\boldsymbol{\beta}$ 不能由 $\boldsymbol{\alpha}_1,\boldsymbol{\alpha}_2,\boldsymbol{\alpha}_3,\boldsymbol{\alpha}_4$ 线性表示;

(2) a,b 为何值时,$\boldsymbol{\beta}$ 能唯一由 $\boldsymbol{\alpha}_1,\boldsymbol{\alpha}_2,\boldsymbol{\alpha}_3,\boldsymbol{\alpha}_4$ 线性表示.

第三节　向量组的秩

通过前面章节的研究,在讨论有限个向量组成的向量组的线性相关性时,矩阵的秩起到了十分重要的作用，本节把秩的概念引入向量组.

定义 4.7　设有向量组 $\boldsymbol{A}$，如果

(i) 在 $\boldsymbol{A}$ 中有 r 个向量 $\boldsymbol{a}_1,\boldsymbol{a}_2,\cdots,\boldsymbol{a}_r$ 线性无关；

(ii) $\boldsymbol{A}$ 中任意 $r+1$ 个向量（如果 $\boldsymbol{A}$ 中有 $r+1$ 个向量）都线性相关，则称向量组 $\boldsymbol{a}_1,\boldsymbol{a}_2,\cdots,\boldsymbol{a}_r$ 是向量组 $\boldsymbol{A}$ 的一个最大线性无关向量组，简称最大无关组. 数 r 称为向量组 $\boldsymbol{A}$ 的秩.

只含零向量的向量组没有最大无关组，规定它的秩为 0.

对于只含有限个向量的向量组 $\boldsymbol{A}:\boldsymbol{\alpha}_1,\boldsymbol{\alpha}_2,\cdots,\boldsymbol{\alpha}_m$，可以构成矩阵 $\boldsymbol{A}=(\boldsymbol{\alpha}_1,\boldsymbol{\alpha}_2,\cdots,\boldsymbol{\alpha}_m)$，把定义 4.7 与上章矩阵的最高阶非零子式及矩阵的秩的定义作比较，容易得到向量组 $\boldsymbol{A}$ 的秩就等于矩阵 $\boldsymbol{A}$ 的秩，即有定理 4.7.

定理 4.7　矩阵的秩等于它的列向量组的秩，也等于它的行向量组的秩.

证　设 $\boldsymbol{A}=(\boldsymbol{\alpha}_1,\boldsymbol{\alpha}_2,\cdots,\boldsymbol{\alpha}_m)$，$r(\boldsymbol{A})=r$，并设 r 阶子式 $D_r\neq0$，由 $D_r\neq0$ 知 D_r 所在的 r 列线性无关；又因 $\boldsymbol{A}$ 中所有的 $r+1$ 阶子式均为零，知 A 中任意 $r+1$ 个列向量都线性相关，因此 D_r 所在的 r 列是 $\boldsymbol{A}$ 的列向量组的一个最大无关组，所以列向量组的秩等于 r.

类似可证明矩阵的秩等于行向量组的秩.

从上述证明中可见：若 D_r 是矩阵 $\boldsymbol{A}$ 的一个最高阶非零子式，则 D_r 所在的 r 列即是 $\boldsymbol{A}$ 的列向量组的一个最大无关组，D_r 所在的 r 行即是 $\boldsymbol{A}$ 的行向量组的一个最大无关组.

向量组的最大无关组一般不是唯一的. 例如，向量组 $\boldsymbol{A}:\boldsymbol{\alpha}_1=(1,2,-1)^{\mathrm{T}}$，$\boldsymbol{\alpha}_2=(2,-3,1)^{\mathrm{T}}$，$\boldsymbol{\alpha}_3=(4,1,-1)^{\mathrm{T}}$ 可构成三阶方阵

$$\boldsymbol{A}=\begin{pmatrix}1&2&4\\2&-3&1\\-1&1&-1\end{pmatrix}$$

方阵 $\boldsymbol{A}$ 唯一的三阶子式 $|\boldsymbol{A}|=0$，而 $\boldsymbol{A}$ 的 9 个二阶子式都不为零. 因此，任何一个非零的二阶子式所对应的两个列向量线性无关，而 3 个列向量线性相关，所以向量组 $\boldsymbol{A}:\boldsymbol{a}_1,\boldsymbol{a}_2,\boldsymbol{a}_3$ 的秩为 $r=2$，且 $\boldsymbol{a}_1,\boldsymbol{a}_2$ 或 $\boldsymbol{a}_2,\boldsymbol{a}_3$ 或 $\boldsymbol{a}_1,\boldsymbol{a}_3$ 都是它的最大无关组.

【例 4-11】　全体 n 维向量构成的向量组记为 $\mathbf{R}^n$，求 $\mathbf{R}^n$ 的一个最大无关组及 $\mathbf{R}^n$ 的秩.

解　在例 4-6 中，证明了 n 维单位坐标向量组 $\boldsymbol{E}:\boldsymbol{e}_1^{\mathrm{T}},\boldsymbol{e}_2^{\mathrm{T}},\cdots,\boldsymbol{e}_n^{\mathrm{T}}$ 是线性无关的，又据定理 4.6 的推论 3 知：$\mathbf{R}^n$ 中任意 $n+1$ 个向量都线性相关，因此，向量组 $\boldsymbol{E}$ 是 $\mathbf{R}^n$ 的一个最大无关组，且 $\mathbf{R}^n$ 的秩为 n.

显然，任何 n 个线性无关的 n 维向量都是 $\mathbf{R}^n$ 的最大无关组.

由定义 4.7 可知，一个向量组如果是线性无关的，则它的最大无关组就是它本身，从而有如下性质.

性质 1 向量组线性无关的充要条件是它所含向量的个数等于它的秩.

性质 2 设矩阵 $\boldsymbol{A}$ 的某个 r 阶子式 D 是 $\boldsymbol{A}$ 的最高阶非零子式，则 D 所在的 r 个行向量及 r 个列向量分别是矩阵 $\boldsymbol{A}$ 的行向量组和列向量组的一个最大无关组.

性质 3 设向量组 $\boldsymbol{A}_0:\boldsymbol{a}_1,\boldsymbol{a}_2,\cdots,\boldsymbol{a}_r$ 是向量组 $\boldsymbol{A}$ 的一个最大无关组，则向量组 $\boldsymbol{A}_0$ 与向量组 $\boldsymbol{A}$ 等价.

证 因为 $\boldsymbol{A}_0\subset\boldsymbol{A}$，故向量组 $\boldsymbol{A}_0$ 能由向量组 $\boldsymbol{A}$ 线性表示.

按定义 4.7 可知，$\boldsymbol{A}$ 中任意 $r+1$ 个向量都线性相关，任取 $\boldsymbol{\alpha}\in\boldsymbol{A}$，当 $\boldsymbol{\alpha}\notin\boldsymbol{A}_0$ 时，$\boldsymbol{a}_1,\boldsymbol{a}_2,\cdots,\boldsymbol{a}_r,\boldsymbol{\alpha}$ 这 $r+1$ 个向量线性相关，而 $\boldsymbol{a}_1,\boldsymbol{a}_2,\cdots,\boldsymbol{a}_r$ 线性无关，所以 $\boldsymbol{\alpha}$ 能由向量组 $\boldsymbol{A}_0$ 表示；当 $\boldsymbol{\alpha}\in\boldsymbol{A}_0$ 时，$\boldsymbol{\alpha}$ 也能由向量组 $\boldsymbol{A}_0$ 线性表示（向量组 $\boldsymbol{A}_0$ 能由自身线性表示）. 因此，对任意 $\boldsymbol{\alpha}\in\boldsymbol{A}$，向量 $\boldsymbol{\alpha}$ 总可以由向量组 $\boldsymbol{A}_0$ 线性表示，即向量组 $\boldsymbol{A}$ 能由向量组 $\boldsymbol{A}_0$ 线性表示.

所以向量组 $\boldsymbol{A}_0$ 与向量组 $\boldsymbol{A}$ 等价.

性质 3 表明：一个向量组与它自己的最大无关组等价. 反之，如果向量组 $\boldsymbol{A}_0$ 是向量组 $\boldsymbol{A}$ 的部分组，向量组 $\boldsymbol{A}_0$ 线性无关，且 $\boldsymbol{A}_0$ 与 $\boldsymbol{A}$ 等价，那么 $\boldsymbol{A}_0$ 是否就是 $\boldsymbol{A}$ 的最大无关组？答案是肯定的，为此建立下述定理.

定理 4.8 设有向量组（Ⅰ）：$\boldsymbol{a}_1,\boldsymbol{a}_2,\cdots,\boldsymbol{a}_r$ 及向量组（Ⅱ）：$\boldsymbol{\beta}_1,\boldsymbol{\beta}_2,\cdots,\boldsymbol{\beta}_s$，如果（Ⅰ）组能由（Ⅱ）组线性表示，且（Ⅰ）组线性无关，则 $r\leqslant s$.

证 不妨设讨论的向量是行向量，记

$$\boldsymbol{A}=\begin{pmatrix}\boldsymbol{a}_1\\ \boldsymbol{a}_2\\ \vdots\\ \boldsymbol{a}_r\end{pmatrix},\quad \boldsymbol{B}=\begin{pmatrix}\boldsymbol{\beta}_1\\ \boldsymbol{\beta}_2\\ \vdots\\ \boldsymbol{\beta}_s\end{pmatrix}$$

因（Ⅰ）组线性可由（Ⅱ）组表示，即有

$$\boldsymbol{K}=(k_{ik})_{r\times s}=\begin{pmatrix}\boldsymbol{k}_1\\ \boldsymbol{k}_2\\ \vdots\\ \boldsymbol{k}_r\end{pmatrix}$$

其中，$\boldsymbol{k}_i=(k_{i1},k_{i2},\cdots,k_{is})$，使

$$\boldsymbol{A}=\boldsymbol{K}\boldsymbol{B}$$

要证 $r\leqslant s$，用反证法. 假设 $r>s$，知矩阵 $\boldsymbol{K}$ 的 r 个 s 维向量线性相关，有不全为零的数 $\lambda_1,\lambda_2,\cdots,\lambda_r$ 使

$$\lambda_1\boldsymbol{k}_1+\lambda_2\boldsymbol{k}_2+\cdots+\lambda_r\boldsymbol{k}_r=0$$

即

$$(\lambda_1,\lambda_2,\cdots,\lambda_r)\begin{pmatrix}\boldsymbol{k}_1\\ \boldsymbol{k}_2\\ \vdots\\ \boldsymbol{k}_r\end{pmatrix}=(\lambda_1,\lambda_2,\cdots,\lambda_r)\boldsymbol{K}=\boldsymbol{0}$$

从而 $$(\lambda_1,\lambda_2,\cdots,\lambda_r)\boldsymbol{A}=(\lambda_1,\lambda_2,\cdots,\lambda_r)\boldsymbol{KB}=\boldsymbol{0}$$

即 $\lambda_1\boldsymbol{a}_1+\lambda_2\boldsymbol{a}_2+\cdots+\lambda_r\boldsymbol{a}_r=\boldsymbol{0}$，这与(Ⅰ)组向量线性无关矛盾. 所以假设 $r>s$ 不成立，因此 $r\leqslant s$.

推论 1　等价的线性无关的向量组所含向量的个数相等.

证　在定理 4.8 中，如果(Ⅰ)组与(Ⅱ)组等价，且(Ⅰ)组与(Ⅱ)组都是线性无关的，则应有 $r\leqslant s$ 及 $s\leqslant r$，故 $s=r$.

推论 2　设向量组 $\boldsymbol{A}$ 的秩为 r_1，向量组 $\boldsymbol{B}$ 的秩为 r_2，若向量组 $\boldsymbol{A}$ 能由向量组 $\boldsymbol{B}$ 线性表示，则 $r_1\leqslant r_2$.

证　设 $\boldsymbol{A}_1$ 是 $\boldsymbol{A}$ 的最大无关组，$\boldsymbol{B}_1$ 是 $\boldsymbol{B}$ 的最大无关组，且 $\boldsymbol{A}_1$、$\boldsymbol{B}_1$ 中所含向量的个数分别为 r_1、r_2，由向量组 $\boldsymbol{A}$ 能由向量组 $\boldsymbol{B}$ 线性表示，有向量组 $\boldsymbol{A}_1$ 能由向量组 $\boldsymbol{B}$ 线性表示，又向量组 $\boldsymbol{B}$ 能由向量组 $\boldsymbol{B}_1$ 线性表示，因而向量组 $\boldsymbol{A}_1$ 能由向量组 $\boldsymbol{B}_1$ 线性表示，根据定理 4.8 有 $r_1\leqslant r_2$.

推论 3　等价的向量组有相同的秩.

推论 4　设在向量组 $\boldsymbol{A}$ 中有 r 个向量 $\boldsymbol{a}_1,\boldsymbol{a}_2,\cdots,\boldsymbol{a}_r$，满足

(i) $\boldsymbol{a}_1,\boldsymbol{a}_2,\cdots,\boldsymbol{a}_r$ 线性无关，

(ii) 任取 $\boldsymbol{\alpha}\in\boldsymbol{A}$，$\boldsymbol{\alpha}$ 能由 $\boldsymbol{a}_1,\boldsymbol{a}_2,\cdots,\boldsymbol{a}_r$ 线性表示，则 $\boldsymbol{a}_1,\boldsymbol{a}_2,\cdots,\boldsymbol{a}_r$ 是向量组 $\boldsymbol{A}$ 的一个最大无关组，数 r 是向量组 $\boldsymbol{A}$ 的秩.

证　由条件(ii)知，向量组 $\boldsymbol{A}$ 能由向量组 $\boldsymbol{a}_1,\boldsymbol{a}_2,\cdots,\boldsymbol{a}_r$ 线性表示，据定理 4.8 的推论 2 知，向量组 $\boldsymbol{A}$ 的秩不大于 r，故 $\boldsymbol{A}$ 中任意 $r+1$ 个向量线性相关. 所以 $\boldsymbol{a}_1$，$\boldsymbol{a}_2,\cdots,\boldsymbol{a}_r$ 为向量组 $\boldsymbol{A}$ 的一个最大无关组.

【例 4-12】　证明：$r(\boldsymbol{AB})\leqslant\min\{r(\boldsymbol{A}),r(\boldsymbol{B})\}$.

证　记 $\boldsymbol{C}_{m\times n}=\boldsymbol{A}_{m\times r}\boldsymbol{B}_{r\times n}$，即

$$(c_1,c_2,\cdots,c_n)=(\alpha_1,\alpha_2,\cdots,\alpha_r)\boldsymbol{B}$$

其中，c_j、α_j 分别是矩阵 $\boldsymbol{C}$ 及 $\boldsymbol{A}$ 的列向量. 上式表明 $\boldsymbol{C}$ 的列向量组能由 $\boldsymbol{A}$ 的列向量组线性表示，由定理 4.8 的推论 2 可知，$r(\boldsymbol{C})\leqslant r(\boldsymbol{A})$. 由 $\boldsymbol{C}^{\mathrm{T}}=\boldsymbol{B}^{\mathrm{T}}\boldsymbol{A}^{\mathrm{T}}$，同理 $r(\boldsymbol{C}^{\mathrm{T}})\leqslant r(\boldsymbol{B}^{\mathrm{T}})$，即 $r(\boldsymbol{C})\leqslant r(\boldsymbol{B})$. 所以

$$r(\boldsymbol{AB})\leqslant\min\{r(\boldsymbol{A}),r(\boldsymbol{B})\}$$

用矩阵的初等变换不仅可求出矩阵的秩，同时可求得行(列)向量组的最大无关组.

引理 1　若矩阵 $\boldsymbol{A}_{m\times n}$ 经初等行(列)变换成矩阵 $\boldsymbol{B}_{m\times n}$，则 $\boldsymbol{A}$ 的行向量组(列向量组)与 $\boldsymbol{B}$ 的行向量组(列向量组)等价.

证　记 $\boldsymbol{A}=(\boldsymbol{\alpha}_1,\boldsymbol{\alpha}_2,\cdots,\boldsymbol{\alpha}_n)$，$\boldsymbol{B}=(\boldsymbol{\beta}_1,\boldsymbol{\beta}_2,\cdots,\boldsymbol{\beta}_n)$，其中 $\boldsymbol{\alpha}_j$、$\boldsymbol{\beta}_j$ $(j=1,2,\cdots,n)$ 分别是矩阵 $\boldsymbol{A}$ 与 $\boldsymbol{B}$ 的列向量.

(1) 对调 $\boldsymbol{A}$ 的第 i 列与第 j 列得到 $\boldsymbol{B}$，则

$$\begin{cases}\boldsymbol{\alpha}_k=\boldsymbol{\beta}_k, & k\neq i,k\neq j\\ \boldsymbol{\alpha}_i=\boldsymbol{\beta}_j\\ \boldsymbol{\alpha}_j=\boldsymbol{\beta}_i\end{cases}$$

(2) 设 $\boldsymbol{A}$ 的第 i 列乘以常数 $k\neq 0$ 得到 $\boldsymbol{B}$,则

$$\begin{cases}\boldsymbol{\beta}_l=\boldsymbol{\alpha}_l\\ \boldsymbol{\beta}_i=k\boldsymbol{\alpha}_i\end{cases}(l\neq i)\quad 且\quad \begin{cases}\boldsymbol{\alpha}_l=\boldsymbol{\beta}_l\\ \boldsymbol{\alpha}_i=\dfrac{1}{k}\boldsymbol{\beta}_i\end{cases}(l\neq i)$$

(3) 设 $\boldsymbol{A}$ 的第 j 列乘以常数 k 加上 $\boldsymbol{A}$ 的第 i 列得到 $\boldsymbol{B}$,则

$$\begin{cases}\boldsymbol{\beta}_l=\boldsymbol{\alpha}_l\\ \boldsymbol{\beta}_i=\boldsymbol{a}_i+k\boldsymbol{\alpha}_i\end{cases},\quad l\neq i$$

且

$$\begin{cases}\boldsymbol{\alpha}_l=\boldsymbol{\beta}_l\\ \boldsymbol{\alpha}_i=\boldsymbol{\beta}_i+(-k)\boldsymbol{\alpha}_j=\boldsymbol{\beta}_i+(-k)\boldsymbol{\beta}_j\end{cases},\quad l\neq i$$

以上说明,经初等列变换,矩阵 $\boldsymbol{B}$ 的列向量组与矩阵 $\boldsymbol{A}$ 的列向量组可以相互线性表示,因此矩阵 $\boldsymbol{A}$ 的列向量组与矩阵 $\boldsymbol{B}$ 的列向量组等价.

对行向量组作行变换的情形可类似证明.

引理 2 设 $\boldsymbol{A}$、$\boldsymbol{B}$ 都是 $m\times n$ 矩阵,若 $\boldsymbol{A}$、$\boldsymbol{B}$ 的行向量组等价,齐次线性方程组 $\boldsymbol{Ax}=\boldsymbol{0}$ 与 $\boldsymbol{Bx}=\boldsymbol{0}$ 同解.

证明留给读者.

引理 3 若矩阵 $\boldsymbol{A}$ 经过有限次初等行(列)变换变成 $\boldsymbol{B}$,则 $\boldsymbol{A}$ 的任意 k 个列(行)向量与 $\boldsymbol{B}$ 中对应的 k 个列(行)向量有相同的线性关系.(不证)

引理 3 说明:矩阵的初等行变换不改变列向量间的线性关系(相关性、线性表示).

【例 4-13】 求向量组

$$\boldsymbol{\alpha}_1=(2,1,4,3)^{\mathrm T},\quad \boldsymbol{\alpha}_2=(-1,1,-6,6)^{\mathrm T},\quad \boldsymbol{\alpha}_3=(-1,-2,2,-9)^{\mathrm T}$$
$$\boldsymbol{\alpha}_4=(1,1,-2,7)^{\mathrm T},\quad \boldsymbol{\alpha}_5=(2,4,4,9)^{\mathrm T}$$

的秩和一个最大无关组,并把其余向量用此最大无关组线性表示.

解 设

$$\boldsymbol{A}=(\boldsymbol{a}_1,\boldsymbol{a}_2,\boldsymbol{a}_3,\boldsymbol{a}_4,\boldsymbol{a}_5)=\begin{pmatrix}2&-1&-1&1&2\\1&1&-2&1&4\\4&-6&2&-2&4\\3&6&-9&7&9\end{pmatrix}\xrightarrow{r}\begin{pmatrix}1&1&-2&1&4\\0&1&-1&1&0\\0&0&0&1&-3\\0&0&0&0&0\end{pmatrix}$$

知 $r(\boldsymbol{A})=3$,即向量组 $\boldsymbol{a}_1,\boldsymbol{a}_2,\boldsymbol{a}_3,\boldsymbol{a}_4,\boldsymbol{a}_5$ 的秩为 3,最大无关组中有 3 个向量,取非零行第一个非零元所在的 1、2、4 列对应的向量 $\boldsymbol{a}_1,\boldsymbol{a}_2,\boldsymbol{a}_4$ 为向量组的一个最大无关组. 这是因为 $(\boldsymbol{\alpha}_1,\boldsymbol{\alpha}_2,\boldsymbol{\alpha}_4)\xrightarrow{r}\begin{pmatrix}1&1&1\\0&1&1\\0&0&1\\0&0&0\end{pmatrix}$,知 $r(\boldsymbol{\alpha}_1,\boldsymbol{\alpha}_2,\boldsymbol{\alpha}_4)=3$,故 $\boldsymbol{a}_1,\boldsymbol{a}_2,\boldsymbol{a}_4$ 线性无关.

为了将 $\boldsymbol{a}_3,\boldsymbol{a}_5$ 用 $\boldsymbol{a}_1,\boldsymbol{a}_2,\boldsymbol{a}_4$ 线性表示出来，继续将 $\boldsymbol{A}$ 变成行最简形

$$\boldsymbol{A}=\begin{pmatrix}1&0&-1&0&4\\0&1&-1&0&3\\0&0&0&1&-3\\0&0&0&0&0\end{pmatrix}$$

记上列行最简形矩阵 $\boldsymbol{B}=(\boldsymbol{b}_1,\boldsymbol{b}_2,\boldsymbol{b}_3,\boldsymbol{b}_4,\boldsymbol{b}_5)$，由引理 3 有向量组 $\boldsymbol{\alpha}_1,\boldsymbol{\alpha}_2,\boldsymbol{\alpha}_3,\boldsymbol{\alpha}_4,\boldsymbol{\alpha}_5$ 之间的线性关系与向量组 $\boldsymbol{b}_1,\boldsymbol{b}_2,\boldsymbol{b}_3,\boldsymbol{b}_4,\boldsymbol{b}_5$ 之间的线性关系式相同，现在

$$\boldsymbol{b}_3=\begin{pmatrix}-1\\-1\\0\\0\end{pmatrix}=(-1)\begin{pmatrix}1\\0\\0\\0\end{pmatrix}+(-1)\begin{pmatrix}0\\1\\0\\0\end{pmatrix}=-\boldsymbol{b}_1-\boldsymbol{b}_2$$

$$\boldsymbol{b}_5=4\boldsymbol{b}_1+3\boldsymbol{b}_2-3\boldsymbol{b}_4$$

因此，
$$\begin{cases}\boldsymbol{a}_3=-\boldsymbol{a}_1-\boldsymbol{a}_2\\\boldsymbol{a}_5=4\boldsymbol{a}_1+3\boldsymbol{a}_2-3\boldsymbol{a}_4\end{cases}$$

【例 4-14】 已知向量组 $\boldsymbol{\beta}_1=(0,1,-1)^{\mathrm{T}},\boldsymbol{\beta}_2=(a,2,1)^{\mathrm{T}},\boldsymbol{\beta}_3=(b,1,0)^{\mathrm{T}}$ 与向量组 $\boldsymbol{\alpha}_1=(1,2,-3)^{\mathrm{T}},\boldsymbol{\alpha}_2=(3,0,1)^{\mathrm{T}},\boldsymbol{\alpha}_3=(9,6,-7)^{\mathrm{T}}$ 具有相同的秩，且 $\boldsymbol{\beta}_3$ 可由向量组 $\boldsymbol{\alpha}_1,\boldsymbol{\alpha}_2,\boldsymbol{\alpha}_3$ 线性表示，求 a,b 的值.

解 易见 $\boldsymbol{\alpha}_1,\boldsymbol{\alpha}_2$ 是线性无关的，又 $|\boldsymbol{\alpha}_1,\boldsymbol{\alpha}_2,\boldsymbol{\alpha}_3|=\begin{vmatrix}1&3&9\\2&0&6\\-3&1&-7\end{vmatrix}=0$，所以 $\boldsymbol{\alpha}_1,\boldsymbol{\alpha}_2,\boldsymbol{\alpha}_3$ 线性相关，$r(\boldsymbol{\alpha}_1,\boldsymbol{\alpha}_2,\boldsymbol{\alpha}_3)=2$，又已知 $\boldsymbol{\beta}_1,\boldsymbol{\beta}_2,\boldsymbol{\beta}_3$ 与 $\boldsymbol{\alpha}_1,\boldsymbol{\alpha}_2,\boldsymbol{\alpha}_3$ 具有相同的秩，所以 $\boldsymbol{\beta}_1,\boldsymbol{\beta}_2,\boldsymbol{\beta}_3$ 线性相关，于是 $|\boldsymbol{\beta}_1\boldsymbol{\beta}_2\boldsymbol{\beta}_3|=\begin{vmatrix}0&a&b\\1&2&1\\-1&1&0\end{vmatrix}=0$，解得 $a=3b$；

又 $\boldsymbol{\beta}_3$ 可由向量组 $\boldsymbol{\alpha}_1,\boldsymbol{\alpha}_2,\boldsymbol{\alpha}_3$ 线性表示，而 $\boldsymbol{\alpha}_1,\boldsymbol{\alpha}_2$ 是一个极大无关组，因而 $\boldsymbol{\beta}_3$ 也可由 $\boldsymbol{\alpha}_1,\boldsymbol{\alpha}_2$ 由线性表示，即 $\boldsymbol{\alpha}_1,\boldsymbol{\alpha}_2,\boldsymbol{\beta}$ 线性相关，于是

$$|\boldsymbol{\alpha}_1\boldsymbol{\alpha}_2\boldsymbol{\beta}|=\begin{vmatrix}1&3&b\\2&0&1\\-3&1&0\end{vmatrix}=2b-10=0$$

得
$$a=15,\quad b=5$$

习　题　4.3

1. 求下列向量组的秩，并求一个最大无关组.

(1) $\boldsymbol{\alpha}_1=\begin{pmatrix}4\\-1\\-5\\-6\end{pmatrix}$，$\boldsymbol{\alpha}_2=\begin{pmatrix}1\\-3\\-4\\-7\end{pmatrix}$，$\boldsymbol{\alpha}_3=\begin{pmatrix}1\\2\\1\\3\end{pmatrix}$，$\boldsymbol{\alpha}_4=\begin{pmatrix}2\\1\\-1\\0\end{pmatrix}$；

(2) $\boldsymbol{\alpha}_1=\begin{pmatrix}1\\0\\1\end{pmatrix}$，$\boldsymbol{\alpha}_2=\begin{pmatrix}2\\1\\0\end{pmatrix}$，$\boldsymbol{\alpha}_3=\begin{pmatrix}0\\1\\1\end{pmatrix}$，$\boldsymbol{\alpha}_4=\begin{pmatrix}1\\1\\1\end{pmatrix}$.

2. 设向量组$\begin{pmatrix}a\\3\\1\end{pmatrix}$，$\begin{pmatrix}2\\b\\3\end{pmatrix}$，$\begin{pmatrix}1\\2\\1\end{pmatrix}$，$\begin{pmatrix}2\\3\\1\end{pmatrix}$的秩为2，求$a$、$b$.

3. 利用初等行变换求下列矩阵的列向量组的一个最大无关组，并把其余列向量用最大无关组线性表示.

(1) $\begin{pmatrix}25&31&17&43\\75&94&53&132\\75&94&54&134\\25&32&20&48\end{pmatrix}$；　(2) $\begin{pmatrix}1&1&2&2&1\\0&2&1&5&-1\\2&0&3&-1&3\\1&1&0&4&-1\end{pmatrix}$.

4. 判断题.

(1) 向量组$\boldsymbol{A}$中，$\boldsymbol{\alpha}_1,\boldsymbol{\alpha}_2,\cdots,\boldsymbol{\alpha}_s$线性无关，而对$\boldsymbol{A}$中任一向量$\boldsymbol{\alpha}$，都有$\boldsymbol{\alpha}_1,\boldsymbol{\alpha}_2,\cdots,\boldsymbol{\alpha}_s,\boldsymbol{\alpha}$线性相关，则$\boldsymbol{\alpha}_1,\boldsymbol{\alpha}_2,\cdots,\boldsymbol{\alpha}_s$是$\boldsymbol{A}$中的一个最大无关组.　(　　)

(2) 若向量组的秩为r，则向量组中任r个线性无关的向量都构成该向量组的一个最大无关组.　(　　)

(3) 矩阵$\boldsymbol{A}$的秩为r，则有r个行线性无关，任$r+1$个行线性相关.　(　　)

(4) 两个等价向量组含向量个数相等.　(　　)

(5) $\boldsymbol{A}$为n阶方阵，$r(\boldsymbol{A})<n$，则$\boldsymbol{A}$中必有一列是其余列向量的线性组合.　(　　)

5. 若向量组$\boldsymbol{\alpha}_1,\boldsymbol{\alpha}_2,\boldsymbol{\alpha}_3,\boldsymbol{\alpha}_4$线性无关，求向量组$\boldsymbol{\alpha}_1+\boldsymbol{\alpha}_2,\boldsymbol{\alpha}_2+\boldsymbol{\alpha}_3,\boldsymbol{\alpha}_3+\boldsymbol{\alpha}_4,\boldsymbol{\alpha}_4+\boldsymbol{\alpha}_1$的秩.

6. 设$\begin{cases}\boldsymbol{\beta}_1=\boldsymbol{\alpha}_2+\boldsymbol{\alpha}_3+\cdots+\boldsymbol{\alpha}_n\\\boldsymbol{\beta}_2=\boldsymbol{\alpha}_1+\boldsymbol{\alpha}_3+\cdots+\boldsymbol{\alpha}_n\\\quad\vdots\\\boldsymbol{\beta}_n=\boldsymbol{\alpha}_1+\boldsymbol{\alpha}_2+\cdots+\boldsymbol{\alpha}_{n-1}\end{cases}$，证明：向量组$\boldsymbol{\alpha}_1,\boldsymbol{\alpha}_2,\cdots,\boldsymbol{\alpha}_n$与向量组$\boldsymbol{\beta}_1,\boldsymbol{\beta}_2,\cdots,\boldsymbol{\beta}_n$等价.

第四节　向量空间的基、维数与坐标

本章第一节中把n维向量的全体所构成的集合称为n维向量空间，下面介绍向量空间的有关知识.

定义 4.8　设 $\boldsymbol{V}$ 为 n 维向量的集合，如果集合 $\boldsymbol{V}$ 非空，且集合 $\boldsymbol{V}$ 对于向量的加法和数乘两种运算封闭，就称集合 $\boldsymbol{V}$ 为向量空间.

封闭是指在集合 $\boldsymbol{V}$ 中可以进行向量的加法及数乘两种运算，即

(1) 若 $\boldsymbol{\alpha}\in\boldsymbol{V},\boldsymbol{\beta}\in\boldsymbol{V}$，则 $\boldsymbol{\alpha}+\boldsymbol{\beta}\in\boldsymbol{V}$；

(2) 若 $\boldsymbol{\alpha}\in\boldsymbol{V},\lambda\in\mathbf{R}$，则 $\lambda\boldsymbol{\alpha}\in\boldsymbol{V}$.

【例 4-15】　记所有 n 维向量的集合为 $\mathbf{R}^n$，由 n 维向量的加法和数乘运算的定义可知，集合 $\mathbf{R}^n$ 对于加法和数乘两种运算封闭，因而集合 $\mathbf{R}^n$ 构成向量空间.

注　$n=3$ 时，用空间中的有向线段可以形象地表示三维向量，从而向量空间 $\mathbf{R}^3$ 可形象地看作以坐标原点为起点的有向线段的全体组成的集合，而这样的有向线段与其终点一一对应. 因此，$\mathbf{R}^3$ 可以看作给定坐标原点的点空间，也就是我们所生活的现实空间. 类似地，n 维向量的全体 $\mathbf{R}^n$ 也是一个向量空间，不过当 $n>3$ 时，它没有直观的几何意义.

【例 4-16】　集合 $\boldsymbol{V}=\{\boldsymbol{x}=(0,x_2,\cdots,x_n)^{\mathrm{T}}\mid x_2,\cdots,x_n\in\mathbf{R}\}$ 是一个向量空间，因为若 $\boldsymbol{a}=(0,a_2,\cdots,a_n)^{\mathrm{T}}\in\boldsymbol{V},\boldsymbol{b}=(0,b_2,\cdots,b_n)^{\mathrm{T}}\in\boldsymbol{V}$，则

$$\boldsymbol{a}+\boldsymbol{b}=(0,a_2+b_2,\cdots,a_n+b_n)^{\mathrm{T}}\in V,\quad \lambda\boldsymbol{a}=(0,\lambda a_2,\cdots,\lambda a_n)^{\mathrm{T}}\in\boldsymbol{V}$$

【例 4-17】　集合 $\boldsymbol{V}=\{\boldsymbol{x}=(1,x_2,\cdots,x_n)^{\mathrm{T}}\mid x_2,\cdots,x_n\in\mathbf{R}\}$ 不是向量空间，因为若 $\boldsymbol{a}=(1,a_2,\cdots,a_n)^{\mathrm{T}}\in\boldsymbol{V}$，则 $2\boldsymbol{a}=(2,2a_2,\cdots,2a_n)^{\mathrm{T}}\notin\boldsymbol{V}$.

【例 4-18】　齐次线性方程组的解集 $\boldsymbol{S}=\{\boldsymbol{x}\mid\boldsymbol{Ax}=\boldsymbol{0}\}$ 是一个向量空间（称为齐次线性方程组的解空间），因为由齐次线性方程组的解的性质，即知其解集 $\boldsymbol{S}$ 对向量的线性运算封闭.

【例 4-19】　非齐次线性方程组的解集 $\boldsymbol{S}=\{\boldsymbol{x}\mid\boldsymbol{Ax}=\boldsymbol{b}\}$ 不是向量空间，因为当 $\boldsymbol{S}$ 为空集时，$\boldsymbol{S}$ 不是向量空间；当 $\boldsymbol{S}$ 非空时，若 $\boldsymbol{\eta}\in\boldsymbol{S}$，则 $\boldsymbol{A}(2\boldsymbol{\eta})=2\boldsymbol{b}\neq\boldsymbol{b}$，知 $2\boldsymbol{\eta}\notin\boldsymbol{S}$.

【例 4-20】　设 $\boldsymbol{a}$、$\boldsymbol{b}$ 为两个已知的 n 维向量，集合 $\boldsymbol{L}=\{\boldsymbol{x}=\lambda\boldsymbol{a}+\mu\boldsymbol{b}\mid\lambda,\mu\in\mathbf{R}\}$ 是一个向量空间，因为若 $\boldsymbol{x}_1=\lambda_1\boldsymbol{a}+\mu_1\boldsymbol{b},\boldsymbol{x}_2=\lambda_2\boldsymbol{a}+\mu_2\boldsymbol{b}$，则有

$$\boldsymbol{x}_1+\boldsymbol{x}_2=(\lambda_1+\lambda_2)\boldsymbol{a}+(\mu_1+\mu_2)\boldsymbol{b}\in\boldsymbol{L}$$
$$k\boldsymbol{x}_1=(k\lambda_1)\boldsymbol{a}+(k\mu_1)\boldsymbol{b}\in\boldsymbol{L}$$

这个向量空间称为由向量 $\boldsymbol{a}$、$\boldsymbol{b}$ 所产生的向量空间.

一般地，由向量组 $\boldsymbol{a}_1,\boldsymbol{a}_2,\cdots,\boldsymbol{a}_m$ 所生成的向量空间为

$$\boldsymbol{L}=\{\boldsymbol{x}=\lambda_1\boldsymbol{a}_1+\lambda_2\boldsymbol{a}_2+\cdots+\lambda_m\boldsymbol{a}_m\mid\lambda_1,\lambda_2,\cdots,\lambda_m\in\mathbf{R}\}$$

【例 4-21】　设向量组 $\boldsymbol{a}_1,\boldsymbol{a}_2,\cdots,\boldsymbol{a}_m$ 与向量组 $\boldsymbol{b}_1,\boldsymbol{b}_2,\cdots,\boldsymbol{b}_s$ 等价，记：

$$\boldsymbol{L}_1=\{\boldsymbol{x}=\lambda_1\boldsymbol{a}_1+\lambda_2\boldsymbol{a}_2+\cdots+\lambda_m\boldsymbol{a}_m\mid\lambda_1,\cdots,\lambda_m\in\mathbf{R}\}$$
$$\boldsymbol{L}_2=\{\boldsymbol{x}=\mu_1\boldsymbol{b}_1+\mu_2\boldsymbol{b}_2+\cdots+\mu_s\boldsymbol{b}_s\mid\mu_1,\cdots,\mu_s\in\mathbf{R}\}$$

试证：$\boldsymbol{L}_1=\boldsymbol{L}_2$.

证　设 $\boldsymbol{x}\in\boldsymbol{L}_1$，则 $\boldsymbol{x}$ 可由 $\boldsymbol{a}_1,\boldsymbol{a}_2,\cdots,\boldsymbol{a}_m$ 线性表示，因 $\boldsymbol{a}_1,\boldsymbol{a}_2,\cdots,\boldsymbol{a}_m$ 可由 $\boldsymbol{b}_1,\boldsymbol{b}_2,\cdots,$

$\boldsymbol{b}_s$ 线性表示，故 $\boldsymbol{x}$ 可由 $\boldsymbol{b}_1,\boldsymbol{b}_2,\cdots,\boldsymbol{b}_s$ 线性表示，所以 $\boldsymbol{x}\in \boldsymbol{L}_2$，即 $\boldsymbol{L}_1\subset \boldsymbol{L}_2$；类似地可证：若 $\boldsymbol{x}\in \boldsymbol{L}_2$，则 $\boldsymbol{x}\in \boldsymbol{L}_1$，因此 $\boldsymbol{L}_2\subset \boldsymbol{L}_1$，因 $\boldsymbol{L}_1\subset \boldsymbol{L}_2$，$\boldsymbol{L}_2\subset \boldsymbol{L}_1$，因此 $\boldsymbol{L}_1=\boldsymbol{L}_2$.

由向量空间的定义可知，向量空间也是一个向量组，在讨论了向量组的最大无关组和秩以后，下面给出向量空间的基、维数与坐标的定义.

定义 4.9 设 $\mathbf{V}$ 为向量空间，$\boldsymbol{a}_1,\boldsymbol{a}_2,\cdots,\boldsymbol{a}_r\in \mathbf{V}$，并满足

(1) $\boldsymbol{a}_1,\boldsymbol{a}_2,\cdots,\boldsymbol{a}_r$ 线性无关，

(2) $\forall \boldsymbol{a}\in \mathbf{V}$，$\boldsymbol{a}$ 都可由 $\boldsymbol{a}_1,\boldsymbol{a}_2,\cdots,\boldsymbol{a}_r$ 线性表示，则称向量组 $\boldsymbol{a}_1,\boldsymbol{a}_2,\cdots,\boldsymbol{a}_r$ 为向量空间 $\mathbf{V}$ 的一个基（一组基）；r 称为 $\mathbf{V}$ 的维数，记为 $\dim(\mathbf{V})=r$，并称向量空间 $\mathbf{V}$ 为 r 维向量空间.

若把向量空间 $\mathbf{V}$ 视为一个向量组，则向量空间的基就是向量组的一个最大无关组，其维数就是向量组的秩. 因此，向量空间的基不是唯一的，但维数却是唯一确定的.

在 $\mathbf{R}^n$ 中，任意 n 个线性无关的向量都可以作为向量空间 $\mathbf{R}^n$ 的一个基. 特别地，n 个单位坐标向量 $\boldsymbol{\varepsilon}_1=(1,0,\cdots,0)^{\mathrm{T}}$，$\boldsymbol{\varepsilon}_2=(0,1,\cdots,0)^{\mathrm{T}}$，$\cdots$，$\boldsymbol{\varepsilon}_n=(0,0,\cdots,1)^{\mathrm{T}}$ 是 $\mathbf{R}^n$ 的一个基，称为标准基. 因此 $\dim(\mathbf{R}^n)=n$，$\mathbf{R}^n$ 称为 n 维向量空间.

只含零向量的向量空间没有基，故其维数为 0，即为 0 维向量空间.

若 $\boldsymbol{a}_1,\boldsymbol{a}_2,\cdots,\boldsymbol{a}_r$ 是向量空间的一个基，则对 $\forall \boldsymbol{a}\in \mathbf{V}$，存在唯一一组有序数 x_1，$x_2,\cdots,x_r$，使

$$\boldsymbol{a}=x_1\boldsymbol{a}_1+x_2\boldsymbol{a}_2+\cdots+x_r\boldsymbol{a}_r \tag{4.4}$$

式(4.4)中的有序数组 $x_1,x_2,\cdots,x_r$ 称为向量 $\boldsymbol{a}$ 在基 $\boldsymbol{a}_1,\boldsymbol{a}_2,\cdots,\boldsymbol{a}_r$ 下的坐标，记为 $\boldsymbol{a}=(x_1,x_2,\cdots,x_r)$.

显然，任一 n 维向量 $\boldsymbol{a}=(a_1,a_2,\cdots,a_n)\in \mathbf{R}^n$ 在标准基 $\boldsymbol{\varepsilon}_1,\boldsymbol{\varepsilon}_2,\cdots,\boldsymbol{\varepsilon}_n$ 下的坐标为 $(\boldsymbol{a}_1,\boldsymbol{a}_2,\cdots,\boldsymbol{a}_n)$.

又如，$\mathbf{V}=\{\boldsymbol{x}=(0,x_2,\cdots,x_n)^{\mathrm{T}}\mid x_2,\cdots,x_n\in \mathbf{R}\}$ 在例 4-16 中证明了是一个向量空间. 容易验证 $\boldsymbol{B}$：$\boldsymbol{a}_1=(0,1,0,\cdots,0)^{\mathrm{T}}$，$\boldsymbol{a}_2=(0,0,1,\cdots,0)^{\mathrm{T}}$，$\cdots$，$\boldsymbol{a}_{n-1}=(0,0,\cdots,1)^{\mathrm{T}}$ 是它的一个基，$\dim(\mathbf{V})=n-1$，任意 $\boldsymbol{x}=(0,x_2,\cdots,x_n)$ 在这个基下的坐标 $\boldsymbol{x}_B=(x_2,\cdots,x_n)$.

【例 4-22】 设 $\boldsymbol{a}_1=(1,-1,1)^{\mathrm{T}}$，$\boldsymbol{a}_2=(1,2,0)^{\mathrm{T}}$，$\boldsymbol{a}_3=(1,0,3)^{\mathrm{T}}$，$\boldsymbol{a}_4=(2,-3,7)^{\mathrm{T}}$，证明：$\boldsymbol{a}_1,\boldsymbol{a}_2,\boldsymbol{a}_3$ 可以作为 $\mathbf{R}^3$ 的一个基，并求 $\boldsymbol{a}_4$ 关于基 $\boldsymbol{a}_1,\boldsymbol{a}_2,\boldsymbol{a}_3$ 的坐标.

解

$$\boldsymbol{A}=(\boldsymbol{a}_1,\boldsymbol{a}_2,\boldsymbol{a}_3,\boldsymbol{a}_4)=\begin{pmatrix}1&1&1&2\\-1&2&0&-3\\1&0&3&7\end{pmatrix}$$

$$\xrightarrow{r}\begin{pmatrix}1&1&1&2\\0&3&1&-1\\0&-1&2&5\end{pmatrix}\xrightarrow{r}\begin{pmatrix}1&1&1&2\\0&-1&2&5\\0&0&7&14\end{pmatrix}$$

由行阶梯矩阵知 $r(\boldsymbol{A})=3$，且 $\boldsymbol{a}_1,\boldsymbol{a}_2,\boldsymbol{a}_3$ 线性无关，继续将 $\boldsymbol{A}$ 变成行最简形有

$$\boldsymbol{A}\xrightarrow{r}\begin{pmatrix}1&1&1&2\\0&1&-2&-5\\0&0&1&2\end{pmatrix}\xrightarrow{r}\begin{pmatrix}1&0&0&1\\0&1&0&-1\\0&0&1&2\end{pmatrix}$$

所以 $\boldsymbol{a}_4=1\boldsymbol{a}_1+(-1)\boldsymbol{a}_2+2\boldsymbol{a}_3$. 因此 $\boldsymbol{a}_4$ 在基 $\boldsymbol{a}_1,\boldsymbol{a}_2,\boldsymbol{a}_3$ 下的坐标为 $(1,-1,2)$.

由向量组 $\boldsymbol{a}_1,\boldsymbol{a}_2,\cdots,\boldsymbol{a}_m$ 所生成的向量空间为

$$\boldsymbol{L}(\boldsymbol{a}_1,\boldsymbol{a}_2,\cdots,\boldsymbol{a}_m)=\{\boldsymbol{x}=\lambda_1\boldsymbol{a}_1+\lambda_2\boldsymbol{a}_2+\cdots+\lambda_m\boldsymbol{a}_m \mid \lambda_1,\lambda_2,\cdots,\lambda_m\in\mathbf{R}\}$$

显然向量组 $\boldsymbol{L}(\boldsymbol{a}_1,\boldsymbol{a}_2,\cdots,\boldsymbol{a}_m)$ 与 $\boldsymbol{a}_1,\boldsymbol{a}_2,\cdots,\boldsymbol{a}_m$ 等价，所以向量组 $\boldsymbol{a}_1,\boldsymbol{a}_2,\cdots,\boldsymbol{a}_m$ 的最大无关组就是 $\boldsymbol{L}(\boldsymbol{a}_1,\boldsymbol{a}_2,\cdots,\boldsymbol{a}_m)$ 的一个基，向量组 $\boldsymbol{a}_1,\boldsymbol{a}_2,\cdots\boldsymbol{a}_m$ 的秩就是 $\boldsymbol{L}(\boldsymbol{a}_1,\boldsymbol{a}_2,\cdots,\boldsymbol{a}_m)$ 的维数.

若向量空间 $\mathbf{V}\subset\mathbf{R}^n$，则 $\mathbf{V}$ 的维数不会超过 n，且当 $\mathbf{V}$ 的维数等于 n 时，$\mathbf{V}=\mathbf{R}^n$.

设向量组 $\boldsymbol{a}_1,\boldsymbol{a}_2,\cdots,\boldsymbol{a}_r$ 是向量空间的一个基，则 $\mathbf{V}$ 可以表示为

$$\mathbf{V}=\boldsymbol{L}(\boldsymbol{a}_1,\boldsymbol{a}_2,\cdots,\boldsymbol{a}_m)=\{\boldsymbol{x}=\lambda_1\boldsymbol{a}_1+\lambda_2\boldsymbol{a}_2+\cdots+\lambda_r\boldsymbol{a}_r \mid \lambda_1,\lambda_2,\cdots,\lambda_r\in\mathbf{R}\}$$

这清楚地显示出向量空间 $\mathbf{V}$ 的结构，以及基 $\boldsymbol{a}_1,\boldsymbol{a}_2,\cdots,\boldsymbol{a}_r$ 的作用.

由于向量空间中的基不唯一，而同一向量在不同的基下，其坐标一般是不同的，那么随着基的改变，向量的坐标之间有什么关系呢？下面来讨论这一问题.

设 $\boldsymbol{e}_1,\boldsymbol{e}_2,\cdots,\boldsymbol{e}_n$ 与 $\boldsymbol{e}'_1,\boldsymbol{e}'_2,\cdots,\boldsymbol{e}'_n$ 是 n 维向量空间 $\mathbf{R}^n$ 的两组基，则后一组基可用前一组基唯一线性表示为

$$\begin{cases}\boldsymbol{e}'_1=p_{11}\boldsymbol{e}_1+p_{21}\boldsymbol{e}_2+\cdots+p_{n1}\boldsymbol{e}_n\\\boldsymbol{e}'_2=p_{12}\boldsymbol{e}_1+p_{22}\boldsymbol{e}_2+\cdots+p_{n2}\boldsymbol{e}_n\\\quad\vdots\\\boldsymbol{e}'_n=p_{1n}\boldsymbol{e}_1+p_{2n}\boldsymbol{e}_2+\cdots+p_{nn}\boldsymbol{e}_n\end{cases}$$

上式称为两组基之间的变换公式，写成矩阵形式为

$$(\boldsymbol{e}'_1,\boldsymbol{e}'_2,\cdots,\boldsymbol{e}'_n)=(\boldsymbol{e}_1,\boldsymbol{e}_2,\cdots,\boldsymbol{e}_n)\begin{pmatrix}p_{11}&p_{12}&\cdots&p_{1n}\\p_{21}&p_{22}&\cdots&p_{2n}\\\vdots&\vdots&&\vdots\\p_{n1}&p_{n2}&\cdots&p_{nn}\end{pmatrix}\tag{4.5}$$

其中，矩阵

$$\boldsymbol{P}=\begin{pmatrix}p_{11}&p_{12}&\cdots&p_{1n}\\p_{21}&p_{22}&\cdots&p_{2n}\\\vdots&\vdots&&\vdots\\p_{n1}&p_{n2}&\cdots&p_{nn}\end{pmatrix}$$

称为由基 $\boldsymbol{e}_1,\boldsymbol{e}_2,\cdots,\boldsymbol{e}_n$ 到基 $\boldsymbol{e}'_1,\boldsymbol{e}'_2,\cdots,\boldsymbol{e}'_n$ 的过渡矩阵.

设向量 $\boldsymbol{a}$ 在上述两组基下的坐标分别为 $(x_1,x_2,\cdots,x_n)$ 和 $(x'_1,x'_2,\cdots,x'_n)$，即

$$\boldsymbol{a}=x_1\boldsymbol{e}_1+x_2\boldsymbol{e}_2+\cdots+x_n\boldsymbol{e}_n=x'_1\boldsymbol{e}'_1+x'_2\boldsymbol{e}'_2+\cdots+x'_n\boldsymbol{e}'_n$$

或

$$\boldsymbol{a}=(\boldsymbol{e}_1,\boldsymbol{e}_2,\cdots,\boldsymbol{e}_n)\begin{pmatrix}x_1\\x_2\\\vdots\\x_n\end{pmatrix}=(\boldsymbol{e}'_1,\boldsymbol{e}'_2,\cdots,\boldsymbol{e}'_n)\begin{pmatrix}x'_1\\x'_2\\\vdots\\x'_n\end{pmatrix}$$

将式(4.5)代入得

$$\boldsymbol{a}=(\boldsymbol{e}_1,\boldsymbol{e}_2,\cdots,\boldsymbol{e}_n)\begin{pmatrix}x_1\\x_2\\\vdots\\x_n\end{pmatrix}=(\boldsymbol{e}_1,\boldsymbol{e}_2,\cdots,\boldsymbol{e}_n)\begin{pmatrix}p_{11}&p_{12}&\cdots&p_{1n}\\p_{21}&p_{22}&\cdots&p_{2n}\\\vdots&\vdots&&\vdots\\p_{n1}&p_{n2}&\cdots&p_{nn}\end{pmatrix}\begin{pmatrix}x'_1\\x'_2\\\vdots\\x'_n\end{pmatrix}$$

由基向量的线性无关性，比较上式的两端，得

$$\begin{pmatrix}x_1\\x_2\\\vdots\\x_n\end{pmatrix}=\boldsymbol{P}\begin{pmatrix}x'_1\\x'_2\\\vdots\\x'_n\end{pmatrix}\quad 或 \quad\begin{pmatrix}x'_1\\x'_2\\\vdots\\x'_n\end{pmatrix}=\boldsymbol{P}^{-1}\begin{pmatrix}x_1\\x_2\\\vdots\\x_n\end{pmatrix}\tag{4.6}$$

式(4.6)就是向量在两组基下的坐标变换公式.

【例 4-23】 设 $\mathbf{R}^4$ 中的两组基：

$$(1)\begin{cases}\boldsymbol{\alpha}_1=(1,2,-1,0)^{\mathrm{T}}\\\boldsymbol{\alpha}_2=(1,-1,1,1)^{\mathrm{T}}\\\boldsymbol{\alpha}_3=(-1,2,1,1)^{\mathrm{T}}\\\boldsymbol{\alpha}_4=(-1,-1,0,1)^{\mathrm{T}}\end{cases},\qquad(2)\begin{cases}\boldsymbol{\beta}_1=(2,1,0,1)^{\mathrm{T}}\\\boldsymbol{\beta}_2=(0,1,2,2)^{\mathrm{T}}\\\boldsymbol{\beta}_3=(-2,1,1,2)^{\mathrm{T}}\\\boldsymbol{\beta}_4=(1,3,1,2)^{\mathrm{T}}\end{cases}.$$

求基(1)到基(2)的过渡矩阵，并求坐标变换公式.

解 设 $\mathbf{R}^4$ 中的标准基为 $\boldsymbol{e}_1,\boldsymbol{e}_2,\boldsymbol{e}_3,\boldsymbol{e}_4$，则有

$$(\boldsymbol{\alpha}_1,\boldsymbol{\alpha}_2,\boldsymbol{\alpha}_3,\boldsymbol{\alpha}_4)=(\boldsymbol{e}_1,\boldsymbol{e}_2,\boldsymbol{e}_3,\boldsymbol{e}_4)\boldsymbol{A}$$

$$(\boldsymbol{\beta}_1,\boldsymbol{\beta}_2,\boldsymbol{\beta}_3,\boldsymbol{\beta}_4)=(\boldsymbol{e}_1,\boldsymbol{e}_2,\boldsymbol{e}_3,\boldsymbol{e}_4)\boldsymbol{B}$$

其中，

$$\boldsymbol{A}=\begin{pmatrix}1&1&-1&-1\\2&-1&2&-1\\-1&1&1&0\\0&1&1&1\end{pmatrix},\quad\boldsymbol{B}=\begin{pmatrix}2&0&-2&1\\1&1&1&3\\0&2&1&1\\1&2&2&2\end{pmatrix}$$

由

$$(\boldsymbol{e}_1,\boldsymbol{e}_2,\boldsymbol{e}_3,\boldsymbol{e}_4)=(\boldsymbol{\alpha}_1,\boldsymbol{\alpha}_2,\boldsymbol{\alpha}_3,\boldsymbol{\alpha}_4)\boldsymbol{A}^{-1}$$

$$(\boldsymbol{\beta}_1,\boldsymbol{\beta}_2,\boldsymbol{\beta}_3,\boldsymbol{\beta}_4)=(\boldsymbol{\alpha}_1,\boldsymbol{\alpha}_2,\boldsymbol{\alpha}_3,\boldsymbol{\alpha}_4)\boldsymbol{A}^{-1}\boldsymbol{B}$$

有

$$(\boldsymbol{\beta}_1,\boldsymbol{\beta}_2,\boldsymbol{\beta}_3,\boldsymbol{\beta}_4)=(\boldsymbol{\alpha}_1,\boldsymbol{\alpha}_2,\boldsymbol{\alpha}_3,\boldsymbol{\alpha}_4)\boldsymbol{A}^{-1}\boldsymbol{B}$$

所以过渡矩阵 $\boldsymbol{P}=\boldsymbol{A}^{-1}\boldsymbol{B}$，由计算得

$$P=\begin{pmatrix}1&0&0&1\\1&1&0&1\\0&1&1&1\\0&0&1&0\end{pmatrix}$$

从而

$$P^{-1}=\begin{pmatrix}0&1&-1&1\\-1&1&0&0\\0&0&0&1\\1&-1&1&-1\end{pmatrix}$$

若 $\boldsymbol{\alpha}$ 在基(1)下的坐标为 x_1,x_2,x_3,x_4，在基(2)下的坐标为 y_1,y_2,y_3,y_4，则由坐标变换公式有

$$\begin{pmatrix}y_1\\y_2\\y_3\\y_4\end{pmatrix}=P^{-1}\begin{pmatrix}x_1\\x_2\\x_3\\x_4\end{pmatrix}$$

即

$$\begin{cases}y_1=x_2-x_3+x_4\\y_2=-x_1+x_2\\y_3=x_4\\y_4=x_1-x_2+x_3-x_4\end{cases}$$

【例 4-24】 设 $\mathbf{R}^3$ 的两组基 $\boldsymbol{\alpha}_1=(1,0,1)^{\mathrm{T}},\boldsymbol{\alpha}_2=(1,1,0)^{\mathrm{T}},\boldsymbol{\alpha}_3=(0,1,1)^{\mathrm{T}}$ 和 $\boldsymbol{\beta}_1=(1,1,1)^{\mathrm{T}},\boldsymbol{\beta}_2=(1,1,2)^{\mathrm{T}},\boldsymbol{\beta}_3=(1,2,1)^{\mathrm{T}}$，求向量 $\boldsymbol{\alpha}=\boldsymbol{\alpha}_1+2\boldsymbol{\alpha}_2+3\boldsymbol{\alpha}_3$ 在基 $\boldsymbol{\beta}_1,\boldsymbol{\beta}_2,\boldsymbol{\beta}_3$ 下的坐标.

解　由 $(\boldsymbol{\beta}_1,\boldsymbol{\beta}_2,\boldsymbol{\beta}_3)=(\boldsymbol{\alpha}_1,\boldsymbol{\alpha}_2,\boldsymbol{\alpha}_3)P$，得

$$\begin{pmatrix}1&1&1\\1&1&2\\1&2&1\end{pmatrix}=\begin{pmatrix}1&1&0\\0&1&1\\1&0&1\end{pmatrix}P$$

解得

$$P=\begin{pmatrix}1&1&0\\0&1&1\\1&0&1\end{pmatrix}^{-1}\begin{pmatrix}1&1&1\\1&1&2\\1&2&1\end{pmatrix}=\frac{1}{2}\begin{pmatrix}1&-1&1\\1&1&-1\\-1&1&1\end{pmatrix}\begin{pmatrix}1&1&1\\1&1&2\\1&2&1\end{pmatrix}=\begin{pmatrix}\frac{1}{2}&1&0\\\frac{1}{2}&0&1\\\frac{1}{2}&1&1\end{pmatrix}$$

其逆矩阵为

$$P^{-1}=\begin{pmatrix}2&2&-2\\0&-1&1\\-1&0&1\end{pmatrix}$$

$\boldsymbol{\alpha}$ 在基 $\boldsymbol{\alpha}_1,\boldsymbol{\alpha}_2,\boldsymbol{\alpha}_3$ 下的坐标为 $\boldsymbol{x}=(1,2,3)^{\mathrm{T}}$，则 $\boldsymbol{\alpha}$ 在基 $\boldsymbol{\beta}_1,\boldsymbol{\beta}_2,\boldsymbol{\beta}_3$ 下的坐标为

$$\boldsymbol{y}=\boldsymbol{P}^{-1}\boldsymbol{x}=\begin{pmatrix}2&2&-2\\0&-1&1\\-1&0&1\end{pmatrix}\begin{pmatrix}1\\2\\3\end{pmatrix}=\begin{pmatrix}0\\1\\2\end{pmatrix}$$

另解　因 $\boldsymbol{\alpha}=\boldsymbol{\alpha}_1+2\boldsymbol{\alpha}_2+3\boldsymbol{\alpha}_3=(1,0,1)^{\mathrm{T}}+2(1,1,0)^{\mathrm{T}}+3(0,1,1)^{\mathrm{T}}=(3,5,4)^{\mathrm{T}}$，又令 $\boldsymbol{\alpha}=c_1\boldsymbol{\beta}_1+c_2\boldsymbol{\beta}_2+c_3\boldsymbol{\beta}_3$，化为非齐次线性方程组：

$$(\boldsymbol{\beta}_1,\boldsymbol{\beta}_2,\boldsymbol{\beta}_3)\begin{pmatrix}c_1\\c_2\\c_3\end{pmatrix}=\begin{pmatrix}1&1&1\\1&1&2\\1&2&1\end{pmatrix}\begin{pmatrix}c_1\\c_2\\c_3\end{pmatrix}=\begin{pmatrix}3\\5\\4\end{pmatrix}$$

解得：$(c_1,c_2,c_3)=(0,1,2)$.

习　题　4.4

1. 设　$\boldsymbol{V}_1=\{\boldsymbol{x}=(x_1,x_2,\cdots,x_n)^{\mathrm{T}}\mid x_1,x_2,\cdots,x_n\in\mathbf{R},x_1+x_2+\cdots+x_n=0\}$

$\boldsymbol{V}_2=\{\boldsymbol{x}=(x_1,x_2,\cdots,x_n)^{\mathrm{T}}\mid x_1,x_2,\cdots,x_n\in\mathbf{R},x_1+x_2+\cdots+x_n=1\}$

问 $\boldsymbol{V}_1,\boldsymbol{V}_2$ 是否为向量空间？说出理由.

2. 试证由 $\boldsymbol{\alpha}_1=(0,1,1)^{\mathrm{T}},\boldsymbol{\alpha}_2=(1,0,1)^{\mathrm{T}},\boldsymbol{\alpha}_3=(1,1,0)^{\mathrm{T}}$ 所生成的向量空间就是 $\mathbf{R}^3$.

3. 设向量空间为 $\boldsymbol{V}=\{\boldsymbol{\alpha}=(x_1,x_2,x_3)\mid x_1+x_2=2x_3\}$，求 $\boldsymbol{V}$ 的一组基和维数.

4. 证明：$\boldsymbol{\alpha}_1=(1,0,2)^{\mathrm{T}},\boldsymbol{\alpha}_2=(2,1,0)^{\mathrm{T}},\boldsymbol{\alpha}_3=(1,1,1)^{\mathrm{T}}$ 是 $\mathbf{R}^3$ 的一组基，求 $\boldsymbol{\beta}=(7,4,4)^{\mathrm{T}}$ 在此基下的坐标.

5. 验证 $\boldsymbol{\alpha}_1=(1,-1,0)^{\mathrm{T}},\boldsymbol{\alpha}_2=(2,1,3)^{\mathrm{T}},\boldsymbol{\alpha}_3=(3,1,2)^{\mathrm{T}}$ 为 $\mathbf{R}^3$ 的一组基，并把向量 $\boldsymbol{\beta}_1=(5,0,7)^{\mathrm{T}},\boldsymbol{\beta}_2=(-9,-8,-13)^{\mathrm{T}}$ 用这组基线性表示.

6. 由 $\boldsymbol{\alpha}_1=(1,1,0,0)^{\mathrm{T}},\boldsymbol{\alpha}_2=(1,0,1,1)^{\mathrm{T}}$ 所生成的向量空间记为 $\boldsymbol{L}_1$，由 $\boldsymbol{\beta}_1=(2,-1,3,3)^{\mathrm{T}},\boldsymbol{\beta}_2=(0,1,-1,-1)^{\mathrm{T}}$ 所生成的向量空间记为 $\boldsymbol{L}_2$，试证：$\boldsymbol{L}_1=\boldsymbol{L}_2$.

7. 已知 $\mathbf{R}^3$ 的两组基分别为

$$\boldsymbol{\alpha}_1=\begin{pmatrix}1\\1\\1\end{pmatrix},\quad\boldsymbol{\alpha}_2=\begin{pmatrix}1\\0\\-1\end{pmatrix},\quad\boldsymbol{\alpha}_3=\begin{pmatrix}1\\0\\1\end{pmatrix}\quad\text{及}\quad\boldsymbol{\beta}_1=\begin{pmatrix}1\\2\\1\end{pmatrix},\quad\boldsymbol{\beta}_2=\begin{pmatrix}2\\3\\4\end{pmatrix},\quad\boldsymbol{\beta}_3=\begin{pmatrix}3\\4\\3\end{pmatrix}$$

求由基 $\boldsymbol{\alpha}_1,\boldsymbol{\alpha}_2,\boldsymbol{\alpha}_3$ 到基 $\boldsymbol{\beta}_1,\boldsymbol{\beta}_2,\boldsymbol{\beta}_3$ 的过度矩阵 $\boldsymbol{P}$.

8. 设 $\mathbf{R}^3$ 中两组基分别为 $\boldsymbol{\alpha}_1,\boldsymbol{\alpha}_2,\boldsymbol{\alpha}_3$ 与 $\boldsymbol{\beta}_1,\boldsymbol{\beta}_2,\boldsymbol{\beta}_3$，且 $\boldsymbol{\beta}_1=\boldsymbol{\alpha}_1-\boldsymbol{\alpha}_2,\boldsymbol{\beta}_2=2\boldsymbol{\alpha}_1+3\boldsymbol{\alpha}_2+2\boldsymbol{\alpha}_3,\boldsymbol{\beta}_3=\boldsymbol{\alpha}_1+3\boldsymbol{\alpha}_2+2\boldsymbol{\alpha}_3$，求：

(1) 求 $\boldsymbol{\gamma}_1=2\boldsymbol{\beta}_1-\boldsymbol{\beta}_2+3\boldsymbol{\beta}_3$ 对于基 $\boldsymbol{\alpha}_1,\boldsymbol{\alpha}_2,\boldsymbol{\alpha}_3$ 的坐标；

(2) 求 $\boldsymbol{\gamma}_2=2\boldsymbol{\alpha}_1-\boldsymbol{\alpha}_2+3\boldsymbol{\alpha}_3$ 对于基 $\boldsymbol{\beta}_1,\boldsymbol{\beta}_2,\boldsymbol{\beta}_3$ 的坐标.

第五节　线性方程组解的结构

第三章介绍了线性方程组的基本概念以及用矩阵的初等行变换解线性方程组的方法，并给出了两个重要定理，即：

(1) 齐次线性方程组 $\boldsymbol{A}_{m\times n}\boldsymbol{x}=\boldsymbol{0}$ 有非零解的充要条件是系数矩阵的秩 $r(\boldsymbol{A})<n$；

(2) 非齐次线性方程组 $\boldsymbol{A}_{m\times n}\boldsymbol{x}=\boldsymbol{b}$ 有解的充要条件是系数矩阵的秩等于增广矩阵的秩，且当 $r(\boldsymbol{A})=r(\boldsymbol{A}|\boldsymbol{b})=n$ 时方程组有唯一解，当 $r(\boldsymbol{A})=r(\boldsymbol{A}|\boldsymbol{b})<n$ 时方程组有无穷多解.

本节利用本章第三、第四节讨论的向量组的线性相关性的理论研究线性方程组的解的结构，从而完善线性方程组的理论.

一、齐次线性方程组解的结构

对于齐次线性方程组 $\boldsymbol{A}_{m\times n}\boldsymbol{x}=\boldsymbol{0}$，其中，

$$\boldsymbol{A}=\begin{pmatrix}a_{11} & a_{12} & \cdots & a_{1n}\\ a_{21} & a_{22} & \cdots & a_{2n}\\ \vdots & \vdots & & \vdots\\ a_{m1} & a_{m2} & \cdots & a_{mn}\end{pmatrix},\quad \boldsymbol{x}=\begin{pmatrix}x_1\\ x_2\\ \vdots\\ x_n\end{pmatrix}$$

性质 1　若向量 $\boldsymbol{x}=\boldsymbol{\xi}_1,\boldsymbol{x}=\boldsymbol{\xi}_2$ 是 $\boldsymbol{Ax}=\boldsymbol{0}$ 的解，则 $\boldsymbol{x}=\boldsymbol{\xi}_1+\boldsymbol{\xi}_2$ 也是方程 $\boldsymbol{Ax}=\boldsymbol{0}$ 的解.

证　只要验证 $\boldsymbol{x}=\boldsymbol{\xi}_1+\boldsymbol{\xi}_2$ 满足方程 $\boldsymbol{Ax}=\boldsymbol{0}$，$\boldsymbol{A}(\boldsymbol{\xi}_1+\boldsymbol{\xi}_2)=\boldsymbol{A\xi}_1+\boldsymbol{A\xi}_2=0+0=0$.

性质 2　若向量 $\boldsymbol{x}=\boldsymbol{\xi}_1$ 为 $\boldsymbol{Ax}=\boldsymbol{0}$ 的解，k 为实数，则 $\boldsymbol{x}=k\boldsymbol{\xi}_1$ 也是方程 $\boldsymbol{Ax}=\boldsymbol{0}$ 的解.

证
$$\boldsymbol{A}(k\boldsymbol{\xi}_1)=k(\boldsymbol{A\xi}_1)=k0=0.$$

由性质 1、性质 2 可知，齐次线性方程组 $\boldsymbol{Ax}=\boldsymbol{0}$ 的解的集合对于向量的加法和数乘运算是封闭的.

定义 4.10　设齐次线性方程组 $\boldsymbol{Ax}=\boldsymbol{0}$ 有非零解，如果它的 t 个解向量 $\boldsymbol{\xi}_1,\boldsymbol{\xi}_2,\cdots,\boldsymbol{\xi}_t$ 满足：

(1) $\boldsymbol{\xi}_1,\boldsymbol{\xi}_2,\cdots,\boldsymbol{\xi}_t$ 线性无关；

(2) $\boldsymbol{Ax}=\boldsymbol{0}$ 的任一个解 $\boldsymbol{\xi}$ 都可由 $\boldsymbol{\xi}_1,\boldsymbol{\xi}_2,\cdots,\boldsymbol{\xi}_t$ 线性表示，即 $\boldsymbol{\xi}=k_1\boldsymbol{\xi}_1+k_2\boldsymbol{\xi}_2+\cdots+k_t\boldsymbol{\xi}_t$，则称 $\boldsymbol{\xi}_1,\boldsymbol{\xi}_2,\cdots,\boldsymbol{\xi}_t$ 是方程组 $\boldsymbol{Ax}=\boldsymbol{0}$ 的基础解系，且当 $k_1,k_2,\cdots,k_t$ 为任意常数时，$\boldsymbol{\xi}=k_1\boldsymbol{\xi}_1+k_2\boldsymbol{\xi}_2+\cdots+k_t\boldsymbol{\xi}_t$ 为 $\boldsymbol{Ax}=\boldsymbol{0}$ 的通解.

显然，齐次方程组 $\boldsymbol{Ax}=\boldsymbol{0}$ 的基础解系就是它的解的全体组成的向量组的最大无关组.

要求齐次线性方程组的通解，只需求它的基础解系.

定理 4.9 设齐次线性方程组 $\boldsymbol{A}_{m\times n}\boldsymbol{x}=\boldsymbol{0}$ 的系数矩阵 $\boldsymbol{A}$ 的秩 $r(\boldsymbol{A})=r$.

(1) 若 $r<n$ (未知量的个数)，则齐次线性方程组的基础解系存在且恰含有 $n-r$ 个线性无关的解向量.

(2) 若 $r=n$，齐次线性方程组仅有零解.

证 对齐次线性方程组

$$\begin{cases} a_{11}x_1+a_{12}x_2+\cdots+a_{1n}x_n=0 \\ a_{21}x_1+a_{22}x_2+\cdots+a_{2n}x_n=0 \\ \qquad\qquad\vdots \\ a_{m1}x_1+a_{m2}x_2+\cdots+a_{mn}x_n=0 \end{cases} \tag{4.7}$$

设其系数矩阵 $\boldsymbol{A}$ 的秩 $r(\boldsymbol{A})=r$，不妨设 $\boldsymbol{A}$ 的前 r 个列向量线性无关，于是 $\boldsymbol{A}$ 的行最简形矩阵为

$$\boldsymbol{B}=\begin{pmatrix} 1 & \cdots & 0 & b_{11} & \cdots & b_{1,n-r} \\ \vdots & & \vdots & \vdots & & \vdots \\ 0 & \cdots & 1 & b_{r1} & \cdots & b_{r,n-r} \\ 0 & \cdots & 0 & 0 & \cdots & 0 \\ \vdots & & \vdots & \vdots & & \vdots \\ 0 & \cdots & 0 & 0 & \cdots & 0 \end{pmatrix}$$

与 $\boldsymbol{B}$ 对应，有与方程组(4.7)同解的方程组

$$\begin{cases} x_1=-b_{11}x_{r+1}-\cdots-b_{1,n-r}x_n \\ \quad\vdots \\ x_r=-b_{r1}x_{r+1}-\cdots-b_{r,n-r}x_n \end{cases} \tag{4.8}$$

其中，$x_{r+1},\cdots,x_n$ 为 $n-r$ 个自由量.

现依次取自由量 $x_{r+1},\cdots,x_n$ 为下列 $n-r$ 组数：

$$\begin{pmatrix} x_{r+1} \\ x_{r+2} \\ \vdots \\ x_n \end{pmatrix}=\begin{pmatrix} 1 \\ 0 \\ \vdots \\ 0 \end{pmatrix},\begin{pmatrix} 0 \\ 1 \\ \vdots \\ 0 \end{pmatrix},\cdots,\begin{pmatrix} 0 \\ 0 \\ \vdots \\ 1 \end{pmatrix}$$

由方程组(4.8)依次有：

$$\begin{pmatrix} x_1 \\ \vdots \\ x_r \end{pmatrix}=\begin{pmatrix} -b_{11} \\ \vdots \\ -b_{r1} \end{pmatrix},\begin{pmatrix} -b_{12} \\ \vdots \\ -b_{r2} \end{pmatrix},\cdots,\begin{pmatrix} -b_{1,n-r} \\ \vdots \\ -b_{r,n-r} \end{pmatrix}$$

从而求得方程组(4.7)的 $n-r$ 个解

$$\boldsymbol{\xi}_1=\begin{pmatrix}-b_{11}\\ \vdots\\ -b_{r1}\\ 1\\ 0\\ \vdots\\ 0\end{pmatrix},\boldsymbol{\xi}_2=\begin{pmatrix}-b_{12}\\ \vdots\\ -b_{r2}\\ 0\\ 1\\ \vdots\\ 0\end{pmatrix},\cdots,\boldsymbol{\xi}_{n-r}=\begin{pmatrix}-b_{1,n-r}\\ \vdots\\ -b_{r,n-r}\\ 0\\ 0\\ \vdots\\ 1\end{pmatrix}$$

下面证明 $\boldsymbol{\xi}_1,\boldsymbol{\xi}_2,\cdots,\boldsymbol{\xi}_{n-r}$ 构成方程组(4.7)的基础解系.

(1) $\boldsymbol{\xi}_1,\boldsymbol{\xi}_2,\cdots,\boldsymbol{\xi}_{n-r}$ 线性无关.

因向量组 $\begin{pmatrix}1\\ 0\\ \vdots\\ 0\end{pmatrix},\begin{pmatrix}0\\ 1\\ \vdots\\ 0\end{pmatrix},\cdots,\begin{pmatrix}0\\ 0\\ \vdots\\ 1\end{pmatrix}$ 是线性无关的，所以在每个向量前添加 r 个分量得到向量组 $\boldsymbol{\xi}_1,\boldsymbol{\xi}_2,\cdots,\boldsymbol{\xi}_{n-r}$ 线性无关.

(2) 设 $\boldsymbol{x}=\boldsymbol{\xi}=\begin{pmatrix}c_1\\ \vdots\\ c_r\\ c_{r+1}\\ \vdots\\ c_n\end{pmatrix}$ 是方程组(4.7)的任一解，因为 $\boldsymbol{\xi}_1,\boldsymbol{\xi}_2,\cdots,\boldsymbol{\xi}_{n-r}$ 都是方程组(4.7)的解，可知它们的线性组合 $\boldsymbol{\eta}=c_{r+1}\boldsymbol{\xi}_1+c_{r+2}\boldsymbol{\xi}_2+\cdots+c_n\boldsymbol{\xi}_{n-r}=\begin{pmatrix}*\\ *\\ \vdots\\ *\\ c_{r+1}\\ \vdots\\ c_n\end{pmatrix}$ 仍是方程组(4.7)的解，比较后 $n-r$ 个分量可知，$\boldsymbol{\xi}$ 与 $\boldsymbol{\eta}$ 的后面 $n-r$ 个分量，也就是自由量对应相等，由于它们都满足方程组(4.8)，从而知它们的前面 r 个分量必对应相等，因此，$\boldsymbol{\xi}=\boldsymbol{\eta}=c_{r+1}\boldsymbol{\xi}_1+c_{r+2}\boldsymbol{\xi}_2+\cdots+c_n\boldsymbol{\xi}_{n-r}$，即方程组(4.7)的任一解 $\boldsymbol{\xi}$ 可由向量组 $\boldsymbol{\xi}_1,\boldsymbol{\xi}_2,\cdots,\boldsymbol{\xi}_{n-r}$ 线性表示.

由(1)、(2)可知，$\boldsymbol{\xi}_1,\boldsymbol{\xi}_2,\cdots,\boldsymbol{\xi}_{n-r}$ 是方程组(4.7)的基础解系，它含有 $n-r$ 个线性无关的解向量.

综上所述，对齐次线性方程组(4.7)有

(1) 当 $r(\boldsymbol{A})=n$ 时，方程组(4.7)只有零解，无基础解系；

(2) 当 $r(\boldsymbol{A})=r<n$ 时，方程组(4.7)有无穷多解，此时方程组(4.7)的基础解系

由 $n-r$ 个解向量 $\boldsymbol{\xi}_1,\boldsymbol{\xi}_2,\cdots,\boldsymbol{\xi}_{n-r}$ 组成，其通解可表示成

$$\boldsymbol{x}=k_1\boldsymbol{\xi}_1+k_2\boldsymbol{\xi}_2+\cdots+k_{n-r}\boldsymbol{\xi}_{n-r}$$

其中，$k_1,k_2,\cdots,k_{n-r}$ 为任意常数.

【例 4-25】 求齐次线性方程组 $\begin{cases}x_1+x_2-x_3-x_4=0\\2x_1-5x_2+3x_3+2x_4=0\\7x_1-7x_2+3x_3+x_4=0\end{cases}$ 的基础解系与通解.

解 对系数矩阵 $\boldsymbol{A}$ 作初等行变换，变形为行最简形矩阵，即

$$\boldsymbol{A}=\begin{pmatrix}1&1&-1&-1\\2&-5&3&2\\7&-7&3&1\end{pmatrix}\xrightarrow[r_3-7r_1]{r_2-2r_1}\begin{pmatrix}1&1&-1&-1\\0&-7&5&4\\0&-14&10&8\end{pmatrix}$$

$$\xrightarrow{r_3-2r_2}\begin{pmatrix}1&1&-1&-1\\0&-7&5&4\\0&0&0&0\end{pmatrix}\xrightarrow[r_1-r_2]{r_2\div(-7)}\begin{pmatrix}1&0&-\frac{2}{7}&-\frac{3}{7}\\0&1&-\frac{5}{7}&-\frac{4}{7}\\0&0&0&0\end{pmatrix}$$

解法一

取 x_3,x_4 为自由量，便得 $\begin{cases}x_1=\frac{2}{7}x_3+\frac{3}{7}x_4\\x_2=\frac{5}{7}x_3+\frac{4}{7}x_4\end{cases}$，即方程通解：$\boldsymbol{x}=\begin{pmatrix}x_1\\x_2\\x_3\\x_4\end{pmatrix}=k_1\begin{pmatrix}\frac{2}{7}\\\frac{5}{7}\\1\\0\end{pmatrix}+k_2\begin{pmatrix}\frac{3}{7}\\\frac{4}{7}\\0\\1\end{pmatrix}$，该方程组的一个基础解系为：$\boldsymbol{\xi}_1=\begin{pmatrix}\frac{2}{7}\\\frac{5}{7}\\1\\0\end{pmatrix}$，$\boldsymbol{\xi}_2=\begin{pmatrix}\frac{3}{7}\\\frac{4}{7}\\0\\1\end{pmatrix}$.

解法二

由 $\begin{cases}x_1=\frac{2}{7}x_3+\frac{3}{7}x_4\\x_2=\frac{5}{7}x_3+\frac{4}{7}x_4\end{cases}$，依次取 $\begin{pmatrix}x_3\\x_4\end{pmatrix}=\begin{pmatrix}1\\0\end{pmatrix}$，$\begin{pmatrix}0\\1\end{pmatrix}$，则对应有 $\begin{pmatrix}x_1\\x_2\end{pmatrix}=\begin{pmatrix}\frac{2}{7}\\\frac{5}{7}\end{pmatrix}$ 及 $\begin{pmatrix}\frac{3}{7}\\\frac{4}{7}\end{pmatrix}$，即得基础解系：$\boldsymbol{\xi}_1=\begin{pmatrix}\frac{2}{7}\\\frac{5}{7}\\1\\0\end{pmatrix}$，$\boldsymbol{\xi}_2=\begin{pmatrix}\frac{3}{7}\\\frac{4}{7}\\0\\1\end{pmatrix}$，并由此写出通解：

$$\boldsymbol{x}=\begin{pmatrix}x_1\\x_2\\x_3\\x_4\end{pmatrix}=c_1\begin{pmatrix}\frac{2}{7}\\\frac{5}{7}\\1\\0\end{pmatrix}+c_2\begin{pmatrix}\frac{3}{7}\\\frac{4}{7}\\0\\1\end{pmatrix},\quad c_1,c_2\in\mathbf{R}$$

注 也可取 $\begin{pmatrix}x_3\\x_4\end{pmatrix}=\begin{pmatrix}1\\1\end{pmatrix},\begin{pmatrix}1\\-1\end{pmatrix}$,对应 $\begin{pmatrix}x_1\\x_2\end{pmatrix}=\begin{pmatrix}\frac{5}{7}\\\frac{9}{7}\end{pmatrix}$ 及 $\begin{pmatrix}-\frac{1}{7}\\\frac{1}{7}\end{pmatrix}$,即得不同的基础解系:$\eta_1=\begin{pmatrix}\frac{5}{7}\\\frac{9}{7}\\1\\1\end{pmatrix}$,$\eta_2=\begin{pmatrix}-\frac{1}{7}\\\frac{1}{7}\\1\\-1\end{pmatrix}$,从而得到通解:

$$x=\begin{pmatrix}x_1\\x_2\\x_3\\x_4\end{pmatrix}=k_1\begin{pmatrix}\frac{5}{7}\\\frac{9}{7}\\1\\1\end{pmatrix}+k_2\begin{pmatrix}-\frac{1}{7}\\\frac{1}{7}\\1\\-1\end{pmatrix},\quad k_1,k_2\in\mathbf{R}$$

显然,$\boldsymbol{\xi}_1,\boldsymbol{\xi}_2$ 与 $\boldsymbol{\eta}_1,\boldsymbol{\eta}_2$ 是等价的,两个通解虽然形式不一样,但都含有两个任意常数,且都表述方程组的任一解.

【例 4-26】 设矩阵 $\boldsymbol{A}_{m\times n}$、$\boldsymbol{B}_{n\times s}$ 满足 $\boldsymbol{AB}=\boldsymbol{0}$,证明:$r(\boldsymbol{A})+r(\boldsymbol{B})\leqslant n$.

证 将矩阵 $\boldsymbol{B}$ 按列分块为 $\boldsymbol{B}=(b_1,b_2,\cdots,b_s)$,由 $\boldsymbol{AB}=\boldsymbol{0}$ 得 $\boldsymbol{A}b_j=0\ (j=1,2,\cdots,s)$. 即 $\boldsymbol{B}$ 的每一列都是 $\boldsymbol{Ax}=\boldsymbol{0}$ 的解,而 $\boldsymbol{Ax}=\boldsymbol{0}$ 的基础解系含 $n-r(\boldsymbol{A})$ 个解,即 $\boldsymbol{Ax}=\boldsymbol{0}$ 的任何一组解中至多含有 $n-r(\boldsymbol{A})$ 个线性无关的解,因此,$r(\boldsymbol{B})=r(b_1,b_2,\cdots,b_s)\leqslant n-r(\boldsymbol{A})$,即

$$r(\boldsymbol{A})+r(\boldsymbol{B})\leqslant n$$

【例 4-27】 设 n 元齐次线性方程组 $\boldsymbol{Ax}=\boldsymbol{0}$ 与 $\boldsymbol{Bx}=\boldsymbol{0}$ 同解,证明:$r(\boldsymbol{A})=r(\boldsymbol{B})$,并由此结论证明:$r(\boldsymbol{A}^{\mathrm{T}}\boldsymbol{A})=r(\boldsymbol{A})$.

证 由于两个方程组有相同的解集,设为 $\boldsymbol{S}$,即有 $r(\boldsymbol{A})=n-r(\boldsymbol{S})$,$r(\boldsymbol{B})=n-r(\boldsymbol{S})$,因此 $r(\boldsymbol{A})=r(\boldsymbol{B})$,故要证两矩阵的秩相等,只需证它们为系数矩阵的齐次方程组同解.

下证齐次方程组 $\boldsymbol{Ax}=\boldsymbol{0}$ 与 $(\boldsymbol{A}^{\mathrm{T}}\boldsymbol{A})\boldsymbol{x}=\boldsymbol{0}$ 同解.

若 $\boldsymbol{x}$ 满足 $\boldsymbol{Ax}=\boldsymbol{0}$,则 $\boldsymbol{A}^{\mathrm{T}}(\boldsymbol{Ax})=\boldsymbol{0}$,即 $(\boldsymbol{A}^{\mathrm{T}}\boldsymbol{A})\boldsymbol{x}=\boldsymbol{0}$;

若 $\boldsymbol{x}$ 满足 $(\boldsymbol{A}^{\mathrm{T}}\boldsymbol{A})\boldsymbol{x}=\boldsymbol{0}$，则 $\boldsymbol{x}^{\mathrm{T}}(\boldsymbol{A}^{\mathrm{T}}\boldsymbol{A})\boldsymbol{x}=\boldsymbol{0}$，即 $(\boldsymbol{A}\boldsymbol{x})^{\mathrm{T}}(\boldsymbol{A}\boldsymbol{x})=\boldsymbol{0}$，从而 $\boldsymbol{A}\boldsymbol{x}=\boldsymbol{0}$（否则，若 $\boldsymbol{A}\boldsymbol{x}\neq\boldsymbol{0}$，$\boldsymbol{A}\boldsymbol{x}$ 为列向量，$(\boldsymbol{A}\boldsymbol{x})^{\mathrm{T}}$ 为行向量，它们乘积应为 $\|\boldsymbol{A}\boldsymbol{x}\|^2=\boldsymbol{0}$，则 $\boldsymbol{A}\boldsymbol{x}=\boldsymbol{0}$，矛盾）.

综上所述，方程组 $\boldsymbol{A}\boldsymbol{x}=\boldsymbol{0}$ 与 $(\boldsymbol{A}^{\mathrm{T}}\boldsymbol{A})\boldsymbol{x}=\boldsymbol{0}$ 同解，因此 $r(\boldsymbol{A}^{\mathrm{T}}\boldsymbol{A})=r(\boldsymbol{A})$.

二、非齐次线性方程组

对于非齐次线性方程组 $\boldsymbol{A}_{m\times n}\boldsymbol{x}=\boldsymbol{b}$，其解具有如下性质.

性质 3 设 $\boldsymbol{x}=\boldsymbol{\eta}_1$，$\boldsymbol{x}=\boldsymbol{\eta}_2$ 都是 $\boldsymbol{A}\boldsymbol{x}=\boldsymbol{b}$ 的解，则 $\boldsymbol{x}=\boldsymbol{\eta}_1-\boldsymbol{\eta}_2$ 为其对应的齐次线性方程组 $\boldsymbol{A}\boldsymbol{x}=\boldsymbol{0}$ 的解.

证 $\boldsymbol{A}(\boldsymbol{\eta}_1-\boldsymbol{\eta}_2)=\boldsymbol{A}\boldsymbol{\eta}_1-\boldsymbol{A}\boldsymbol{\eta}_2=\boldsymbol{b}-\boldsymbol{b}=0$，即证.

性质 4 设 $\boldsymbol{x}=\boldsymbol{\eta}$ 是非齐次线性方程组 $\boldsymbol{A}\boldsymbol{x}=\boldsymbol{b}$ 的解，$\boldsymbol{x}=\boldsymbol{\xi}$ 为其对应齐次线性方程组 $\boldsymbol{A}\boldsymbol{x}=\boldsymbol{0}$ 的解，则 $\boldsymbol{x}=\boldsymbol{\eta}+\boldsymbol{\xi}$ 仍为非齐次线性方程组 $\boldsymbol{A}\boldsymbol{x}=\boldsymbol{b}$ 的解.

证 $\boldsymbol{A}(\boldsymbol{\eta}+\boldsymbol{\xi})=\boldsymbol{A}\boldsymbol{\eta}+\boldsymbol{A}\boldsymbol{\xi}=0+\boldsymbol{b}=\boldsymbol{b}$，即证.

定理 4.10 设 $\boldsymbol{\eta}^*$ 是非齐次线性方程组 $\boldsymbol{A}\boldsymbol{x}=\boldsymbol{b}$ 的一个解，$\boldsymbol{\xi}_1,\boldsymbol{\xi}_2,\cdots,\boldsymbol{\xi}_{n-r}$ 是对应的齐次线性方程组的基础解系，则方程组 $\boldsymbol{A}\boldsymbol{x}=\boldsymbol{b}$ 的通解为

$$\boldsymbol{x}=k_1\boldsymbol{\xi}_1+k_2\boldsymbol{\xi}_2+\cdots+k_{n-r}\boldsymbol{\xi}_{n-r}+\boldsymbol{\eta}^*$$

其中，$k_1,k_2,\cdots,k_{n-r}$ 为任意实数.

证 设 $\boldsymbol{x}$ 是 $\boldsymbol{A}\boldsymbol{x}=\boldsymbol{b}$ 的任一解，由于 $\boldsymbol{A}\boldsymbol{\eta}^*=\boldsymbol{b}$，故 $\boldsymbol{x}-\boldsymbol{\eta}^*$ 是 $\boldsymbol{A}\boldsymbol{x}=0$ 的解，而 $\boldsymbol{\xi}_1,\boldsymbol{\xi}_2,\cdots,\boldsymbol{\xi}_{n-r}$ 是 $\boldsymbol{A}\boldsymbol{x}=0$ 的基础解系，故 $\boldsymbol{x}-\boldsymbol{\eta}^*=k_1\boldsymbol{\xi}_1+k_2\boldsymbol{\xi}_2+\cdots+k_{n-r}\boldsymbol{\xi}_{n-r}$，即

$$\boldsymbol{x}=k_1\boldsymbol{\xi}_1+k_2\boldsymbol{\xi}_2+\cdots+k_{n-r}\boldsymbol{\xi}_{n-r}+\boldsymbol{\eta}^*$$

定理 4.10 表明，非齐次线性方程组 $\boldsymbol{A}\boldsymbol{x}=\boldsymbol{b}$ 的通解为其对应的齐次线性方程组的通解加上它本身的一个解所构成.

【例 4-28】 解方程组 $\begin{cases}x_1+2x_2-2x_3+3x_4=2\\2x_1+4x_2-3x_3+4x_4=5\\5x_1+10x_2-8x_3+11x_4=12\end{cases}$.

解 对增广矩阵实施初等行变换，有

$$(\boldsymbol{A}|\boldsymbol{b})=\left(\begin{array}{cccc|c}1&2&-2&3&2\\2&4&-3&4&5\\5&10&-8&11&12\end{array}\right)\xrightarrow[r_3-5r_1]{r_2-2r_1}\left(\begin{array}{cccc|c}1&2&-2&3&2\\0&0&1&-2&1\\0&0&2&-4&2\end{array}\right)$$

$$\xrightarrow[r_3-2r_2]{r_1+2r_2}\left(\begin{array}{cccc|c}1&2&0&-1&4\\0&0&1&-2&1\\0&0&0&0&0\end{array}\right)$$

知：$r(\boldsymbol{A})=r(\boldsymbol{A}|\boldsymbol{b})=2<4$，故方程组有无穷多解.

解法一

与方程组同解的方程组为

$$\begin{cases} x_1+2x_2-x_4=4 \\ x_3-2x_4=1 \end{cases}$$

设 x_2,x_4 为自由量,有

$$\begin{cases} x_1=-2x_2+x_4+4 \\ x_2=x_2 \\ x_3=2x_4+1 \\ x_4=x_4 \end{cases}$$

即原方程组通解为

$$x=\begin{pmatrix} x_1 \\ x_2 \\ x_3 \\ x_4 \end{pmatrix}=c_1\begin{pmatrix} -2 \\ 1 \\ 0 \\ 0 \end{pmatrix}+c_2\begin{pmatrix} 1 \\ 0 \\ 2 \\ 1 \end{pmatrix}+\begin{pmatrix} 4 \\ 0 \\ 1 \\ 0 \end{pmatrix},\quad c_1,c_2\in\mathbf{R}$$

也即有:$\boldsymbol{x}=c_1\boldsymbol{\xi}_1+c_2\boldsymbol{\xi}_2+\boldsymbol{\eta}^*$.

解法二

取 x_2,x_4 为自由量,原方程通解的方程组为

$$\begin{cases} x_1=-2x_2+x_4+4 \\ x_3=2x_4+1 \end{cases}$$

令 $x_2=1,x_4=0$,得 $x_1=2,x_3=1$,即得非齐次线性方程组的一个解为

$$\boldsymbol{\eta}^*=\begin{pmatrix} 2 \\ 1 \\ 1 \\ 0 \end{pmatrix}$$

在对应的齐次线性方程组 $\begin{cases} x_1=-2x_2+x_4 \\ x_3=2x_4 \end{cases}$ 中依次取 $\begin{pmatrix} x_2 \\ x_4 \end{pmatrix}=\begin{pmatrix} 1 \\ 0 \end{pmatrix},\begin{pmatrix} 0 \\ 1 \end{pmatrix}$,则 $\begin{pmatrix} x_1 \\ x_3 \end{pmatrix}=\begin{pmatrix} -2 \\ 0 \end{pmatrix},\begin{pmatrix} 1 \\ 2 \end{pmatrix}$. 因此,对应的齐次线性方程组的基础解系为 $\boldsymbol{\xi}_1=\begin{pmatrix} -2 \\ 1 \\ 0 \\ 0 \end{pmatrix},\boldsymbol{\xi}_2=\begin{pmatrix} 1 \\ 0 \\ 2 \\ 1 \end{pmatrix}$,于是原方程组的通解为

$$x=\begin{pmatrix} x_1 \\ x_2 \\ x_3 \\ x_4 \end{pmatrix}=c_1\begin{pmatrix} -2 \\ 1 \\ 0 \\ 0 \end{pmatrix}+c_2\begin{pmatrix} 1 \\ 0 \\ 2 \\ 1 \end{pmatrix}+\begin{pmatrix} 2 \\ 1 \\ 1 \\ 0 \end{pmatrix}$$

即 $x=c_1\xi_1+c_2\xi_2+\eta^*$，$c_1,c_2\in\mathbf{R}$.

【例 4-29】 设 $\boldsymbol{A}=(a_{ij})$为四阶方阵，$\boldsymbol{b}=(b_1,b_2,b_3,b_4)^{\mathrm{T}}$，已知 $r(\boldsymbol{A})=3$，$\boldsymbol{\eta}_1,\boldsymbol{\eta}_2,\boldsymbol{\eta}_3$ 是非齐次线性方程组 $\boldsymbol{Ax}=b$ 的三个解，且 $\boldsymbol{\eta}_1+\boldsymbol{\eta}_2=(1,2,2,1)^{\mathrm{T}}$，$\boldsymbol{\eta}_3=(1,2,3,4)^{\mathrm{T}}$，求 $\boldsymbol{Ax}=\boldsymbol{b}$ 的通解.

解 因为 $r(\boldsymbol{A})=3<4$，所以 $\boldsymbol{Ax}=\boldsymbol{0}$ 的基础解系中含有一个解向量，由于 $\boldsymbol{A\eta}_i=\boldsymbol{b}$ $(i=1,2,3)$，故 $\boldsymbol{A}(\boldsymbol{\eta}_1+\boldsymbol{\eta}_2-2\boldsymbol{\eta}_3)=\boldsymbol{A\eta}_1+\boldsymbol{A\eta}_2-2\boldsymbol{A\eta}_3=\boldsymbol{b}+\boldsymbol{b}-2\boldsymbol{b}=0$，故可取 $\boldsymbol{\xi}=\boldsymbol{\eta}_1+\boldsymbol{\eta}_2-2\boldsymbol{\eta}_3=(-1,-2,-4,-7)^{\mathrm{T}}$ 为 $\boldsymbol{Ax}=0$ 的基础解系.

又 $\boldsymbol{\eta}_3$ 是 $\boldsymbol{Ax}=\boldsymbol{b}$ 的一个解，所以 $\boldsymbol{Ax}=\boldsymbol{b}$ 的通解为

$$\boldsymbol{x}=k\boldsymbol{\xi}+\boldsymbol{\eta}_3=k\begin{pmatrix}-1\\-2\\-4\\-7\end{pmatrix}+\begin{pmatrix}1\\2\\3\\4\end{pmatrix},\quad k\in\mathbf{R}$$

习　题　4.5

1. 判断题.

(1) 齐次线性方程组 $\boldsymbol{Ax}=\boldsymbol{0}$ 有两个不同的解，则一定有无穷多解；（　　）

(2) 非齐次线性方程组 $\boldsymbol{A}_{m\times n}\boldsymbol{x}=\boldsymbol{b}$ 中，矩阵 $\boldsymbol{A}$ 的 n 个列向量线性无关，则方程组有唯一解；（　　）

(3) 齐次线性方程组 $\boldsymbol{A}_{m\times n}\boldsymbol{x}=0$，矩阵 $\boldsymbol{A}$ 的 n 个列向量线性无关，则仅有零解.（　　）

2. 求下列齐次线性方程组的基础解系.

(1) $\begin{cases}x_1-8x_2+10x_3+2x_4=0\\2x_1+4x_2+5x_3-x_4=0\\3x_1+8x_2+6x_3-2x_4=0\end{cases}$；　(2) $\begin{cases}2x_1-3x_2-2x_3+x_4=0\\3x_1+5x_2+4x_3-2x_4=0\\8x_1+7x_2+6x_3-3x_4=0\end{cases}$.

3. 求下列非齐次方程的通解.

(1) $\begin{cases}x_1+x_2=5\\2x_1+x_2+x_3+2x_4=1\\5x_1+3x_2+2x_3+2x_4=3\end{cases}$；　(2) $\begin{cases}x_1-5x_2+2x_3-3x_4=11\\5x_1+3x_2+6x_3-x_4=-1\\2x_1+4x_2+2x_3+x_4=-6\end{cases}$.

4. 设四元齐次线性方程组(1) $\begin{cases}x_1+x_2=0\\x_2-x_4=0\end{cases}$；(2) $\begin{cases}x_1-x_2+x_3=0\\x_2-x_3+x_4=0\end{cases}$，

(1) 求方程组(1)、(2)的基础解系；　(2) 求方程组(1)与(2)的公共解.

5. 求一个齐次线性方程组，使它的基础解系为

$$\boldsymbol{\xi}_1=(0,1,2,3)^{\mathrm{T}},\quad \boldsymbol{\xi}_2=(3,2,1,0)^{\mathrm{T}}$$

第六节　应用实例

一、最少的调味品的种类问题

【例 4-30】 某调料公司用 7 种成分来制造多种调味品,表 4.1 给出了 6 种调味品 A、B、C、D、E、F 每包所需各成分的量.

表 4.1

	A	B	C	D	E	F
红辣椒	3	1.5	4.5	7.5	9	4.5
姜黄	2	4	0	8	1	6
胡椒	1	2	0	4	2	3
欧莳萝	1	2	0	4	1	3
大蒜粉	0.5	1	0	2	2	1.5
盐	0.5	1	0	2	2	1.5
丁香油	0.25	0.5	0	2	1	0.75

(1) 一个顾客为了避免购买全部 6 种调味品,他可以只购买其中的一部分并用它配制出其余几种调味品,为了能配制出其余几种调味品,这位顾客必须购买的最少的调味品的种类是多少?写出所需最少的调味品的集合.

(2) 问题(1)中得到的最小调味品集合是否唯一?能否找到另一个最小调味品集合?

(3) 利用在(1)中找到的最小调味品的集合,按表 4.2 成分 1 配制一种新的调味品.

表 4.2

红辣椒	姜黄	胡椒	欧莳萝	大蒜粉	盐	丁香油
18	18	9	9	4.5	4.5	3.25

写下每种调味品所要的包数.

(4) 6 种调味品每包的价格如表 4.3 所示.

表 4.3　　单位:元

A	B	C	D	E	F
2.30	1.15	1.00	3.20	2.50	3.00

利用(1)、(2)中所找到的最小调味品集合,计算(3)中配制的新调味品的价格.

(5) 另一个顾客希望按表 4.4 所示的成分配制一种调味品.

表 4.4

红辣椒	姜黄	胡椒	欧莳萝	大蒜粉	盐	丁香油
12	14	7	7	35	35	175

他要购买的最小调味品集合是什么？

(6) 本题中用到了本章的哪些知识点？

解 分别记 6 种调味品各自的成分列向量分别为：$\boldsymbol{\alpha}_1,\boldsymbol{\alpha}_2,\boldsymbol{\alpha}_3,\boldsymbol{\alpha}_4,\boldsymbol{\alpha}_5,\boldsymbol{\alpha}_6$.

(1) 依题意，实际上就是要找出 $\boldsymbol{\alpha}_1,\boldsymbol{\alpha}_2,\boldsymbol{\alpha}_3,\boldsymbol{\alpha}_4,\boldsymbol{\alpha}_5,\boldsymbol{\alpha}_6$ 的一个最大无关组，记 $\boldsymbol{M}=(\boldsymbol{\alpha}_1,\boldsymbol{\alpha}_2,\boldsymbol{\alpha}_3,\boldsymbol{\alpha}_4,\boldsymbol{\alpha}_5,\boldsymbol{\alpha}_6)$，作初等行变换化为行最简形.

$$\boldsymbol{M}=\begin{pmatrix} 3 & 1.5 & 4.5 & 7.5 & 9 & 4.5 \\ 2 & 4 & 0 & 8 & 1 & 6 \\ 1 & 2 & 0 & 4 & 2 & 3 \\ 1 & 2 & 0 & 4 & 1 & 3 \\ 0.5 & 1 & 0 & 2 & 2 & 1.5 \\ 0.5 & 1 & 0 & 2 & 2 & 1.5 \\ 0.25 & 0.5 & 0 & 2 & 1 & 0.75 \end{pmatrix} \xrightarrow{r} \begin{pmatrix} 1 & 0 & 2 & 0 & 0 & 1 \\ 0 & 1 & -1 & 0 & 0 & 1 \\ 0 & 0 & 0 & 1 & 0 & 0 \\ 0 & 0 & 0 & 0 & 1 & 0 \\ 0 & 0 & 0 & 0 & 0 & 0 \\ 0 & 0 & 0 & 0 & 0 & 0 \\ 0 & 0 & 0 & 0 & 0 & 0 \end{pmatrix}$$

容易得到向量组 $\boldsymbol{\alpha}_1,\boldsymbol{\alpha}_2,\boldsymbol{\alpha}_3,\boldsymbol{\alpha}_4,\boldsymbol{\alpha}_5,\boldsymbol{\alpha}_6$ 的秩为 4，且最大无关组有 6 个：$\boldsymbol{\alpha}_1,\boldsymbol{\alpha}_2,\boldsymbol{\alpha}_4,\boldsymbol{\alpha}_5$；$\boldsymbol{\alpha}_2,\boldsymbol{\alpha}_3,\boldsymbol{\alpha}_4,\boldsymbol{\alpha}_5$；$\boldsymbol{\alpha}_1,\boldsymbol{\alpha}_3,\boldsymbol{\alpha}_4,\boldsymbol{\alpha}_5$；$\boldsymbol{\alpha}_1,\boldsymbol{\alpha}_4,\boldsymbol{\alpha}_5,\boldsymbol{\alpha}_6$；$\boldsymbol{\alpha}_2,\boldsymbol{\alpha}_4,\boldsymbol{\alpha}_5,\boldsymbol{\alpha}_6$；$\boldsymbol{\alpha}_3,\boldsymbol{\alpha}_4,\boldsymbol{\alpha}_5,\boldsymbol{\alpha}_6$. 但由于问题的实际意义，只有当其余两个向量在由该最大无关组线性表示时的系数均为非负，才可以.

由于取 $\boldsymbol{\alpha}_2,\boldsymbol{\alpha}_3,\boldsymbol{\alpha}_4,\boldsymbol{\alpha}_5$ 为最大无关组时，有

$$\boldsymbol{\alpha}_1=\frac{1}{2}\boldsymbol{\alpha}_2+\frac{1}{2}\boldsymbol{\alpha}_3+0\boldsymbol{\alpha}_4+0\boldsymbol{\alpha}_5,\quad \boldsymbol{\alpha}_6=\frac{3}{2}\boldsymbol{\alpha}_2+\frac{1}{2}\boldsymbol{\alpha}_3+0\boldsymbol{\alpha}_4+0\boldsymbol{\alpha}_5$$

可以用 B、C、D、E 四种调味品作为最小调味品集合.

(2) 由(1)中的分析，以及 $\boldsymbol{\alpha}_4,\boldsymbol{\alpha}_5$ 在最大无关组中的不可替代性，最大无关组中另两个向量只能从 $\boldsymbol{\alpha}_1,\boldsymbol{\alpha}_2,\boldsymbol{\alpha}_3,\boldsymbol{\alpha}_6$ 中挑选，而 $\boldsymbol{\alpha}_1,\boldsymbol{\alpha}_6$ 用 $\boldsymbol{\alpha}_2,\boldsymbol{\alpha}_3,\boldsymbol{\alpha}_4,\boldsymbol{\alpha}_5$ 的线性表达式中可看出，任何移项的动作都将会使系数变成负数，从而失去意义，故(1)中的最小调味品集合是唯一的.

(3) 记：$\boldsymbol{\beta}=(18,18,9,9,4.5,4.5,3.25)^{\mathrm{T}}$，则问题转化为讨论向量 $\boldsymbol{\beta}$ 能否由 $\boldsymbol{\alpha}_2,\boldsymbol{\alpha}_3,\boldsymbol{\alpha}_4,\boldsymbol{\alpha}_5$ 线性表示，由

$$(\boldsymbol{\alpha}_2,\boldsymbol{\alpha}_3,\boldsymbol{\alpha}_4,\boldsymbol{\alpha}_5,\boldsymbol{\beta})\xrightarrow{r}\begin{pmatrix} 1 & 0 & 0 & 0 & 2.5 \\ 0 & 1 & 0 & 0 & 1.5 \\ 0 & 0 & 1 & 0 & 1 \\ 0 & 0 & 0 & 1 & 0 \\ 0 & 0 & 0 & 0 & 0 \\ 0 & 0 & 0 & 0 & 0 \\ 0 & 0 & 0 & 0 & 0 \end{pmatrix}$$

得
$$\boldsymbol{\beta}=2.5\boldsymbol{\alpha}_2+1.5\boldsymbol{\alpha}_3+\boldsymbol{\alpha}_4$$
即知一包新调味品可由 2.5 包 B、1.5 包 C 加上 1 包 D 调味品配制而成.

(4) 依题意,知(3)中的新调味品一包的价格应为
$$1.15\times2.5+1.00\times1.5+3.20\times1=7.575\ (\text{元})$$

(5) 类似于第三问,记 $\boldsymbol{\gamma}=(12,14,7,7,35,35,175)^{\mathrm{T}}$,由
$$(\boldsymbol{\alpha}_2,\boldsymbol{\alpha}_3,\boldsymbol{\alpha}_4,\boldsymbol{\alpha}_5,\boldsymbol{\gamma})\rightarrow\begin{pmatrix}1&0&0&0&-595\\0&1&0&0&-333/2\\0&0&1&0&315/2\\0&0&0&1&0\\0&0&0&0&1\\0&0&0&0&0\\0&0&0&0&0\end{pmatrix}$$
可知 $\boldsymbol{\gamma}$ 不能由 $\boldsymbol{\alpha}_2,\boldsymbol{\alpha}_3,\boldsymbol{\alpha}_4,\boldsymbol{\alpha}_5$ 线性表示,亦即此种调味品不能由(1)中的最小调味品集合来配制,进而此种调味品找不到最小调味品集合.

(6) 本题用到知识点:线性无关、最大无关组、线性表示等.

二、差分方程中的应用

现在,功能强大的计算机被广泛地应用在各个领域,越来越多的科学上和工程上的问题,在某种意义上讲,用离散的或数字化的数据来处理胜过用连续的数据来处理.差分方程往往是分析这样的数据的合适工具,甚至当使用微分方程作连续过程的模型时,其数值解也常常由一个相关的差分方程得到.

1. 离散时间信号

离散时间信号的向量空间 $\boldsymbol{S}$ 是数的双向无穷序列空间(通常写成行而不写成列):$\{y_k\}=(\cdots,y_{-2},y_{-1},y_0,y_1,y_2,\cdots)$,若$\{z_k\}$是 $\boldsymbol{S}$ 中的另一个元素,则$\{y_k\}+\{z_k\}$成为序列$\{y_k+z_k\}$,它由$\{y_k\}$与$\{z_k\}$对应项之和构成,数乘 $c\{y_k\}$是序列$\{cy_k\}$.

$\boldsymbol{S}$ 中的元素来源于工程学,例如,每当一个信号在离散时间上被测量时,它就可被看作 $\boldsymbol{S}$ 中的一个个元素,这样的信号可以是电的、机械的、光的,等等.我们将 $\boldsymbol{S}$ 称为离散时间信号空间.$\boldsymbol{S}$ 中的一个信号是一个只定义在整数上的函数,同时可用一个数列将其直观化,即$\{y_k\}$,图 4-1 中展示出三个典型的信号,它们的通项分别是:$(0.7)^k,1^k,(-1)^k$.

数字信号显然来自电学和控制系统工程学,但离散数据序列也来自生物学、物理学、经济学、人口统计学,以及其他任何需要在离散时间区间测量或抽样的过程的领域.

【例 4-31】 光盘唱机中发出的清晰的声音是以每秒 44100 次的速度从音乐中抽样而成的,在每次测量时,音乐信号的振幅用一个数字的形式记录下来,即 y_k.最

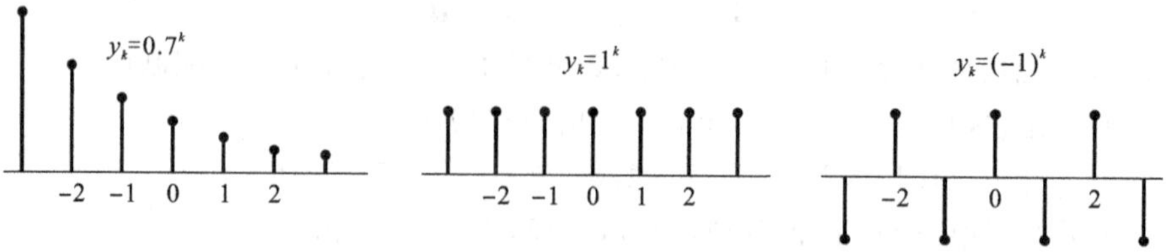

图 4-1

初的音乐是由各种频率的不同声音合成的，然而序列$\{y_k\}$包含足够多的信息用来复制声音中的所有频率，最高达到大约每秒 20000 个周期，这超出了人耳所能感觉到的范围.

2. 信号空间 S 中的线性无关性

为了简化符号，我们考虑一个仅包含三个信号$\{u_k\}$，$\{v_k\}$，$\{w_k\}$的集合 $\boldsymbol{S}$，当方程

$$c_1u_k+c_2v_k+c_3w_k=0 \tag{4.9}$$

对所有 k 都成立，蕴涵 $c_1=c_2=c_3=0$ 时，$\{u_k\}$，$\{v_k\}$，$\{w_k\}$恰好是线性无关的. 这里说“对所有 k 都成立”指对所有整数——正整数、负整数和 0 均成立，我们可能考虑从 $k=0$ 开始的信号，例如，这时“对所有 k 都成立”将表示对所有 $k\geqslant 0$ 的整数成立.

假设 c_1,c_2,c_3 满足式(4.9)，那么式(4.9)对任意三个相邻的值 $k,k+1,k+2$ 成立，这样式(4.9)蕴涵$\begin{cases}c_1u_{k+1}+c_2v_{k+1}+c_3w_{k+1}=0\\c_1u_{k+2}+c_2v_{k+2}+c_3w_{k+2}=0\end{cases}$对所有 k 成立，从而 c_1,c_2,c_3 满足

$$\begin{pmatrix}u_k & v_k & w_k\\u_{k+1} & v_{k+1} & w_{k+1}\\u_{k+2} & v_{k+2} & w_{k+2}\end{pmatrix}\begin{pmatrix}c_1\\c_2\\c_3\end{pmatrix}=\begin{pmatrix}0\\0\\0\end{pmatrix} \tag{4.10}$$

对所有 k 成立.

这个方程组的系数矩阵称为信号的 Casorati 矩阵，这个矩阵的行列式称为$\{u_k\}$，$\{v_k\}$，$\{w_k\}$的 Casorati 行列式，如果对至少一个 k 值 Casorati 矩阵可逆，则式(4.10)将蕴涵$c_1=c_2=c_3=0$，这就证明这三个信号是线性无关的.

【例 4-32】 证明：1^k，$(-2)^k$，3^k 是线性无关的信号.

证 Casorati 矩阵为$\begin{pmatrix}1^k & (-2)^k & 3^k\\1^{k+1} & (-2)^{k+1} & 3^{k+1}\\1^{k+2} & (-2)^{k+2} & 3^{k+2}\end{pmatrix}$，通过初等行变换可相当简单地证明这个矩阵是可逆的，然而若代入 $k=0$，则会更快通过初等行变换化简这个数值矩阵：

$$\begin{pmatrix}1 & 1 & 1\\1 & -2 & 3\\1 & 4 & 9\end{pmatrix}\xrightarrow{r}\begin{pmatrix}1 & 1 & 1\\0 & -3 & 2\\0 & 3 & 8\end{pmatrix}\xrightarrow{r}\begin{pmatrix}1 & 1 & 1\\0 & -3 & 2\\0 & 0 & 10\end{pmatrix}$$

这个 Casorati 矩阵对 $k=0$ 可逆，所以 $1^k,(-2)^k,3^k$ 是线性无关的.

若 Casorati 矩阵不可逆，相应的信号通过检测可能线性相关也可能不是线性相关.

阅读材料

空间飞行与控制系统

1981 年 4 月，在清凉的棕榈星期日（复活节前的星期日）的早晨，12 层楼高、75 吨重的美国哥伦比亚号航天飞机壮观地飞离发射台，作为十年集中研究和开发的成果，这架美国第一架航天飞机是控制系统工程设计的最好例子，它涉及工程学的许多分支——航空、化学、电子、液压及机械工程.

航天飞机的控制系统对飞行是绝对关键的，由于航天飞机是一个不稳定的空中机体，在大气层飞行时它需要不间断地用计算机监控，飞行控制系统不断地向空气动力控制表和 44 个小推进器喷口发送命令.

从数学的角度看，一个工程学系统输入和输出信号都是函数，这些函数的加法和数乘运算在应用中十分重要. 函数的这两个运算完全类似于 $\mathbf{R}^n$ 中向量的加法和数乘运算的性质，由于这个原因，所有可能的输入（函数）的集合称为一个向量空间. 系统工程学的数学基础依赖于向量空间.

内 容 小 结

主要概念

向量的线性组合（线性表示）、线性相关、线性无关、向量组等价、极大无关组、向量组的秩、基础解系、向量空间、基、维数、坐标

基本内容

1. 向量组的线性关系

1）线性组合

判别向量 $\boldsymbol{\alpha}$ 能否由向量组 $\boldsymbol{\alpha}_1,\boldsymbol{\alpha}_2,\cdots,\boldsymbol{\alpha}_m$ 线性表示，若能，求组合系数.

令 $\boldsymbol{A}_{m\times n}=(\boldsymbol{\alpha}_1,\boldsymbol{\alpha}_2,\cdots,\boldsymbol{\alpha}_m)$，$\boldsymbol{K}_{m\times n}=(\boldsymbol{k}_1,\boldsymbol{k}_2,\cdots,\boldsymbol{k}_m)^{\mathrm{T}}$，则化为非齐次线性方程组的求解问题，若 $\boldsymbol{AK}=\boldsymbol{\alpha}$ 有解，则 $\boldsymbol{\alpha}$ 是向量组 $\boldsymbol{\alpha}_1,\boldsymbol{\alpha}_2,\cdots,\boldsymbol{\alpha}_m$ 的线性组合，方程组的解即为组合系数；若 $\boldsymbol{AK}=\boldsymbol{\alpha}$ 无解，则 $\boldsymbol{\alpha}$ 不是向量组 $\boldsymbol{\alpha}_1,\boldsymbol{\alpha}_2,\cdots,\boldsymbol{\alpha}_m$ 的线性组合（表示）.

2）判别 $\boldsymbol{\alpha}_1,\boldsymbol{\alpha}_2,\cdots,\boldsymbol{\alpha}_m$ 线性相关性的三个方法

（1）定义法　若存在一组不全为零的 $k_i,i=1,2,\cdots,m$ 使 $\sum\limits_{i=1}^{m}k_i\boldsymbol{\alpha}_i=0$，则向量组

$\boldsymbol{\alpha}_1,\boldsymbol{\alpha}_2,\cdots,\boldsymbol{\alpha}_m$ 线性相关，否则线性无关.

(2) 方程组法　设 $\boldsymbol{A}_{m\times n}=(\boldsymbol{\alpha}_1,\boldsymbol{\alpha}_2,\cdots,\boldsymbol{\alpha}_m)$，$\boldsymbol{K}_{m\times n}=(\boldsymbol{k}_1,\boldsymbol{k}_2,\cdots,\boldsymbol{k}_m)^{\mathrm{T}}$，齐次线性方程组 $\boldsymbol{AK}=\boldsymbol{0}$ 若有非零解，则 $\boldsymbol{\alpha}_1,\boldsymbol{\alpha}_2,\cdots,\boldsymbol{\alpha}_m$ 线性相关；若仅有零解，则线性无关.

(3) 矩阵的秩法　把向量组排成矩阵 $\boldsymbol{A}=(\boldsymbol{\alpha}_1,\boldsymbol{\alpha}_2,\cdots,\boldsymbol{\alpha}_m)$，用初等变换化矩阵为阶梯形求 $r(\boldsymbol{A})$，

当 $r(\boldsymbol{A})<m$ 时，向量组 $\boldsymbol{\alpha}_1,\boldsymbol{\alpha}_2,\cdots,\boldsymbol{\alpha}_m$ 线性相关；

当 $r(\boldsymbol{A})=m$ 时，向量组 $\boldsymbol{\alpha}_1,\boldsymbol{\alpha}_2,\cdots,\boldsymbol{\alpha}_m$ 线性无关.

特殊：n 个 n 维向量 $\boldsymbol{\alpha}_1,\boldsymbol{\alpha}_2,\cdots,\boldsymbol{\alpha}_n$，当 $|\boldsymbol{A}|=0\ (\neq 0)$ 时，向量组 $\boldsymbol{\alpha}_1,\boldsymbol{\alpha}_2,\cdots,\boldsymbol{\alpha}_m$ 线性相关(无关).

2. 极大无关组与向量组的秩

1) 向量组 $\boldsymbol{V}$ 中的极大无关组的等价命题

(1) $\boldsymbol{\alpha}_1,\boldsymbol{\alpha}_2,\cdots,\boldsymbol{\alpha}_r\in\boldsymbol{V}$ 线性无关，且 $\forall\boldsymbol{\alpha}\in\boldsymbol{V}$ 都可由此向量组表示.

(2) $\boldsymbol{\alpha}_1,\boldsymbol{\alpha}_2,\cdots,\boldsymbol{\alpha}_r\in\boldsymbol{V}$ 线性无关，且 $\forall\boldsymbol{\alpha}\in\boldsymbol{V}$，$\boldsymbol{\alpha},\boldsymbol{\alpha}_1,\boldsymbol{\alpha}_2,\cdots,\boldsymbol{\alpha}_r$ 线性相关.

(3) $\boldsymbol{\alpha}_1,\boldsymbol{\alpha}_2,\cdots,\boldsymbol{\alpha}_r\in\boldsymbol{V}$ 线性无关，向量组 $\boldsymbol{V}$ 中任 $r+1$ 个向量线性相关.

2) 极大无关组与秩的求法

把向量组 $\boldsymbol{\alpha}_1,\boldsymbol{\alpha}_2,\cdots,\boldsymbol{\alpha}_m$ 按列排成矩阵 $\boldsymbol{A}$，对 $\boldsymbol{A}$ 实施初等行变换化为阶梯形，行最简形为 $\boldsymbol{B}=(\boldsymbol{\beta}_1,\boldsymbol{\beta}_2,\cdots,\boldsymbol{\beta}_m)$，由阶梯形易求出 $r(\boldsymbol{A})=r$，且易见一个极大无关组为 $\boldsymbol{\beta}_{i1}$，$\boldsymbol{\beta}_{i2},\cdots,\boldsymbol{\beta}_{ir}$，则可求得原向量组一个极大无关组为 $\boldsymbol{\alpha}_{i1},\boldsymbol{\alpha}_{i2},\cdots,\boldsymbol{\alpha}_{ir}$.

3. 向量组线性相关性及秩的几个结论

(1) 向量组 $\boldsymbol{\alpha}_1,\boldsymbol{\alpha}_2,\cdots,\boldsymbol{\alpha}_m$ 线性相关充要条件是组中至少有一个向量能够由其余向量线性表示.

(2) 若向量组中部分向量线性相关，则此向量线性相关；若向量组线性无关，则其中任意部分组线性无关.

(3) 任 $n+1$ 个 n 维向量线性相关.

(4) 若向量组 $\boldsymbol{\alpha}_1,\boldsymbol{\alpha}_2,\cdots,\boldsymbol{\alpha}_r$ 可由向量组 $\boldsymbol{\beta}_1,\boldsymbol{\beta}_2,\cdots,\boldsymbol{\beta}_s$ 线性表示，且 $\boldsymbol{\alpha}_1,\boldsymbol{\alpha}_2,\cdots,\boldsymbol{\alpha}_r$ 线性无关，则 $r\leqslant s$.

若向量组 $\boldsymbol{\alpha}_1,\boldsymbol{\alpha}_2,\cdots,\boldsymbol{\alpha}_r$ 可由向量组 $\boldsymbol{\beta}_1,\boldsymbol{\beta}_2,\cdots,\boldsymbol{\beta}_s$ 线性表示，且 $r>s$，则 $\boldsymbol{\alpha}_1,\boldsymbol{\alpha}_2,\cdots,\boldsymbol{\alpha}_r$ 线性相关.

(5) 等价的两个向量组的秩相等.

若向量组 $\boldsymbol{A}$ 能由向量组 $\boldsymbol{B}$ 线性表示，则 $r(\boldsymbol{A})<r(\boldsymbol{B})$.

(6) 矩阵 $\boldsymbol{A}$ 的秩等于构成矩阵 $\boldsymbol{A}$ 的列(行)向量组的秩.

4. 向量空间的基、维数、坐标

(1) 向量集合 $\boldsymbol{V}$ 中元素若满足两个条件：① 加法运算封闭，② 数乘运算封闭，则称向量集合 $\boldsymbol{V}$ 为向量空间.

(2) 判别向量空间的基的两个方法：

① 定义法.

$\boldsymbol{\alpha}_1,\boldsymbol{\alpha}_2,\cdots,\boldsymbol{\alpha}_m$ 线性无关，且 $\forall\boldsymbol{\alpha}\in\boldsymbol{V}$ 可由此向量组线性表示，则 $\boldsymbol{\alpha}_1,\boldsymbol{\alpha}_2,\cdots,\boldsymbol{\alpha}_m$ 为向量空间 $\boldsymbol{V}$ 的一组基.

② 判定定理.

n 维空间 $\boldsymbol{V}$ 中，n 个线性无关的向量是 $\boldsymbol{V}$ 的一组基.

(3) 求向量 $\boldsymbol{\alpha}$ 在基 $\boldsymbol{\alpha}_1,\boldsymbol{\alpha}_2,\cdots,\boldsymbol{\alpha}_m$ 下的坐标，相当于求解非齐次线性方程组 $\boldsymbol{Ax}=\boldsymbol{\alpha}$ 的唯一解，其中 $\boldsymbol{A}=(\boldsymbol{\alpha}_1,\boldsymbol{\alpha}_2,\cdots,\boldsymbol{\alpha}_m)$.

5. 过渡矩阵、坐标变换

(1) 过渡矩阵　向量空间 $\boldsymbol{V}$ 中从一组基 $\boldsymbol{\alpha}_1,\boldsymbol{\alpha}_2,\cdots,\boldsymbol{\alpha}_m$ 到另一组基 $\boldsymbol{\beta}_1,\boldsymbol{\beta}_2,\cdots,\boldsymbol{\beta}_m$ 的过渡矩阵 $\boldsymbol{P}$ 满足 $(\boldsymbol{\beta}_1,\boldsymbol{\beta}_2,\cdots,\boldsymbol{\beta}_m)=(\boldsymbol{\alpha}_1,\boldsymbol{\alpha}_2,\cdots,\boldsymbol{\alpha}_m)\boldsymbol{P}$，求过渡矩阵是坐标变换的关键问题.

(2) 坐标变换　设向量空间 $\boldsymbol{V}$ 中的向量 $\boldsymbol{\alpha}$ 在上述两组基下的坐标分别为 x、y，即有

$$\boldsymbol{x}=\boldsymbol{Py}\quad 或\quad \boldsymbol{y}=\boldsymbol{P}^{-1}\boldsymbol{x}$$

6. 线性方程组解的结构 $\boldsymbol{\alpha}=(\boldsymbol{\alpha}_1,\boldsymbol{\alpha}_2,\cdots,\boldsymbol{\alpha}_m)\boldsymbol{x}=(\boldsymbol{\beta}_1,\boldsymbol{\beta}_2,\cdots,\boldsymbol{\beta}_m)\boldsymbol{y}$

(1) 求齐次线性方程组 $\boldsymbol{A}_{m\times n}\boldsymbol{x}=\boldsymbol{0}$ 的基础解系，即解空间的一组基，也相当于解空间中极大无关解向量组. 若 $r(\boldsymbol{A})=r$，则 $\dim N(\boldsymbol{A})=n-r$.

① 齐次线性方程组 $\boldsymbol{Ax}=\boldsymbol{0}$ 有非零解，等价于 $r(\boldsymbol{A})<n$，也等价于 $\boldsymbol{A}$ 的 n 个列向量组线性相关；

② 齐次线性方程组 $\boldsymbol{Ax}=\boldsymbol{0}$ 仅有零解，等价于 $r(\boldsymbol{A})=n$，也等价于 $\boldsymbol{A}$ 的 n 个列向量组线性无关.

(2) 非齐次线性方程组 $\boldsymbol{A}_{m\times n}\boldsymbol{x}=\boldsymbol{b}$ 解的结构.

$\boldsymbol{Ax}=\boldsymbol{b}$ 的任两解之差是它所对应的齐次方程组 $\boldsymbol{Ax}=\boldsymbol{0}$ 的解；

$\boldsymbol{Ax}=\boldsymbol{b}$ 的任一解都可表示成对应的齐次方程组 $\boldsymbol{Ax}=\boldsymbol{0}$ 的通解加上 $\boldsymbol{Ax}=\boldsymbol{b}$ 的一个特解 $\boldsymbol{\eta}^*$，即有

$$\boldsymbol{x}=k_1\boldsymbol{\xi}_1+\cdots+k_{n-r}\boldsymbol{\xi}_{n-r}+\boldsymbol{\eta}^*$$

(3) $\boldsymbol{Ax}=\boldsymbol{b}$ 解的判定定理.

$\boldsymbol{Ax}=\boldsymbol{b}$ 有解等价于 $r(\boldsymbol{A})=r(\boldsymbol{A}|\boldsymbol{b})$，也等价于 $\boldsymbol{b}$ 是 $\boldsymbol{A}$ 的 n 个列向量组的线性表示.

$\boldsymbol{Ax}=\boldsymbol{b}$ 有无穷多解等价于 $r(\boldsymbol{A}|\boldsymbol{b})=r(\boldsymbol{A})<n$；有唯一解等价于 $r(\boldsymbol{A}|\boldsymbol{b})=r(\boldsymbol{A})=n$.

总复习题 4

一、单项选择题

1. $\boldsymbol{\alpha}_1,\boldsymbol{\alpha}_2,\boldsymbol{\alpha}_3,\boldsymbol{\beta}_1,\boldsymbol{\beta}_2$ 都是四维列向量，且四阶行列式 $|\boldsymbol{\alpha}_1\ \ \boldsymbol{\alpha}_2\ \ \boldsymbol{\alpha}_3\ \ \boldsymbol{\beta}_1|=m$，$|\boldsymbol{\alpha}_1\ \ \boldsymbol{\beta}_2\ \ \boldsymbol{\alpha}_3\ \ \boldsymbol{\alpha}_2|=n$，则行列式 $|\boldsymbol{\alpha}_1\ \ \boldsymbol{\alpha}_2\ \ \boldsymbol{\alpha}_3\ \ \boldsymbol{\beta}_1+\boldsymbol{\beta}_2|=$(　　).

A. $m+n$　　B. $m-n$　　C. $-m+n$　　D. $-m-n$

2. 设 $\boldsymbol{A}$ 为 n 阶方阵，且 $|\boldsymbol{A}|=0$，则（　　）.

A. $\boldsymbol{A}$ 中两行(列)对应元素成比例　　B. $\boldsymbol{A}$ 中任意一行为其他行的线性组合

C. $\boldsymbol{A}$ 中至少有一行元素全为零　　D. $\boldsymbol{A}$ 中必有一行为其他行的线性组合

3. 设 $\boldsymbol{A}$ 为 n 阶方阵，$r(\boldsymbol{A})=r<n$，则在 $\boldsymbol{A}$ 的 n 个行向量中（　　）.

A. 必有 r 个行向量线性无关

B. 任意 r 个行向量线性无关

C. 任意 r 个行向量都构成极大线性无关组

D. 任意一个行向量都能被其他 r 个行向量线性表示

4. n 阶方阵 $\boldsymbol{A}$ 可逆的充分必要条件是（　　）.

A. $r(\boldsymbol{A})=r<n$　　B. $\boldsymbol{A}$ 的列秩为 n

C. $\boldsymbol{A}$ 的每一个行向量都是非零向量　　D. $\boldsymbol{A}$ 的伴随矩阵存在

5. n 维向量组 $\boldsymbol{\alpha}_1,\boldsymbol{\alpha}_2,\cdots,\boldsymbol{\alpha}_s$ 线性无关的充分条件是（　　）.

A. $\boldsymbol{\alpha}_1,\boldsymbol{\alpha}_2,\cdots,\boldsymbol{\alpha}_s$ 都不是零向量

B. $\boldsymbol{\alpha}_1,\boldsymbol{\alpha}_2,\cdots,\boldsymbol{\alpha}_s$ 中任一向量均不能由其他向量线性表示

C. $\boldsymbol{\alpha}_1,\boldsymbol{\alpha}_2,\cdots,\boldsymbol{\alpha}_s$ 中任意两个向量都不成比例

D. $\boldsymbol{\alpha}_1,\boldsymbol{\alpha}_2,\cdots,\boldsymbol{\alpha}_s$ 中有一个部分组线性无关

6. n 维向量组 $\boldsymbol{\alpha}_1,\boldsymbol{\alpha}_2,\cdots,\boldsymbol{\alpha}_s(s\geqslant 2)$ 线性相关的充要条件是（　　）.

A. $\boldsymbol{\alpha}_1,\boldsymbol{\alpha}_2,\cdots,\boldsymbol{\alpha}_s$ 中至少有一个零向量

B. $\boldsymbol{\alpha}_1,\boldsymbol{\alpha}_2,\cdots,\boldsymbol{\alpha}_s$ 中至少有两个向量成比例

C. $\boldsymbol{\alpha}_1,\boldsymbol{\alpha}_2,\cdots,\boldsymbol{\alpha}_s$ 中任意两个向量不成比例

D. $\boldsymbol{\alpha}_1,\boldsymbol{\alpha}_2,\cdots,\boldsymbol{\alpha}_s$ 中至少有一向量可由其他向量线性表示

7. n 维向量组 $\boldsymbol{\alpha}_1,\boldsymbol{\alpha}_2,\cdots,\boldsymbol{\alpha}_s(3\leqslant s\leqslant n)$ 线性无关的充要条件是（　　）.

A. 存在一组不全为零的数 $k_1,k_2,\cdots,k_s$，使得 $k_1\boldsymbol{\alpha}_1+k_2\boldsymbol{\alpha}_2+\cdots+k_s\boldsymbol{\alpha}_s\neq 0$

B. $\boldsymbol{\alpha}_1,\boldsymbol{\alpha}_2,\cdots,\boldsymbol{\alpha}_s$ 中任意两个向量都线性无关

C. $\boldsymbol{\alpha}_1,\boldsymbol{\alpha}_2,\cdots,\boldsymbol{\alpha}_s$ 中存在一个向量，它不能被其余向量线性表示

D. $\boldsymbol{\alpha}_1,\boldsymbol{\alpha}_2,\cdots,\boldsymbol{\alpha}_s$ 中任一部分组线性无关

8. 设向量组 $\boldsymbol{\alpha}_1,\boldsymbol{\alpha}_2,\cdots,\boldsymbol{\alpha}_s$ 的秩为 r，则（　　）.

A. $\boldsymbol{\alpha}_1,\boldsymbol{\alpha}_2,\cdots,\boldsymbol{\alpha}_s$ 中至少有一个由 r 个向量组成的部分组线性无关

B. $\boldsymbol{\alpha}_1,\boldsymbol{\alpha}_2,\cdots,\boldsymbol{\alpha}_s$ 中存在由 $r+1$ 个向量组成的部分组线性无关

C. $\boldsymbol{\alpha}_1,\boldsymbol{\alpha}_2,\cdots,\boldsymbol{\alpha}_s$ 中由 r 个向量组成的部分组都线性无关

D. $\boldsymbol{\alpha}_1,\boldsymbol{\alpha}_2,\cdots,\boldsymbol{\alpha}_s$ 中个数小于 r 的任意部分组都线性无关

9. 设 $\boldsymbol{\alpha}_1,\boldsymbol{\alpha}_2,\cdots,\boldsymbol{\alpha}_s$ 均为 n 维向量，那么下列结论正确的是（　　）.

A. 若 $k_1\boldsymbol{\alpha}_1+k_2\boldsymbol{\alpha}_2+\cdots+k_s\boldsymbol{\alpha}_s=\boldsymbol{0}$，则 $\boldsymbol{\alpha}_1,\boldsymbol{\alpha}_2,\cdots,\boldsymbol{\alpha}_s$ 线性相关

B. 若对于任意一组不全为零的数 $k_1,k_2,\cdots,k_s$，都有 $k_1\boldsymbol{\alpha}_1+k_2\boldsymbol{\alpha}_2+\cdots+k_s\boldsymbol{\alpha}_s\neq\boldsymbol{0}$，

则 $\boldsymbol{\alpha}_1,\boldsymbol{\alpha}_2,\cdots,\boldsymbol{\alpha}_s$ 线性无关

C. 若 $\boldsymbol{\alpha}_1,\boldsymbol{\alpha}_2,\cdots,\boldsymbol{\alpha}_s$ 线性相关，则对任意不全为零的数 $k_1,k_2,\cdots,k_s$，都有 $k_1\boldsymbol{\alpha}_1+k_2\boldsymbol{\alpha}_2+\cdots+k_s\boldsymbol{\alpha}_s=\mathbf{0}$

D. 若 $0\boldsymbol{\alpha}_1+0\boldsymbol{\alpha}_2+\cdots+0\boldsymbol{\alpha}_s=\mathbf{0}$，则 $\boldsymbol{\alpha}_1,\boldsymbol{\alpha}_2,\cdots,\boldsymbol{\alpha}_s$ 线性无关

10. 已知向量组 $\boldsymbol{\alpha}_1,\boldsymbol{\alpha}_2,\boldsymbol{\alpha}_3,\boldsymbol{\alpha}_4$ 线性无关，则向量组(　　).

A. $\boldsymbol{\alpha}_1+\boldsymbol{\alpha}_2,\boldsymbol{\alpha}_2+\boldsymbol{\alpha}_3,\boldsymbol{\alpha}_3+\boldsymbol{\alpha}_4,\boldsymbol{\alpha}_4+\boldsymbol{\alpha}_1$ 线性无关

B. $\boldsymbol{\alpha}_1-\boldsymbol{\alpha}_2,\boldsymbol{\alpha}_2-\boldsymbol{\alpha}_3,\boldsymbol{\alpha}_3-\boldsymbol{\alpha}_4,\boldsymbol{\alpha}_4-\boldsymbol{\alpha}_1$ 线性无关

C. $\boldsymbol{\alpha}_1+\boldsymbol{\alpha}_2,\boldsymbol{\alpha}_2+\boldsymbol{\alpha}_3,\boldsymbol{\alpha}_3+\boldsymbol{\alpha}_4,\boldsymbol{\alpha}_4-\boldsymbol{\alpha}_1$ 线性无关

D. $\boldsymbol{\alpha}_1+\boldsymbol{\alpha}_2,\boldsymbol{\alpha}_2+\boldsymbol{\alpha}_3,\boldsymbol{\alpha}_3-\boldsymbol{\alpha}_4,\boldsymbol{\alpha}_4-\boldsymbol{\alpha}_1$ 线性无关

11. 若向量 $\boldsymbol{\beta}$ 可被向量组 $\boldsymbol{\alpha}_1,\boldsymbol{\alpha}_2,\cdots,\boldsymbol{\alpha}_s$ 线性表示，则(　　).

A. 存在一组不全为零的数 $k_1,k_2,\cdots,k_s$，使得 $\boldsymbol{\beta}=k_1\boldsymbol{\alpha}_1+k_2\boldsymbol{\alpha}_2+\cdots+k_s\boldsymbol{\alpha}_s$

B. 存在一组全为零的数 $k_1,k_2,\cdots,k_s$，使得 $\boldsymbol{\beta}=k_1\boldsymbol{\alpha}_1+k_2\boldsymbol{\alpha}_2+\cdots+k_s\boldsymbol{\alpha}_s$

C. 存在一组数 $k_1,k_2,\cdots,k_s$，使得 $\boldsymbol{\beta}=k_1\boldsymbol{\alpha}_1+k_2\boldsymbol{\alpha}_2+\cdots+k_s\boldsymbol{\alpha}_s$

D. 对 $\boldsymbol{\beta}$ 的表达式唯一

12. 下列说法正确的是(　　).

A. 若有不全为零的数 $k_1,k_2,\cdots,k_s$，使得 $k_1\boldsymbol{\alpha}_1+k_2\boldsymbol{\alpha}_2+\cdots+k_s\boldsymbol{\alpha}_s=\mathbf{0}$，则 $\boldsymbol{\alpha}_1,\boldsymbol{\alpha}_2,\cdots,\boldsymbol{\alpha}_s$ 线性无关

B. 若有不全为零的数 $k_1,k_2,\cdots,k_s$，使得 $k_1\boldsymbol{\alpha}_1+k_2\boldsymbol{\alpha}_2+\cdots+k_s\boldsymbol{\alpha}_s\neq\mathbf{0}$，则 $\boldsymbol{\alpha}_1,\boldsymbol{\alpha}_2,\cdots,\boldsymbol{\alpha}_s$ 线性无关

C. 若 $\boldsymbol{\alpha}_1,\boldsymbol{\alpha}_2,\cdots,\boldsymbol{\alpha}_s$ 线性相关，则其中每个向量均可由其余向量线性表示

D. 任何 $n+1$ 个 n 维向量必线性相关

13. 设 $\boldsymbol{\beta}$ 是向量组 $\boldsymbol{\alpha}_1=(1,0,0)^{\mathrm{T}},\boldsymbol{\alpha}_2=(0,1,0)^{\mathrm{T}}$ 的线性组合，则 $\boldsymbol{\beta}=$(　　).

A. $(0,3,0)^{\mathrm{T}}$　　B. $(2,0,1)^{\mathrm{T}}$　　C. $(0,0,1)^{\mathrm{T}}$　　D. $(0,2,1)^{\mathrm{T}}$

14. 设有向量组 $\boldsymbol{\alpha}_1=(1,-1,2,4)^{\mathrm{T}},\boldsymbol{\alpha}_2=(0,3,1,2)^{\mathrm{T}},\boldsymbol{\alpha}_3=(3,0,7,14)^{\mathrm{T}},\boldsymbol{\alpha}_4=(1,-2,2,0)^{\mathrm{T}},\boldsymbol{\alpha}_5=(2,1,5,10)^{\mathrm{T}}$，则该向量组的极大线性无关组为(　　).

A. $\boldsymbol{\alpha}_1,\boldsymbol{\alpha}_2,\boldsymbol{\alpha}_3$　　B. $\boldsymbol{\alpha}_1,\boldsymbol{\alpha}_2,\boldsymbol{\alpha}_4$　　C. $\boldsymbol{\alpha}_1,\boldsymbol{\alpha}_2,\boldsymbol{\alpha}_5$　　D. $\boldsymbol{\alpha}_1,\boldsymbol{\alpha}_2,\boldsymbol{\alpha}_4,\boldsymbol{\alpha}_5$

15. 设 $\boldsymbol{\alpha}=(a_1,a_2,a_3)^{\mathrm{T}},\boldsymbol{\beta}=(b_1,b_2,b_3)^{\mathrm{T}},\boldsymbol{\alpha}_1=(a_1,a_2)^{\mathrm{T}},\boldsymbol{\beta}_1=(b_1,b_2)^{\mathrm{T}}$，下列正确的是(　　).

A. 若 $\boldsymbol{\alpha},\boldsymbol{\beta}$ 线性相关，则 $\boldsymbol{\alpha}_1,\boldsymbol{\beta}_1$ 也线性相关

B. 若 $\boldsymbol{\alpha},\boldsymbol{\beta}$ 线性无关，则 $\boldsymbol{\alpha}_1,\boldsymbol{\beta}_1$ 也线性无关

C. 若 $\boldsymbol{\alpha}_1,\boldsymbol{\beta}_1$ 线性相关，则 $\boldsymbol{\alpha},\boldsymbol{\beta}$ 也线性相关

D. 以上都不对

二、填空题

1. 若 $\boldsymbol{\alpha}_1=(1,1,1)^{\mathrm{T}},\boldsymbol{\alpha}_2=(1,2,3)^{\mathrm{T}},\boldsymbol{\alpha}_3=(1,3,t)^{\mathrm{T}}$ 线性相关，则 $t=$__________.

2. n 维零向量一定线性__________.

3. 向量 $\boldsymbol{\alpha}$ 线性无关的充要条件是________________.

4. 若 $\boldsymbol{\alpha}_1,\boldsymbol{\alpha}_2,\boldsymbol{\alpha}_3$ 线性相关，则 $\boldsymbol{\alpha}_1,\boldsymbol{\alpha}_2,\cdots,\boldsymbol{\alpha}_s(s>3)$ 线性________.

5. n 维单位向量组一定线性________________.

6. 设向量组 $\boldsymbol{\alpha}_1,\boldsymbol{\alpha}_2,\cdots,\boldsymbol{\alpha}_s$ 的秩为 r，则 $\boldsymbol{\alpha}_1,\boldsymbol{\alpha}_2,\cdots,\boldsymbol{\alpha}_s$ 中任意 r 个________________的向量都是它的极大线性无关组.

7. 设向量 $\boldsymbol{\alpha}_1=(1,0,1)^{\mathrm{T}}$ 与 $\boldsymbol{\alpha}_2=(1,1,a)^{\mathrm{T}}$ 正交，则 $a=$________________.

8. 正交向量组一定线性________________.

9. 若向量组 $\boldsymbol{\alpha}_1,\boldsymbol{\alpha}_2,\cdots,\boldsymbol{\alpha}_s$ 与 $\boldsymbol{\beta}_1,\boldsymbol{\beta}_2,\cdots,\boldsymbol{\beta}_t$ 等价，则 $\boldsymbol{\alpha}_1,\boldsymbol{\alpha}_2,\cdots,\boldsymbol{\alpha}_s$ 的秩与 $\boldsymbol{\beta}_1,\boldsymbol{\beta}_2,\cdots,\boldsymbol{\beta}_t$ 的秩________________.

10. 若向量组 $\boldsymbol{\alpha}_1,\boldsymbol{\alpha}_2,\cdots,\boldsymbol{\alpha}_s$ 可由向量组 $\boldsymbol{\beta}_1,\boldsymbol{\beta}_2,\cdots,\boldsymbol{\beta}_t$ 线性表示，则 $r(\boldsymbol{\alpha}_1,\boldsymbol{\alpha}_2,\cdots,\boldsymbol{\alpha}_s)$______ $r(\boldsymbol{\beta}_1,\boldsymbol{\beta}_2,\cdots,\boldsymbol{\beta}_t)$.

11. 向量组 $\boldsymbol{\alpha}_1=(a_1,1,0,0)^{\mathrm{T}},\boldsymbol{\alpha}_2=(a_2,1,1,0)^{\mathrm{T}},\boldsymbol{\alpha}_3=(a_3,1,1,1)^{\mathrm{T}}$ 的线性关系是________________.

12. 设 n 阶方阵 $\boldsymbol{A}=(a_1,a_2,\cdots,a_n)$，$\alpha_1=\alpha_2+\alpha_3$，则 $|\boldsymbol{A}|=$________________.

13. 设 $\boldsymbol{\alpha}_1=\left(0,y,-\dfrac{1}{\sqrt{2}}\right)^{\mathrm{T}},\boldsymbol{\alpha}_2=(x,0,0)^{\mathrm{T}}$，若 $\boldsymbol{\alpha}$ 和 $\boldsymbol{\beta}$ 是标准正交向量，则 x 和 y 的值________________.

14. 两向量线性相关的充要条件是________________.

三、计算题

1. 设 $\boldsymbol{\alpha}_1=(1+\lambda,1,1)^{\mathrm{T}},\boldsymbol{\alpha}_2=(1,1+\lambda,1)^{\mathrm{T}},\boldsymbol{\alpha}_3=(1,1,1+\lambda)^{\mathrm{T}},\boldsymbol{\beta}=(0,\lambda,\lambda^2)^{\mathrm{T}}$，问：

(1) λ 为何值时，$\boldsymbol{\beta}$ 能由 $\boldsymbol{\alpha}_1,\boldsymbol{\alpha}_2,\boldsymbol{\alpha}_3$ 唯一地线性表示？

(2) λ 为何值时，$\boldsymbol{\beta}$ 能由 $\boldsymbol{\alpha}_1,\boldsymbol{\alpha}_2,\boldsymbol{\alpha}_3$ 线性表示，但表达式不唯一？

(3) λ 为何值时，$\boldsymbol{\beta}$ 不能由 $\boldsymbol{\alpha}_1,\boldsymbol{\alpha}_2,\boldsymbol{\alpha}_3$ 线性表示？

2. 设 $\boldsymbol{\alpha}_1=(1,0,2,3)^{\mathrm{T}},\boldsymbol{\alpha}_2=(1,1,3,5)^{\mathrm{T}},\boldsymbol{\alpha}_3=(1,1,a+2,1)^{\mathrm{T}},\boldsymbol{\alpha}_4=(1,2,4,a+8)^{\mathrm{T}},\boldsymbol{\beta}=(1,1,b+3,5)^{\mathrm{T}}$. 问：

(1) a、b 为何值时，$\boldsymbol{\beta}$ 不能表示为 $\boldsymbol{\alpha}_1,\boldsymbol{\alpha}_2,\boldsymbol{\alpha}_3,\boldsymbol{\alpha}_4$ 的线性组合？

(2) a、b 为何值时，$\boldsymbol{\beta}$ 能唯一地表示为 $\boldsymbol{\alpha}_1,\boldsymbol{\alpha}_2,\boldsymbol{\alpha}_3,\boldsymbol{\alpha}_4$ 的线性组合？

3. 求向量组 $\boldsymbol{\alpha}_1=(1,-1,0,4)^{\mathrm{T}},\boldsymbol{\alpha}_2=(2,1,5,6)^{\mathrm{T}},\boldsymbol{\alpha}_3=(1,2,5,2)^{\mathrm{T}},\boldsymbol{\alpha}_4=(1,-1,-2,0)^{\mathrm{T}},\boldsymbol{\alpha}_5=(3,0,7,14)^{\mathrm{T}}$ 的一个极大线性无关组，并将其余向量用该极大无关组线性表示.

4. 设 $\boldsymbol{\alpha}_1=(1,1,1)^{\mathrm{T}},\boldsymbol{\alpha}_2=(1,2,3)^{\mathrm{T}},\boldsymbol{\alpha}_3=(1,3,t)^{\mathrm{T}}$，$t$ 为何值时，$\boldsymbol{\alpha}_1,\boldsymbol{\alpha}_2,\boldsymbol{\alpha}_3$ 线性相关，t 为何值时，$\boldsymbol{\alpha}_1,\boldsymbol{\alpha}_2,\boldsymbol{\alpha}_3$ 线性无关？

5. 将向量组 $\boldsymbol{\alpha}_1=(1,2,0)^{\mathrm{T}},\boldsymbol{\alpha}_2=(-1,0,2)^{\mathrm{T}},\boldsymbol{\alpha}_3=(0,1,2)^{\mathrm{T}}$ 标准正交化.

四、证明题

1. 设 $\boldsymbol{\beta}_1=\boldsymbol{\alpha}_1+\boldsymbol{\alpha}_2,\boldsymbol{\beta}_2=3\boldsymbol{\alpha}_2-\boldsymbol{\alpha}_1,\boldsymbol{\beta}_3=2\boldsymbol{\alpha}_1-\boldsymbol{\alpha}_2$，试证：$\boldsymbol{\beta}_1,\boldsymbol{\beta}_2,\boldsymbol{\beta}_3$ 线性相关.

2. 设 $\boldsymbol{\alpha}_1,\boldsymbol{\alpha}_2,\cdots,\boldsymbol{\alpha}_n$ 线性无关，证明：$\boldsymbol{\alpha}_1+\boldsymbol{\alpha}_2,\boldsymbol{\alpha}_2+\boldsymbol{\alpha}_3,\cdots,\boldsymbol{\alpha}_n+\boldsymbol{\alpha}_1$ 在 n 为奇数时线性无关；在 n 为偶数时线性相关.

3. 设 $\boldsymbol{\alpha}_1,\boldsymbol{\alpha}_2,\cdots,\boldsymbol{\alpha}_s,\boldsymbol{\beta}$ 线性相关，而 $\boldsymbol{\alpha}_1,\boldsymbol{\alpha}_2,\cdots,\boldsymbol{\alpha}_s$ 线性无关，证明：$\boldsymbol{\beta}$ 能由 $\boldsymbol{\alpha}_1,\boldsymbol{\alpha}_2,\cdots,\boldsymbol{\alpha}_s$ 线性表示且表示式唯一.

4. 设 $\boldsymbol{\alpha}_1,\boldsymbol{\alpha}_2,\boldsymbol{\alpha}_3$ 线性相关，$\boldsymbol{\alpha}_2,\boldsymbol{\alpha}_3,\boldsymbol{\alpha}_4$ 线性无关，求证：$\boldsymbol{\alpha}_4$ 不能由 $\boldsymbol{\alpha}_1,\boldsymbol{\alpha}_2,\boldsymbol{\alpha}_3$ 线性表示.

5. 证明：向量组 $\boldsymbol{\alpha}_1,\boldsymbol{\alpha}_2,\cdots,\boldsymbol{\alpha}_s(s\geqslant 2)$ 线性相关的充要条件是其中至少有一个向量是其余向量的线性组合.

6. 设向量组 $\boldsymbol{\alpha}_1,\boldsymbol{\alpha}_2,\cdots,\boldsymbol{\alpha}_s$ 中 $\boldsymbol{\alpha}_1\neq\mathbf{0}$，并且每一个 $\boldsymbol{\alpha}_i$ 都不能由前 $i-1$ 个向量线性表示$(i=2,3,\cdots,s)$，证明：$\boldsymbol{\alpha}_1,\boldsymbol{\alpha}_2,\cdots,\boldsymbol{\alpha}_s$ 线性无关.

7. 证明：如果向量组中有一个部分组线性相关，则整个向量组线性相关.

8. 设 $\boldsymbol{\alpha}_0,\boldsymbol{\alpha}_1,\boldsymbol{\alpha}_2,\cdots,\boldsymbol{\alpha}_s$ 是线性无关向量组，证明：向量组 $\boldsymbol{\alpha}_0,\boldsymbol{\alpha}_0+\boldsymbol{\alpha}_1,\boldsymbol{\alpha}_0+\boldsymbol{\alpha}_2,\cdots,\boldsymbol{\alpha}_0+\boldsymbol{\alpha}_s$ 也线性无关.

9. 设 $\boldsymbol{\eta}^*$ 是非齐次线性方程组 $\boldsymbol{Ax}=\boldsymbol{b}$ 的一个解，$\boldsymbol{\xi}_1,\boldsymbol{\xi}_2,\cdots,\boldsymbol{\xi}_{n-r}$ 为对应齐次线性方程组 $\boldsymbol{Ax}=0$ 的基础解系，证明：

(1) $\boldsymbol{\eta}^*,\boldsymbol{\xi}_1,\boldsymbol{\xi}_2,\cdots,\boldsymbol{\xi}_{n-r}$ 线性无关.

(2) $\boldsymbol{\eta}^*,\boldsymbol{\eta}^*+\boldsymbol{\xi}_1,\boldsymbol{\eta}^*+\boldsymbol{\xi}_2,\cdots,\boldsymbol{\eta}^*+\boldsymbol{\xi}_{n-r}$ 线性无关.

10. 设 $\boldsymbol{\eta}_1,\boldsymbol{\eta}_2,\cdots,\boldsymbol{\eta}_s$ 是非齐次线性方程组 $\boldsymbol{Ax}=\boldsymbol{b}$ 的 s 个解，$k_1,k_2,\cdots,k_s$ 为实数，满足 $k_1+k_2+\cdots+k_s=1$，证明：$\boldsymbol{x}=k_1\boldsymbol{\eta}_1+k_2\boldsymbol{\eta}_2+\cdots+k_s\boldsymbol{\eta}_s$ 仍为 $\boldsymbol{Ax}=\boldsymbol{b}$ 的解.

11. 设非齐次线性方程组 $\boldsymbol{Ax}=\boldsymbol{b}$ 的系数矩阵的秩为 $r(\boldsymbol{A})=r$，$\boldsymbol{\eta}_1,\boldsymbol{\eta}_2,\cdots,\boldsymbol{\eta}_{n-r+1}$ 是 $\boldsymbol{Ax}=\boldsymbol{b}$ 的 $n-r+1$ 线性无关的解，试证：$\boldsymbol{Ax}=\boldsymbol{b}$ 的任意的解可以表示为

$$\boldsymbol{x}=k_1\boldsymbol{\eta}_1+k_2\boldsymbol{\eta}_2+\cdots+k_{n-r+1}\boldsymbol{\eta}_{n-r+1}$$

其中，$k_1+k_2+\cdots+k_{n-r+1}=1$.

第五章　特征值和特征向量　矩阵对角化

本章主要讨论方阵的特征值与特征向量、方阵的相似对角化等问题，其中涉及向量的内积、长度及正交等知识.

第一节　向量的内积、长度及正交性

一、向量的内积

在前面讨论 n 维向量时，我们只定义了向量的线性运算，它不能描述向量的度量性质，如长度、夹角等. 在空间解析几何中，向量的内积（即数量积或点积）描述了内积与向量的长度及夹角间的关系，由内积的定义 $\boldsymbol{x}\cdot\boldsymbol{y}=|\boldsymbol{x}||\boldsymbol{y}|\cos\theta$，可以得到非零向量 $\boldsymbol{x}$、$\boldsymbol{y}$ 的夹角$\theta=\arccos\dfrac{\boldsymbol{x}\cdot\boldsymbol{y}}{|\boldsymbol{x}||\boldsymbol{y}|}$，向量 $\boldsymbol{x}$ 的长度$|\boldsymbol{x}|=\sqrt{\boldsymbol{x}\cdot\boldsymbol{x}}$，由内积的运算性质可得内积的坐标表达式为

$$(x_1,x_2,x_3)\cdot(y_1,y_2,y_3)=x_1y_1+x_2y_2+x_3y_3.$$

下面我们把三维向量内积的概念推广到 n 维向量.

定义 5.1　设有 n 维向量

$$\boldsymbol{x}=\begin{pmatrix}x_1\\x_2\\\vdots\\x_n\end{pmatrix},\quad \boldsymbol{y}=\begin{pmatrix}y_1\\y_2\\\vdots\\y_n\end{pmatrix}$$

$\boldsymbol{x}$ 与 $\boldsymbol{y}$ 的内积$[\boldsymbol{x},\boldsymbol{y}]$定义为

$$[\boldsymbol{x},\boldsymbol{y}]=x_1y_1+x_2y_2+\cdots+x_ny_n=\boldsymbol{x}^{\mathrm{T}}\boldsymbol{y}$$

内积具有下列性质（其中 x、y、z 为 n 维向量，λ 为实数）：

(1) $[\boldsymbol{x},\boldsymbol{y}]=[\boldsymbol{y},\boldsymbol{x}]$；

(2) $[\lambda\boldsymbol{x},\boldsymbol{y}]=\lambda[\boldsymbol{x},\boldsymbol{y}]$ $(\lambda\in\mathbf{R})$；

(3) $[\boldsymbol{x}+\boldsymbol{y},\boldsymbol{z}]=[\boldsymbol{x},\boldsymbol{z}]+[\boldsymbol{y},\boldsymbol{z}]$；

(4) $[\boldsymbol{x},\boldsymbol{x}]\geqslant0$，当且仅当 $\boldsymbol{x}=\mathbf{0}$ 时等号成立.

定义 5.2　令 $\|\boldsymbol{x}\|=\sqrt{[\boldsymbol{x},\boldsymbol{x}]}=\sqrt{x_1^2+x_2^2+\cdots+x_n^2}$，称为 n 维向量 $\boldsymbol{x}$ 的长度（或范数）.

长度具有下列性质.

(1) 非负性：$\| \boldsymbol{x} \| \geqslant 0$，当且仅当 $\boldsymbol{x}=\boldsymbol{0}$ 时等号成立；

(2) 齐次性：$\| \lambda \boldsymbol{x} \| = |\lambda| \, \| \boldsymbol{x} \|$；

(3) 三角不等式：$\| \boldsymbol{x}+\boldsymbol{y} \| \leqslant \| \boldsymbol{x} \| + \| \boldsymbol{y} \|$.

当 $\| \boldsymbol{x} \| =1$ 时，称 $\boldsymbol{x}$ 为单位向量. 显然 $\boldsymbol{x}\neq\boldsymbol{0}$ 时，$\dfrac{\boldsymbol{x}}{\| \boldsymbol{x} \|}$ 是单位向量，称为把向量 $\boldsymbol{x}$ 单位化.

向量的内积满足柯西-许瓦兹(Cauchy-Schwarz)不等式

$$[\boldsymbol{x},\boldsymbol{y}]^2\leqslant[\boldsymbol{x},\boldsymbol{x}][\boldsymbol{y},\boldsymbol{y}] \quad 或 \quad \| [\boldsymbol{x},\boldsymbol{y}] \| \leqslant \| \boldsymbol{x} \| \ \| \boldsymbol{y} \|$$

证　作向量 $\boldsymbol{x}-t\boldsymbol{y}$，$t$ 为任意实数，当 $\boldsymbol{y}=\boldsymbol{0}$ 时定理显然成立.

当 $\boldsymbol{y}\neq 0$ 时，则由内积运算性质(4)，有：$[\boldsymbol{x}-t\boldsymbol{y},\boldsymbol{x}-t\boldsymbol{y}]\geqslant 0$，即

$$[\boldsymbol{x},\boldsymbol{x}]-2t[\boldsymbol{x},\boldsymbol{y}]+t^2[\boldsymbol{y},\boldsymbol{y}]\geqslant 0$$

因为 t 是任意的，设 $t=\dfrac{[\boldsymbol{x},\boldsymbol{y}]}{[\boldsymbol{y},\boldsymbol{y}]}$，代入上式，得：$[\boldsymbol{x},\boldsymbol{y}]^2\leqslant[\boldsymbol{x},\boldsymbol{x}][\boldsymbol{y},\boldsymbol{y}]$，即有 $\| [\boldsymbol{x},\boldsymbol{y}] \| \leqslant \| \boldsymbol{x} \| \ \| \boldsymbol{y} \|$，由此可得

$$\left\| \frac{[\boldsymbol{x},\boldsymbol{y}]}{\| \boldsymbol{x} \| \ \| \boldsymbol{y} \|} \right\| \leqslant 1$$

定义 5.3　非零向量 $\boldsymbol{x}$、$\boldsymbol{y}$ 的夹角定义为

$$\theta=\arccos \frac{[\boldsymbol{x},\boldsymbol{y}]}{\| \boldsymbol{x} \| \ \| \boldsymbol{y} \|}$$

当 $[\boldsymbol{x},\boldsymbol{y}]=0$ 时，称向量 $\boldsymbol{x}$ 与 $\boldsymbol{y}$ 正交(或垂直). 显然，零向量与任何向量正交. 若一个向量组中任意两个向量都正交，称此向量组为正交向量组.

若一个正交向量组中每一个向量都是单位向量，则称此向量组为正交规范向量组或标准正交向量组.

例如，$\boldsymbol{\varepsilon}_1=\begin{pmatrix}1\\0\\0\\0\end{pmatrix}$，$\boldsymbol{\varepsilon}_2=\begin{pmatrix}0\\1\\0\\0\end{pmatrix}$，$\boldsymbol{\varepsilon}_3=\begin{pmatrix}0\\0\\1\\0\end{pmatrix}$，$\boldsymbol{\varepsilon}_4=\begin{pmatrix}0\\0\\0\\1\end{pmatrix}$ 和

$$\boldsymbol{e}_1=\begin{pmatrix}\frac{1}{\sqrt{2}}\\ \frac{1}{\sqrt{2}}\\ 0\\ 0\end{pmatrix},\quad \boldsymbol{e}_2=\begin{pmatrix}\frac{1}{\sqrt{2}}\\ -\frac{1}{\sqrt{2}}\\ 0\\ 0\end{pmatrix},\quad \boldsymbol{e}_3=\begin{pmatrix}0\\ 0\\ \frac{1}{\sqrt{2}}\\ \frac{1}{\sqrt{2}}\end{pmatrix},\quad \boldsymbol{e}_4=\begin{pmatrix}0\\ 0\\ \frac{1}{\sqrt{2}}\\ -\frac{1}{\sqrt{2}}\end{pmatrix}$$

就是两个等价的正交规范向量组.

定理 5.1　非零正交向量组必定是线性无关组.

证　设 $\boldsymbol{a}_1,\boldsymbol{a}_2,\cdots,\boldsymbol{a}_r$ 是两两正交的非零向量，有 $\lambda_1,\lambda_2,\cdots,\lambda_n$ 使

$$\lambda_1\boldsymbol{a}_1+\lambda_2\boldsymbol{a}_2+\cdots+\lambda_r\boldsymbol{a}_r=\mathbf{0}$$

以 $\boldsymbol{a}_j^{\mathrm{T}}(j=1,2,\cdots,r)$ 左乘上式两端，得

$$\lambda_j\boldsymbol{a}_j^{\mathrm{T}}\boldsymbol{a}_j=\mathbf{0}$$

因 $\boldsymbol{a}_j\neq\mathbf{0}$，故 $\boldsymbol{a}_j^{\mathrm{T}}\boldsymbol{a}_j=\|\boldsymbol{a}_j\|^2\neq 0$，从而 $\lambda_j=0\ (j=1,2,\cdots,r)$，所以 $\boldsymbol{a}_1,\boldsymbol{a}_2,\cdots,\boldsymbol{a}_r$ 线性无关.

【例 5-1】 设 $\boldsymbol{x}=(1,0,2,2)^{\mathrm{T}}$，$\boldsymbol{y}=(-2,1,0,2)^{\mathrm{T}}$，求 $[\boldsymbol{x}+\boldsymbol{y},\boldsymbol{x}-\boldsymbol{y}]$ 及 $\boldsymbol{x}$ 与 $\boldsymbol{y}$ 的夹角.

解 $\boldsymbol{x}+\boldsymbol{y}=(-1,1,2,4)^{\mathrm{T}}$，$(\boldsymbol{x}-\boldsymbol{y})=(3,-1,2,0)^{\mathrm{T}}$，则

$$[\boldsymbol{x}+\boldsymbol{y},\boldsymbol{x}-\boldsymbol{y}]=-3-1+4+0=0$$

$$\|\boldsymbol{x}\|=\sqrt{\boldsymbol{x}^{\mathrm{T}}\boldsymbol{x}}=\sqrt{1+2^2+2^2}=3,\quad \|\boldsymbol{y}\|=\sqrt{\boldsymbol{y}^{\mathrm{T}}\boldsymbol{y}}=\sqrt{(-2)^2+1+2^2}=3$$

$$[\boldsymbol{x},\boldsymbol{y}]=2,$$

所以

$$\theta=\arccos\frac{2}{3\times 3}=\arccos\frac{2}{9}$$

【例 5-2】 已知三维向量空间 $\mathbf{R}^3$ 中两个向量 $\boldsymbol{\alpha}_1=\begin{pmatrix}1\\1\\1\end{pmatrix}$，$\boldsymbol{\alpha}_2=\begin{pmatrix}1\\-2\\1\end{pmatrix}$ 正交，试求一个非零向量 $\boldsymbol{\alpha}_3$，使得 $\boldsymbol{\alpha}_1,\boldsymbol{\alpha}_2,\boldsymbol{\alpha}_3$ 两两正交.

解 设与 $\boldsymbol{\alpha}_1,\boldsymbol{\alpha}_2$ 同时正交的向量 $\boldsymbol{\alpha}_3=(x_1,x_2,x_3)^{\mathrm{T}}$，由 $\boldsymbol{\alpha}_1^{\mathrm{T}}\boldsymbol{\alpha}_3=\mathbf{0}$，$\boldsymbol{\alpha}_2^{\mathrm{T}}\boldsymbol{\alpha}_3=\mathbf{0}$，得齐次线性方程组：

$$\begin{cases}x_1+x_2+x_3=0\\x_1-2x_2+x_3=0\end{cases},\quad \boldsymbol{A}=\begin{pmatrix}1&1&1\\1&-2&1\end{pmatrix}\xrightarrow{r}\begin{pmatrix}1&1&1\\1&-3&1\end{pmatrix}\xrightarrow{r}\begin{pmatrix}1&0&1\\0&1&0\end{pmatrix}$$

得 $\begin{cases}x_1=-x_3\\x_2=0\end{cases}$，从而有基础解系 $\begin{pmatrix}-1\\0\\1\end{pmatrix}$，取 $\boldsymbol{\alpha}_3=\begin{pmatrix}-1\\0\\1\end{pmatrix}$ 即为所求.

我们常采用正交向量组作向量空间的基，称为向量空间的正交基. 如果正交基中每个向量均是单位向量，则称为向量空间的规范正交基或标准正交基.

若 $\boldsymbol{e}_1,\boldsymbol{e}_2,\cdots,\boldsymbol{e}_r$ 是向量空间 $\boldsymbol{V}$ 的一组规范正交基，那么 $\boldsymbol{V}$ 中任一向量 $\boldsymbol{\alpha}$ 应能由 $\boldsymbol{e}_1,\boldsymbol{e}_2,\cdots,\boldsymbol{e}_r$ 线性表示，设 $\boldsymbol{a}=x_1\boldsymbol{e}_1+x_1\boldsymbol{e}_1+\cdots+x_r\boldsymbol{e}_r$，用 $\boldsymbol{e}_i^{\mathrm{T}}$ 左乘上式，有 $\boldsymbol{e}_i^{\mathrm{T}}\boldsymbol{a}=x_i\boldsymbol{e}_i^{\mathrm{T}}\boldsymbol{e}_i$，即

$$\boldsymbol{x}_i=\boldsymbol{e}_i^{\mathrm{T}}\boldsymbol{a}=[\boldsymbol{a},\boldsymbol{e}_i],\quad i=1,2,\cdots,r$$

这就是向量在规范正交基中的坐标的计算公式，利用这个公式能方便地求得向量的坐标，因此我们在给向量空间取基时常常取规范正交基.

二、施密特正交化

下面给出从线性无关向量组构造正交向量组的方法，从而可得出从向量空间的

一组基构造出规范正交基的方法.

设 $\boldsymbol{a}_1,\boldsymbol{a}_2,\cdots,\boldsymbol{a}_r$ 线性无关,具体做法如下.

第一步:设 $\boldsymbol{\beta}_1=\boldsymbol{\alpha}_1$.

第二步:求 $\boldsymbol{\beta}_2$,使得 $\boldsymbol{\beta}_2$ 与 $\boldsymbol{\beta}_1$ 正交,满足$[\boldsymbol{\beta}_1,\boldsymbol{\beta}_2]=0$.

令 $\boldsymbol{\beta}_2=\boldsymbol{\alpha}_2+k\boldsymbol{\beta}_1$,上式两边与 $\boldsymbol{\beta}_1$ 作内积,$[\boldsymbol{\beta}_2,\boldsymbol{\beta}_1]=[\boldsymbol{\alpha}_2,\boldsymbol{\beta}_1]+k[\boldsymbol{\beta}_1,\boldsymbol{\beta}_1]=0$,得 $k=-\dfrac{[\boldsymbol{\alpha}_2,\boldsymbol{\beta}_1]}{[\boldsymbol{\beta}_1,\boldsymbol{\beta}_1]}$,于是 $\boldsymbol{\beta}_2=\boldsymbol{\alpha}_2-\dfrac{[\boldsymbol{\alpha}_2,\boldsymbol{\beta}_1]}{[\boldsymbol{\beta}_1,\boldsymbol{\beta}_1]}=\boldsymbol{\beta}_1$.

再求 $\boldsymbol{\beta}_3$,使之与 $\boldsymbol{\beta}_1,\boldsymbol{\beta}_2$ 正交,即满足$[\boldsymbol{\beta}_1,\boldsymbol{\beta}_3]=0,[\boldsymbol{\beta}_2,\boldsymbol{\beta}_3]=0$.

令 $\boldsymbol{\beta}_3=\boldsymbol{\alpha}_3+k_1\boldsymbol{\beta}_1+k_2\boldsymbol{\beta}_2$,上式两边分别与 $\boldsymbol{\beta}_1,\boldsymbol{\beta}_2$ 做内积,有

$$[\boldsymbol{\beta}_3,\boldsymbol{\beta}_1]=[\boldsymbol{\alpha}_3,\boldsymbol{\beta}_1]+k_1[\boldsymbol{\beta}_1,\boldsymbol{\beta}_1]+k_2[\boldsymbol{\beta}_2,\boldsymbol{\beta}_1]=0$$
$$[\boldsymbol{\beta}_3,\boldsymbol{\beta}_2]=[\boldsymbol{\alpha}_3,\boldsymbol{\beta}_2]+k_1[\boldsymbol{\beta}_1,\boldsymbol{\beta}_2]+k_2[\boldsymbol{\beta}_2,\boldsymbol{\beta}_2]=0$$

得 $k_1=-\dfrac{[\boldsymbol{\alpha}_3,\boldsymbol{\beta}_1]}{[\boldsymbol{\beta}_1,\boldsymbol{\beta}_1]},k_2=-\dfrac{[\boldsymbol{\alpha}_3,\boldsymbol{\beta}_2]}{[\boldsymbol{\beta}_2,\boldsymbol{\beta}_2]}$,有 $\boldsymbol{\beta}_3=\boldsymbol{\alpha}_3-\dfrac{[\boldsymbol{\alpha}_3,\boldsymbol{\beta}_1]}{[\boldsymbol{\beta}_1,\boldsymbol{\beta}_1]}\boldsymbol{\beta}_1-\dfrac{[\boldsymbol{\alpha}_3,\boldsymbol{\beta}_2]}{[\boldsymbol{\beta}_2,\boldsymbol{\beta}_2]}\boldsymbol{\beta}_2$.

同理可推出:

$$\boldsymbol{\beta}_k=\boldsymbol{\alpha}_k-\sum_{i=1}^{k-1}\frac{[\boldsymbol{a}_k,\boldsymbol{\beta}_i]}{[\boldsymbol{\beta}_i,\boldsymbol{\beta}_i]}\boldsymbol{\beta}_i,\quad k=1,2,\cdots,r$$

容易验证 $\boldsymbol{\beta}_1,\boldsymbol{\beta}_2,\cdots,\boldsymbol{\beta}_r$ 两两正交,且 $\boldsymbol{a}_1,\boldsymbol{a}_2,\cdots,\boldsymbol{a}_r$ 与 $\boldsymbol{\beta}_1,\boldsymbol{\beta}_2,\cdots,\boldsymbol{\beta}_r$ 等价.

第三步,将 $\boldsymbol{\beta}_1,\boldsymbol{\beta}_2,\cdots,\boldsymbol{\beta}_r$ 单位化,取 $\boldsymbol{e}_i=\dfrac{\boldsymbol{\beta}_i}{\|\boldsymbol{\beta}_i\|},i=1,2,\cdots,r$,则 $\boldsymbol{e}_1,\boldsymbol{e}_2,\cdots,\boldsymbol{e}_r$ 是一个规范正交基,上述过程称为施密特(Schmidt)正交化过程.

【例 5-3】 已知 $\mathbf{R}^3$ 中两个向量

$$\boldsymbol{a}_1=\begin{pmatrix}1\\1\\1\end{pmatrix},\quad \boldsymbol{a}_2=\begin{pmatrix}1\\-2\\1\end{pmatrix}$$

正交,试求一个非零向量 $\boldsymbol{a}_3$,使 $\boldsymbol{a}_1,\boldsymbol{a}_2,\boldsymbol{a}_3$ 两两正交.

解 记 $\boldsymbol{A}=\begin{bmatrix}\boldsymbol{a}_1^{\mathrm{T}}\\ \boldsymbol{a}_2^{\mathrm{T}}\end{bmatrix}=\begin{pmatrix}1&1&1\\1&-2&1\end{pmatrix}$,$\boldsymbol{a}_3$ 应满足齐次线性方程 $\boldsymbol{Ax}=\boldsymbol{0}$,由

$$\boldsymbol{A}\xrightarrow{r}\begin{pmatrix}1&1&1\\0&-3&0\end{pmatrix}\xrightarrow{r}\begin{pmatrix}1&0&1\\0&1&0\end{pmatrix}$$

得 $\begin{cases}x_1=-x_3\\x_2=0\end{cases}$ 的基础解系 $\begin{pmatrix}-1\\0\\1\end{pmatrix}$,取 $\boldsymbol{a}_3=\begin{pmatrix}-1\\0\\1\end{pmatrix}$ 即为所求.

【例 5-4】 设 $\boldsymbol{a}_1=(1,1,0)^{\mathrm{T}},\boldsymbol{a}_2=(1,0,1)^{\mathrm{T}},\boldsymbol{a}_3=(0,1,1)^{\mathrm{T}}$,试用施密特正交化过程把这组向量正交规范化.

解 令

$$\boldsymbol{\beta}_1=\boldsymbol{a}_1$$

$$\boldsymbol{\beta}_2=\boldsymbol{a}_2-\frac{(\boldsymbol{a}_2,\boldsymbol{\beta}_1)}{(\boldsymbol{\beta}_1,\boldsymbol{\beta}_1)}\boldsymbol{\beta}_1=\begin{pmatrix}1\\0\\1\end{pmatrix}-\frac{1}{2}\begin{pmatrix}1\\1\\0\end{pmatrix}=\begin{pmatrix}\frac{1}{2}\\-\frac{1}{2}\\1\end{pmatrix}$$

$$\boldsymbol{\beta}_3=\boldsymbol{\alpha}_3-\frac{(\boldsymbol{a}_3,\boldsymbol{\beta}_1)}{(\boldsymbol{\beta}_1,\boldsymbol{\beta}_1)}\boldsymbol{\beta}_1-\frac{(\boldsymbol{a}_3,\boldsymbol{\beta}_2)}{(\boldsymbol{\beta}_2,\boldsymbol{\beta}_2)}\boldsymbol{\beta}_2=\begin{pmatrix}0\\1\\1\end{pmatrix}-\frac{1}{2}\begin{pmatrix}1\\1\\0\end{pmatrix}-\frac{1}{3}\begin{pmatrix}\frac{1}{2}\\-\frac{1}{2}\\1\end{pmatrix}=\begin{pmatrix}-\frac{2}{3}\\\frac{2}{3}\\\frac{2}{3}\end{pmatrix}$$

再将 $\boldsymbol{\beta}_1,\boldsymbol{\beta}_2,\boldsymbol{\beta}_3$ 单位化，即

$$\boldsymbol{e}_1=\frac{\boldsymbol{\beta}_1}{\|\boldsymbol{\beta}_1\|}=\frac{1}{\sqrt{2}}\begin{pmatrix}1\\1\\0\end{pmatrix}$$

$$\boldsymbol{e}_2=\frac{\boldsymbol{\beta}_2}{\|\boldsymbol{\beta}_2\|}=\frac{1}{\sqrt{6}}\begin{pmatrix}1\\-1\\2\end{pmatrix}$$

$$\boldsymbol{e}_3=\frac{\boldsymbol{\beta}_3}{\|\boldsymbol{\beta}_3\|}=\frac{1}{\sqrt{3}}\begin{pmatrix}-1\\1\\1\end{pmatrix}$$

$\boldsymbol{e}_1,\boldsymbol{e}_2,\boldsymbol{e}_3$ 即为所求.

【例 5-5】 已知 $\boldsymbol{a}_1=(1,2,2)^{\mathrm{T}}$，求一组非零向量 $\boldsymbol{a}_2,\boldsymbol{a}_3$ 使 $\boldsymbol{a}_1,\boldsymbol{a}_2,\boldsymbol{a}_3$ 两两正交.

解 $\boldsymbol{a}_2,\boldsymbol{a}_3$ 应满足 $\boldsymbol{a}_1^{\mathrm{T}}\boldsymbol{x}=\boldsymbol{0}$，即

$$x_1+2x_2+2x_3=0$$

它的一组基础解系为 $\boldsymbol{\xi}_1=\begin{pmatrix}-2\\1\\0\end{pmatrix},\quad \boldsymbol{\xi}_2=\begin{pmatrix}-2\\0\\1\end{pmatrix}$

将 $\boldsymbol{\xi}_1,\boldsymbol{\xi}_2$ 正交化. 取

$$\boldsymbol{\beta}_2=\boldsymbol{\xi}_1=\begin{pmatrix}-2\\1\\0\end{pmatrix}$$

$$\boldsymbol{\beta}_3=\boldsymbol{\xi}_2-\frac{[\boldsymbol{\beta}_2,\boldsymbol{\xi}_2]}{[\boldsymbol{\beta}_2,\boldsymbol{\beta}_2]}\boldsymbol{\beta}_2=\begin{pmatrix}-2\\0\\1\end{pmatrix}-\frac{4}{5}\begin{pmatrix}-2\\1\\0\end{pmatrix}=\frac{1}{5}\begin{pmatrix}-2\\-4\\5\end{pmatrix}$$

即为所求.

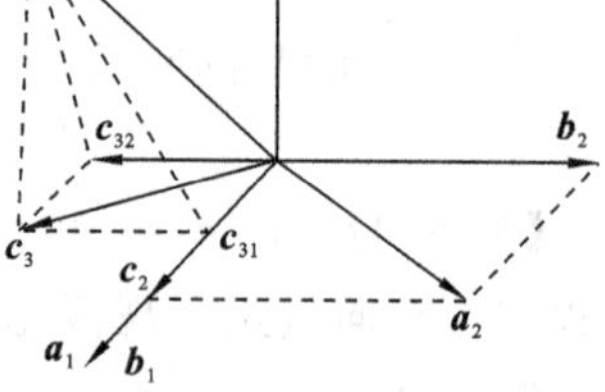

图 5-1

本例中各向量如图 5-1 所示，用解析几何的术语

解释如下.

$\boldsymbol{\beta}_2=\boldsymbol{\alpha}_2-\boldsymbol{c}_2$，$\boldsymbol{c}_2$ 为 $\boldsymbol{\alpha}_2$ 在 $\boldsymbol{b}_1$ 上的投影向量，即 $\boldsymbol{c}_2=\left[\boldsymbol{\alpha}_2,\dfrac{\boldsymbol{\beta}_1}{\|\boldsymbol{\beta}_1\|}\right]\dfrac{\boldsymbol{\beta}_1}{\|\boldsymbol{\beta}_1\|}=\dfrac{[\boldsymbol{\alpha}_2,\boldsymbol{\beta}_1]}{\|\boldsymbol{\beta}_1\|^2}$ $\boldsymbol{\beta}_1$，$\boldsymbol{\beta}_3=\boldsymbol{\alpha}_3-\boldsymbol{c}_3$，而 $\boldsymbol{c}_3$ 为 $\boldsymbol{\alpha}_3$ 在平行于 $\boldsymbol{\beta}_1,\boldsymbol{\beta}_2$ 的平面上的投影向量，由于 $\boldsymbol{\beta}_1\perp\boldsymbol{\beta}_2$，故 $\boldsymbol{c}_3$ 等于 $\boldsymbol{\alpha}_3$ 分别在 $\boldsymbol{\beta}_1,\boldsymbol{\beta}_2$ 上的投影向量 $\boldsymbol{c}_{31},\boldsymbol{c}_{32}$ 之和，即

$$\boldsymbol{c}_3=\boldsymbol{c}_{31}+\boldsymbol{c}_{32}=\frac{[\boldsymbol{\alpha}_3,\boldsymbol{\beta}_1]}{\|\boldsymbol{\beta}_1\|^2}\boldsymbol{\beta}_1+\frac{[\boldsymbol{\alpha}_3,\boldsymbol{\beta}_2]}{\|\boldsymbol{\beta}_2\|^2}\boldsymbol{\beta}_2$$

三、正交矩阵

定义 5.4　如果 n 阶方阵 $\boldsymbol{A}$ 满足

$$\boldsymbol{A}\boldsymbol{A}^{\mathrm{T}}=\boldsymbol{A}^{\mathrm{T}}\boldsymbol{A}=\boldsymbol{E}\ (\text{即 } \boldsymbol{A}^{-1}=\boldsymbol{A}^{\mathrm{T}})$$

那么称 $\boldsymbol{A}$ 为正交矩阵.

定理 5.2　设 $\boldsymbol{A},\boldsymbol{B}$ 都是 n 阶正交矩阵，则

(1) $|\boldsymbol{A}|=\pm1$；

(2) $\boldsymbol{A}$ 的列(行)向量组是两两正交的单位向量；

(3) $\boldsymbol{A}^{\mathrm{T}}$(即 $\boldsymbol{A}^{-1}$)也是正交矩阵；

(4) $\boldsymbol{AB}$ 也是正交矩阵.

证明留给读者完成.

注：若 $\boldsymbol{A}$ 为正交矩阵，当且仅当 $\boldsymbol{A}$ 的列(行)向量组为规范正交向量组.

这是因为，将 $\boldsymbol{A}$ 用行向量表示为 $\boldsymbol{A}=\begin{pmatrix}\alpha_1\\ \alpha_2\\ \vdots\\ \alpha_n\end{pmatrix}$，于是

$$\boldsymbol{A}\boldsymbol{A}^{\mathrm{T}}=\begin{pmatrix}\boldsymbol{\alpha}_1\\ \boldsymbol{\alpha}_2\\ \vdots\\ \boldsymbol{\alpha}_n\end{pmatrix}(\boldsymbol{\alpha}_1^{\mathrm{T}}\quad \boldsymbol{\alpha}_2^{\mathrm{T}}\quad \cdots\quad \boldsymbol{\alpha}_n^{\mathrm{T}})=\begin{pmatrix}\boldsymbol{\alpha}_1\boldsymbol{\alpha}_1^{\mathrm{T}} & \boldsymbol{\alpha}_1\boldsymbol{\alpha}_2^{\mathrm{T}} & \cdots & \boldsymbol{\alpha}_1\boldsymbol{\alpha}_n^{\mathrm{T}}\\ \boldsymbol{\alpha}_2\boldsymbol{\alpha}_1^{\mathrm{T}} & \boldsymbol{\alpha}_2\boldsymbol{\alpha}_2^{\mathrm{T}} & \cdots & \boldsymbol{\alpha}_2\boldsymbol{\alpha}_n^{\mathrm{T}}\\ \vdots & \vdots & & \vdots\\ \boldsymbol{\alpha}_n\boldsymbol{\alpha}_1^{\mathrm{T}} & \boldsymbol{\alpha}_n\boldsymbol{\alpha}_2^{\mathrm{T}} & \cdots & \boldsymbol{\alpha}_n\boldsymbol{\alpha}_n^{\mathrm{T}}\end{pmatrix}$$

因此，$\boldsymbol{A}\boldsymbol{A}^{\mathrm{T}}=\boldsymbol{E}$ 的充要条件是：$\boldsymbol{\alpha}_i\boldsymbol{\alpha}_j^{\mathrm{T}}=\begin{cases}1, & i=j\\ 0, & i=j\end{cases}$，$i,j=1,2,\cdots,n$.

由此可见，正交矩阵 $\boldsymbol{A}$ 的 n 个列(行)向量构成向量空间 $\mathbf{R}^n$ 的一组规范正交基.

【例 5-6】　正交矩阵举例.

(1) n 阶单位矩阵；

(2) $\begin{pmatrix}\cos\theta & -\sin\theta\\ \sin\theta & \cos\theta\end{pmatrix}$；

(3) $\begin{pmatrix} 0 & \frac{1}{\sqrt{2}} & -\frac{1}{\sqrt{2}} \\ -\frac{2}{\sqrt{6}} & \frac{1}{\sqrt{6}} & \frac{1}{\sqrt{6}} \\ \frac{1}{\sqrt{3}} & \frac{1}{\sqrt{3}} & \frac{1}{\sqrt{3}} \end{pmatrix}$.

习　题　5.1

1. 求下列向量间的夹角.

(1) $\boldsymbol{\alpha}=(1,2,-2,1)^{\mathrm{T}}, \boldsymbol{\beta}=(2,1,3,2)^{\mathrm{T}}$;

(2) $\boldsymbol{\alpha}=(3,1,5,1)^{\mathrm{T}}, \boldsymbol{\beta}=(1,2,2,3)^{\mathrm{T}}$.

2. 试用施密特正交化方法将下列向量组正交化.

(1) $(\boldsymbol{\alpha}_1,\boldsymbol{\alpha}_2,\boldsymbol{\alpha}_3)=\begin{pmatrix} 1 & 1 & 1 \\ 1 & 2 & 4 \\ 1 & 3 & 9 \end{pmatrix}$;　　(2) $(\boldsymbol{\alpha}_1,\boldsymbol{\alpha}_2,\boldsymbol{\alpha}_3)=\begin{pmatrix} 1 & 1 & -1 \\ 0 & -1 & 1 \\ -1 & 0 & 1 \\ 1 & 1 & 0 \end{pmatrix}$.

3. 判定下列矩阵是否为正交矩阵.

(1) $\begin{pmatrix} 1 & -\frac{1}{2} & \frac{1}{3} \\ -\frac{1}{2} & 1 & \frac{1}{2} \\ \frac{1}{3} & \frac{1}{2} & -1 \end{pmatrix}$;　　(2) $\begin{pmatrix} \frac{1}{9} & -\frac{8}{9} & -\frac{4}{9} \\ -\frac{8}{9} & \frac{1}{9} & -\frac{4}{9} \\ -\frac{4}{9} & -\frac{4}{9} & \frac{7}{9} \end{pmatrix}$.

4. 设 $\boldsymbol{\alpha}=(1,0,-2)^{\mathrm{T}}, \boldsymbol{\beta}=(-4,2,3)^{\mathrm{T}}$，$\boldsymbol{\alpha}$ 与 $\boldsymbol{\gamma}$ 正交，且 $\boldsymbol{\beta}=\lambda\boldsymbol{\alpha}+\boldsymbol{\gamma}$，求数 λ 和向量 $\boldsymbol{\gamma}$.

5. 设 $\boldsymbol{\alpha}_1=(1,2,3)^{\mathrm{T}}$，求非零向量 $\boldsymbol{\alpha}_2,\boldsymbol{\alpha}_3$，使向量组 $\boldsymbol{\alpha}_1,\boldsymbol{\alpha}_2,\boldsymbol{\alpha}_3$ 为正交向量组.

6. 设 $\boldsymbol{\alpha}$ 为 n 维列向量，$\boldsymbol{\alpha}^{\mathrm{T}}\boldsymbol{\alpha}=1$，令 $\boldsymbol{H}=\boldsymbol{E}-2\boldsymbol{\alpha}\boldsymbol{\alpha}^{\mathrm{T}}$，证明：$\boldsymbol{H}$ 是对称的正交阵.

第二节　特征值与特征向量

工程技术中的一些问题，如振动问题和稳定性问题，常可归结为求一个矩阵的特征值和特征向量的问题，数学中诸如方阵的对角化及解微分方程组等问题，也都要用到特征值的理论.

一、特征值与特征向量的基本概念

定义 5.5　设 $\boldsymbol{A}$ 是一个 n 阶方阵，如果存在一个数 λ 和 n 维非零向量 $\boldsymbol{x}=(x_1,$

$x_2,\cdots,x_n)^{\mathrm{T}}$，使得关系式

$$\boldsymbol{A}\boldsymbol{x}=\lambda\boldsymbol{x} \tag{5.1}$$

成立，则称数 λ 为方阵 $\boldsymbol{A}$ 的一个特征值，非零向量 $\boldsymbol{x}$ 称为 $\boldsymbol{A}$ 的对应于(或属于)特征值 λ 的特征向量.

注:(1) 特征值问题只是对方阵而言的；

(2) 特征向量必须是非零向量.

显然，方阵 $\boldsymbol{A}$ 的特征值对应于无穷多个特征向量，这是因为如果 $\boldsymbol{x}$ 是属于 λ 的特征向量，由

$$\boldsymbol{A}(k\boldsymbol{x})=k(\boldsymbol{A}\boldsymbol{x})=k(\lambda\boldsymbol{x})=\lambda(k\boldsymbol{x})$$

则 $k\boldsymbol{x}$ 也是属于 λ 的特征向量($k\neq0$).

假若 $\boldsymbol{x}_1$ 和 $\boldsymbol{x}_2$ 都是方阵 $\boldsymbol{A}$ 的属于特征值 λ 的特征向量，由

$$\boldsymbol{A}(\boldsymbol{x}_1+\boldsymbol{x}_2)=\boldsymbol{A}\boldsymbol{x}_1+\boldsymbol{A}\boldsymbol{x}_2=\lambda\boldsymbol{x}_1+\lambda\boldsymbol{x}_2=\lambda(\boldsymbol{x}_1+\boldsymbol{x}_2)$$

则当 $\boldsymbol{x}_1+\boldsymbol{x}_2\neq\boldsymbol{0}$ 时，$\boldsymbol{x}_1+\boldsymbol{x}_2$ 也是属于 λ 的特征向量.

综上所述，可知属于同一特征值的特征向量的任意非零线性组合也是属于此特征值的特征向量.

下面讨论特征值与特征向量的求法.

式(5.1)也可以写成

$$(\boldsymbol{A}-\lambda\boldsymbol{E})\boldsymbol{x}=\boldsymbol{0}\quad\text{或}\quad(\lambda\boldsymbol{E}-\boldsymbol{A})\boldsymbol{x}=\boldsymbol{0} \tag{5.2}$$

这是含 n 个未知量 n 个方程的齐次线性方程组，它有非零解的充要条件是系数行列式

$$|\boldsymbol{A}-\lambda\boldsymbol{E}|=0 \tag{5.3}$$

即

$$\begin{vmatrix} a_{11}-\lambda & a_{12} & \cdots & a_{1n} \\ a_{21} & a_{22}-\lambda & \cdots & a_{2n} \\ \vdots & \vdots & & \vdots \\ a_{n1} & a_{n2} & \cdots & a_{nn}-\lambda \end{vmatrix}=0$$

上式是以 λ 为未知量的一元 n 次方程，称为方阵 $\boldsymbol{A}$ 的特征方程. 其左端 $|\boldsymbol{A}-\lambda\boldsymbol{E}|$ 是 λ 的 n 次多项式，称为方阵 $\boldsymbol{A}$ 的特征多项式，记为 $f(\lambda)$. 显然，$\boldsymbol{A}$ 的特征值就是特征方程的根，在复数范围内，n 阶方阵有 n 个特征值(重根按重数计算). 例如，对角矩阵、三角矩阵的特征值即为对角线元素.

对所求得的每个特征值 $\lambda=\lambda_i$，则由方程

$$(\boldsymbol{A}-\lambda_i\boldsymbol{E})\boldsymbol{x}=\boldsymbol{0}$$

可求得其全部非零解 $\boldsymbol{x}=\boldsymbol{p}_i$，那么 $\boldsymbol{p}_i$ 便是 $\boldsymbol{A}$ 的对应于特征值 λ_i 的全部特征向量(若 λ_i 为实数，则 $\boldsymbol{p}_i$ 可取实向量；若 λ_i 为复数，则 $\boldsymbol{p}_i$ 为复向量).

【例 5-7】 已知 $\boldsymbol{\alpha}=\begin{pmatrix}1\\1\\-1\end{pmatrix}$ 是 $\boldsymbol{A}=\begin{pmatrix}2&-1&2\\5&a&3\\-1&b&-2\end{pmatrix}$ 的一个特征向量，试确定参数 a、b 及特征向量 $\boldsymbol{\alpha}$ 所对应的特征值 λ.

解 由特征值和特征向量的定义可知 $\boldsymbol{A\alpha}=\lambda\boldsymbol{\alpha}$，即

$$\begin{pmatrix}2&-1&2\\5&a&3\\-1&b&-2\end{pmatrix}\begin{pmatrix}1\\1\\-1\end{pmatrix}=\lambda\begin{pmatrix}1\\1\\-1\end{pmatrix}$$

于是 $\begin{pmatrix}-1\\a+2\\b+1\end{pmatrix}=\begin{pmatrix}\lambda\\\lambda\\-\lambda\end{pmatrix}$，即

$$a=-3,\quad b=0,\quad \lambda=-1$$

总结　求 n 阶方阵 $\boldsymbol{A}$ 的特征值与特征向量的步骤为：

(1) 求出 n 阶方阵 $\boldsymbol{A}$ 的特征多项式 $|\boldsymbol{A}-\lambda\boldsymbol{E}|$；

(2) 求出特征方程 $|\boldsymbol{A}-\lambda\boldsymbol{E}|=0$ 的全部根 $\lambda_1,\lambda_2,\cdots,\lambda_n$，即是 $\boldsymbol{A}$ 的特征值；

(3) 把每个特征值 λ_i 代入线性方程组 $(\boldsymbol{A}-\lambda\boldsymbol{E})\boldsymbol{x}=\boldsymbol{0}$，求出基础解系，就是方阵 $\boldsymbol{A}$ 对应于 λ_i 的特征向量，基础解系的线性组合(零向量除外)就是 $\boldsymbol{A}$ 对应于 λ_i 的全部特征向量.

【例 5-8】 求 $\boldsymbol{A}=\begin{pmatrix}4&6&0\\-3&-5&0\\-3&-6&1\end{pmatrix}$ 的特征值和对应的特征向量.

解 矩阵 $\boldsymbol{A}$ 的特征多项式

$$|\boldsymbol{A}-\lambda\boldsymbol{E}|=\begin{vmatrix}4-\lambda&6&0\\-3&-5-\lambda&0\\-3&-6&1-\lambda\end{vmatrix}=-(\lambda-1)^2(\lambda+2)$$

所以 $\boldsymbol{A}$ 的特征值 $\lambda_1=-2,\lambda_2=\lambda_3=1$.

当 $\lambda_1=-2$ 时，解方程 $(\boldsymbol{A}+2\boldsymbol{E})\boldsymbol{x}=\boldsymbol{0}$，由

$$\boldsymbol{A}+2\boldsymbol{E}=\begin{pmatrix}6&6&0\\-3&-3&0\\-3&-6&3\end{pmatrix}\xrightarrow{r}\begin{pmatrix}1&0&1\\0&1&-1\\0&0&0\end{pmatrix}$$

得基础解系

$$\boldsymbol{\eta}_1=\begin{pmatrix}-1\\1\\1\end{pmatrix}$$

所以属于 $\lambda_1=-2$ 的全部特征向量为 $k\boldsymbol{\eta}_1=k\begin{pmatrix}-1\\1\\1\end{pmatrix},k\neq0.$

当 $\lambda_2=\lambda_3=1$ 时，解方程 $(\boldsymbol{A}-\boldsymbol{E})\boldsymbol{x}=\boldsymbol{0}$，由

$$\boldsymbol{A}-\boldsymbol{E}=\begin{pmatrix}3&6&0\\-3&-6&0\\-3&-6&0\end{pmatrix}\xrightarrow{r}\begin{pmatrix}1&2&0\\0&0&0\\0&0&0\end{pmatrix}$$

得基础解系

$$\boldsymbol{\eta}_2=\begin{pmatrix}-2\\1\\0\end{pmatrix},\quad \boldsymbol{\eta}_3=\begin{pmatrix}0\\0\\1\end{pmatrix}$$

所以属于 $\lambda_2=\lambda_3=1$ 的全部特征向量为

$$k_2\boldsymbol{\eta}_2+k_3\boldsymbol{\eta}_3=k_2\begin{pmatrix}-2\\1\\0\end{pmatrix}+k_3\begin{pmatrix}0\\0\\1\end{pmatrix},\quad k_2,k_3\text{ 不同时为 }0$$

【例 5-9】 求矩阵 $\boldsymbol{A}=\begin{pmatrix}-1&1&0\\-4&3&0\\1&0&2\end{pmatrix}$ 的特征值与对应的特征向量.

解　矩阵 $\boldsymbol{A}$ 的特征多项式为

$$|\boldsymbol{A}-\lambda\boldsymbol{E}|=\begin{vmatrix}-1-\lambda&1&0\\-4&3-\lambda&0\\1&0&2-\lambda\end{vmatrix}=(2-\lambda)(\lambda-1)^2$$

得 $\boldsymbol{A}$ 的特征值 $\lambda_1=2,\lambda_2=\lambda_3=1$.

当 $\lambda_1=2$ 时，解方程 $(\boldsymbol{A}-2\boldsymbol{E})\boldsymbol{x}=\boldsymbol{0}$，由

$$\boldsymbol{A}-2\boldsymbol{E}=\begin{pmatrix}-3&1&0\\-4&1&0\\1&0&0\end{pmatrix}\xrightarrow{r}\begin{pmatrix}1&0&0\\0&1&0\\0&0&0\end{pmatrix}$$

得基础解系

$$\boldsymbol{\eta}_1=\begin{pmatrix}0\\0\\1\end{pmatrix}$$

所以对应于 $\lambda_1=2$ 的全部特征向量为

$$k\boldsymbol{\eta}_1=k\begin{pmatrix}0\\0\\1\end{pmatrix},\quad k\neq0$$

当 $\lambda_2=\lambda_3=1$ 时，解方程 $(\boldsymbol{A}-\boldsymbol{E})\boldsymbol{x}=\boldsymbol{0}$，由

$$\boldsymbol{A}-\boldsymbol{E}=\begin{pmatrix}-2&1&0\\-4&2&0\\1&0&1\end{pmatrix}\xrightarrow{r}\begin{pmatrix}1&0&1\\0&1&2\\0&0&0\end{pmatrix}$$

得基础解系

$$\boldsymbol{\eta}_2=\begin{pmatrix}-1\\-2\\1\end{pmatrix}$$

所以对应于 $\lambda_2=\lambda_3=1$ 的全部特征向量为

$$k\boldsymbol{\eta}_2=k\begin{pmatrix}-1\\-2\\1\end{pmatrix},\quad k\neq 0$$

二、特征值与特征向量的性质

性质 1 一个特征向量只能属于一个特征值(相同的看成一个).

证 反证法：设 $\boldsymbol{x}$ 是方阵 $\boldsymbol{A}$ 的不同特征值 λ_1 和 $\lambda_2(\lambda_1\neq\lambda_2)$ 的特征向量，则 $\boldsymbol{A}\boldsymbol{x}=\lambda_1\boldsymbol{x}$ 和 $\boldsymbol{A}\boldsymbol{x}=\lambda_2\boldsymbol{x}$.

即有：$\lambda_1\boldsymbol{x}=\lambda_2\boldsymbol{x}$，即 $(\lambda_1-\lambda_2)\boldsymbol{x}=\boldsymbol{0}$. 因为 $\lambda_1-\lambda_2\neq 0$，则 $\boldsymbol{x}=\boldsymbol{0}$，故矛盾.

性质 2 若 λ 是方阵 $\boldsymbol{A}$ 的特征值，$\boldsymbol{x}$ 是属于 λ 的特征向量，则

(1) $\mu\lambda$ 是 $\mu\boldsymbol{A}$ 的特征值，$\boldsymbol{x}$ 是属于 $\mu\lambda$ 的特征向量(μ 是常数)；

(2) λ^m 是 $\boldsymbol{A}^m$ 的特征值，$\boldsymbol{x}$ 是属于 λ^m 的特征向量(m 是自然数)；

(3) 当 $|\boldsymbol{A}|\neq 0$ 时，λ^{-1} 是 $\boldsymbol{A}^{-1}$ 的特征值，$\lambda^{-1}|\boldsymbol{A}|$ 为 $\boldsymbol{A}^*$ 的特征值，且 $\boldsymbol{x}$ 为对应的特征向量.

(4) $f(\lambda)=a_0+a_1\lambda+\cdots+a_m\lambda^m$ 是 $f(\boldsymbol{A})=a_0\boldsymbol{E}+a_1\boldsymbol{A}+\cdots+a_m\boldsymbol{A}^m$ 的特征值.

证 由 $\boldsymbol{A}\boldsymbol{x}=\lambda\boldsymbol{x}$ 可得

(1) $(\mu\boldsymbol{A})\boldsymbol{x}=\mu(\boldsymbol{A}\boldsymbol{x})=\mu(\lambda\boldsymbol{x})=(\mu\lambda)\boldsymbol{x}$；

(2) $\boldsymbol{A}^2\boldsymbol{x}=\boldsymbol{A}(\boldsymbol{A}\boldsymbol{x})=\boldsymbol{A}(\lambda\boldsymbol{x})=\lambda(\boldsymbol{A}\boldsymbol{x})=\lambda^2\boldsymbol{x}$；由归纳法即得

$$\boldsymbol{A}^m\boldsymbol{x}=\lambda^m\boldsymbol{x},\quad m\text{ 是自然数}$$

(3) $|\boldsymbol{A}|\neq 0$，则 $\lambda\neq 0$，于是 $\boldsymbol{A}^{-1}(\boldsymbol{A}\boldsymbol{x})=\boldsymbol{A}^{-1}(\lambda\boldsymbol{x})$，即 $\boldsymbol{x}=\lambda\boldsymbol{A}^{-1}\boldsymbol{x}$，则 $\boldsymbol{A}^{-1}\boldsymbol{x}=\lambda^{-1}\boldsymbol{x}$. 而

$$\boldsymbol{A}^*\boldsymbol{x}=(|\boldsymbol{A}|\boldsymbol{A}^{-1})\boldsymbol{x}=|\boldsymbol{A}|\boldsymbol{A}^{-1}\boldsymbol{x}=\lambda^{-1}|\boldsymbol{A}|\boldsymbol{x}$$

(4) $f(\boldsymbol{A})p=a_0p+a_1\boldsymbol{A}p+\cdots+a_m\boldsymbol{A}^mp=(a_0+a_1\lambda+\cdots+a_m\lambda^m)p$，所以 $f(\lambda)$ 是 $f(\boldsymbol{A})$ 的特征值.

性质 3 $\boldsymbol{A}$ 与 $\boldsymbol{A}^{\mathrm{T}}$ 有相同的特征值.

证 因为 $(\boldsymbol{A}-\lambda\boldsymbol{E})^{\mathrm{T}}=\boldsymbol{A}^{\mathrm{T}}-(\lambda\boldsymbol{E})^{\mathrm{T}}=\boldsymbol{A}^{\mathrm{T}}-\lambda\boldsymbol{E}$，所以

$$|\boldsymbol{A}-\lambda\boldsymbol{E}|=|(\boldsymbol{A}-\lambda\boldsymbol{E})^{\mathrm{T}}|=|\boldsymbol{A}^{\mathrm{T}}-\lambda\boldsymbol{E}|$$

即 $\boldsymbol{A}$ 与 $\boldsymbol{A}^{\mathrm{T}}$ 有相同的特征多项式，从而特征值相同.

性质 4　设 n 阶矩阵 $\boldsymbol{A}=(a_{ij})$ 的 n 个特征值为 $\lambda_1,\lambda_2,\cdots,\lambda_n$，则

(1) $\sum\limits_{i=1}^{n}\lambda_i=\sum\limits_{i=1}^{n}a_{ii}=\mathrm{tr}\boldsymbol{A}$；

(2) $\lambda_1\lambda_2\cdots\lambda_n=|\boldsymbol{A}|$.

其中，$\mathrm{tr}\boldsymbol{A}$ 称为 $\boldsymbol{A}$ 的迹，为 $\boldsymbol{A}$ 的主对角线元素之和.

该性质的证明要用到 n 次多项式根与系数关系，在此不予证明.

注: 由性质 4 可知，当且仅当 $\boldsymbol{A}$ 的特征值不为零时，$\boldsymbol{A}$ 可逆.

性质 5　设 $\lambda_1,\lambda_2,\cdots,\lambda_m$ 是方阵 $\boldsymbol{A}$ 的 m 个特征值，$\boldsymbol{p}_1,\boldsymbol{p}_2,\cdots,\boldsymbol{p}_m$ 是依次与之对应的特征向量. 如果 $\lambda_1,\lambda_2,\cdots,\lambda_m$ 互不相等，则 $\boldsymbol{p}_1,\boldsymbol{p}_2,\cdots,\boldsymbol{p}_m$ 线性无关.

证　设有常数 $x_1,x_2,\cdots,x_m$ 使 $x_1\boldsymbol{p}_1+x_2\boldsymbol{p}_2+\cdots+x_m\boldsymbol{p}_m=\boldsymbol{0}$，则

$$\boldsymbol{A}(x_1\boldsymbol{p}_1+x_2\boldsymbol{p}_2+\cdots+x_m\boldsymbol{p}_m)=\boldsymbol{0}$$

即

$$\lambda_1x_1\boldsymbol{p}_1+\lambda_2x_2\boldsymbol{p}_2+\cdots+\lambda_mx_m\boldsymbol{p}_m=\boldsymbol{0}$$

进行类推，有

$$\lambda_1^kx_1\boldsymbol{p}_1+\lambda_2^kx_2\boldsymbol{p}_2+\cdots+\lambda_m^kx_m\boldsymbol{p}_m=\boldsymbol{0},\quad k=1,2,\cdots,m-1$$

把上列各式合写成矩阵形式，得

$$(x_1\boldsymbol{p}_1,x_2\boldsymbol{p}_2,\cdots,x_m\boldsymbol{p}_m)\begin{pmatrix}1 & \lambda_1 & \cdots & \lambda_1^{m-1}\\ 1 & \lambda_2 & \cdots & \lambda_2^{m-1}\\ \vdots & \vdots & & \vdots\\ 1 & \lambda_m & \cdots & \lambda_m^{m-1}\end{pmatrix}=(0,0,\cdots,0)$$

上式等号左边第 2 个矩阵的行列式为范德蒙行列式，当 λ_i 各不相同时，该行列式不为 0，从而该矩阵可逆，于是有

$$(x_1\boldsymbol{p}_1,x_2\boldsymbol{p}_2,\cdots,x_m\boldsymbol{p}_m)=(0,0,\cdots,0)$$

即有 $x_i\boldsymbol{p}_i=\boldsymbol{0}$ $(i=1,2,\cdots,m)$，由 $\boldsymbol{p}_i\neq\boldsymbol{0}$ 则 $x_i=0$ $(i=1,2,\cdots,m)$，所以 $\boldsymbol{p}_1,\boldsymbol{p}_2,\cdots,\boldsymbol{p}_m$ 线性无关.

【例 5-10】　设 $\boldsymbol{x}_1$ 是方阵 $\boldsymbol{A}$ 的属于特征值 λ_1 的特征向量，$\boldsymbol{x}_2$ 是属于特征值 λ_2 的特征向量，如果 $\lambda_1\neq\lambda_2$，则 $\boldsymbol{x}_1+\boldsymbol{x}_2$ 不是 $\boldsymbol{A}$ 的特征向量.

证　假设 $\boldsymbol{x}_1+\boldsymbol{x}_2$ 是 $\boldsymbol{A}$ 的属于特征值 λ 的特征向量，则

$$\boldsymbol{A}(\boldsymbol{x}_1+\boldsymbol{x}_2)=\lambda(\boldsymbol{x}_1+\boldsymbol{x}_2)$$

而

$$\boldsymbol{A}(\boldsymbol{x}_1+\boldsymbol{x}_2)=\boldsymbol{A}\boldsymbol{x}_1+\boldsymbol{A}\boldsymbol{x}_2=\lambda_1\boldsymbol{x}_1+\lambda_2\boldsymbol{x}_2$$

所以

$$(\lambda-\lambda_1)\boldsymbol{x}_1+(\lambda-\lambda_2)\boldsymbol{x}_2=\boldsymbol{0}$$

因为 $\boldsymbol{x}_1$ 和 $\boldsymbol{x}_2$ 是属于不同特征值的特征向量，所以 $\boldsymbol{x}_1$ 和 $\boldsymbol{x}_2$ 线性无关，则

$$\lambda-\lambda_1=0,\quad \lambda-\lambda_2=0$$

即 $\lambda=\lambda_1=\lambda_2$，故矛盾.

【例 5-11】　设三阶矩阵 $\boldsymbol{A}$ 的特征值为 $1,-1,2$，求 $\boldsymbol{A}^*+3\boldsymbol{A}-2\boldsymbol{E}$ 的特征值.

解 因 $\boldsymbol{A}$ 的特征值全不为 0，知 $\boldsymbol{A}$ 可逆，故 $\boldsymbol{A}^*=|\boldsymbol{A}|\boldsymbol{A}^{-1}$，而 $|\boldsymbol{A}|=\lambda_1\lambda_2\lambda_3=-2$，所以 $\boldsymbol{A}^*+3\boldsymbol{A}-2\boldsymbol{E}=-2\boldsymbol{A}^{-1}+3\boldsymbol{A}-2\boldsymbol{E}$，把上式记作 $\varphi(\boldsymbol{A})$，有 $\varphi(\lambda)=-\dfrac{2}{\lambda}+3\lambda-2$. 这里，$\varphi(\boldsymbol{A})$ 的特征值分别为 $\varphi(1)=-1$，$\varphi(-1)=-3$，$\varphi(2)=3$.

在本节最后再给出几个结论.

(1) 若 n 阶方阵 $\boldsymbol{A}$ 有 n 个不同的特征值，则 $\boldsymbol{A}$ 有 n 个线性无关的特征向量.

(2) 属于方阵 $\boldsymbol{A}$ 同一特征值的特征向量的线性组合不等于零时，仍是属于这个特征值的特征向量.

(3) 矩阵的特征向量是相对于特征值而言的，一个特征值可有不同的特征向量，但是一个特征向量不能属于不同的特征值.

(4) 正交阵的实特征值的绝对值为 1.

(5) 若方阵 $\boldsymbol{A}$ 满足 $f(x)=0$，则 $\boldsymbol{A}$ 的特征值也满足 $f(x)=0$，即若 $f(\boldsymbol{A})=0$，则 $f(\lambda)=0$，其中 $f(x)$ 为 x 的多项式.

例如，若 $\boldsymbol{A}^2-3\boldsymbol{A}+2\boldsymbol{E}=\boldsymbol{0}$，即 $\boldsymbol{A}$ 满足 $f(x)=x^2-3x+2=0$，故 $\boldsymbol{A}$ 的特征值 λ 必满足 $f(\lambda)=0$，即 $\lambda^2-3\lambda+2=0$，从而 $\lambda=1$ 或 $\lambda=2$，故 $\boldsymbol{A}$ 的特征值只能取 1 或 2.

(6) $|\lambda\boldsymbol{E}-\boldsymbol{A}|=0$ 与 $|\boldsymbol{A}-\lambda\boldsymbol{E}|=0$ 等价，故既可以利用 $|\lambda\boldsymbol{E}-\boldsymbol{A}|=0$ 求 λ 值，也可以用 $|\boldsymbol{A}-\lambda\boldsymbol{E}|=0$ 求 λ 值，同时既可以用 $(\lambda\boldsymbol{E}-\boldsymbol{A})\boldsymbol{x}=\boldsymbol{0}$ 求特征向量，也可以用 $(\boldsymbol{A}-\lambda\boldsymbol{E})\boldsymbol{x}=\boldsymbol{0}$ 求特征向量.

(7) 对角阵 $\boldsymbol{A}=\begin{pmatrix}\lambda_1 & & & \\ & \lambda_2 & & \\ & & \ddots & \\ & & & \lambda_n\end{pmatrix}$ 的对角元素，即为它的 n 个特征值.

习 题 5.2

1. 判断题.

(1) 满足 $\boldsymbol{A}\boldsymbol{x}=\lambda\boldsymbol{x}$ 的数 λ 和向量 $\boldsymbol{x}$ 是方阵 $\boldsymbol{A}$ 的特征值和特征向量. ( )

(2) 如果 $\boldsymbol{p}_1,\boldsymbol{p}_2,\cdots,\boldsymbol{p}_t$ 是方阵 $\boldsymbol{A}$ 对应于特征值 λ 的特征向量，$k_1,k_2,\cdots,k_t$ 为任意实数，则 $k_1\boldsymbol{p}_1+k_2\boldsymbol{p}_2+\cdots+k_t\boldsymbol{p}_t$ 也是 $\boldsymbol{A}$ 对应于 λ 的特征向量. ( )

(3) 设 λ、μ 是 n 阶方阵 $\boldsymbol{A}$ 和 $\boldsymbol{B}$ 的特征值，则 $\lambda+\mu$ 是 $\boldsymbol{A}+\boldsymbol{B}$ 的特征值. ( )

2. 求下列矩阵的特征值和特征向量.

(1) $\begin{pmatrix}3 & -1\\ -1 & 3\end{pmatrix}$； (2) $\begin{pmatrix}-2 & 1 & 1\\ 0 & 2 & 0\\ -4 & 1 & 3\end{pmatrix}$.

3. 设 λ_1、λ_2、λ_3 是三阶可逆方阵 $\boldsymbol{A}$ 的特征值，求 $\boldsymbol{A}^{-1}$，$\boldsymbol{A}^*$，$3\boldsymbol{A}-2\boldsymbol{E}$ 的特征值.

4. (1) 已知三阶方阵 $\boldsymbol{A}$ 的特征值为 1,2,3,求 $|\boldsymbol{A}^3-5\boldsymbol{A}^2+7\boldsymbol{A}|$.

(2) 已知三阶方阵 $\boldsymbol{A}$ 的特征值为 1,2,−3,求 $|\boldsymbol{A}^*+3\boldsymbol{A}+2\boldsymbol{E}|$.

5. 向量 $\boldsymbol{x}=(1,1,1)^{\mathrm{T}}$ 是 $\boldsymbol{A}=\begin{pmatrix}1&0&1\\a&1&0\\1&1&0\end{pmatrix}$ 的特征值 λ_1 对应的特征向量,求 λ_1、a 及其他特征向量.

第三节　相似矩阵

一、相似矩阵的概念与性质

定义 5.6　设 $\boldsymbol{A}$、$\boldsymbol{B}$ 都是 n 阶方阵,如果存在一个可逆矩阵 $\boldsymbol{P}$,使

$$\boldsymbol{P}^{-1}\boldsymbol{A}\boldsymbol{P}=\boldsymbol{B}$$

则称 $\boldsymbol{A}$ 与 $\boldsymbol{B}$ 是相似的. 对 $\boldsymbol{A}$ 进行运算 $\boldsymbol{P}^{-1}\boldsymbol{A}\boldsymbol{P}$ 称为对 $\boldsymbol{A}$ 作相似变换,可逆矩阵 $\boldsymbol{P}$ 称为把 $\boldsymbol{A}$ 变成 $\boldsymbol{B}$ 的相似变换矩阵.

易知矩阵的相似关系是一种等价关系,满足:

(1) 自反性　矩阵 $\boldsymbol{A}$ 与 $\boldsymbol{A}$ 自身相似,因为 $\boldsymbol{E}^{-1}\boldsymbol{A}\boldsymbol{E}=\boldsymbol{A}$.

(2) 对称性　若 $\boldsymbol{A}$ 与 $\boldsymbol{B}$ 相似,则 $\boldsymbol{B}$ 与 $\boldsymbol{A}$ 相似. 因为 $\boldsymbol{P}^{-1}\boldsymbol{A}\boldsymbol{P}=\boldsymbol{B}$,所以 $(\boldsymbol{P}^{-1})^{-1}\boldsymbol{B}\boldsymbol{P}^{-1}=\boldsymbol{A}$.

(3) 传递性　若 $\boldsymbol{A}$ 与 $\boldsymbol{B}$ 相似,$\boldsymbol{B}$ 与 $\boldsymbol{C}$ 相似,则 $\boldsymbol{A}$ 与 $\boldsymbol{C}$ 相似. 因为 $\boldsymbol{P}^{-1}\boldsymbol{A}\boldsymbol{P}=\boldsymbol{B}$,$\boldsymbol{Q}^{-1}\boldsymbol{B}\boldsymbol{Q}=\boldsymbol{C}$,所以 $\boldsymbol{Q}^{-1}(\boldsymbol{P}^{-1}\boldsymbol{A}\boldsymbol{P})\boldsymbol{Q}=\boldsymbol{C}$,即 $(\boldsymbol{P}\boldsymbol{Q})^{-1}\boldsymbol{A}\boldsymbol{P}\boldsymbol{Q}=\boldsymbol{C}$.

相似矩阵具有如下性质.

性质 1　相似矩阵具有相同的秩及相同的行列式.

证　若 $\boldsymbol{A}$ 与 $\boldsymbol{B}$ 相似,则存在可逆矩阵 $\boldsymbol{P}$,使 $\boldsymbol{P}^{-1}\boldsymbol{A}\boldsymbol{P}=\boldsymbol{B}$,则 $\boldsymbol{A}$ 与 $\boldsymbol{B}$ 等价,所以秩相同,且

$$|\boldsymbol{B}|=|\boldsymbol{P}^{-1}\boldsymbol{A}\boldsymbol{P}|=|\boldsymbol{P}^{-1}|\,|\boldsymbol{A}|\,|\boldsymbol{P}|=|\boldsymbol{A}|$$

性质 2　相似矩阵若可逆,则其逆矩阵也相似.

证　若 $\boldsymbol{A}$ 与 $\boldsymbol{B}$ 相似,且 $\boldsymbol{A}$、$\boldsymbol{B}$ 可逆,则由

$$\boldsymbol{P}^{-1}\boldsymbol{A}\boldsymbol{P}=\boldsymbol{B}$$

得

$$(\boldsymbol{P}^{-1}\boldsymbol{A}\boldsymbol{P})^{-1}=\boldsymbol{B}^{-1}$$

即 $\boldsymbol{P}^{-1}\boldsymbol{A}^{-1}\boldsymbol{P}=\boldsymbol{B}^{-1}$,所以 $\boldsymbol{A}^{-1}$ 与 $\boldsymbol{B}^{-1}$ 相似.

性质 3　若 $\boldsymbol{A}$ 与 $\boldsymbol{B}$ 相似,则 $\boldsymbol{A}^k$ 与 $\boldsymbol{B}^k$ 相似,其中 k 为整数.

证　由

$$\boldsymbol{P}^{-1}\boldsymbol{A}\boldsymbol{P}=\boldsymbol{B}$$

得

$$(\boldsymbol{P}^{-1}\boldsymbol{A}\boldsymbol{P})^k=\boldsymbol{B}^k$$

而

$$(\boldsymbol{P}^{-1}\boldsymbol{AP})^k=(\boldsymbol{P}^{-1}\boldsymbol{AP})(\boldsymbol{P}^{-1}\boldsymbol{AP})\cdots(\boldsymbol{P}^{-1}\boldsymbol{AP})=\boldsymbol{P}^{-1}\boldsymbol{A}^k\boldsymbol{P}$$

所以 $\boldsymbol{A}^k$ 与 $\boldsymbol{B}^k$ 相似.

注 此性质常用于计算 $\boldsymbol{A}^k$.

定理 5.3 相似矩阵有相同的特征多项式及相同的特征值.

证 设 $\boldsymbol{A}$ 与 $\boldsymbol{B}$ 相似,且 $\boldsymbol{P}^{-1}\boldsymbol{AP}=\boldsymbol{B}$,则

$$\begin{aligned}|\boldsymbol{B}-\lambda\boldsymbol{E}|&=|\boldsymbol{P}^{-1}\boldsymbol{AP}-\lambda\boldsymbol{E}|=|\boldsymbol{P}^{-1}\boldsymbol{AP}-\boldsymbol{P}^{-1}(\lambda\boldsymbol{E})\boldsymbol{P}|=|\boldsymbol{P}^{-1}(\boldsymbol{A}-\lambda\boldsymbol{E})\boldsymbol{P}|\\&=|\boldsymbol{P}^{-1}||\boldsymbol{A}-\lambda\boldsymbol{E}||\boldsymbol{P}|=|\boldsymbol{A}-\lambda\boldsymbol{E}|\end{aligned}$$

即 $\boldsymbol{A}$ 与 $\boldsymbol{B}$ 具有相同的特征多项式,从而也具有相同的特征值.

(1) 定理的逆命题并不成立,即特征多项式相同的矩阵不一定相似. 例如,

$$\boldsymbol{A}=\begin{pmatrix}1&1\\0&1\end{pmatrix},\quad \boldsymbol{E}=\begin{pmatrix}1&0\\0&1\end{pmatrix}$$

$\boldsymbol{A}$ 与 $\boldsymbol{E}$ 的特征多项式相同,结果都为$(\lambda-1)^2$,但 $\boldsymbol{A}$ 与 $\boldsymbol{E}$ 不相似,因为单位矩阵只能与自身相似.

(2) 从定理 5.3 易知,若 $\boldsymbol{A}$ 与一个对角矩阵 $\boldsymbol{\Lambda}=\begin{pmatrix}\lambda_1&&&\\&\lambda_2&&\\&&\ddots&\\&&&\lambda_n\end{pmatrix}$ 相似,则对角矩阵的对角线元素 $\lambda_1,\lambda_2,\cdots,\lambda_n$ 即为 $\boldsymbol{A}$ 的 n 个特征值.

【例 5-12】 设三阶方阵 $\boldsymbol{A}=\begin{pmatrix}2&0&0\\0&2&3\\0&3&2\end{pmatrix}$ 与 $\boldsymbol{B}$ 相似,求 $\boldsymbol{B}^{-1}$的特征值.

解 由 $|\boldsymbol{A}-\lambda\boldsymbol{E}|=\begin{vmatrix}2-\lambda&0&0\\0&2-\lambda&3\\0&3&2-\lambda\end{vmatrix}=(2-\lambda)(\lambda+1)(\lambda-5)$,得 $\boldsymbol{A}$ 的特征值为$\lambda_1=2,\lambda_2=-1,\lambda_3=5$. 因 $\boldsymbol{A}$ 与 $\boldsymbol{B}$ 相似,由定理 5.3 可知,它们的特征值相同. $\boldsymbol{B}$ 的特征值为 2,−1,5,则矩阵 $\boldsymbol{B}^{-1}$的特征值为:$\frac{1}{2},-1,\frac{1}{5}$.

【例 5-13】 设 n 阶方阵 $\boldsymbol{A}$ 与 $\boldsymbol{B}$ 满足 $\boldsymbol{P}^{-1}\boldsymbol{AP}=\boldsymbol{B}$,且 $\boldsymbol{x}_0$ 是 $\boldsymbol{A}$ 对应于特征值 λ_0 的特征向量,证明:$\boldsymbol{P}^{-1}\boldsymbol{x}_0$ 为 $\boldsymbol{B}$ 对应于 λ_0 的特征向量.

证 由 $\boldsymbol{Ax}_0=\lambda_0\boldsymbol{x}_0$,用 $\boldsymbol{P}^{-1}$左乘等式两边,得 $\boldsymbol{P}^{-1}\boldsymbol{Ax}_0=\lambda_0\boldsymbol{P}^{-1}\boldsymbol{x}_0$,可看作:$\boldsymbol{P}^{-1}\boldsymbol{AEx}_0=\lambda_0\boldsymbol{P}^{-1}\boldsymbol{x}_0$,也即 $\boldsymbol{P}^{-1}\boldsymbol{A}(\boldsymbol{PP}^{-1})\boldsymbol{x}_0=\lambda_0\boldsymbol{P}^{-1}\boldsymbol{x}_0$,有 $\boldsymbol{P}^{-1}\boldsymbol{AP}(\boldsymbol{P}^{-1}\boldsymbol{x}_0)=\lambda_0\boldsymbol{P}^{-1}\boldsymbol{x}_0$,可推出 $\boldsymbol{B}(\boldsymbol{P}^{-1}\boldsymbol{x}_0)=\lambda_0(\boldsymbol{P}^{-1}\boldsymbol{x}_0)$,故矩阵 $\boldsymbol{B}$ 对应于 λ_0 的特征向量为 $\boldsymbol{P}^{-1}\boldsymbol{x}_0$.

定义 5.7 若 n 阶矩阵 $\boldsymbol{A}$ 与对角矩阵 $\boldsymbol{\Lambda}=\begin{pmatrix}\lambda_1&&&\\&\lambda_2&&\\&&\ddots&\\&&&\lambda_n\end{pmatrix}$ 相似,则称 $\boldsymbol{A}$ 可以相

似对角化，简称 $\boldsymbol{A}$ 可对角化.

下面讨论的主要问题是：对 n 阶方阵 $\boldsymbol{A}$，在什么条件下能与一个对角矩阵相似？其相似变换矩阵具有什么样的结构？这就是矩阵的对角化问题.

二、方阵对角化

定理 5.4　n 阶方阵 $\boldsymbol{A}$ 与对角矩阵相似（即 $\boldsymbol{A}$ 能对角化）的充要条件是 $\boldsymbol{A}$ 有 n 个线性无关的特征向量.

证　必要性. 设 n 阶方阵 $\boldsymbol{A}$ 与对角矩阵 $\boldsymbol{\Lambda}$ 相似，记

$$\boldsymbol{\Lambda}=\begin{pmatrix}\lambda_1 & & & \\ & \lambda_2 & & \\ & & \ddots & \\ & & & \lambda_n\end{pmatrix},\quad \lambda_1,\lambda_2,\cdots,\lambda_n \text{ 为 } \boldsymbol{\Lambda} \text{ 的 } n \text{ 个特征值}$$

由 $\boldsymbol{P}^{-1}\boldsymbol{AP}=\boldsymbol{\Lambda}$，即 $\boldsymbol{AP}=\boldsymbol{P\Lambda}$，将可逆矩阵 $\boldsymbol{P}$ 按列分块，记 $\boldsymbol{P}=(\boldsymbol{p}_1,\boldsymbol{p}_2,\cdots,\boldsymbol{p}_n)$，则上式成为

$$\boldsymbol{A}(\boldsymbol{p}_1,\boldsymbol{p}_2,\cdots,\boldsymbol{p}_n)=(\lambda_1\boldsymbol{p}_1,\lambda_2\boldsymbol{p}_2,\cdots,\lambda_n\boldsymbol{p}_n)$$

于是，

$$\boldsymbol{Ap}_1=\lambda_1\boldsymbol{p}_1,\boldsymbol{Ap}_2=\lambda_2\boldsymbol{p}_2,\cdots,\boldsymbol{Ap}_n=\lambda_n\boldsymbol{p}_n$$

则 $\lambda_1,\lambda_2,\cdots,\lambda_n$ 为 $\boldsymbol{A}$ 的特征值，且 $\boldsymbol{P}$ 的列向量 $\boldsymbol{p}_1,\boldsymbol{p}_2,\cdots,\boldsymbol{p}_n$ 为 $\boldsymbol{A}$ 的分别属于特征值 $\lambda_1,\lambda_2,\cdots,\lambda_n$ 的特征向量，由 $\boldsymbol{P}$ 可逆，则 $\boldsymbol{p}_1,\boldsymbol{p}_2,\cdots,\boldsymbol{p}_n$ 线性无关.

充分性. 若 $\boldsymbol{A}$ 有 n 个线性无关的特征向量 $\boldsymbol{p}_1,\boldsymbol{p}_2,\cdots,\boldsymbol{p}_n$，假设它们对应的特征值分别为 $\lambda_1,\lambda_2,\cdots,\lambda_n$，则

$$\boldsymbol{AP}_i=\lambda_i\boldsymbol{p}_i,\quad i=1,2,\cdots,n$$

$$\begin{aligned}\boldsymbol{A}(\boldsymbol{p}_1,\boldsymbol{p}_2,\cdots,\boldsymbol{p}_n)&=(\boldsymbol{Ap}_1,\boldsymbol{Ap}_2,\cdots,\boldsymbol{Ap}_n)=(\lambda_1\boldsymbol{p}_1,\lambda_2\boldsymbol{p}_2,\cdots,\lambda_n\boldsymbol{p}_n)\\&=(\boldsymbol{p}_1,\boldsymbol{p}_2,\cdots,\boldsymbol{p}_n)\begin{pmatrix}\lambda_1 & & & \\ & \lambda_2 & & \\ & & \ddots & \\ & & & \lambda_n\end{pmatrix}\end{aligned}$$

因为 $\boldsymbol{p}_1,\boldsymbol{p}_2,\cdots,\boldsymbol{p}_n$ 线性无关，则 $\boldsymbol{P}=(\boldsymbol{p}_1,\boldsymbol{p}_2,\cdots,\boldsymbol{p}_n)$ 为可逆矩阵，从而

$$\boldsymbol{P}^{-1}\boldsymbol{AP}=\begin{pmatrix}\lambda_1 & & & \\ & \lambda_2 & & \\ & & \ddots & \\ & & & \lambda_n\end{pmatrix}=\boldsymbol{\Lambda}$$

注　(1) 方阵 $\boldsymbol{A}$ 如果能够对角化，则对角阵 $\boldsymbol{\Lambda}$ 在不考虑 λ_k 的排列顺序时，$\boldsymbol{\Lambda}$ 是唯一的，称为 $\boldsymbol{A}$ 的相似标准形.

(2) 相似变换矩阵 $\boldsymbol{P}$ 就是 $\boldsymbol{A}$ 的 n 个线性无关的特征向量作为列向量排列而

成的.

推论 1 若 n 阶方阵 $\boldsymbol{A}$ 有 n 个不同特征值,则 $\boldsymbol{A}$ 可对角化.

因为若 $\boldsymbol{A}$ 有 n 个相异的特征值,则 $\boldsymbol{A}$ 有 n 个线性无关的特征向量,故 $\boldsymbol{A}$ 可对角化.

注 上述推论的逆命题不成立,即可对角化的 n 阶方阵 $\boldsymbol{A}$ 不一定有 n 个不同的特征值.

推论 2 如果对于 n 阶方阵 $\boldsymbol{A}$ 的任一 k_i 重特征值 λ_i,有 $r(\boldsymbol{A}-\lambda_i\boldsymbol{E})=n-k_i$,则 $\boldsymbol{A}$ 可对角化.

证 对 $\boldsymbol{A}$ 的任一 k_i 重特征值,$r(\boldsymbol{A}-\lambda_i\boldsymbol{E})=n-k_i$,则齐次线性方程组 $(\boldsymbol{A}-\lambda_i\boldsymbol{E})\boldsymbol{x}=0$ 的解空间的维数为 k_i,则必对应 k_i 个线性无关的特征向量,则 $\boldsymbol{A}$ 必有 n 个线性无关的特征向量.

注 当 k_i 重特征值 λ_i 对应的线性无关的特征向量个数少于 k_i 时,那么 $\boldsymbol{A}$ 的线性无关特征向量个数少于 n 个,则 $\boldsymbol{A}$ 不可对角化.

【例 5-14】 判别下面矩阵能否相似于对角阵,若能相似于对角阵,求出 $\boldsymbol{P}$ 和对角阵 $\boldsymbol{\Lambda}$.

$$(1)\ \boldsymbol{A}=\begin{pmatrix}4&6&0\\-3&-5&0\\-3&-6&1\end{pmatrix};\qquad (2)\ \boldsymbol{A}=\begin{pmatrix}-1&1&0\\-4&3&0\\1&0&2\end{pmatrix}.$$

解 (1) $\boldsymbol{A}$ 是本章第二节中例 5-8 的三阶方阵,特征多项式为 $-(\lambda-1)^2(\lambda+2)$,得:$\lambda_1=-2,\lambda_2=\lambda_3=1$. 对于二重特征值有,$r(\boldsymbol{A}-\boldsymbol{E})=1$,由定理 5.4 的推论 2 可知,$\boldsymbol{A}$ 能够相似于对角阵,且对应三个线性无关的特征向量为

$$\boldsymbol{\eta}_1=\begin{pmatrix}1\\1\\1\end{pmatrix},\quad \boldsymbol{\eta}_2=\begin{pmatrix}-2\\1\\0\end{pmatrix},\quad \boldsymbol{\eta}_3=\begin{pmatrix}0\\0\\1\end{pmatrix}$$

有 $\boldsymbol{P}=\begin{pmatrix}1&-2&0\\1&1&0\\1&0&1\end{pmatrix}$,使得

$$\boldsymbol{\Lambda}=\boldsymbol{P}^{-1}\boldsymbol{A}\boldsymbol{P}=\begin{pmatrix}-2&&\\&1&\\&&1\end{pmatrix}$$

(2) $\boldsymbol{A}$ 是本章第二节中例 5-9 的三阶方阵,特征多项式为 $(2-\lambda)(\lambda-1)^2$,得:$\lambda_1=2,\lambda_2=\lambda_3=1$. 对于二重特征值有,$r(\boldsymbol{A}-\boldsymbol{E})=2$,由推论 2 下的注解可知,$\boldsymbol{A}$ 不能相似于对角阵.

【例 5-15】 设矩阵 $\boldsymbol{A}$ 与 $\boldsymbol{B}$ 相似,其中,

$$\boldsymbol{A}=\begin{pmatrix}-2&0&0\\2&x&2\\3&1&1\end{pmatrix},\quad \boldsymbol{B}=\begin{pmatrix}-1&0&0\\0&-2&0\\0&0&y\end{pmatrix}$$

求 x 与 y 的值.

解　$\boldsymbol{A}$ 的特征多项式为

$$|\boldsymbol{A}-\lambda\boldsymbol{E}|=\begin{vmatrix}-2-\lambda&0&0\\2&x-\lambda&2\\3&1&1-\lambda\end{vmatrix}=(-\lambda-2)[\lambda^2-(x+1)\lambda+x-2]$$

显然,$\boldsymbol{B}$ 的特征值为$-1,-2,y$,由于 $\boldsymbol{A}$ 与 $\boldsymbol{B}$ 相似,所以$-1,-2,y$ 必定为 $\boldsymbol{A}$ 的特征值,将$\lambda=-1$ 代入 $\boldsymbol{A}$ 的特征方程得 $x=0$,则 $\boldsymbol{A}$ 的特征多项式为$(-\lambda-2)(\lambda^2-\lambda-2)$,特征值为$-1,-2,2$,所以 $y=2$.

【例 5-16】　已知 $\boldsymbol{\xi}_1=\begin{pmatrix}1\\1\\-1\end{pmatrix}$是矩阵 $\boldsymbol{A}=\begin{pmatrix}2&-1&2\\5&a&3\\-1&b&-2\end{pmatrix}$的一个特征向量.

(1) 试确定参数 a、b 及 $\boldsymbol{\xi}_1$ 所对应的特征值;

(2) $\boldsymbol{A}$ 能否对角化?

解　(1) 由 $\boldsymbol{A}\boldsymbol{\xi}_1=\lambda\boldsymbol{\xi}_1$,即

$$(\boldsymbol{A}-\lambda\boldsymbol{E})\boldsymbol{\xi}_1=\begin{pmatrix}2-\lambda&-1&2\\5&a-\lambda&3\\-1&b&-2-\lambda\end{pmatrix}\begin{pmatrix}1\\1\\-1\end{pmatrix}=\begin{pmatrix}0\\0\\0\end{pmatrix}$$

解方程得 $\lambda_1=-1,a=-3,b=0$,$\boldsymbol{\xi}_1$ 所对应的特征值为-1.

(2) $\boldsymbol{A}=\begin{pmatrix}2&-1&2\\5&-3&3\\-1&0&-2\end{pmatrix}$,则

$$|\boldsymbol{A}-\lambda\boldsymbol{E}|=\begin{vmatrix}2-\lambda&-1&2\\5&-3-\lambda&3\\-1&0&-2-\lambda\end{vmatrix}=-(\lambda+1)^3$$

因此,$\boldsymbol{A}$ 的三重特征值 $\lambda_1=\lambda_2=\lambda_3=-1$.

解方程组$(\boldsymbol{A}+\boldsymbol{E})\boldsymbol{x}=\boldsymbol{0}$,由

$$\boldsymbol{A}+\boldsymbol{E}=\begin{pmatrix}3&-1&2\\5&-2&3\\-1&0&-1\end{pmatrix}\xrightarrow{r}\begin{pmatrix}1&0&1\\0&1&1\\0&0&0\end{pmatrix},\quad r(\boldsymbol{A}+\boldsymbol{E})=2<3$$

由推论 2 的结论,故 $\boldsymbol{A}$ 不能相似于对角矩阵.

【例 5-17】　设 $\boldsymbol{A}=\begin{pmatrix}1&4&2\\0&-3&4\\0&4&3\end{pmatrix}$,求 $\boldsymbol{A}^n(n\in\mathbf{N})$.

解 $|\boldsymbol{A}-\lambda\boldsymbol{E}|=\begin{vmatrix}1-\lambda & 4 & 2\\ 0 & -3-\lambda & 4\\ 0 & 4 & 3-\lambda\end{vmatrix}=(1-\lambda)(\lambda-5)(\lambda+5)$，即 $\boldsymbol{A}$ 的特征值为$\lambda_1=1,\lambda_2=5,\lambda_3=-5$，它们对应的特征向量分别为

$$\boldsymbol{\xi}_1=\begin{pmatrix}1\\0\\0\end{pmatrix},\quad \boldsymbol{\xi}_2=\begin{pmatrix}2\\1\\2\end{pmatrix},\quad \boldsymbol{\xi}_3=\begin{pmatrix}1\\-2\\1\end{pmatrix}$$

令

$$\boldsymbol{P}=(\boldsymbol{\xi}_1,\boldsymbol{\xi}_2,\boldsymbol{\xi}_3)=\begin{pmatrix}1 & 2 & 1\\ 0 & 1 & -2\\ 0 & 2 & 1\end{pmatrix}$$

则

$$\boldsymbol{P}^{-1}\boldsymbol{A}\boldsymbol{P}=\begin{pmatrix}1 & 0 & 0\\ 0 & 5 & 0\\ 0 & 0 & -5\end{pmatrix}=\boldsymbol{\Lambda}$$

所以 $\boldsymbol{A}=\boldsymbol{P}\boldsymbol{\Lambda}\boldsymbol{P}^{-1}$. 因此，$\boldsymbol{A}^k=\boldsymbol{P}\boldsymbol{\Lambda}^k\boldsymbol{P}^{-1}$. 易求得

$$\boldsymbol{P}^{-1}=\begin{pmatrix}1 & 0 & -1\\ 0 & \frac{1}{5} & \frac{2}{5}\\ 0 & -\frac{2}{5} & \frac{1}{5}\end{pmatrix}$$

所以

$$\boldsymbol{A}^n=\begin{pmatrix}1 & 2 & 1\\ 0 & 1 & -2\\ 0 & 2 & 1\end{pmatrix}\begin{pmatrix}1 & 2 & 0\\ 0 & 5^n & 0\\ 0 & 0 & (-5)^n\end{pmatrix}\begin{pmatrix}1 & 0 & -1\\ 0 & \frac{1}{5} & \frac{2}{5}\\ 0 & -\frac{2}{5} & \frac{1}{5}\end{pmatrix}$$

$$=\begin{pmatrix}1 & 2\times5^{n-1}(1+(-1)^{n+1}) & 5^{n-1}(4+(-1)^n)-1\\ 0 & 5^{n-1}(1+4(-1)^n) & 2\times5^{n-1}(1+(-1)^{n+1})\\ 0 & 2\times5^{n-1}(1+(-1)^{n+1}) & 5^{n-1}(4+(-1)^n)\end{pmatrix}$$

习 题 5.3

1. 判断题.

(1) n 阶方阵 $\boldsymbol{A}$、$\boldsymbol{B}$ 相似，则 $\boldsymbol{A}$、$\boldsymbol{B}$ 的特征向量相同. （ ）

(2) n 阶方阵 $\boldsymbol{A}$、$\boldsymbol{B}$ 相似，则 $\boldsymbol{A}^{-1}$、$\boldsymbol{B}^{-1}$ 相似. （ ）

(3) n 阶方阵 $\boldsymbol{A}$、$\boldsymbol{B}$ 相似，则 $\boldsymbol{A}$ 与 $\boldsymbol{B}$ 必相似于对角阵. （ ）

(4) n 阶方阵 $\boldsymbol{A}$、$\boldsymbol{B}$ 相似，则 $\boldsymbol{A}-\lambda\boldsymbol{E}=\boldsymbol{B}-\lambda\boldsymbol{E}$.　(　　)

2. 若 $\boldsymbol{P}^{-1}\boldsymbol{A}\boldsymbol{P}=\begin{pmatrix}1&&\\&3&\\&&2\end{pmatrix}$，$\boldsymbol{p}=\begin{pmatrix}1&1&0\\2&0&1\\1&1&1\end{pmatrix}$，求 $\boldsymbol{A}$ 的特征值及特征向量.

3. 设 $\boldsymbol{A}=\begin{pmatrix}1&4&2\\0&-3&4\\0&4&3\end{pmatrix}$，求 $\boldsymbol{A}^{100}$.

4. 若矩阵 $\boldsymbol{A}=\begin{pmatrix}2&0&1\\3&1&x\\4&0&5\end{pmatrix}$ 可相似对角化，求 x.

5. 设三阶矩阵 $\boldsymbol{A}$ 的特征值分别为 $\lambda_1=2$，$\lambda_2=-2$，$\lambda_3=1$，对应的特征向量依次为：$\boldsymbol{\eta}_1=\begin{pmatrix}0\\1\\1\end{pmatrix}$，$\boldsymbol{\eta}_2=\begin{pmatrix}1\\1\\1\end{pmatrix}$，$\boldsymbol{\eta}_3=\begin{pmatrix}1\\1\\0\end{pmatrix}$，求矩阵 $\boldsymbol{A}$.

第四节　实对称矩阵的对角化

由上节的讨论可知，方阵 $\boldsymbol{A}$ 不一定能对角化，但当 $\boldsymbol{A}$ 为实对称矩阵时，则必可对角化.

一、实对称矩阵特征值的性质

定理 5.5　实对称矩阵的特征值为实数.

证　假设复数 λ 为实对称矩阵 $\boldsymbol{A}$ 的特征值，复向量 $\boldsymbol{x}$ 为对应的特征向量，即 $\boldsymbol{A}\boldsymbol{x}=\lambda\boldsymbol{x}$，$\boldsymbol{x}\neq\boldsymbol{0}$.

用 $\bar{\lambda}$ 表示 λ 的共轭复数，$\bar{\boldsymbol{x}}$ 表示 $\boldsymbol{x}$ 的共轭复向量，则

$$\boldsymbol{A}\bar{\boldsymbol{x}}=\bar{\boldsymbol{A}}\bar{\boldsymbol{x}}=\overline{(\boldsymbol{A}\boldsymbol{x})}=\overline{(\lambda\boldsymbol{x})}=\bar{\lambda}\bar{\boldsymbol{x}}$$

于是有

$$\bar{\boldsymbol{x}}^{\mathrm{T}}\boldsymbol{A}\boldsymbol{x}=\bar{\boldsymbol{x}}^{\mathrm{T}}(\boldsymbol{A}\boldsymbol{x})=\bar{\boldsymbol{x}}^{\mathrm{T}}\lambda\boldsymbol{x}=\lambda\bar{\boldsymbol{x}}^{\mathrm{T}}\boldsymbol{x}$$

及

$$\bar{\boldsymbol{x}}^{\mathrm{T}}\boldsymbol{A}\boldsymbol{x}=(\bar{\boldsymbol{x}}^{\mathrm{T}}\boldsymbol{A})\boldsymbol{x}=(\boldsymbol{A}\bar{\boldsymbol{x}})^{\mathrm{T}}\boldsymbol{x}=\bar{\lambda}\bar{\boldsymbol{x}}^{\mathrm{T}}\boldsymbol{x}$$

则

$$(\lambda-\bar{\lambda})\bar{\boldsymbol{x}}^{\mathrm{T}}\boldsymbol{x}=0$$

但因为 $\boldsymbol{x}\neq\boldsymbol{0}$，所以 $\bar{\boldsymbol{x}}^{\mathrm{T}}\boldsymbol{x}=\sum_{i=1}^{n}\bar{x}_i x_i=\sum_{i=1}^{n}|x_i|^2\neq 0$，则 $\lambda-\bar{\lambda}=0$，即 $\lambda=\bar{\lambda}$，说明 λ 为实数. 显然，当特征值 λ_i 为实数时，齐次线性方程组

$$(\boldsymbol{A}-\lambda_i\boldsymbol{E})\boldsymbol{x}=\boldsymbol{0}$$

是实系数方程组,则可取实的基础解系,所以对应的特征向量可以取实向量.

定理 5.6 实对称矩阵不同特征值对应的特征向量正交.

证 设 λ_1,λ_2 是实对称矩阵 $\boldsymbol{A}$ 的不同特征值,$\boldsymbol{x}_1$、$\boldsymbol{x}_2$ 分别是属于 λ_1、λ_2 的特征向量,则

$$\boldsymbol{A}\boldsymbol{x}_1=\lambda_1\boldsymbol{x}_1,\quad \boldsymbol{A}\boldsymbol{x}_2=\lambda_2\boldsymbol{x}_2$$

因 $\boldsymbol{A}$ 对称,故

$$\lambda_1\boldsymbol{x}_1^{\mathrm{T}}=(\lambda_1\boldsymbol{x}_1)^{\mathrm{T}}=(\boldsymbol{A}\boldsymbol{x}_1)^{\mathrm{T}}=\boldsymbol{x}_1^{\mathrm{T}}\boldsymbol{A}$$

于是

$$\lambda_1\boldsymbol{x}_1^{\mathrm{T}}\boldsymbol{x}_2=\boldsymbol{x}_1^{\mathrm{T}}\boldsymbol{A}\boldsymbol{x}_2=\boldsymbol{x}_1^{\mathrm{T}}(\lambda_2\boldsymbol{x}_2)=\lambda_2\boldsymbol{x}_1^{\mathrm{T}}\boldsymbol{x}_2$$

即

$$(\lambda_1-\lambda_2)\boldsymbol{x}_1^{\mathrm{T}}\boldsymbol{x}_2=\boldsymbol{0}$$

但 $\lambda_1\neq\lambda_2$,故 $\boldsymbol{x}_1^{\mathrm{T}}\boldsymbol{x}_2=(\boldsymbol{x}_1,\boldsymbol{x}_2)=\boldsymbol{0}$,即 $\boldsymbol{x}_1$ 与 $\boldsymbol{x}_2$ 正交.

定理 5.7 设 $\boldsymbol{A}$ 为 n 阶实对称矩阵,λ 是 $\boldsymbol{A}$ 的 r 重特征值,则 $r(\boldsymbol{A}-\lambda\boldsymbol{E})=n-r$,从而对应特征值 λ 恰有 r 个线性无关的特征向量.

证明略.

定理 5.7 说明,实对称矩阵必可对角化.实际上对实对称矩阵有如下重要结论.

定理 5.8 $\boldsymbol{A}$ 为 n 阶实对称矩阵,必存在正交矩阵 $\boldsymbol{P}$,使得 $\boldsymbol{P}^{-1}\boldsymbol{A}\boldsymbol{P}=\boldsymbol{P}^{\mathrm{T}}\boldsymbol{A}\boldsymbol{P}=\boldsymbol{\Lambda}$,其中 $\boldsymbol{\Lambda}$ 是以 $\boldsymbol{A}$ 的 n 个特征值为对角线元素的对角阵.

证 设 $\boldsymbol{A}$ 的互不相同的特征值为 $\lambda_1,\lambda_2,\cdots,\lambda_s$,它们的重数分别为 $r_1,r_2,\cdots,r_s$,显然,$r_1+r_2+\cdots+r_s=n$.

根据定理 5.7,对应 $r_j(j=1,2,\cdots,s)$ 重特征值 r_j,恰有 r_j 个线性无关的特征向量,把它们正交化并单位化,即得 r_j 个正交单位特征向量.由 $r_1+r_2+\cdots+r_s=n$,知这样的特征向量共有 n 个,由定理 5.6 可知,这 n 个单位特征向量两两正交.以它们为列向量构成正交矩阵 $\boldsymbol{P}$,有

$$\boldsymbol{P}^{-1}\boldsymbol{A}\boldsymbol{P}=\boldsymbol{\Lambda}$$

其中,$\boldsymbol{\Lambda}$ 的对角元素恰为 $\boldsymbol{A}$ 的 n 个特征值.

注 定理的证明过程给出了求正交矩阵 $\boldsymbol{P}$ 的方法.

具体步骤为:

(1) 求出特征方程 $|\boldsymbol{A}-\lambda\boldsymbol{E}|=0$ 的所有不同的根 $\lambda_1,\lambda_2,\cdots,\lambda_s$,其中 λ_i 为 $\boldsymbol{A}$ 的 r_i 重特征值$(i=1,2,\cdots,s)$;

(2) 对每一个特征值 λ_i,解齐次线性方程组 $(\boldsymbol{A}-\lambda_i\boldsymbol{E})\boldsymbol{x}=\boldsymbol{0}$,求得它的一个基础解系:$\boldsymbol{\alpha}_{i1},\boldsymbol{\alpha}_{i2},\cdots,\boldsymbol{\alpha}_{ir_i}(i=1,2,\cdots,s)$;

(3) 利用施密特正交化方法,把 $\boldsymbol{\alpha}_{i1},\boldsymbol{\alpha}_{i2},\cdots,\boldsymbol{\alpha}_{ir_i}$ 正交化,得到正交向量组 $\boldsymbol{\beta}_{i1},\boldsymbol{\beta}_{i2},\cdots,\boldsymbol{\beta}_{ir_i}$,再将所得正交向量组单位化,得到正交单位向量组 $\boldsymbol{\gamma}_{i1},\boldsymbol{\gamma}_{i2},\cdots,\boldsymbol{\gamma}_{ir_i}(i=1,2,\cdots,s)$;

(4) 记 $\boldsymbol{P}=(\boldsymbol{\gamma}_{11},\boldsymbol{\gamma}_{12},\cdots,\boldsymbol{\gamma}_{1r_1},\boldsymbol{\gamma}_{21},\boldsymbol{\gamma}_{22},\cdots,\boldsymbol{\gamma}_{2r_2},\cdots,\boldsymbol{\gamma}_{s1},\boldsymbol{\gamma}_{s2},\cdots,\boldsymbol{\gamma}_{sr_s})$，则 $\boldsymbol{P}$ 为正交矩阵，使得

$$\boldsymbol{P}^{-1}\boldsymbol{AP}=\boldsymbol{\Lambda}=\mathrm{diag}(\overbrace{\lambda_1,\cdots,\lambda_1}^{r_1},\overbrace{\lambda_2,\cdots,\lambda_2}^{r_2},\cdots,\overbrace{\lambda_s,\cdots,\lambda_s}^{r_s})$$

其中，对角阵 $\boldsymbol{\Lambda}$ 的主对角元素 λ_i 的重数为 $r_i(i=1,2,\cdots,s)$，并且排列顺序与 $\boldsymbol{P}$ 中正交单位向量组的排列顺序相对应.

【例 5-18】 设 $\boldsymbol{A}=\begin{pmatrix}4&0&0\\0&3&1\\0&1&3\end{pmatrix}$，求一个正交矩阵 $\boldsymbol{P}$，使 $\boldsymbol{P}^{-1}\boldsymbol{AP}=\boldsymbol{\Lambda}$ 为对角矩阵.

解 $|\boldsymbol{A}-\lambda\boldsymbol{E}|=\begin{vmatrix}4-\lambda&0&0\\0&3-\lambda&1\\0&1&3-\lambda\end{vmatrix}=(2-\lambda)(4-\lambda)^2$，故得 $\boldsymbol{A}$ 的特征值为

$$\lambda_1=2,\quad \lambda_2=\lambda_3=4$$

当 $\lambda_1=2$ 时，解方程组 $(\boldsymbol{A}-2\boldsymbol{E})\boldsymbol{x}=\boldsymbol{0}$，由

$$\boldsymbol{A}-2\boldsymbol{E}=\begin{pmatrix}2&0&0\\0&1&1\\0&1&1\end{pmatrix}\xrightarrow{r}\begin{pmatrix}1&0&0\\0&1&1\\0&0&0\end{pmatrix}$$

得基础解系 $\begin{pmatrix}0\\1\\-1\end{pmatrix}$，取单位特征向量 $\boldsymbol{e}_1=\begin{pmatrix}0\\\frac{1}{\sqrt{2}}\\-\frac{1}{\sqrt{2}}\end{pmatrix}$.

当 $\lambda_2=\lambda_3=4$ 时，解方程组 $(\boldsymbol{A}-4\boldsymbol{E})\boldsymbol{x}=\boldsymbol{0}$，由

$$\boldsymbol{A}-4\boldsymbol{E}=\begin{pmatrix}0&0&0\\0&-1&1\\0&1&-1\end{pmatrix}\xrightarrow{r}\begin{pmatrix}0&0&0\\0&1&-1\\0&0&0\end{pmatrix}$$

得基础解系 $\begin{pmatrix}1\\0\\0\end{pmatrix},\begin{pmatrix}0\\1\\1\end{pmatrix}$. 这两个向量是正交的，单位化即得

$$\boldsymbol{e}_2=\begin{pmatrix}1\\0\\0\end{pmatrix},\quad \boldsymbol{e}_3=\begin{pmatrix}0\\\frac{1}{\sqrt{2}}\\\frac{1}{\sqrt{2}}\end{pmatrix}$$

于是得正交矩阵

$$P=(e_1,e_2,e_3)=\begin{pmatrix}0&1&0\\ \frac{1}{\sqrt{2}}&0&\frac{1}{\sqrt{2}}\\ -\frac{1}{\sqrt{2}}&0&\frac{1}{\sqrt{2}}\end{pmatrix}$$

有
$$P^{-1}AP=P^{\mathrm{T}}AP=\begin{pmatrix}2&&\\&4&\\&&4\end{pmatrix}$$

注:正交矩阵 P 不是唯一的. 如果求得基础解系不正交,则需用施密特正交化过程把它正交规范化.

【例 5-19】 设三阶实对称矩阵 A 的特征值为 $\lambda_1=-1,\lambda_2=\lambda_3=1$,对应 λ_1 的一个特征向量为 $\eta_1=(0,1,1)^{\mathrm{T}}$,求 A.

解 因 A 为实对称矩阵,则存在正交矩阵 P,使 $P^{-1}AP=\Lambda=\begin{pmatrix}-1&&\\&1&\\&&1\end{pmatrix}$. 所以

$$A=P\Lambda P^{-1}=P\Lambda P^{\mathrm{T}}$$

记 $P=(p_1,p_2,p_3)$,则 p_1,p_2,p_3 为 A 的特征值 $\lambda_1=-1,\lambda_2=\lambda_3=1$ 所对应的单位正交特征向量.

因为实对称矩阵不同特征值对应的特征向量正交,且 $\eta_1=(0,1,1)^{\mathrm{T}}$ 为 $\lambda_1=-1$ 所对应的特征向量,则对应于 $\lambda_2=\lambda_3=1$ 的特征向量 x 应满足

$$x^{\mathrm{T}}\eta_1=0$$

设 $x_1=(x_1,x_2,x_3)^{\mathrm{T}}$,则上式即为

$$x_2+x_3=0$$

可得基础解系

$$\eta_2=\begin{pmatrix}1\\0\\0\end{pmatrix},\quad \eta_3=\begin{pmatrix}0\\1\\-1\end{pmatrix}$$

这两个向量已经是正交的,把 η_1,η_2,η_3 单位化,得

$$p_1=\begin{pmatrix}0\\ \frac{1}{\sqrt{2}}\\ \frac{1}{\sqrt{2}}\end{pmatrix},\quad p_2=\begin{pmatrix}1\\0\\0\end{pmatrix},\quad p_3=\begin{pmatrix}1\\ \frac{1}{\sqrt{2}}\\ -\frac{1}{\sqrt{2}}\end{pmatrix}$$

于是

$$P=\begin{pmatrix}0 & 1 & 0\\ \frac{1}{\sqrt{2}} & 0 & \frac{1}{\sqrt{2}}\\ -\frac{1}{\sqrt{2}} & 0 & -\frac{1}{\sqrt{2}}\end{pmatrix}$$

所以

$$A=\begin{pmatrix}0 & 1 & 0\\ \frac{1}{\sqrt{2}} & 0 & \frac{1}{\sqrt{2}}\\ -\frac{1}{\sqrt{2}} & 0 & -\frac{1}{\sqrt{2}}\end{pmatrix}\begin{pmatrix}-1 & 0 & 0\\ 0 & 1 & 0\\ 0 & 0 & 1\end{pmatrix}\begin{pmatrix}0 & \frac{1}{\sqrt{2}} & \frac{1}{\sqrt{2}}\\ 1 & 0 & 0\\ 0 & \frac{1}{\sqrt{2}} & -\frac{1}{\sqrt{2}}\end{pmatrix}=\begin{pmatrix}1 & 0 & 0\\ 0 & 0 & -1\\ 0 & -1 & 0\end{pmatrix}$$

二*、约当标准形简介

我们知道，并非每个矩阵都可对角化. 当方阵 A 不能和对角矩阵相似时，能否找到一个构造比较简单的分块对角矩阵和它相似呢？当我们在复数域内考虑这个问题时，这样的矩阵确实是存在的，这就是约当(Jordan)形矩阵.

定义 5.8　形如

$$\begin{pmatrix}\lambda & 1 & & & \\ & \lambda & 1 & & \\ & & \ddots & \ddots & \\ & & & \lambda & 1\\ & & & & \lambda\end{pmatrix}$$

的矩阵称为约当块，其中 λ 是复数. 由若干个约当块组成的分块对角矩阵，即

$$J=\begin{pmatrix}J_1 & & & \\ & J_2 & & \\ & & \ddots & \\ & & & J_r\end{pmatrix}$$

其中，$J_i(i=1,2,\cdots,r)$都是约当块，称为约当形矩阵，或称约当标准形. 显然，对角矩阵可看作约当形矩阵的特殊情形，这时每个约当块都是一阶矩阵.

定理 5.9　任意一个 n 阶矩阵 A，都存在可逆矩阵 P，使 $P^{-1}AP=J$，其中 J 为约当形矩阵，且对角线上元素为 A 的全部特征值.

证明略.

例如，矩阵

$$A=\begin{pmatrix}-1 & 1 & 0\\ -4 & 3 & 0\\ 1 & 0 & 2\end{pmatrix}$$

$\lambda_1=2,\lambda_2=\lambda_3=1$ 为其特征值，但仅有两个线性无关的特征向量，所以 $\boldsymbol{A}$ 不能对角化. 但取 $\boldsymbol{P}=\begin{pmatrix}0&1&0\\0&2&1\\1&-1&-1\end{pmatrix}$ 时，有

$$\boldsymbol{P}^{-1}\boldsymbol{A}\boldsymbol{P}=\boldsymbol{J}=\begin{pmatrix}2&0&0\\0&1&1\\0&0&1\end{pmatrix}$$

习 题 5.4

1. 试求一个正交相似变换矩阵，将下列实对称矩阵化为对角阵.

(1) $\begin{pmatrix}2&-2&0\\-2&1&-2\\0&-2&0\end{pmatrix}$；　(2) $\begin{pmatrix}2&2&-2\\2&5&-4\\-2&-4&5\end{pmatrix}$.

2. 设三阶实对称矩阵 $\boldsymbol{A}$ 的特征值为 0,1,1，$\boldsymbol{A}$ 的属于 0 的特征向量为 $\boldsymbol{\alpha}_1=\begin{pmatrix}0\\1\\1\end{pmatrix}$，求 $\boldsymbol{A}$.

3. 判断 n 阶矩阵 $\boldsymbol{A}=\begin{pmatrix}1&1&\cdots&1\\1&1&\cdots&1\\\vdots&\vdots&&\vdots\\1&1&\cdots&1\end{pmatrix}$ 与 $\boldsymbol{B}=\begin{pmatrix}n&0&\cdots&0\\1&0&\cdots&0\\\vdots&\vdots&&\vdots\\1&0&\cdots&0\end{pmatrix}$ 是否相似，并说明理由.

第五节　应用实例

一、递归关系式的矩阵解法

在本章中，我们利用矩阵的对角化方法简化过方阵的乘幂运算，现在，更进一步，我们可以用此方法解某些递归关系式，下面通过计算 Fi-bonacci 数列的通项来说明此解法.

意大利数学家 Fi-bonacci 在 1202 年所著《算法之书》中，提出了这样一个问题：有一对小兔，第二个月成年，第三个月产下一对小兔，以后每个月都生出一对小兔；而所生小兔也在第二个月成年，第三个月开始每月生产一对小兔. 假定每产一对小兔必为一雄一雌，且均无死亡，问一年以后共有多少对小兔？

分析：从表 5.1 可知，从第三个月开始，每月的兔子总数恰等于它前面两个月的兔子总数之和，按此规律可写出数列：

表 5.1

月份	1	2	3	4	5	6	7	8	9	10	11	12
兔了对数	1	1	2	3	5	8	13	21	34	55	89	144

可见，一年后兔子有 144 对.

将此有限项数列按上述规律写成无限项数列就称为 Fi-bonacci 数列，其中每一项称为 Fi-bonacci 数.

Fi-bonacci 数列可用递推关系式表示为

$$F_{n+2}=F_{n+1}+F_n,\quad n=1,2,\cdots \tag{5.4}$$

其中，$F_1=1,F_2=1$.

为求出通项，我们将式(5.4)写为

$$\begin{cases}F_{n+2}=F_{n+1}+F_n\\ F_{n+1}=F_{n+1},F_1=F_2=1\end{cases}$$

即
$$\begin{pmatrix}F_{n+2}\\F_{n+1}\end{pmatrix}=\begin{pmatrix}1&1\\1&0\end{pmatrix}\begin{pmatrix}F_{n+1}\\F_n\end{pmatrix},\quad \begin{pmatrix}F_2\\F_1\end{pmatrix}=\begin{pmatrix}1\\1\end{pmatrix}$$

若记 $\boldsymbol{\alpha}_n=\begin{pmatrix}F_{n+1}\\F_n\end{pmatrix}$，$\boldsymbol{\alpha}_1=\begin{pmatrix}1\\1\end{pmatrix}$，$\boldsymbol{A}=\begin{pmatrix}1&1\\1&0\end{pmatrix}$，则有

$$\boldsymbol{\alpha}_{n+1}=\boldsymbol{A}\boldsymbol{\alpha}_n,\quad n=1,2,\cdots \tag{5.5}$$

由此可得

$$\boldsymbol{\alpha}_n=\boldsymbol{A}^{n-1}\boldsymbol{\alpha}_1,\quad n=1,2,\cdots \tag{5.6}$$

于是求 $\boldsymbol{F}_n$ 的问题就归结为求 $\boldsymbol{A}^{n-1}$ 的问题.

解特征方程：$|\boldsymbol{A}-\lambda\boldsymbol{E}|=0$，即 $\begin{vmatrix}1-\lambda&1\\1&-\lambda\end{vmatrix}=0$，可得特征值：$\lambda_1=\dfrac{1+\sqrt{5}}{2}$，$\lambda_2=\dfrac{1-\sqrt{5}}{2}$. 将 λ_1、λ_2 代入特征方程：$(\boldsymbol{A}-\lambda\boldsymbol{E})\boldsymbol{x}=\boldsymbol{0}$，可得相应的特征向量：$\boldsymbol{p}_1=\begin{pmatrix}\lambda_1\\1\end{pmatrix}$，$\boldsymbol{p}_2=\begin{pmatrix}\lambda_2\\1\end{pmatrix}$. 记$\boldsymbol{P}=(\boldsymbol{p}_1,\boldsymbol{p}_2)=\begin{pmatrix}\lambda_1&\lambda_2\\1&1\end{pmatrix}$，则

$$\boldsymbol{P}^{-1}=\frac{1}{\lambda_1-\lambda_2}\begin{pmatrix}1&-\lambda_2\\-1&\lambda_1\end{pmatrix}$$

于是
$$\boldsymbol{P}^{-1}\boldsymbol{A}\boldsymbol{P}=\begin{pmatrix}\lambda_1&\\&\lambda_2\end{pmatrix},\quad \boldsymbol{A}=\boldsymbol{P}\begin{pmatrix}\lambda_1&\\&\lambda_2\end{pmatrix}\boldsymbol{P}^{-1}$$

所以
$$\boldsymbol{A}^{n-1}=\boldsymbol{P}\begin{pmatrix}\lambda_1^{n-1}&\\&\lambda_2^{n-1}\end{pmatrix}\boldsymbol{P}^{-1}=\frac{1}{\lambda_1-\lambda_2}\begin{pmatrix}\lambda_1^n-\lambda_2^n&\lambda_1\lambda_2^n-\lambda_2\lambda_1^n\\ \lambda_1^{n-1}-\lambda_2^{n-1}&\lambda_1\lambda_2^{n-1}-\lambda_2\lambda_1^{n-1}\end{pmatrix}$$

$$\begin{pmatrix} F_{n+1} \\ F_n \end{pmatrix} = \boldsymbol{A}^{n-1}\begin{pmatrix} 1 \\ 1 \end{pmatrix} = \frac{1}{\lambda_1-\lambda_2}\begin{pmatrix} \lambda_1^n(1-\lambda_2)+\lambda_2^n(\lambda_1-1) \\ \lambda_1^{n-1}(1-\lambda_2)+\lambda_2^{n-1}(\lambda_1-1) \end{pmatrix}$$

注意到：$\lambda_1+\lambda_2=1$，从而

$$\begin{pmatrix} F_{n+1} \\ F_n \end{pmatrix} = \frac{1}{\lambda_1-\lambda_2}\begin{pmatrix} \lambda_1^{n+1}-\lambda_2^{n+1} \\ \lambda_1^n-\lambda_2^n \end{pmatrix}$$

将特征值代入上式有

$$F_n=\frac{1}{\sqrt{5}}\left[\left(\frac{1+\sqrt{5}}{2}\right)^n-\left(\frac{1-\sqrt{5}}{2}\right)^n\right]$$

二、环境保护与工业发展问题

为了定量分析工业发展与环境污染的关系，某地区提出如下增长模型：设 x_0 是该地区目前的污染损耗(由土壤、河流、湖泊及大气等污染指数测得)，y_0 是该地区的工业产值，以 4 年为一个发展周期，一个周期后的污染损耗和工业产值分别记为 x_1、y_1，它们之间的关系是：$x_1=\frac{8}{3}x_0-\frac{1}{3}y_0$，　$y_1=-\frac{2}{3}x_0+\frac{7}{3}y_0$.

写成矩阵形式就是

$$\begin{pmatrix} x_1 \\ y_1 \end{pmatrix} = \begin{pmatrix} \frac{8}{3} & -\frac{1}{3} \\ -\frac{2}{3} & \frac{7}{3} \end{pmatrix}\begin{pmatrix} x_0 \\ y_0 \end{pmatrix}, \quad 或 \quad \boldsymbol{\alpha}_1=\boldsymbol{A}\boldsymbol{\alpha}_0$$

其中，$\boldsymbol{\alpha}_1=\begin{pmatrix} x_1 \\ y_1 \end{pmatrix}$，$\boldsymbol{\alpha}_0=\begin{pmatrix} x_0 \\ y_0 \end{pmatrix}$为当前水平，$\boldsymbol{A}=\begin{pmatrix} \frac{8}{3} & -\frac{1}{3} \\ -\frac{2}{3} & \frac{7}{3} \end{pmatrix}$.

记 x_k，y_k 为第 k 个周期后的污染损耗和工业产值，则此增长模型为

$$\begin{cases} x_k=\frac{8}{3}x_{k-1}-\frac{1}{3}y_{k-1} \\ y_k=-\frac{2}{3}x_{k-1}+\frac{7}{3}y_{k-1} \end{cases}, \quad k=1,2,\cdots$$

则

$$\begin{pmatrix} x_k \\ y_k \end{pmatrix} = \frac{1}{3}\begin{pmatrix} 8 & -1 \\ -2 & 7 \end{pmatrix}\begin{pmatrix} x_{k-1} \\ y_{k-1} \end{pmatrix} \quad 或 \quad \boldsymbol{\alpha}_k=\boldsymbol{A}\boldsymbol{\alpha}_{k-1}, k=1,2,\cdots$$

由此模型及当前的水平 $\boldsymbol{\alpha}_0$ 可以预测若干发展周期后的水平：

$$\boldsymbol{\alpha}_1=\boldsymbol{A}\boldsymbol{\alpha}_0, \boldsymbol{\alpha}_2=\boldsymbol{A}\boldsymbol{\alpha}_1=\boldsymbol{A}^2\boldsymbol{\alpha}_0, \cdots, \boldsymbol{\alpha}_k=\boldsymbol{A}^k\boldsymbol{\alpha}_0$$

如果直接计算 $\boldsymbol{A}$ 的各次幂，计算将十分烦琐，而利用特征值和特征向量，不仅可以使计算大大简化，而且模型的结构和性质也更为清晰，为此先计算 $\boldsymbol{A}$ 的特征值.

$\boldsymbol{A}$ 的特征多项式为

$$|\boldsymbol{A}-\lambda\boldsymbol{E}|=\begin{vmatrix}\frac{8}{3}-\lambda & -\frac{1}{3}\\ -\frac{2}{3} & \frac{7}{3}-\lambda\end{vmatrix}=\lambda^2-5\lambda+6$$

$\boldsymbol{A}$ 的特征值为

$$\lambda_1=2,\quad \lambda_2=3$$

对于特征值 $\lambda_1=2$，解特征方程 $(\boldsymbol{A}-2\boldsymbol{E})\boldsymbol{x}=\boldsymbol{0}$，得特征向量 $\boldsymbol{p}_1=(1,2)^{\mathrm{T}}$；

对于特征值 $\lambda_2=3$，解特征方程 $(\boldsymbol{A}-3\boldsymbol{E})\boldsymbol{x}=\boldsymbol{0}$，得特征向量 $\boldsymbol{p}_2=(1,-1)^{\mathrm{T}}$.

如果当前的水平 $\boldsymbol{\alpha}_0$ 恰好等于 $\boldsymbol{p}_1$，则 $k=n$ 时，

$$\boldsymbol{\alpha}_n=\boldsymbol{A}^n\boldsymbol{\alpha}_0=\boldsymbol{A}^n\boldsymbol{p}_1=\lambda_1^n\boldsymbol{p}_1=2^n\begin{pmatrix}1\\2\end{pmatrix}$$

即

$$x^n=2^n,\quad y^n=2^{n+1}$$

它表明，经过 n 个发展周期后，工业产值已达到一个相当高的水平，但其中一半被污染损耗所抵消，造成了资源的严重浪费.

如果当前水平 $\boldsymbol{\alpha}_0=(11,19)^{\mathrm{T}}$，则不能直接应用上述方法分析，此时由于 $\boldsymbol{\alpha}_0=10\boldsymbol{p}_1+\boldsymbol{p}_2$，于是 $\boldsymbol{\alpha}_n=\boldsymbol{A}^n\boldsymbol{\alpha}_0=10\boldsymbol{A}^n\boldsymbol{p}_1+\boldsymbol{A}^n\boldsymbol{p}_2=10\times2^n\boldsymbol{p}_1+3^n\boldsymbol{p}_2=\begin{pmatrix}10\times2^n+3^n\\20\times2^n-3^n\end{pmatrix}$. 特别地，当 $n=5$ 时，污染损耗为 563，工业产值为 397，损耗已经超过了产值，经济将出现负增长.

由上面的分析看出：尽管 $\boldsymbol{A}$ 的特征向量 $\boldsymbol{p}_2$ 没有任何实际意义(因 $\boldsymbol{p}_2$ 中含有负分量)，但任一具有实际意义的向量 $\boldsymbol{\alpha}_0$ 都可以表示为 $\boldsymbol{p}_1,\boldsymbol{p}_2$ 的线性组合，从而在分析过程中，$\boldsymbol{p}_2$ 仍具有重要作用.

三、复特征值

$n\times n$ 矩阵 $\boldsymbol{A}$ 的特征方程若有复根，即一个复数 λ 满足 $|\boldsymbol{A}-\lambda\boldsymbol{E}|=0$，当且仅当在 n 维复空间 $\boldsymbol{C}^n$ 中存在一个非零向量 $\boldsymbol{x}$，使得 $\boldsymbol{A}\boldsymbol{x}=\lambda\boldsymbol{x}$，我们称这样的 λ 是复特征值，$\boldsymbol{x}$ 是对应 λ 的(复)特征向量.

【例 5-20】 假设 $\boldsymbol{A}=\begin{pmatrix}0&-1\\1&0\end{pmatrix}$，那么 $\mathbf{R}^2$ 上的线性变换 $\boldsymbol{x}\to\boldsymbol{A}\boldsymbol{x}$ 将平面逆时针旋转 1/4 圈，$\boldsymbol{A}$ 的作用是周期性的，因为在旋转 4 次 1/4 圈后，向量又回到了它的初始位置，很明显没有非零向量被映射成自身的数倍，所以 $\boldsymbol{A}$ 在 $\mathbf{R}^2$ 中没有特征向量，因此也没有实数域下的特征值.

实际上，$\boldsymbol{A}$ 的特征方程式 $\lambda^2+1=0$，只有复根 $\lambda=\mathrm{i}$ 和 $\lambda=-\mathrm{i}$，但是，如果让 $\boldsymbol{A}$ 作用在 $\mathbf{R}^2$ 上，那么 $\begin{pmatrix}0&-1\\1&0\end{pmatrix}\begin{pmatrix}1\\-\mathrm{i}\end{pmatrix}=\begin{pmatrix}\mathrm{i}\\1\end{pmatrix}=\mathrm{i}\begin{pmatrix}1\\-\mathrm{i}\end{pmatrix}$，$\begin{pmatrix}0&-1\\1&0\end{pmatrix}\begin{pmatrix}1\\\mathrm{i}\end{pmatrix}=\begin{pmatrix}-\mathrm{i}\\1\end{pmatrix}=-\mathrm{i}\begin{pmatrix}1\\\mathrm{i}\end{pmatrix}$.

因此，i 和 $-\mathrm{i}$ 是特征值，$\begin{pmatrix}1\\-\mathrm{i}\end{pmatrix}$，$\begin{pmatrix}1\\\mathrm{i}\end{pmatrix}$是对应的特征向量.

【例 5-21】 设 $\boldsymbol{A}=\begin{pmatrix}0.5 & -0.6\\0.75 & 1.1\end{pmatrix}$，求 $\boldsymbol{A}$ 的特征值及特征向量.

解 $\boldsymbol{A}$ 的特征多项式为

$$|\boldsymbol{A}-\lambda\boldsymbol{E}|=\begin{vmatrix}0.5-\lambda & -0.6\\0.75 & 1.1-\lambda\end{vmatrix}=(0.5-\lambda)(1.1-\lambda)-(-0.6)(0.75)=\lambda^2-1.6\lambda+1$$

依照求根公式：$\lambda=\frac{1}{2}[1.6\pm\sqrt{(-1.6)^2-4}]=0.8\pm0.6\mathrm{i}$，由 $(\boldsymbol{A}-\lambda\boldsymbol{E})\boldsymbol{x}=\boldsymbol{0}$，代入 $\lambda_1=0.8-0.6\mathrm{i}$，系数矩阵为

$$\boldsymbol{A}-(0.8-0.6\mathrm{i})\boldsymbol{E}=\begin{pmatrix}0.5 & -0.6\\0.75 & 1.1\end{pmatrix}-\begin{pmatrix}0.8-0.6\mathrm{i} & 0\\0 & 0.8-0.6\mathrm{i}\end{pmatrix}$$
$$=\begin{pmatrix}-0.3+0.6\mathrm{i} & -0.6\\0.75 & 0.3+0.6\mathrm{i}\end{pmatrix}$$

由于有复数运算，对增广矩阵作初等行变换是相当麻烦的. 观察发现，方程组

$$\begin{cases}(-0.3+0.6\mathrm{i})x_1-0.6x_2=0\\0.75x_1+(0.3+0.6\mathrm{i})x_2=0\end{cases}$$

有非零解(这里 x_1，x_2 可能是复数)，因此上述方程组中的两个方程确定的 x_1，x_2 之间的关系是同一关系，这样就可以通过其中一个方程将某个变量用另一个来表示.

由第二个方程有

$$0.75x_1=(-0.3-0.6\mathrm{i})x_2,\quad x_1=(-0.4-0.8\mathrm{i})x_2$$

为去掉小数，取 $x_2=5$ 有 $x_1=-2-4\mathrm{i}$，对应于 $\lambda_1=0.8-0.6\mathrm{i}$ 的特征向量为 $\begin{pmatrix}-2-4\mathrm{i}\\5\end{pmatrix}$，同理可得 $\lambda_2=0.8+0.6\mathrm{i}$ 的特征向量为 $\begin{pmatrix}-2+4\mathrm{i}\\5\end{pmatrix}$.

阅读材料

动力系统与斑点猫头鹰

1990 年，在利用或滥用太平洋西北部大面积森林问题上，北方的斑点猫头鹰成为一个争论的焦点. 环境保护学家试图说服联邦政府，如果采伐原始森林(长有 200 年以上的树木)的行为得不到制止的话，猫头鹰将有濒临灭绝的危险，因为猫头鹰喜好在那里居住，而木材行业却争辩说猫头鹰不应被划为“濒临灭绝动物”，并引用一些已发表的科学报告来支持其论点. 对木材行业来说，如果政府出台新的伐木限制的话，预计将失去 30000～100000 个工作岗位.

数学生态学家们处于争论双方的中间，由于争论的双方都想游说数学生态学家们，数学生态学家们加快了对斑点猫头鹰种群的动力学研究．猫头鹰的生命周期自然分为三个阶段：幼年期（1 岁以前）、半成年期（1～2 岁）、成年期（2 岁以后），猫头鹰交配在半成年和成年期，开始生育繁殖，可以活到 20 岁左右，每一对猫头鹰需要约 1000 公顷（4 平方英里）的土地作为自己的栖息地，生命周期的关键期是当幼年猫头鹰离开巢的时候，为了生存，一只幼年猫头鹰必须成功地找到一个新的栖息地安家（通常还要带一个配偶）．

研究种群动力学的第 1 步是建立以每年的种群量为区间的种群模型，时间为 $k=0,1,2,\cdots$ 通常可以假设在每一个生命阶段雄性和雌性的比例为 1∶1，而且只计算雌性猫头鹰，第 k 年的种群量可以用向量 $\boldsymbol{x}_k=(j_k,s_k,a_k)$ 表示，其中 j_k、s_k、a_k 分别表示雌性猫头鹰在幼年期、半成年期和成年期的数量．

利用人口统计研究的实际现场数据，R. Lamberson 及其同事设计了下面的“阶段矩阵模型”：

$$\begin{pmatrix} j_{k+1} \\ s_{k+1} \\ a_{k+1} \end{pmatrix}=\begin{pmatrix} 0 & 0 & 0.33 \\ 0.18 & 0 & 0 \\ 0 & 0.71 & 0.94 \end{pmatrix}\begin{pmatrix} j_k \\ s_k \\ a_k \end{pmatrix}$$

在这里新的幼年雌性猫头鹰在 $k+1$ 年中的数量是成年雌性猫头鹰在 k 年里数量的0.33 倍（根据每一对猫头鹰的平均生殖率而定）．此外，18％的幼年雌性猫头鹰得以生存进入半成年期，71％的半成年期雌性猫头鹰和 94％的成年雌性猫头鹰生存下来而被计为成年猫头鹰．

阶段矩阵模型是形式为 $\boldsymbol{x}_{k+1}=\boldsymbol{A}\boldsymbol{x}_k$ 的差分方程，这种方程称为动力系统（或离散线性动力系统），因为它描述的是系统随时间推移的变化．

Lamberson 阶段矩阵模型中，18％的幼年猫头鹰生存率是受原始森林中猫头鹰数目影响最大的项目，事实上，60％的幼年猫头鹰通常生存下来后就会离开自己的巢，但是在 Lamberson 和他的同事们作研究的加利福尼亚州的 Willow Creek 地区，只有 30％的幼年猫头鹰在弃巢后能找到新的栖息地，其他的在寻找新家园过程中失踪了．

猫头鹰不能找到新的栖息地的一个重要原因是因为对原始森林分散区域的砍伐而加剧了原始森林的分割，当猫头鹰离开森林保护区并穿过一块滥伐地时，被捕食动物袭击的危险大增，但如果 50％的幼年猫头鹰弃巢后能找到新的栖息地，猫头鹰种群将会兴旺起来．

本章所出现的矩阵都是方阵，虽然这里讨论的主要是应用离散动力系统（包括斑点猫头鹰），但有关特征值和特征向量的基本概念对纯数学和应用数学都很有用，它们出现的背景要比我们这里考虑的广泛得多，同样，特征值还被用来研究微分方程和连续的动力系统，为工程设计提供关键知识．

内容小结

主要概念

特征值和特征向量、特征多项式、相似矩阵、向量的内积、长度、角度、正交性与标准正交基、正交矩阵与正交变换

基本内容

1. 内积及正交变换

(1) 向量空间的内积、长度、夹角及正交性

内积：设 $\boldsymbol{\alpha}=(x_1,x_2,\cdots,x_n)^{\mathrm{T}}$，$\boldsymbol{\beta}=(y_1,y_2,\cdots,y_n)^{\mathrm{T}}$，$(\boldsymbol{\alpha},\boldsymbol{\beta})=\boldsymbol{\alpha}^{\mathrm{T}}\boldsymbol{\beta}=\boldsymbol{\beta}^{\mathrm{T}}\boldsymbol{\alpha}=\sum\limits_{i=1}^{n}x_iy_i$；

长度：$\|\boldsymbol{\alpha}\|=\sqrt{(\boldsymbol{\alpha},\boldsymbol{\alpha})}=\sqrt{x_1^2+x_2^2+\cdots+x_n^2}$；

夹角：$\theta=\arccos\dfrac{(\boldsymbol{\alpha},\boldsymbol{\beta})}{\|\boldsymbol{\alpha}\|\ \|\boldsymbol{\beta}\|}$；

正交：$(\boldsymbol{\alpha},\boldsymbol{\beta})=\mathbf{0}$（当且仅当 $\boldsymbol{\alpha},\boldsymbol{\beta}$ 正交）；

正交组：$\boldsymbol{\alpha}_1,\boldsymbol{\alpha}_2,\cdots,\boldsymbol{\alpha}_n$ 为正交组当且仅当向量组中的向量两两正交.

(2) 施密特正交化：把线性无关的向量组 $\boldsymbol{\alpha}_1,\boldsymbol{\alpha}_2,\cdots,\boldsymbol{\alpha}_n$ 正交化. 当 $n=3$ 时，

$$\boldsymbol{\beta}_1=\boldsymbol{\alpha}_1$$

$$\boldsymbol{\beta}_2=\boldsymbol{\alpha}_2-\frac{(\boldsymbol{\alpha}_2,\boldsymbol{\beta}_1)}{(\boldsymbol{\beta}_1,\boldsymbol{\beta}_1)}\boldsymbol{\beta}_1$$

$$\boldsymbol{\beta}_3=\boldsymbol{\alpha}_3-\frac{(\boldsymbol{\alpha}_3,\boldsymbol{\beta}_1)}{(\boldsymbol{\beta}_1,\boldsymbol{\beta}_1)}\boldsymbol{\beta}_1-\frac{(\boldsymbol{\alpha}_3,\boldsymbol{\beta}_2)}{(\boldsymbol{\beta}_2,\boldsymbol{\beta}_2)}\boldsymbol{\beta}_2$$

再单位化：$\boldsymbol{e}_1=\dfrac{\boldsymbol{\beta}_1}{\|\boldsymbol{\beta}_1\|}$，$\boldsymbol{e}_2=\dfrac{\boldsymbol{\beta}_2}{\|\boldsymbol{\beta}_2\|}$，$\boldsymbol{e}_3=\dfrac{\boldsymbol{\beta}_3}{\|\boldsymbol{\beta}_3\|}$，则 $\boldsymbol{e}_1,\boldsymbol{e}_2,\boldsymbol{e}_3$ 就是一组标准正交组.

2. 关于特征值与特征向量

$\boldsymbol{A}\boldsymbol{x}=\lambda\boldsymbol{x}$，$\boldsymbol{x}\neq\mathbf{0}$，称 λ 是 $\boldsymbol{A}$ 的特征值，称 $\boldsymbol{x}$ 是 $\boldsymbol{A}$ 对应于 λ 的特征向量.

1) 特征值与特征向量的求法

(1) 由 $f(\lambda)=|\boldsymbol{A}-\lambda\boldsymbol{E}|=0$，求出 n 个特征值 $\lambda_1,\lambda_2,\cdots,\lambda_n$.

(2) 对每一个 λ_i，求解 $(\boldsymbol{A}-\lambda_i\boldsymbol{E})\boldsymbol{x}=\mathbf{0}$ 的所有非零解向量就是矩阵 $\boldsymbol{A}$ 的 λ_i 对应的特征向量集.

2) 特征值与特征向量的性质

(1) $|\boldsymbol{A}|=\lambda_1\lambda_2\cdots\lambda_n$；$\mathrm{tr}\boldsymbol{A}=\sum\limits_{i=1}^{n}\boldsymbol{a}_{ii}=\lambda_1+\lambda_2+\cdots+\lambda_n$；$\boldsymbol{A}$ 可逆 $\Leftrightarrow\boldsymbol{A}$ 的 n 个特征值都非零.

(2) $\boldsymbol{A}$ 的同一个特征值 λ_0 对应的特征向量的非零线性组合仍是 λ_0 的特征向量.

(3) $\boldsymbol{A}$ 的不同特征值对应的特征向量是线性无关的.

3. $\boldsymbol{A}$ 相似于对角矩阵的条件

(1) 两矩阵相似性质,若 $\boldsymbol{A},\boldsymbol{B}$ 相似,有:① $|\boldsymbol{A}-\lambda\boldsymbol{E}|=|\boldsymbol{B}-\lambda\boldsymbol{E}|$;② $|\boldsymbol{A}|=|\boldsymbol{B}|$,$r(\boldsymbol{A})=r(\boldsymbol{B})$.

(2) 定理　n 阶方阵 $\boldsymbol{A}$ 相似于对角阵的充要条件是 $\boldsymbol{A}$ 有 n 个无关的特征向量.

若 $\boldsymbol{P}^{-1}\boldsymbol{A}\boldsymbol{P}=\begin{pmatrix}\lambda_1 & & \\ & \ddots & \\ & & \lambda_n\end{pmatrix}$,则 $\lambda_1,\lambda_2,\cdots,\lambda_n$ 是 $\boldsymbol{A}$ 的特征值,矩阵 $\boldsymbol{P}$ 的 n 个列是对应于 λ_i 的 n 个线性无关的特征向量.

① 若 $\boldsymbol{A}$ 的每一个 k_i 重特征值 λ_i 有 k_i 个线性无关的特征向量,则 $\boldsymbol{A}$ 可对角化;

② 若 $\boldsymbol{A}$ 有 n 个相异的特征值,则 $\boldsymbol{A}$ 可对角化.

(3) 求 $\boldsymbol{A}^k$. 若 $\boldsymbol{A}$ 可对角化,$\boldsymbol{P}^{-1}\boldsymbol{A}\boldsymbol{P}=\boldsymbol{\Lambda}$,则 $\boldsymbol{A}^k=\boldsymbol{P}\boldsymbol{\Lambda}^k\boldsymbol{P}^{-1}$.

总复习题 5

一、单项选择题

1. $\boldsymbol{A}$ 是三阶方阵,其特征值为 $1,-2,4$,则下列矩阵中满秩的是(　　)(其中 $\boldsymbol{E}$ 为三阶单位矩阵).

A. $\boldsymbol{E}-\boldsymbol{A}$　　B. $\boldsymbol{A}+2\boldsymbol{E}$　　C. $2\boldsymbol{E}-\boldsymbol{A}$　　D. $\boldsymbol{A}-4\boldsymbol{E}$

2. 下列矩阵中,不能相似于对角阵的是(　　).

A. $\begin{pmatrix}1&1&0\\0&2&1\\0&0&3\end{pmatrix}$　　B. $\begin{pmatrix}1&1&0\\0&1&0\\0&0&2\end{pmatrix}$　　C. $\begin{pmatrix}1&0&1\\0&1&0\\1&0&1\end{pmatrix}$　　D. $\begin{pmatrix}1&0&0\\0&1&1\\0&0&2\end{pmatrix}$

3. 已知 n 阶矩阵 $\boldsymbol{A}$ 与 $\boldsymbol{B}$ 相似,则下列说法正确的是(　　).

A. 存在可逆矩阵 $\boldsymbol{P}$,使 $\boldsymbol{P}^{\mathrm{T}}\boldsymbol{A}\boldsymbol{P}=\boldsymbol{B}$

B. 存在对角矩阵 $\boldsymbol{\Lambda}$,使 $\boldsymbol{A}$ 与 $\boldsymbol{\Lambda}$,$\boldsymbol{\Lambda}$ 与 $\boldsymbol{B}$ 均相似

C. 存在若干初等矩阵 $\boldsymbol{P}_1,\boldsymbol{P}_2,\cdots,\boldsymbol{P}_s$,使 $\boldsymbol{P}_1\boldsymbol{P}_2\cdots\boldsymbol{P}_s\boldsymbol{A}\boldsymbol{P}_s^{-1}\boldsymbol{P}_{s-1}^{-1}\cdots\boldsymbol{P}_1^{-1}=\boldsymbol{B}$

D. 存在正交矩阵 $\boldsymbol{P}$,使 $\boldsymbol{P}^{-1}\boldsymbol{A}\boldsymbol{P}=\boldsymbol{B}$

4. 矩阵 $\boldsymbol{A}$ 为不可逆矩阵是 $\boldsymbol{A}$ 以 0 为特征值的(　　).

A. 充分但不必要条件　　B. 必要但不充分条件

C. 充要条件　　D. 既不充分又不必要条件

5. 已知矩阵 $\boldsymbol{A}=\begin{pmatrix}2&0&0\\0&0&1\\0&1&x\end{pmatrix}$ 和 $\boldsymbol{B}=\begin{pmatrix}2&0&0\\0&3&4\\0&-2&y\end{pmatrix}$ 相似,则(　　).

A. $x=0,y=-3$　　B. $x=0,y=3$　　C. $x=-3,y=0$　　D. $x=3,y=0$

6. 设 $\boldsymbol{A}$ 是 n 阶实对称矩阵，$\boldsymbol{P}$ 是 n 阶可逆矩阵，已知 n 维列向量 $\boldsymbol{\alpha}$ 是 $\boldsymbol{A}$ 的对应于特征值 λ 的特征向量，则矩阵 $(\boldsymbol{P}^{-1}\boldsymbol{AP})^{\mathrm{T}}$ 对应于特征值 λ 的特征向量（　　）

A. $\boldsymbol{P}^{-1}\boldsymbol{\alpha}$　　B. $\boldsymbol{P}^{\mathrm{T}}\boldsymbol{\alpha}$　　C. $\boldsymbol{P\alpha}$　　D. $(\boldsymbol{P}^{-1})^{\mathrm{T}}\boldsymbol{\alpha}$

7. 若 n 阶可逆矩阵 $\boldsymbol{A}$ 的对应于特征值 λ 的特征向量是 $\boldsymbol{\alpha}$，则下列矩阵中，$\boldsymbol{\alpha}$ 不是其特征向量的是（　　）.

A. $(\boldsymbol{A}+\boldsymbol{E})^2$　　B. $-3\boldsymbol{A}$　　C. $\boldsymbol{A}^*$　　D. $\boldsymbol{A}^{\mathrm{T}}$

8. 设矩阵 $\boldsymbol{A}$ 相似于 $\boldsymbol{B}$，且 $\boldsymbol{B}=\begin{pmatrix}0&0&1\\0&1&0\\1&0&0\end{pmatrix}$，则 $r(\boldsymbol{A}-2\boldsymbol{E})$ 与 $r(\boldsymbol{A}-\boldsymbol{E})$ 之和等于（　　）.

A. 2　　B. 3　　C. 4　　D. 5

二、填空题

1. 设四阶方阵 $\begin{pmatrix}a&-2&0&0\\2&1&0&0\\0&0&b&1\\0&0&-2&-1\end{pmatrix}$ 有特征值 $\lambda=2,\lambda=1$，则 $a=$________，$b=$________.

2. 若 n 阶可逆矩阵 $\boldsymbol{A}$ 的每行元素之和均为 $c\ (c\neq 0)$，则矩阵 $3\boldsymbol{A}-2\boldsymbol{A}^{-1}$ 有一个特征值为________.

3. 已知 $\boldsymbol{A}$ 相似于 $\boldsymbol{B}$，若 $\boldsymbol{A}^m=\boldsymbol{A}$，则 $\boldsymbol{B}^m=$________.

4. 已知 $\boldsymbol{A}$ 相似于 $\boldsymbol{E}$，则 $\boldsymbol{A}=$________，其中 $\boldsymbol{E}$ 为单位矩阵.

5. 设 n 阶矩阵 $\boldsymbol{A}$ 的元素全是 1，则 $\boldsymbol{A}$ 的 n 个特征值是________.

6. 若四阶矩阵 $\boldsymbol{A}$ 与 $\boldsymbol{B}$ 相似，矩阵 $\boldsymbol{A}$ 的特征值为 $\frac{1}{2},\frac{1}{3},\frac{1}{4},\frac{1}{5}$，则行列式 $|\boldsymbol{B}^{-1}-\boldsymbol{E}|=$________.

7. 若 $\boldsymbol{A}^2=\boldsymbol{E}$，则 $\boldsymbol{A}$ 的特征值是________，其中 $\boldsymbol{E}$ 为单位矩阵.

8. 矩阵 $\boldsymbol{A}=\begin{pmatrix}3&2&-1\\0&0&a\\0&0&0\end{pmatrix}$ 可对角化时，参数 $a=$________.

三、解答题

1. 设 $\boldsymbol{A}$ 是一个 n 阶下三角矩阵，证明：

(1) 若 $i\neq j\ (i,j=1,2,\cdots,n)$ 时有 $a_{ii}\neq a_{jj}$，$\boldsymbol{A}$ 相似于一个对角矩阵；

(2) 若 $a_{11}=a_{22}=\cdots=a_{nn}$，而至少有一个 $a_{i_0j_0}\neq 0\ (i_0>j_0)$，则 $\boldsymbol{A}$ 不与对角矩阵相似.

2. 设 $\boldsymbol{A}$ 为 n 阶方阵，满足 $\boldsymbol{A}^2-3\boldsymbol{A}+2\boldsymbol{E}=\boldsymbol{0}$，求一可逆矩阵 $\boldsymbol{P}$，使 $\boldsymbol{P}^{-1}\boldsymbol{A}\boldsymbol{P}$ 为对角矩阵.

3. 设 $\boldsymbol{A}$ 为三阶矩阵，$\boldsymbol{\alpha}_1,\boldsymbol{\alpha}_2,\boldsymbol{\alpha}_3$ 是线性无关的 3 个列向量，且满足

$$\boldsymbol{A}\boldsymbol{\alpha}_1=\boldsymbol{\alpha}_1+\boldsymbol{\alpha}_2+\boldsymbol{\alpha}_3,\quad \boldsymbol{A}\boldsymbol{\alpha}_2=2\boldsymbol{\alpha}_2+\boldsymbol{\alpha}_3,\quad \boldsymbol{A}\boldsymbol{\alpha}_3=2\boldsymbol{\alpha}_2+3\boldsymbol{\alpha}_3$$

(1) 求矩阵 $\boldsymbol{B}$，使得 $\boldsymbol{A}(\boldsymbol{\alpha}_1,\boldsymbol{\alpha}_2,\boldsymbol{\alpha}_3)=(\boldsymbol{\alpha}_1,\boldsymbol{\alpha}_2,\boldsymbol{\alpha}_3)\boldsymbol{B}$；

(2) 求矩阵 $\boldsymbol{A}$ 的特征值；

(3) 求可逆矩阵 $\boldsymbol{P}$，使 $\boldsymbol{P}^{-1}\boldsymbol{A}\boldsymbol{P}$ 为对角矩阵.

4. 设矩阵 $\boldsymbol{A}=\begin{pmatrix}1&2&-3\\-1&4&-3\\1&a&5\end{pmatrix}$ 的特征方程有一个二重根，求 a 的值，并讨论 $\boldsymbol{A}$ 是否可对角化.

5. 设 n 阶矩阵 $\boldsymbol{A}=\begin{pmatrix}1&b&\cdots&b\\b&1&\cdots&b\\\vdots&\vdots&&\vdots\\b&b&\cdots&1\end{pmatrix}$.

(1) 求 $\boldsymbol{A}$ 的特征值和特征向量.

(2) 求可逆矩阵 $\boldsymbol{P}$，使得 $\boldsymbol{P}^{-1}\boldsymbol{A}\boldsymbol{P}$ 为对角矩阵.

第六章　二　次　型

在解析几何中，为了便于研究二次曲线 $ax^2+bxy+cy^2=1$ 的几何性质，可以选择适当的坐标旋转变换 $\begin{cases}x=x'\cos\theta-y'\sin\theta\\ y=x'\sin\theta+y'\cos\theta\end{cases}$，把方程化为标准形 $mx'^2+ny'^2=1$.

几何式左端是 x,y 的一个二次齐次多项式. 从代数学的观点看，化标准形的过程就是通过变量的线性变换化简一个二次齐次多项式，使它只含有平方项.

这样一个问题在许多理论和实际领域中常会遇到，我们把它一般化，讨论 n 个变量的二次齐次多项式的化简问题.

第一节　二次型及其矩阵表示

一、二次型的基本概念

定义 6.1　含有 n 个变量 $x_1,x_2,\cdots,x_n$ 的二次齐次函数

$$f(x_1,x_2,\cdots,x_n)=a_{11}x_1^2+a_{22}x_2^2+\cdots+a_{nn}x_n^2+2a_{12}x_1x_2+2a_{13}x_1x_3+\cdots+2a_{n-1,n}x_{n-1}x_n \tag{6.1}$$

称为二次型.

当 $a_{ij}(k\leqslant i\leqslant j\leqslant n)$ 为复数时，f 称为复二次型；当 $a_{ij}(k\leqslant i\leqslant j\leqslant n)$ 为实数时，f 称为实二次型. 这里，我们只讨论实二次型.

取 $a_{ij}=a_{ji}$，则 $2a_{ij}x_ix_j=a_{ij}x_ix_j+a_{ji}x_jx_i$，二次型(6.1)可以写成

$$\begin{aligned}f&=a_{11}x_1^2+a_{12}x_1x_2+\cdots+a_{1n}x_1x_n+a_{21}x_2x_1+a_{22}x_2^2+\cdots+\\&\quad+a_{2n}x_2x_n+\cdots+a_{n1}x_nx_1+a_{n2}x_nx_2+\cdots+a_{nn}x_n^2\\&=\sum_{i=1}^{n}\sum_{j=1}^{n}a_{ij}x_ix_j\end{aligned} \tag{6.2}$$

把二次型(6.2)的系数排成一个矩阵

$$\boldsymbol{A}=\begin{pmatrix}a_{11}&a_{12}&\cdots&a_{1n}\\a_{21}&a_{22}&\cdots&a_{2n}\\\vdots&\vdots&&\vdots\\a_{n1}&a_{n2}&\cdots&a_{nn}\end{pmatrix}$$

并记 $\boldsymbol{x}=(x_1,x_2,\cdots,x_n)^{\mathrm{T}}$，则

$$f=x_1(a_{11}x_1+a_{12}x_2+\cdots+a_{1n}x_n)+x_2(a_{21}x_1+a_{22}x_2+\cdots$$

$$+a_{2n}x_n)+\cdots+x_n(a_{n1}x_1+a_{n2}x_2+\cdots+a_{nn}x_n)$$

$$=(x_1,x_2,\cdots,x_n)\begin{pmatrix} a_{11}x_1+a_{12}x_2+\cdots+a_{1n}x_n \\ a_{21}x_1+a_{22}x_2+\cdots+a_{2n}x_n \\ \vdots \\ a_{n1}x_1+a_{n2}x_2+\cdots+a_{nn}x_n \end{pmatrix}$$

$$=(x_1,x_2,\cdots,x_n)\begin{pmatrix} a_{11} & a_{12} & \cdots & a_{1n} \\ a_{21} & a_{22} & \cdots & a_{2n} \\ \vdots & \vdots & & \vdots \\ a_{n1} & a_{n2} & \cdots & a_{nn} \end{pmatrix}\begin{pmatrix} x_1 \\ x_2 \\ \vdots \\ x_n \end{pmatrix}=\boldsymbol{x}^{\mathrm{T}}\boldsymbol{A}\boldsymbol{x} \tag{6.3}$$

其中,$\boldsymbol{A}$ 为实对称矩阵.

任给一个二次型,就唯一地确定一个对称阵;反之,任给一个对称阵,也可唯一地确定一个二次型.这样,二次型与对称阵之间存在一一对应关系.因此,我们可以用对称阵讨论二次型,称对称阵 $\boldsymbol{A}$ 为二次型 f 的矩阵,也称 f 为对称阵 $\boldsymbol{A}$ 的二次型.矩阵 $\boldsymbol{A}$ 的秩就称为二次型 f 的秩.

例如,二次型 $f(x_1,x_2,x_3)=x_1x_2+x_1x_3+2x_2^2-x_2x_3$ 的矩阵为

$$\boldsymbol{A}=\begin{pmatrix} 0 & \frac{1}{2} & \frac{1}{2} \\ \frac{1}{2} & 2 & -\frac{1}{2} \\ \frac{1}{2} & -\frac{1}{2} & 0 \end{pmatrix}$$

再例如,对称阵

$$\boldsymbol{A}=\begin{pmatrix} 1 & -1 & 0 \\ -1 & 2 & \frac{3}{2} \\ 0 & \frac{3}{2} & 0 \end{pmatrix}$$

对应的二次型为 $f=x_1^2+2x_2^2-2x_1x_2+3x_2x_3$.

【例 6-1】 设 $f=x_1^2+2x_1x_2+2x_1x_3+3x_2^2-x_3^2$,求 f 的矩阵,并求 f 的秩.

解 $f=\boldsymbol{x}^{\mathrm{T}}\boldsymbol{A}\boldsymbol{x}=x_1^2+2x_1x_2+2x_1x_3+3x_2^2-x_3^2$ 对应的对称矩阵是

$$\boldsymbol{A}=\begin{pmatrix} 1 & 1 & 1 \\ 1 & 3 & 0 \\ 1 & 0 & -1 \end{pmatrix}\xrightarrow{r}\begin{pmatrix} 1 & 1 & 1 \\ 0 & 2 & -1 \\ 0 & -1 & -2 \end{pmatrix}\xrightarrow{r}\begin{pmatrix} 1 & 1 & 1 \\ 0 & -1 & -2 \\ 0 & 2 & -1 \end{pmatrix}\xrightarrow{r}\begin{pmatrix} 1 & 1 & 1 \\ 0 & -1 & -2 \\ 0 & 0 & -5 \end{pmatrix}$$

故 $r(\boldsymbol{A})=3$,所以二次型 f 的秩为 3.

二、线性变换

定义 6.2 关系式

$$\begin{cases} x_1 = c_{11}y_1 + c_{12}y_2 + \cdots + c_{1n}y_n \\ x_2 = c_{21}y_1 + c_{22}y_2 + \cdots + c_{2n}y_n \\ \vdots \\ x_n = c_{n1}y_1 + c_{n2}y_2 + \cdots + c_{nn}y_n \end{cases} \tag{6.4}$$

称为由变量 $y_1, y_2, \cdots, y_n$ 到变量 $x_1, x_2, \cdots, x_n$ 的一个线性变换. 写成矩阵形式

$$\boldsymbol{x} = \boldsymbol{C}\boldsymbol{y}$$

其中,

$$\boldsymbol{x} = \begin{pmatrix} x_1 \\ x_2 \\ \vdots \\ x_n \end{pmatrix}, \quad \boldsymbol{C} = \begin{pmatrix} c_{11} & c_{12} & \cdots & c_{1n} \\ c_{21} & c_{22} & \cdots & c_{2n} \\ \vdots & \vdots & & \vdots \\ c_{n1} & c_{n2} & \cdots & c_{nn} \end{pmatrix}, \quad \boldsymbol{y} = \begin{pmatrix} y_1 \\ y_2 \\ \vdots \\ y_n \end{pmatrix}$$

矩阵 $\boldsymbol{C}$ 称为线性变换(6.4)的矩阵.

当 $|\boldsymbol{C}| \neq 0$ 时,称线性变换(6.4)为可逆的线性变换,或称非退化的线性变换.

当 $\boldsymbol{C}$ 为正交矩阵时,则称线性变换(6.4)为正交线性变换,简称正交变换.

线性变换把二次型变成另一个二次型,二次型的化简问题就是寻求合适的线性变换把二次型变得简单. 本章讨论的中心问题就是如何寻找可逆的线性变换,使二次型只含平方项.

三、矩阵的合同

设二次型

$$f = \boldsymbol{x}^{\mathrm{T}}\boldsymbol{A}\boldsymbol{x}$$

经可逆的线性变换 $\boldsymbol{x} = \boldsymbol{C}\boldsymbol{y}$ 后,变成

$$f = (\boldsymbol{C}\boldsymbol{y})^{\mathrm{T}}\boldsymbol{A}(\boldsymbol{C}\boldsymbol{y}) = \boldsymbol{y}^{\mathrm{T}}(\boldsymbol{C}^{\mathrm{T}}\boldsymbol{A}\boldsymbol{C})\boldsymbol{y} = \boldsymbol{y}^{\mathrm{T}}\boldsymbol{B}\boldsymbol{y}$$

其中,$\boldsymbol{B} = \boldsymbol{C}^{\mathrm{T}}\boldsymbol{A}\boldsymbol{C}$,且

$$\boldsymbol{B}^{\mathrm{T}} = (\boldsymbol{C}^{\mathrm{T}}\boldsymbol{A}\boldsymbol{C})^{\mathrm{T}} = \boldsymbol{C}^{\mathrm{T}}\boldsymbol{A}\boldsymbol{C} = \boldsymbol{B}$$

定义 6.3 设 $\boldsymbol{A}$、$\boldsymbol{B}$ 为 n 阶方阵,如果存在 n 阶可逆方阵 $\boldsymbol{C}$,使

$$\boldsymbol{C}^{\mathrm{T}}\boldsymbol{A}\boldsymbol{C} = \boldsymbol{B} \tag{6.5}$$

则称 $\boldsymbol{A}$ 与 $\boldsymbol{B}$ 合同.

由以上定义可以看出,二次型 $f = f(x_1, x_2, \cdots, x_n) = \boldsymbol{x}^{\mathrm{T}}\boldsymbol{A}\boldsymbol{x}$ 的矩阵 $\boldsymbol{A}$ 与经过可逆线性变换 $\boldsymbol{x} = \boldsymbol{C}\boldsymbol{y}$ 得到的二次型的矩阵 $\boldsymbol{B} = \boldsymbol{C}^{\mathrm{T}}\boldsymbol{A}\boldsymbol{C}$ 是合同矩阵.

矩阵合同的基本性质:

(1) 自反性　任意方阵 $\boldsymbol{A}$ 与其自身合同(因为 $\boldsymbol{E}^{\mathrm{T}}\boldsymbol{A}\boldsymbol{E} = \boldsymbol{A}$).

(2) 对称性　若 $\boldsymbol{A}$ 与 $\boldsymbol{B}$ 合同,则 $\boldsymbol{B}$ 与 $\boldsymbol{A}$ 合同(因为若 $\boldsymbol{A}$ 与 $\boldsymbol{B}$ 合同,则存在可逆阵 $\boldsymbol{C}$ 使得 $\boldsymbol{C}^{\mathrm{T}}\boldsymbol{A}\boldsymbol{C} = \boldsymbol{B}$,则 $(\boldsymbol{C}^{\mathrm{T}})^{-1}\boldsymbol{B}(\boldsymbol{C}^{-1}) = \boldsymbol{A}$,即 $(\boldsymbol{C}^{-1})^{\mathrm{T}}\boldsymbol{B}(\boldsymbol{C}^{-1}) = \boldsymbol{A}$,$\boldsymbol{B}$ 与 $\boldsymbol{A}$ 合同).

(3) 传递性　若 $\boldsymbol{A}$ 与 $\boldsymbol{B}$ 合同,$\boldsymbol{B}$ 与 $\boldsymbol{C}$ 合同,则 $\boldsymbol{A}$ 合同于 $\boldsymbol{C}$(因为 $\boldsymbol{B} = \boldsymbol{C}_1^{\mathrm{T}}\boldsymbol{A}\boldsymbol{C}_1$,$\boldsymbol{C} =$

$\boldsymbol{C}_2^{\mathrm{T}}\boldsymbol{B}\boldsymbol{C}_2$，得 $\boldsymbol{C}=\boldsymbol{C}_2^{\mathrm{T}}(\boldsymbol{C}_1^{\mathrm{T}}\boldsymbol{A}\boldsymbol{C}_1)\boldsymbol{C}_2=(\boldsymbol{C}_1\boldsymbol{C}_2)^{\mathrm{T}}\boldsymbol{A}(\boldsymbol{C}_1\boldsymbol{C}_2)$，故 $\boldsymbol{A}$ 与 $\boldsymbol{C}$ 合同).

定理 6.1　若 $\boldsymbol{A}$ 为对称矩阵，$\boldsymbol{C}$ 为可逆矩阵，则 $\boldsymbol{B}=\boldsymbol{C}^{\mathrm{T}}\boldsymbol{A}\boldsymbol{C}$ 仍为对称矩阵，且 $r(\boldsymbol{A})=r(\boldsymbol{B})$（请读者自己证明）.

从而二次型 $f(x)=\boldsymbol{x}^{\mathrm{T}}\boldsymbol{A}\boldsymbol{x}$ 经可逆变换 $\boldsymbol{x}=\boldsymbol{C}\boldsymbol{y}$ 后，其秩不变，但二次型 f 的矩阵 $\boldsymbol{A}$ 变为 $\boldsymbol{B}=\boldsymbol{C}^{\mathrm{T}}\boldsymbol{A}\boldsymbol{C}$.

在本节最后给出矩阵的等价、相似、合同三种关系的逻辑关系.

(1) $\boldsymbol{A}$ 经过若干初等行(列)变换得到 $\boldsymbol{B}$，则 $\boldsymbol{A}$ 与 $\boldsymbol{B}$ 等价，即 $\boldsymbol{A}$ 与 $\boldsymbol{B}$ 等价 $\Leftrightarrow$ 存在可逆阵 $\boldsymbol{P},\boldsymbol{Q}$，使 $\boldsymbol{P}\boldsymbol{A}\boldsymbol{Q}=\boldsymbol{B}$ 成立.

(2) $\boldsymbol{A}$ 与 $\boldsymbol{B}$ 相似 $\Leftrightarrow$ 存在可逆阵 $\boldsymbol{P}$ 使 $\boldsymbol{P}^{-1}\boldsymbol{A}\boldsymbol{P}=\boldsymbol{B}$.

(3) $\boldsymbol{A}$ 与 $\boldsymbol{B}$ 合同 $\Leftrightarrow$ 存在可逆阵 $\boldsymbol{P}$ 使 $\boldsymbol{P}^{\mathrm{T}}\boldsymbol{A}\boldsymbol{P}=\boldsymbol{B}$.

通过以上三个定义可以看出，相似矩阵一定是等价矩阵，合同矩阵一定是等价矩阵. 特别地，由上一章实对称矩阵可正交相似对角化知道：实对称矩阵与其相似的对角矩阵既相似又合同. 但等价矩阵不一定是相似矩阵，也不一定是合同矩阵.

习　题　6.1

1. 写出下列二次型的矩阵，并求其秩.

(1) $f(x_1,x_2,x_3)=x_1^2+2x_2^2-3x_3^2+4x_1x_2-6x_2x_3$；

(2) $f(x_1,x_2,x_3,x_4)=x_1^2-x_2^2-3x_3^2+4x_1x_2-6x_4x_3$；

(3) $f(x_1,x_2,x_3)\begin{pmatrix}2&1&3\\1&3&2\\7&4&5\end{pmatrix}\begin{pmatrix}x_1\\x_2\\x_3\end{pmatrix}$.

2. 设 $\boldsymbol{A}$、$\boldsymbol{B}$、$\boldsymbol{C}$、$\boldsymbol{D}$ 均为 n 阶对称矩阵，且 $\boldsymbol{A},\boldsymbol{B}$ 合同，$\boldsymbol{C},\boldsymbol{D}$ 合同，证明：$\begin{pmatrix}\boldsymbol{A}&0\\0&\boldsymbol{C}\end{pmatrix}$ 与 $\begin{pmatrix}\boldsymbol{B}&0\\0&\boldsymbol{D}\end{pmatrix}$ 合同.

第二节　二次型的标准形

定义 6.4　若二次型 $f(x_1,x_2,\cdots,x_n)=\boldsymbol{x}^{\mathrm{T}}\boldsymbol{A}\boldsymbol{x}$ 经可逆线性变换 $\boldsymbol{x}=\boldsymbol{C}\boldsymbol{y}$ 后，变成只含平方项

$$d_1y_1^2+d_2y_2^2+\cdots+d_ny_n^2 \tag{6.6}$$

的二次型，称为二次型的标准形.

显然，标准形对应的矩阵是对角阵. 因此二次型化标准形的问题，就是矩阵与对角矩阵合同的问题.

下面介绍三种基本方法.

一、正交变换法

由于实二次型的矩阵是一个实对称矩阵，由第五章知识可知，二次型必可通过正交变换化为标准形.

定理 6.2 任意一个 n 元实二次型 $f=\boldsymbol{x}^{\mathrm{T}}\boldsymbol{A}\boldsymbol{x}$ 一定存在正交变换 $\boldsymbol{x}=\boldsymbol{P}\boldsymbol{y}$，使 f 化为标准形

$$\lambda_1 y_1^2+\lambda_2 y_2^2+\cdots+\lambda_n y_n^2 \tag{6.7}$$

其中，$\lambda_1,\lambda_2,\cdots,\lambda_n$ 是 f 的矩阵 $\boldsymbol{A}$ 的 n 个特征值，正交矩阵 $\boldsymbol{P}$ 的 n 个列向量为 $\boldsymbol{A}$ 的对应于特征值 $\lambda_1,\lambda_2,\cdots,\lambda_n$ 的单位正交特征向量.

二次型用正交变换法化为标准形，一般步骤如下.

第一步：写出二次型 f 的矩阵 $\boldsymbol{A}$.

第二步：由 $|\boldsymbol{A}-\lambda\boldsymbol{E}|=0$，求出 $\boldsymbol{A}$ 的 n 个特征值 $\lambda_1,\lambda_2,\cdots,\lambda_n$.

第三步：对每个 λ_i，由 $(\boldsymbol{A}-\lambda_i\boldsymbol{E})\boldsymbol{x}=\boldsymbol{0}$，求出 $\boldsymbol{A}$ 关于 λ_i 的特征向量，

① 当 λ_i 为单根时，取一个非零的特征向量，并使之单位化；

② 当 λ_i 为 k_i 重根时，可求得 k_i 个线性无关的特征向量，若这 k_i 个特征向量不正交，实施施密特正交化；若它们已是正交的，则只需单位化就行.

第四步：将正交单位化的特征向量排成 n 阶正交矩阵 $\boldsymbol{P}$，写出正交变换 $\boldsymbol{x}=\boldsymbol{P}\boldsymbol{y}$，并写出二次型的标准形.

【例 6-2】 求一个正交变换，化二次型 $f(x_1,x_2,x_3)=2x_1x_2+2x_1x_3+2x_2x_3$ 为标准形.

解 二次型 f 的矩阵为

$$\boldsymbol{A}=\begin{pmatrix}0&1&1\\1&0&1\\1&1&0\end{pmatrix}$$

特征多项式为 $|\boldsymbol{A}-\lambda\boldsymbol{E}|=(\lambda+1)^2(2-\lambda)$，则 $\boldsymbol{A}$ 的特征值 $\lambda_1=\lambda_2=-1$，$\lambda_3=2$.

对 $\lambda_1=\lambda_2=-1$，解方程组 $(\boldsymbol{A}+\boldsymbol{E})\boldsymbol{x}=\boldsymbol{0}$，取正交的基础解系

$$\boldsymbol{\xi}_1=\begin{pmatrix}1\\-1\\0\end{pmatrix},\quad \boldsymbol{\xi}_2=\begin{pmatrix}1\\1\\-2\end{pmatrix}$$

将 $\boldsymbol{\xi}_1,\boldsymbol{\xi}_2$ 单位化，得

$$\boldsymbol{e}_1=\begin{pmatrix}\dfrac{1}{\sqrt{2}}\\-\dfrac{1}{\sqrt{2}}\\0\end{pmatrix},\quad \boldsymbol{e}_2=\begin{pmatrix}\dfrac{1}{\sqrt{6}}\\\dfrac{1}{\sqrt{6}}\\-\dfrac{2}{\sqrt{6}}\end{pmatrix}$$

对 $\lambda_3=2$，解方程组$(\boldsymbol{A}-2\boldsymbol{E})\boldsymbol{x}=\boldsymbol{0}$，得基础解系

$$\boldsymbol{\xi}_3=\begin{pmatrix}1\\1\\1\end{pmatrix}$$

单位化，得

$$\boldsymbol{e}_3=\begin{pmatrix}\frac{1}{\sqrt{3}}\\\frac{1}{\sqrt{3}}\\\frac{1}{\sqrt{3}}\end{pmatrix}$$

令

$$\boldsymbol{P}=(\boldsymbol{e}_1,\boldsymbol{e}_2,\boldsymbol{e}_3)=\begin{pmatrix}\frac{1}{\sqrt{2}} & \frac{1}{\sqrt{6}} & \frac{1}{\sqrt{3}}\\-\frac{1}{\sqrt{2}} & \frac{1}{\sqrt{6}} & \frac{1}{\sqrt{3}}\\0 & -\frac{2}{\sqrt{6}} & \frac{1}{\sqrt{3}}\end{pmatrix}$$

则经过正交变换 $\boldsymbol{x}=\boldsymbol{P}\boldsymbol{y}$ 后，二次型化成标准形 $f=-y_1^2-y_2^2+2y_3^2$.

二、配方法

任何一个二次型 $f=\boldsymbol{x}^{\mathrm{T}}\boldsymbol{A}\boldsymbol{x}$ 都可通过配方法找到满秩变换 $\boldsymbol{x}=\boldsymbol{C}\boldsymbol{y}$ 化为标准形，举例如下.

【例 6-3】 化二次型

$$f=2x_1^2+5x_2^2+5x_3^2+4x_1x_2-4x_1x_3-8x_2x_3$$

为标准形，并求所用的变换矩阵.

解 先将含有 x_1 的项配成完全平方：

$$\begin{aligned}f&=2[x_1^2+2x_1(x_2-x_3)+(x_2-x_3)^2]-2(x_2-x_3)^2+5x_2^2+5x_3^2-8x_2x_3\\&=2(x_1+x_2-x_3)^2+3x_2^2+3x_3^2-4x_2x_3\end{aligned}$$

再将含有 x_2 的项 $3x_2^2-4x_2x_3$ 配成完全平方，得

$$f=2(x_1+x_2-x_3)^2+3\left(x_2-\frac{2}{3}x_3\right)^2+\frac{5}{3}x_3^2$$

令

$$\begin{cases}y_1=x_1+x_2-x_3\\y_2=x_2-\frac{2}{3}x_3\\y_3=x_3\end{cases}$$

即

$$\begin{cases} x_1 = y_1 - y_2 + \dfrac{1}{3} y_3 \\ x_2 = y_2 + \dfrac{2}{3} y_3 \\ x_3 = y_3 \end{cases}$$

得标准形

$$f = 2y_1^2 + 3y_2^2 + \frac{5}{3} y_3^2$$

$$\boldsymbol{C} = \begin{pmatrix} 1 & -1 & \dfrac{1}{3} \\ 0 & 1 & \dfrac{2}{3} \\ 0 & 0 & 1 \end{pmatrix}$$

所用的满秩变换为 $\boldsymbol{x} = \boldsymbol{C}\boldsymbol{y}$.

【例 6-4】 化二次型

$$f = 2x_1 x_2 - 2x_1 x_3 + 2x_2 x_3$$

为标准形,并求所作的可逆线性变换.

解 f 中只含混合项,不含平方项.故要先作一个辅助变换使其出现平方项,然后再按例 6-3 的方式进行配方.令

$$\begin{cases} x_1 = y_1 + y_2 \\ x_2 = y_1 - y_2 \\ x_3 = y_3 \end{cases}$$

代入可得

$$f = 2y_1^2 - 2y_2^2 - 4y_2 y_3$$

再配方,得

$$f = 2y_1^2 - 2(y_2 + y_3)^2 + 2y_3^2$$

令

$$\begin{cases} z_1 = y_1 \\ z_2 = y_2 + y_3 \\ z_3 = y_3 \end{cases} \quad 即 \quad \begin{cases} y_1 = z_1 \\ y_2 = z_2 - z_3 \\ y_3 = z_3 \end{cases}$$

有 $f = 2z_1^2 - 2z_2^2 + 2z_3^2$.而变换为

$$\boldsymbol{x} = \boldsymbol{C}_1 \boldsymbol{y} = \boldsymbol{C}_1 (\boldsymbol{C}_2 \boldsymbol{z}) = (\boldsymbol{C}_1 \boldsymbol{C}_2) \boldsymbol{z} = \boldsymbol{C}\boldsymbol{z}$$

其中

$$\boldsymbol{C} = \boldsymbol{C}_1 \boldsymbol{C}_2 = \begin{pmatrix} 1 & 1 & 0 \\ 1 & -1 & 0 \\ 0 & 0 & 1 \end{pmatrix} \cdot \begin{pmatrix} 1 & 0 & 0 \\ 0 & 1 & -1 \\ 0 & 0 & 1 \end{pmatrix} = \begin{pmatrix} 1 & 1 & -1 \\ 1 & -1 & 1 \\ 0 & 0 & 1 \end{pmatrix}$$

一般地，任何二次型都可用上面两例的类似方法，找到满秩线性变换，将其化为标准形，且在标准形中所含的项数等于二次型的秩.

三、初等变换法

任一个对称矩阵 $\boldsymbol{A}$ 都合同于一个对角阵，即存在可逆矩阵 $\boldsymbol{C}$，使

$$\boldsymbol{C}^{\mathrm{T}}\boldsymbol{A}\boldsymbol{C}=\boldsymbol{\Lambda}$$

由于 $\boldsymbol{C}$ 可逆，则 $\boldsymbol{C}$ 可写成一系列初等矩阵的乘积，记 $\boldsymbol{C}=\boldsymbol{P}_1\boldsymbol{P}_2\cdots\boldsymbol{P}_s$，则

$$\boldsymbol{C}^{\mathrm{T}}\boldsymbol{A}\boldsymbol{C}=\boldsymbol{P}_s^{\mathrm{T}}\cdots\boldsymbol{P}_2^{\mathrm{T}}\boldsymbol{P}_1^{\mathrm{T}}\boldsymbol{A}\boldsymbol{P}_1\boldsymbol{P}_2\cdots\boldsymbol{P}_s=\boldsymbol{\Lambda} \tag{6.8}$$

其中，$\boldsymbol{P}_i(1\leqslant i\leqslant s)$ 为初等矩阵.

注意到

$$\boldsymbol{E}\boldsymbol{P}_1\boldsymbol{P}_2\cdots\boldsymbol{P}_s=\boldsymbol{C} \tag{6.9}$$

由式(6.8)、式(6.9)可见，对 $2n\times n$ 矩阵

$$\begin{pmatrix}\boldsymbol{A}\\\boldsymbol{E}\end{pmatrix}$$

施行右乘 $\boldsymbol{P}_1,\boldsymbol{P}_2,\cdots,\boldsymbol{P}_s$ 的初等列变换，再对 $\boldsymbol{A}$ 施以相应于左乘 $\boldsymbol{P}_1^{\mathrm{T}},\boldsymbol{P}_2^{\mathrm{T}},\cdots,\boldsymbol{P}_s^{\mathrm{T}}$ 的初等行变换，矩阵 $\boldsymbol{A}$ 变为对角阵，单位矩阵 $\boldsymbol{E}$ 就变为所要求的可逆矩阵 $\boldsymbol{C}$.

注意到 $\boldsymbol{E}(i,j)^{\mathrm{T}}=\boldsymbol{E}(i,j)$，$\boldsymbol{E}(i,(k))^{\mathrm{T}}=\boldsymbol{E}(i,(k))$，$\boldsymbol{E}(i,j(k))^{\mathrm{T}}=\boldsymbol{E}(j,i(k))$，因此无需对列、行变换采取互动的方式，每次成对施行初等列、行变换即可.

由此得到化二次型为标准形的初等变换法：

(1) 构造 $2n\times n$ 矩阵 $\begin{pmatrix}\boldsymbol{A}\\\boldsymbol{E}\end{pmatrix}$，对 $\boldsymbol{A}$ 每实施一次初等行变换，就对 $\begin{pmatrix}\boldsymbol{A}\\\boldsymbol{E}\end{pmatrix}$ 实施一次同样的初等列变换；

(2) 当 $\boldsymbol{A}$ 化为对角阵时，$\boldsymbol{E}$ 就变成满秩矩阵 $\boldsymbol{C}$；

(3) 得到满秩线性变换 $\boldsymbol{x}=\boldsymbol{C}\boldsymbol{y}$ 及二次型的标准形.

【例 6-5】 化二次型

$$f=x_1^2+2x_2^2+2x_3^2-2x_1x_2+4x_1x_3-6x_2x_3$$

为标准形，并求所作的满秩线性变换.

解

$$\begin{pmatrix}\boldsymbol{A}\\\boldsymbol{E}\end{pmatrix}=\begin{pmatrix}1&-1&2\\-1&2&-3\\2&-3&2\\1&0&0\\0&1&0\\0&0&1\end{pmatrix}\xrightarrow{c}\begin{pmatrix}1&0&0\\-1&1&-1\\2&-1&-2\\1&1&-2\\0&1&0\\0&0&1\end{pmatrix}\xrightarrow{c}\begin{pmatrix}1&0&0\\0&1&-1\\0&-1&-2\\1&1&0\\0&1&0\\0&0&1\end{pmatrix}$$

$$\xrightarrow{c}\begin{pmatrix}1&0&0\\0&1&0\\0&-1&-3\\1&1&0\\0&1&1\\0&0&1\end{pmatrix}\xrightarrow{c}\begin{pmatrix}1&0&0\\0&1&0\\0&0&-3\\1&1&-1\\0&1&1\\0&0&1\end{pmatrix}$$

则

$$C=\begin{pmatrix}1&1&-1\\0&1&1\\0&0&1\end{pmatrix}$$

相应的可逆线性变换为 $x=Cy$,标准形为

$$f=y_1^2+y_2^2-3y_3^2$$

习 题 6.2

1. 求正交变换 $x=Py$,将下列二次型化为标准形.

(1) $f=2x_1^2+x_2^2-4x_1x_2-4x_2x_3$;

(2) $f=x_1^2+4x_2^2+4x_3^2-4x_1x_2+4x_1x_3-8x_2x_3$.

2. 用配方法化以下二次型为标准形.

(1) $f=x_1^2-2x_1x_2+3x_2^2-4x_1x_3+6x_3^2$;

(2) $f=x_1x_2+x_1x_3-3x_2x_3$.

3. 已知二次型 $f=2x_1^2+3x_2^2+2tx_2x_3+3x_3^2(t<0)$通过正交变换 $x=Py$ 可化为标准形$f=y_1^2+2y_2^2+5y_3^2$,求参数 t 及所用的正交变换矩阵 P.

第三节 正定二次型

一、惯性定理与规范形

二次型的标准形显然是不唯一的,但标准形中所含平方项的项数(即二次型的秩)是不变的.不仅如此,在限定变换为实变换时,标准形中正系数个数也是不变的(从而负系数个数不变),也就是有下述结果存在.

定理 6.3(惯性定理) 实二次型 $f=x^{\mathrm{T}}Ax$ 的标准形中正系数个数及负系数个数是唯一确定的,它与可逆线性变换无关.

证明略.

定义 6.5 在实二次型 f 的标准形中,正系数个数 p 称为二次型 f 的正惯性指

数，负系数个数 q 称为二次型 f 的负惯性指数.

设二次型 f 的标准形

$$f(x_1,x_2,\cdots,x_n)=d_1y_1^2+\cdots+d_py_p^2-c_1y_{p+1}^2-\cdots-c_qy_r^2 \tag{6.10}$$

其中，$d_i>0\ (1\leqslant i\leqslant p)$，$c_j>0\ (1\leqslant j\leqslant q)$，且 $p+q=r$.

再作可逆线性变换

$$\begin{cases} y_1=\dfrac{1}{\sqrt{d_1}}z_1 \\ \quad\vdots \\ y_p=\dfrac{1}{\sqrt{d_p}}z_p \\ y_{p+1}=\dfrac{1}{\sqrt{c_1}}z_{p+1} \\ \quad\vdots \\ y_r=\dfrac{1}{\sqrt{c_q}}z_r \\ y_{r+1}=z_{r+1} \\ \quad\vdots \\ y_n=z_n \end{cases}$$

则式(6.10)变成

$$f=z_1^2+\cdots+z_p^2-z_{p+1}^2-\cdots-z_r^2 \tag{6.11}$$

式(6.11)称为二次型的规范形.

显然，任一实二次型 $f=\boldsymbol{x}^{\mathrm{T}}\boldsymbol{A}\boldsymbol{x}$ 都可以经过满秩变换 $\boldsymbol{x}=\boldsymbol{C}\boldsymbol{y}$ 化为规范形，由惯性定理知，任一实二次型的规范形唯一. 因而，对任一实对称矩阵 $\boldsymbol{A}$，都存在满秩矩阵 $\boldsymbol{C}$，使

$$\boldsymbol{C}^{\mathrm{T}}\boldsymbol{A}\boldsymbol{C}=\begin{pmatrix} 1 & & & & & & & & \\ & \ddots & & & & & & & \\ & & 1 & & & & & & \\ & & & -1 & & & & & \\ & & & & \ddots & & & & \\ & & & & & -1 & & & \\ & & & & & & 0 & & \\ & & & & & & & \ddots & \\ & & & & & & & & 0 \end{pmatrix}=\boldsymbol{\Lambda}$$

称 $\boldsymbol{\Lambda}$ 为矩阵 $\boldsymbol{A}$ 的合同规范形.

定理 6.4 实对称矩阵 $\boldsymbol{A}$ 与 $\boldsymbol{B}$ 合同的充要条件是 $\boldsymbol{A}$、$\boldsymbol{B}$ 有相同的规范形.

二、二次型的正定性

根据二次型的标准形和规范形，将二次型进行分类在理论上具有重要的意义，在工程技术和最优化问题中有着广泛的应用，其中最常用的是二次型的标准形的系数全为正或全为负的情形，有下面的定义.

定义 6.6 设实二次型 $f=\boldsymbol{x}^{\mathrm{T}}\boldsymbol{A}\boldsymbol{x}$，如果对任取的 $\boldsymbol{x}$，

(1) 若 $f>0$，且 $f=0$ 当且仅当 $\boldsymbol{x}=\boldsymbol{0}$，则称二次型 f 是正定二次型，称对称矩阵 $\boldsymbol{A}$ 为正定矩阵；

(2) 若 $f<0$，且 $f=0$ 当且仅当 $\boldsymbol{x}=\boldsymbol{0}$，则称二次型 f 是负定二次型，称对称矩阵 $\boldsymbol{A}$ 为负定矩阵；

(3) 若 $f\geqslant 0$（或 $f\leqslant 0$），且 $f=0$ 当且仅当 $\boldsymbol{x}=\boldsymbol{0}$，则称二次型 f 是半正定（或半负定）二次型，同时称对称矩阵 $\boldsymbol{A}$ 是半正定矩阵（或半负定矩阵）.

(4) f 的值有正有负，则称二次型 f 是不定的.

【例 6-6】 二次型 $f(x_1,x_2,\cdots,x_n)=x_1^2+2x_2^2+\cdots+nx_n^2$ 是正定二次型；二次型 $f(x_1,x_2,\cdots,x_n)=-x_1^2-2x_2^2+\cdots-nx_n^2$ 是负定二次型；而二次型 $f(x_1,x_2,\cdots,x_n)=x_1^2+2x_2^2+\cdots+rx_r^2\ (r<n)$ 既不是正定的，也不是负定的. 这是因为，对 $\boldsymbol{x}=\begin{pmatrix}0\\ \vdots\\ 0\\ 1\end{pmatrix}\neq\boldsymbol{0}$，有 $f(x_1,x_2,\cdots,x_n)=x_1^2+2x_2^2+\cdots+rx_r^2=0$. 在二次型中，最常用的是正定与负定二次型，下面主要讨论这两类二次型.

定理 6.5 n 元实二次型 $f=\boldsymbol{x}^{\mathrm{T}}\boldsymbol{A}\boldsymbol{x}$ 正（负）定的充要条件是它的正（负）惯性指数为 n.

证 充分性.

设存在可逆线性变换 $\boldsymbol{x}=\boldsymbol{C}\boldsymbol{y}$，使 $f=k_1y_1^2+k_2y_2^2+\cdots+k_ny_n^2$，因为 $k_i>0\ (1\leqslant i\leqslant n)$，任取 $\boldsymbol{x}\neq\boldsymbol{0}$，则 $\boldsymbol{y}=\boldsymbol{C}^{-1}\boldsymbol{x}\neq\boldsymbol{0}$，故 $f>0$.

必要性.

用反证法. 设有 $k_i\leqslant 0$，则取 $\boldsymbol{y}=(0,\cdots,0,1,0,\cdots,0)^{\mathrm{T}}$，它的第 i 个坐标为 1，有 $f(\boldsymbol{x})=f(\boldsymbol{C}\boldsymbol{y})=k_i\leqslant 0$，与 f 正定矛盾.

推论 1 对称矩阵 $\boldsymbol{A}$ 为正（负）定矩阵的充要条件是 $\boldsymbol{A}$ 的特征值全为正（负）.

推论 2 实二次型 $f=\boldsymbol{x}^{\mathrm{T}}\boldsymbol{A}\boldsymbol{x}$ 半正（负）定的充要条件是它的正（负）惯性指数等于二次型的秩.

推论 3 二次型经满秩线性变换不改变它的正定性.

推论 4 实对称矩阵 $\boldsymbol{A}$ 为正定矩阵的充要条件是 $\boldsymbol{A}$ 与单位矩阵合同.

定理 6.6 实对称矩阵 $\boldsymbol{A}$ 正定的充要条件是存在可逆矩阵 $\boldsymbol{C}$，使

$$A=C^{T}C$$

证 充分性.

对任意 $x\neq 0, x^{T}Ax=x^{T}(C^{T}C)x=(Cx)^{T}(Cx)=\|Cx\|^{2}>0$.

必要性.

如果 A 正定,则存在可逆阵 C,使

$$A=C^{T}EC=C^{T}C$$

下面从实对称矩阵本身给出正定矩阵的性质及判别法.

定理 6.7 设 A 为正定矩阵,则

(1) A 的主对角线元 $a_{ii}>0\ (i=1,2,\cdots,n)$;

(2) $|A|>0$.

证 (1) 设 $f=x^{T}Ax=\sum_{i=1}^{n}\sum_{j=1}^{n}a_{ij}x_{i}x_{j}$,因 A 正定,则 f 为正定二次型.

取 $e_{i}=(0,0,\cdots,0,1,0,\cdots,0)^{T}$,则

$$f(e_{i})=a_{ii}e_{i}^{2}=a_{ii}>0,\quad i=1,2,\cdots,n$$

由 A 正定,则 A 的特征值全大于零,$|A|>0$.

注 从定理易知,正定矩阵必为可逆矩阵.

注意到,若 A 负定,则 $-A$ 正定,因此有下面的推论.

推论 若 A 为负定矩阵,则

(1) A 的主对角线元 $a_{ii}<0\ (i=1,2,\cdots,n)$;

(2) $|-A|=(-1)^{n}|A|>0$.

定义 6.7 设 $A=(a_{ij})_{n\times n}$,称

$$|A_{k}|=\begin{vmatrix} a_{11} & a_{12} & \cdots & a_{1k} \\ a_{21} & a_{22} & \cdots & a_{2k} \\ \vdots & \vdots & & \vdots \\ a_{k1} & a_{k2} & \cdots & a_{kk} \end{vmatrix}$$

为 A 的 k 阶顺序主子式.

定理 6.8 n 阶实对称矩阵 A 正定的充要条件是 A 的所有顺序主子式(n 个)全大于零.

这个定理称为霍尔维茨(Hurwitz)定理,这里不予证明.

我们也有下面的推论.

推论 实对称矩阵 A 负定的充要条件是:奇数阶顺序主子式为负,偶数阶顺序主子式为正.即

$$(-1)^{r}\begin{vmatrix} a_{11} & \cdots & a_{1r} \\ \vdots & & \vdots \\ a_{r1} & \cdots & a_{rr} \end{vmatrix}>0,\quad r=1,2,\cdots,n$$

【例 6-7】 证明：若 $\boldsymbol{A}$ 是正定矩阵，则 $\boldsymbol{A}^{-1}$ 也是正定矩阵.

证　证法 1

因 $\boldsymbol{A}$ 是正定矩阵，则 $\boldsymbol{A}$ 的特征值 $\lambda_i(i=1,2,\cdots,n)$ 全为正，$\dfrac{1}{\lambda_i}$ 是 $\boldsymbol{A}^{-1}$ 的特征值，且 $\dfrac{1}{\lambda_i}>0$，所以 $\boldsymbol{A}^{-1}$ 是正定矩阵.

证法 2

因 $\boldsymbol{A}$ 是正定矩阵，则存在可逆矩阵 $\boldsymbol{C}$，使

$$\boldsymbol{A}=\boldsymbol{C}^{\mathrm{T}}\boldsymbol{C}$$

所以

$$\boldsymbol{A}^{-1}=(\boldsymbol{C}^{\mathrm{T}}\boldsymbol{C})^{-1}=\boldsymbol{C}^{-1}(\boldsymbol{C}^{\mathrm{T}})^{-1}=\boldsymbol{C}^{-1}(\boldsymbol{C}^{-1})^{\mathrm{T}}$$

又

$$(\boldsymbol{A}^{-1})^{\mathrm{T}}=(\boldsymbol{A}^{\mathrm{T}})^{-1}=(\boldsymbol{C}^{\mathrm{T}}\boldsymbol{C})^{-1}=\boldsymbol{C}^{-1}(\boldsymbol{C}^{\mathrm{T}})^{-1}=\boldsymbol{A}^{-1}$$

则 $\boldsymbol{A}^{-1}$ 是正定矩阵.

【例 6-8】 判别二次型

$$f(x_1,x_2,x_3)=5x_1^2+x_2^2+5x_3^2+4x_1x_2-8x_1x_3-4x_2x_3$$

的正定性.

解　解法 1

用配方法化二次型为标准形：

$$\begin{aligned} f&=5x_1^2+[x_2^2+4x_2(x_1-x_3)]+5x_3^2-8x_1x_3\\ &=5x_1^2+[x_2+2(x_1-x_3)]^2-4(x_1-x_3)^2+5x_3^2-8x_1x_3\\ &=[2(x_1-x_3)+x_2]^2+x_1^2+x_3^2\geqslant 0 \end{aligned}$$

当且仅当 $x_1=x_2=x_3=0$，等号成立，因此 f 正定.

解法 2

f 的矩阵

$$\boldsymbol{A}=\begin{pmatrix}5&2&-4\\2&1&-2\\-4&-2&5\end{pmatrix}$$

各阶顺序主子式为

$$|5|>0,\quad \begin{vmatrix}5&2\\2&1\end{vmatrix}=1>0,\quad \begin{vmatrix}5&2&-4\\2&1&-2\\-4&-2&5\end{vmatrix}=1>0$$

所以 $\boldsymbol{A}$ 正定，即 f 为正定二次型.

【例 6-9】 t 为何值时，二次型 $f=t(x_1^2+x_2^2+x_3^2)+2x_1x_2+2x_1x_3-2x_2x_3$ 负定？

解 f 的矩阵

$$A=\begin{pmatrix} t & 1 & 1 \\ 1 & t & -1 \\ 1 & -1 & t \end{pmatrix}$$

要 f 负定，则 A 的奇数阶顺序主子式小于零，偶数阶顺序主子式大于零，即

$$t<0,\quad \begin{vmatrix} t & 1 \\ 1 & t \end{vmatrix}=t^2-1>0,\quad \begin{vmatrix} t & 1 & 1 \\ 1 & t & -1 \\ 1 & -1 & t \end{vmatrix}=(t+1)^2(t-2)<0$$

则 $t<-1$ 时，f 负定.

【例 6-10】 设 A 为 m 阶实对称矩阵且 A 正定，B 为 $m\times n$ 实矩阵，试证：B^TAB 正定的充要条件是 $r(B)=n$.

证 必要性.

设 B^TAB 正定，则对任意 n 维列向量 $x\neq 0$，有

$$x^T(B^TAB)x>0$$

即

$$(Bx)^TA(Bx)>0$$

因矩阵 A 正定，则 $Bx\neq 0$，因此 $Bx=0$ 只有零解，故 $r(B)=n$.

充分性.

因 $(B^TAB)^T=B^TA^TB=B^TAB$，知 B^TAB 为实对称矩阵.

若 $r(B)=n$，则 $Bx=0$ 只有零解，即对任意 n 维列向量 $x\neq 0$ 时，$Bx\neq 0$，又 A 正定，则

$$(Bx)^TA(Bx)>0$$

即

$$x^T(B^TAB)x>0$$

故 B^TAB 正定.

【例 6-11】 设偶数阶方阵 A 为负定矩阵，A^* 为 A 的伴随矩阵，证明：A^* 是负定矩阵.

证 由于 A 为负定矩阵，则 A 的所有特征值全为负，即 $\lambda_i<0$ $(i=1,2,\cdots,n,n$ 为偶数$)$，又 A^* 的特征值 $\lambda_i^*=\dfrac{|A|}{\lambda_i}=\dfrac{\lambda_1\lambda_2\cdots\lambda_n}{\lambda_i}$ $(i=1,2,\cdots,n)$ 是奇数个负数的连乘，故 $\lambda_i^*<0$ $(i=1,2,\cdots,n)$，即 A^* 是负定矩阵.

总结 一般地，判定二次型的正定性除了可以用定义外，还有下述重要结论.

若 A 是 n 阶实对称矩阵，则下列命题等价：

(1) $f=x^TAx$ 是正定二次型(或 A 是正定矩阵)；

(2) $\boldsymbol{A}$ 的 n 个特征值全为正；

(3) f 的标准形的 n 个系数全为正；

(4) f 的正惯性指数为 n；

(5) $\boldsymbol{A}$ 与单位矩阵 $\boldsymbol{E}$ 合同(或 $\boldsymbol{E}$ 为 $\boldsymbol{A}$ 的规范形)；

(6) 存在可逆矩阵 $\boldsymbol{P}$,使得 $\boldsymbol{A}=\boldsymbol{P}^{\mathrm{T}}\boldsymbol{P}$;

(7) $\boldsymbol{A}$ 的各阶顺序主子式都为正,即

$$a_{11}>0,\begin{vmatrix} a_{11} & a_{12} \\ a_{21} & a_{22} \end{vmatrix}>0,\cdots,\begin{vmatrix} a_{11} & \cdots & a_{1n} \\ \vdots & & \vdots \\ a_{n1} & \cdots & a_{nn} \end{vmatrix}>0$$

与判断正定二次型类似,若 $\boldsymbol{A}$ 是 n 阶实对称矩阵,则下列命题等价:

(1) $f=\boldsymbol{x}^{\mathrm{T}}\boldsymbol{A}\boldsymbol{x}$ 是负定二次型(或 $\boldsymbol{A}$ 是负定矩阵)；

(2) $\boldsymbol{A}$ 的 n 个特征值全为负；

(3) f 的标准形的 n 个系数全为负；

(4) f 的负惯性指数为 n；

(5) $\boldsymbol{A}$ 与负单位矩阵 $-\boldsymbol{E}$ 合同(或 $-\boldsymbol{E}$ 为 $\boldsymbol{A}$ 的规范形)；

(6) 存在可逆矩阵 $\boldsymbol{P}$,使得 $\boldsymbol{A}=-\boldsymbol{P}^{\mathrm{T}}\boldsymbol{P}$;

(7) $\boldsymbol{A}$ 的各阶顺序主子式中,奇数阶顺序主子式为负,偶数阶顺序主子式为正,即

$$(-1)^r\begin{vmatrix} a_{11} & \cdots & a_{1r} \\ \vdots & & \vdots \\ a_{r1} & \cdots & a_{rr} \end{vmatrix}>0,\quad r=1,2,\cdots,n$$

习 题 6.3

1. 判别下列矩阵的正定性.

(1) $\begin{pmatrix} 1 & 1 & 1 \\ 1 & 2 & 2 \\ 1 & 2 & 3 \end{pmatrix}$；　(2) $\begin{pmatrix} -1 & 1 & 0 \\ 1 & -2 & 1 \\ 0 & 1 & -3 \end{pmatrix}$.

2. 判定下列二次型的正定性.

(1) $f=-2x_1^2-6x_2^2-4x_3^2+2x_1x_2+2x_1x_3$；

(2) $f=x_1^2+3x_2^2+9x_3^2-2x_1x_2+4x_1x_3$.

3. 设 $f=x_1^2+x_2^2+5x_3^2+2ax_1x_2-2x_1x_3+4x_2x_3$ 为正定二次型,求 a.

4. 证明:对称阵 $\boldsymbol{A}$ 为正定的充要条件是存在可逆矩阵 $\boldsymbol{U}$,使 $\boldsymbol{A}=\boldsymbol{U}^{\mathrm{T}}\boldsymbol{U}$,即 $\boldsymbol{A}$ 与单位矩阵 $\boldsymbol{E}$ 合同.

第四节 应用实例

一、二次曲面方程化标准形

在研究二次曲面方程化标准形之前，我们先来看其特殊情形.

1. 二次圆锥曲线方程化标准形

在平面解析几何中，一般的二次圆锥曲线 $a_{11}x_1^2+2a_{12}x_1x_2+a_{22}x_2^2+b_1x_1+b_2x_2+c=0$（$a_{11}$、$a_{12}$、$a_{22}$不全为零）可以利用旋转、平移变换化简，从而划分为椭圆、双曲线或抛物线三种类型之一.

具体步骤如下.

第一步：先对二次型

$$f=a_{11}x_1^2+2a_{12}x_1x_2+a_{22}x_2^2=(x_1,x_2)\begin{pmatrix}a_{11}&a_{12}\\a_{12}&a_{22}\end{pmatrix}\begin{pmatrix}x_1\\x_2\end{pmatrix}$$

作正交变换（即旋转变换）$\begin{pmatrix}x_1\\x_2\end{pmatrix}=\boldsymbol{P}\begin{pmatrix}y_1\\y_2\end{pmatrix}=\begin{pmatrix}p_{11}&p_{12}\\p_{21}&p_{22}\end{pmatrix}\begin{pmatrix}y_1\\y_2\end{pmatrix}$，化该二次型为标准形

$$f=\lambda_1y_1^2+\lambda_2y_2^2$$

其中，λ_1，λ_2 是方阵 $\boldsymbol{A}=\begin{pmatrix}a_{11}&a_{12}\\a_{12}&a_{22}\end{pmatrix}$的特征值.

第二步：将变换$\begin{pmatrix}x_1\\x_2\end{pmatrix}=\boldsymbol{P}\begin{pmatrix}y_1\\y_2\end{pmatrix}$代入二次圆锥曲线方程，有

$$\lambda_1y_1^2+\lambda_2y_2^2+b_1(p_{11}y_1+p_{12}y_2)+b_2(p_{21}y_1+p_{22}y_2)+c=0$$

即

$$\lambda_1y_1^2+\lambda_2y_2^2+(b_1p_{11}+b_2p_{21})y_1+(b_1p_{12}+b_2p_{22})y_2+c=0$$

然后将上式配方（$\lambda_1\lambda_2\neq0$）有

$$\lambda_1(y_1-a)^2+\lambda_2(y_2-b)^2=d$$

其中，

$$a=-\frac{b_1p_{11}+b_2p_{21}}{2\lambda_1},\quad b=-\frac{b_1p_{12}+b_2p_{22}}{2\lambda_2}$$

$$d=\frac{(b_1p_{11}+b_2p_{21})^2}{4\lambda_1}+\frac{(b_1p_{12}+b_2p_{22})^2}{4\lambda_2}-c$$

当 $\lambda_1\lambda_2>0$ 时，它表示以(a,b)为中心的椭圆；

当 $\lambda_1\lambda_2<0$ 时，它表示以(a,b)为中心的双曲线；

当 $\lambda_1=0$ 或 $\lambda_2=0$ 时，它表示以 $y_1=b$ 或 $x_1=a$ 为对称轴的抛物线.

【例 6-12】 化二次圆锥曲线方程：$x^2-4xy-2y^2+4x+4y=1$ 为标准形，并指出它的形状.

解 先将二次型 $x^2-4xy-2y^2$ 用正交变换化为标准形，由于二次型矩阵 $\boldsymbol{A}=\begin{pmatrix}1&-2\\-2&-2\end{pmatrix}$，解特征方程 $|\boldsymbol{A}-\lambda\boldsymbol{E}|=\begin{vmatrix}1-\lambda&-2\\-2&-2-\lambda\end{vmatrix}=0$，其特征值为 $\lambda_1=2,\lambda_2=-3$，相应的特征向量为：$\boldsymbol{\xi}_1=\begin{pmatrix}2\\-1\end{pmatrix},\boldsymbol{\xi}_2=\begin{pmatrix}1\\2\end{pmatrix}$，因为 $\boldsymbol{\xi}_1,\boldsymbol{\xi}_2$ 已经正交，将它们单位化有：

$$\boldsymbol{p}_1=\begin{pmatrix}\frac{2}{\sqrt{5}}\\-\frac{1}{\sqrt{5}}\end{pmatrix},\quad \boldsymbol{p}_2=\begin{pmatrix}\frac{1}{\sqrt{5}}\\\frac{2}{\sqrt{5}}\end{pmatrix}$$

于是所求的正交变换为：$\begin{pmatrix}x\\y\end{pmatrix}=\frac{1}{\sqrt{5}}\begin{pmatrix}2&1\\-1&2\end{pmatrix}\begin{pmatrix}x_1\\y_1\end{pmatrix}$.

将原二次圆锥曲线方程化为：$2x_1^2-3y_1^2+\frac{4}{\sqrt{5}}(2x_1+y_1)+\frac{4}{\sqrt{5}}(-x_1+2y_1)=1$，配方后，得标准形：$-2\left(x_1+\frac{1}{\sqrt{5}}\right)^2+3\left(y_1-\frac{2}{\sqrt{5}}\right)^2=1$，它是以$\left(-\frac{1}{\sqrt{5}},\frac{2}{\sqrt{5}}\right)$为中心，虚、实半轴长分别为$\frac{1}{\sqrt{2}}$、$\frac{1}{\sqrt{3}}$的双曲线.

一般地，二次圆锥曲线 $a_{11}x_1^2+2a_{12}x_1x_2+a_{22}x_2^2+b_1x_1+b_2x_2+c=0$ 在非退化（退化是指它表示两条直线或不表示任何曲线）情况下，它的类型取决于其二次项的对称矩阵 $\boldsymbol{A}=\begin{pmatrix}a_{11}&a_{12}\\a_{12}&a_{22}\end{pmatrix}$ 的特征值，具体如下.

$\boldsymbol{A}$ 的特征值 λ_1,λ_2	对应圆锥曲线的类型
$\lambda_1\lambda_2>0$	椭圆
$\lambda_1\lambda_2<0$	双曲线
$\lambda_1=0$ 或 $\lambda_2=0$	抛物线

对二次曲面也可以进行类似判别.

2. 二次曲面方程化标准形

一般地，三维空间中二次曲面方程表示为

$$a_{11}x_1^2+a_{22}x_2^2+a_{33}x_3^2+2a_{12}x_1x_2+2a_{13}x_1x_3+2a_{23}x_2x_3+2a_1x_1+2a_2x_2+2a_3x_3+a=0$$

其中，a_{ij} 不全为零，可用矩阵记为

$$f(x_1,x_2,x_3)=(x_1,x_2,x_3)\begin{pmatrix}a_{11}&a_{12}&a_{13}\\a_{12}&a_{22}&a_{23}\\a_{13}&a_{23}&a_{33}\end{pmatrix}\begin{pmatrix}x_1\\x_2\\x_3\end{pmatrix}+2(a_1,a_2,a_3)\begin{pmatrix}x_1\\x_2\\x_3\end{pmatrix}+a=0$$

令 $\boldsymbol{x}=\begin{pmatrix}x_1\\x_2\\x_3\end{pmatrix}$，$\boldsymbol{A}=\begin{pmatrix}a_{11}&a_{12}&a_{13}\\a_{21}&a_{22}&a_{23}\\a_{31}&a_{32}&a_{33}\end{pmatrix}$，$\boldsymbol{\alpha}=\begin{pmatrix}a_1\\a_2\\a_3\end{pmatrix}$，则有

$$f(\boldsymbol{x})=\boldsymbol{x}^{\mathrm{T}}\boldsymbol{A}\boldsymbol{x}+2\boldsymbol{\alpha}^{\mathrm{T}}\boldsymbol{x}+\boldsymbol{\alpha}=0$$

对二次曲面 $f(x)=0$.

定理 6.9 若实对称矩阵 $\boldsymbol{A}$ 的非零特征值为 $\lambda_1,\lambda_2,\cdots,\lambda_r$，$1\leqslant r(\boldsymbol{A})\leqslant 3$，记 $\bar{r}=r\begin{pmatrix}\boldsymbol{A}\\\boldsymbol{\alpha}^{\mathrm{T}}\end{pmatrix}$，则二次曲面 $f(x)=\boldsymbol{x}^{\mathrm{T}}\boldsymbol{A}\boldsymbol{x}+2\boldsymbol{\alpha}^{\mathrm{T}}\boldsymbol{x}+\boldsymbol{\alpha}=0$ 可以经过正交和平移变换后，化为下列标准形之一：

(1) 当 $r=\bar{r}$ 时，$f=\lambda_1 z_1^2+\cdots+\lambda_r z_r^2=0$；

(2) 当 $r=\bar{r}-1$ 时，$f=\lambda_1 z_1^2+\cdots+\lambda_r z_r^2+b=0$；

(3) 当 $r=\bar{r}-2$ 时，$f=\lambda_1 z_1^2+\cdots+\lambda_r z_r^2+2b_{r+1}z_{r+1}+\cdots+2b_n z_n+b=0$.

证 由于 $\boldsymbol{x}^{\mathrm{T}}\boldsymbol{A}\boldsymbol{x}$ 是三元二次型，故存在正交变换 $\boldsymbol{x}=\boldsymbol{P}\boldsymbol{y}$，使

$$\boldsymbol{P}^{\mathrm{T}}\boldsymbol{A}\boldsymbol{P}=\begin{pmatrix}\lambda_1&&&&&\\&\ddots&&&&\\&&\lambda_r&&&\\&&&0&&\\&&&&\ddots&\\&&&&&0\end{pmatrix}$$

其中，$\lambda_i(1\leqslant i\leqslant r)$ 为 $\boldsymbol{A}$ 的非零特征值，于是二次曲面化为

$$f(x)=\boldsymbol{y}^{\mathrm{T}}(\boldsymbol{P}^{\mathrm{T}}\boldsymbol{A}\boldsymbol{P})\boldsymbol{y}+2(\boldsymbol{\alpha}^{\mathrm{T}}\boldsymbol{P})\boldsymbol{y}+\boldsymbol{a}=\sum_{i=1}^{r}\lambda_i y_i^2+2\sum_{i=1}^{n}b_i y_i+a=0$$

其中，$\boldsymbol{\alpha}^{\mathrm{T}}\boldsymbol{P}=(b_1,b_2,\cdots,b_n)$.

再作平移变换

$$z=y+\begin{pmatrix}\dfrac{b_1}{\lambda_1}\\\vdots\\\dfrac{b_r}{\lambda_r}\\0\\\vdots\\0\end{pmatrix}$$

则二次曲面又可化为

$$f=\lambda_1 z_1^2+\cdots+\lambda_r z_r^2+2b_{r+1}z_{r+1}+\cdots+2b_n z_n+b=0$$

其中，$b=a-\sum_{i=1}^{r}\frac{b_i^2}{\lambda_i}$，于是

当 $r=\bar{r}$ 时，$b_{r+1}=\cdots=b_n=b=0$，$f=\lambda_1 z_1^2+\cdots+\lambda_r z_r^2=0$；

当 $r=\bar{r}-1$ 时，$b_{r+1}=\cdots=b_n=0$，$b\neq 0$，$f=\lambda_1 z_1^2+\cdots+\lambda_r z_r^2+b=0$；

当 $r=\bar{r}-2$ 时，$f=\lambda_1 z_1^2+\cdots+\lambda_r z_r^2+2b_{r+1}z_{r+1}+\cdots+2b_n z_n+b=0$，即证.

【例 6-13】 化二次曲面方程 $f=x_1^2+2x_2^2+2x_3^2-4x_1x_2-4x_2x_3-4x_1+6x_2+2x_3+1=0$ 为标准形，并指出它的形状.

解 记 $\boldsymbol{A}=\begin{pmatrix}1&-2&0\\-2&2&-2\\0&-2&3\end{pmatrix}$，$\boldsymbol{x}=\begin{pmatrix}x_1\\x_2\\x_3\end{pmatrix}$，$\boldsymbol{\alpha}=\begin{pmatrix}-2\\3\\1\end{pmatrix}$，则二次曲面方程可化为

$$f=\boldsymbol{x}^{\mathrm{T}}\boldsymbol{A}\boldsymbol{x}+2\boldsymbol{\alpha}^{\mathrm{T}}\boldsymbol{x}+1=0$$

先求 $\boldsymbol{A}$ 的特征值，解方程 $|\boldsymbol{A}-\lambda\boldsymbol{E}|=\begin{vmatrix}1-\lambda&-2&0\\-2&2-\lambda&-2\\0&-2&3-\lambda\end{vmatrix}=0$，有 $\lambda_1=2,\lambda_2=5,\lambda_3=-1$. 再解线性方程组 $(\boldsymbol{A}-\lambda\boldsymbol{E})\boldsymbol{x}=\boldsymbol{0}$，得相应的特征向量 $\boldsymbol{\xi}_1=\begin{pmatrix}2\\-1\\-2\end{pmatrix}$，$\boldsymbol{\xi}_2=\begin{pmatrix}1\\-2\\2\end{pmatrix}$，$\boldsymbol{\xi}_3=\begin{pmatrix}2\\2\\1\end{pmatrix}$. 再将 $\boldsymbol{\xi}_1,\boldsymbol{\xi}_2,\boldsymbol{\xi}_3$ 单位化，得 $\boldsymbol{p}_1=\frac{1}{3}\begin{pmatrix}2\\-1\\-2\end{pmatrix}$，$\boldsymbol{p}_2=\frac{1}{3}\begin{pmatrix}1\\-2\\2\end{pmatrix}$，$\boldsymbol{p}_3=\frac{1}{3}\begin{pmatrix}2\\2\\1\end{pmatrix}$.

于是得正交变换矩阵 $\boldsymbol{P}=\frac{1}{3}\begin{pmatrix}2&1&2\\-1&-2&2\\-2&2&1\end{pmatrix}$，使得 $\boldsymbol{P}^{\mathrm{T}}\boldsymbol{A}\boldsymbol{P}=\begin{pmatrix}2&&\\&5&\\&&-1\end{pmatrix}$.

用正交变换 $\boldsymbol{x}=\boldsymbol{P}\boldsymbol{y}$ 将二次曲面方程化为

$$f=2y_1^2+5y_2^2-y_3^2-6y_1-4y_2+2y_3+1=0$$

即

$$f=2\left(y_1-\frac{3}{2}\right)^2+5\left(y_2-\frac{2}{5}\right)^2-(y_3-1)^2-\frac{33}{10}=0$$

令 $z_1=y_1-\frac{3}{2}$，$z_2=y_2-\frac{2}{5}$，$z_3=y_3-1$，有

$$f=2z_1^2+5z_2^2-z_3^2-\frac{33}{10}=0$$

从而原二次曲面方程化为标准形

$$2z_1^2+5z_2^2-z_3^2=\frac{33}{10}$$

它表示一个单叶双曲面.

二、基于二次型理论的最优化问题

在经济学中，最常见的选择标准是最大化目标（如利润最大化）或最小化目标（如成本最小化）等，最大化问题和最小化问题统称最优化问题.

1. 多变量的目标函数的极值

我们知道，许多实际问题都可以归结成多元函数的极值问题，在微积分中，我们已经研究了判定二元函数 $f(x,y)$ 极值存在的充分条件. 下面我们利用二次型理论对这个极值的充分条件重新加以证明.

定理 6.10　设 $f(x,y)$ 在点 $p_0(x_0,y_0)$ 的某一邻域 $U(p_0,\delta)$ 内有二阶连续偏导数，且 (x_0,y_0) 是 $f(x,y)$ 的驻点（即 $f'_x(x_0,y_0)=f'_y(x_0,y_0)=0$），记：

$$\boldsymbol{H}=\begin{pmatrix} f''_{xx}(x_0,y_0) & f''_{xy}(x_0,y_0) \\ f''_{xy}(x_0,y_0) & f''_{yy}(x_0,y_0) \end{pmatrix}$$

则(1) 当 $\boldsymbol{H}$ 为正定矩阵时，$f(x_0,y_0)$ 为 $f(x,y)$ 的极小值；

(2) 当 $\boldsymbol{H}$ 为负定矩阵时，$f(x_0,y_0)$ 为 $f(x,y)$ 的极大值.

证略.

与定理 6.10 类似，我们也可以证明 n 元函数 $f(x)=f(x_1,x_2,\cdots,x_n)$ 的极值存在的充分条件：设函数 $f(x)$ 在点 $x_0\in\mathbf{R}^n$ 的某个邻域内具有二阶连续偏导数，且 x_0 是 $f(x)$ 的驻点（即 $f'_{x_1}(x_0)=f'_{x_2}(x_0)=\cdots=f'_{x_n}(x_0)=0$），记：

$$\boldsymbol{H}=\begin{pmatrix} f''_{x_1x_1}(x_0) & f''_{x_1x_2}(x_0) & \cdots & f''_{x_1x_n}(x_0) \\ f''_{x_2x_1}(x_0) & f''_{x_2x_2}(x_0) & \cdots & f''_{x_2x_n}(x_0) \\ \vdots & \vdots & & \vdots \\ f''_{x_nx_1}(x_0) & f''_{x_nx_2}(x_0) & \cdots & f''_{x_nx_n}(x_0) \end{pmatrix}$$

则(1) 当 $\boldsymbol{H}$ 为正定矩阵时，$f(x_0)$ 为 $f(x)$ 的极小值；

(2) 当 $\boldsymbol{H}$ 为负定矩阵时，$f(x_0)$ 为 $f(x)$ 的极大值. 矩阵 $\boldsymbol{H}$ 称为函数 $f(x)=f(x_1,x_2,\cdots,x_n)$ 在点 $x_0\in\mathbf{R}^n$ 处的海塞矩阵，它是一个对称矩阵.

【例 6-14】　设某市场上产品 1 和 2 的价格分别为 $p_1=12$，$p_2=18$，那么两产品厂商的收益函数为：$R=R(Q_1,Q_2)=p_1Q_1+p_2Q_2=12Q_1+18Q_2$，其中 Q_i 表示单位时间内产品 i 的产出水平，假设这两种产品在生产上存在技术的相关性，厂商的成本函数是自变量 Q_1，Q_2 的二元函数，即

$$C=C(Q_1,Q_2)=2Q_1^2+Q_1Q_2+2Q_2^2 \tag{1}$$

厂商的利润函数为

$$L=R-C=12Q_1+18Q_2-2Q_1^2-Q_1Q_2-2Q_2^2 \tag{2}$$

求使 L 最大化的产出水平的组合.

解　由式(2)有：$\begin{cases} L'_{Q_1}=12-4Q_1-Q_2 \\ L'_{Q_2}=18-Q_1-4Q_2 \end{cases}$，令 $L'_{Q_1}=L'_{Q_2}=0$，解方程组

$\begin{cases}4Q_1+Q_2=12\\Q_1+4Q_2=18\end{cases}$,得到唯一解:$Q_1=2,Q_2=4$,于是(2,4)是函数 $L(Q_1,Q_2)$ 的一个驻点.

由于 $L''_{Q_1Q_1}=-4,L''_{Q_1Q_2}=L''_{Q_2Q_1}=-1,L''_{Q_2Q_2}=-4$,所以海塞矩阵为 $\boldsymbol{H}=\begin{pmatrix}-4&-1\\-1&-4\end{pmatrix}$.

又因为 $L''_{Q_1Q_2}(2,4)=-4<0,|\boldsymbol{H}|=15>0$,所以 $\boldsymbol{H}$ 是负定的. 也就是说,当单位时间的产出水平为(2,4)时,可使单位时间的利润达到最大值 48.

2. 具有约束方程的最优化问题

求 $f(x,y)$ 在条件 $g(x,y)=0$ 下的极值,这种需要满足约束条件的最优化问题称为约束最优化问题. 在一般情况下,如果不能由约束方程 $g(x,y)=0$ 解出显函数 $x=x(y)$ 或 $y=y(x)$,从而将二元函数的约束最优化问题化为一元函数的无约束最优化问题,可考虑高等数学中的拉格朗日乘数法,下面考虑如下问题.

在约束条件 $g(\boldsymbol{x})=0$ 下求 $f(\boldsymbol{x})$ 的最大值,其中 $f(\boldsymbol{x})$ 是二次型 $\boldsymbol{x}^{\mathrm{T}}\boldsymbol{A}\boldsymbol{x}$.

这类问题可以使用拉格朗日乘数法求解,但是由于 $f(\boldsymbol{x})$ 是二次型,也可用下列方法求解.

【例 6-15】 求 $f(\boldsymbol{x})=9x_1^2+4x_2^2+3x_3^2$ 在 $\boldsymbol{x}^{\mathrm{T}}\boldsymbol{x}=1$(即 $\boldsymbol{x}$ 是单位向量,$\|\boldsymbol{x}\|=x_1^2+x_2^2+x_3^2=1$)下的最值.

解 因为 x_2^2,x_3^2 是非负的,所以 $4x_2^2\leqslant 9x_2^2,3x_3^2\leqslant 9x_3^2$,又因 $x_1^2+x_2^2+x_3^2=1$,所以

$$f(\boldsymbol{x})=9x_1^2+4x_2^2+3x_3^2\leqslant 9x_1^2+9x_2^2+9x_3^2=9(x_1^2+x_2^2+x_3^2)=9$$

因此,在 $\boldsymbol{x}$ 是单位向量的条件下,$f(\boldsymbol{x})$ 的最大值不超过 9,另一方面,对于 $\boldsymbol{e}_1=(1,0,0)^{\mathrm{T}}$,有 $f(\boldsymbol{e}_1)=9$,$f(\boldsymbol{x})$ 在条件 $\boldsymbol{x}^{\mathrm{T}}\boldsymbol{x}=1$ 下最大值为 9.

同样,当 $x_1^2+x_2^2+x_3^2=1$ 时,有:$f(\boldsymbol{x})\geqslant 3x_1^2+3x_2^2+3x_3^2=3(x_1^2+x_2^2+x_3^2)=3$,且当 $\boldsymbol{x}=\boldsymbol{e}_3=(0,0,1)^{\mathrm{T}}$ 时,$f(\boldsymbol{e}_3)=3$,因此,$f(\boldsymbol{x})$ 在条件 $\boldsymbol{x}^{\mathrm{T}}\boldsymbol{x}=1$ 下最小值为 3.

由例 6-15 可以看到,二次型 $f(\boldsymbol{x})=9x_1^2+4x_2^2+3x_3^2$ 的矩阵为 $\boldsymbol{A}=\begin{pmatrix}9&&\\&4&\\&&3\end{pmatrix}$ 的特征值为 9,4,3. 其中最大特征值和最小特征值恰好分别等于 $f(x)$ 在条件 $\boldsymbol{x}^{\mathrm{T}}\boldsymbol{x}=1$ 下的最大值和最小值,不禁要问,这是偶然还是必然,实际上,由下面定理看到这个结果对于任一实对称矩阵 $\boldsymbol{A}$ 都成立.

定理 6.11 设 $\boldsymbol{A}$ 是 n 阶实对称矩阵,记:

$$m=\min\{\boldsymbol{x}^{\mathrm{T}}\boldsymbol{A}\boldsymbol{x}\mid\|\boldsymbol{x}\|=1\},M=\max\{\boldsymbol{x}^{\mathrm{T}}\boldsymbol{A}\boldsymbol{x}\mid\|\boldsymbol{x}\|=1\}$$

则 M 是 $\boldsymbol{A}$ 的最大特征值,m 是 $\boldsymbol{A}$ 的最小特征值,设 $\boldsymbol{\xi}$ 是 $\boldsymbol{A}$ 的属于特征值 M 的单位特征向量,则 $\boldsymbol{\xi}^{\mathrm{T}}\boldsymbol{A}\boldsymbol{\xi}=\boldsymbol{M}$,设 $\boldsymbol{\eta}$ 是 $\boldsymbol{A}$ 的属于特征值 m 的单位特征向量,则 $\boldsymbol{\eta}^{\mathrm{T}}\boldsymbol{A}\boldsymbol{\eta}=m$.

证略.

【例 6-16】 设 $\boldsymbol{A}=\begin{pmatrix}3&2&1\\2&3&1\\1&1&4\end{pmatrix}$，求 $M=\max\{\boldsymbol{x}^{\mathrm{T}}\boldsymbol{A}\boldsymbol{x}\mid\|\boldsymbol{x}\|=1\}$ 及单位向量 $\boldsymbol{\xi}$ 使得 $\boldsymbol{\xi}^{\mathrm{T}}\boldsymbol{A}\boldsymbol{\xi}=M$.

解 $\boldsymbol{A}$ 的特征多项式为 $|\boldsymbol{A}-\lambda\boldsymbol{E}|=-(\lambda-6)(\lambda-3)(\lambda-1)$，所以最大特征值为 6，$M=6$，解 $(\boldsymbol{A}-6\boldsymbol{E})\boldsymbol{x}=\boldsymbol{0}$，求得特征向量 $\begin{pmatrix}1\\1\\1\end{pmatrix}$，将它单位化得

$$p=\begin{pmatrix}1/\sqrt{3}\\1/\sqrt{3}\\1/\sqrt{3}\end{pmatrix}$$

阅读材料

多波段的图像处理

在地球上，经过 80 分钟稍微多一点，两颗地球资源探测卫星静静地沿靠近极地的轨道飞越天空，以 185 公里宽的幅度记录地形和海岸线的图像，每颗卫星在每隔 16 天会扫遍地球的几乎每一平方公里，以致任何地方在 8 天内可被监测到.

地球资源探测卫星所拍到的图像有很多用途，研究人员和城市规划人员利用它们研究城市发展速度和方向，工业发展和土地使用的变化，在乡村可用于分析土壤湿度，对偏远地区植被进行分类，确定内陆的湖泊和河流的位置. 政府部门可检测和评估自然灾害的破坏程度，如森林火灾、火山熔岩的流动、洪水和飓风等. 环保部门可以确定来自烟囱的污染，测量水力发电站附近的湖泊和河流的温度.

为了用于研究，卫星上的传感器可同步取得地球上任何地区的七种图像，传感器通过不同的波段来记录能量，包括三种可见光谱、四种红外光谱，每幅图像都被数字化且存储为矩阵，每一个数表示图像上对应点的信号强度，这七幅图像当中的每一幅都是多波段或多光谱图像的一个波段的影像.

一个固定区域的七幅地球资源探测卫星图像通常包含大量冗余的信息，原因是一些特性会表现在几幅图像中，然而其他特性，由于它们的颜色或温度，会反射出只被一个或两个传感器记录的光线. 多波段图像处理的一个目标是，用一种比研究每幅图像更好的方式来提取信息去观察数据.

主成分分析是一种从原始数据中消除冗余信息，因而只需要一幅或两幅合成图像就可以提供大部分信息的有效方法，粗略地说，其目的是找出一个特殊的图像线性

组合，即给七种像素中每一个赋予权值，然后再综合得到一个新的图像值. 权值选取的方式使得合成图像中的光线强度的变化幅度或影像差异比任何原始图像的都要大.

内容小结

主要概念

两矩阵合同、二次型的秩、正(负)惯性指数、正定性

基本内容

1. 二次型及其矩阵表示，矩阵合同

实二次型 $f(\boldsymbol{x})=\boldsymbol{x}^{\mathrm{T}}\boldsymbol{A}\boldsymbol{x}=\sum_{i=1}^{n}\sum_{j=1}^{n}a_{ij}x_ix_j$ 与实对称矩阵 $\boldsymbol{A}$ 对应，$\boldsymbol{A}$ 的秩称为二次型的秩.

若 $\boldsymbol{P}^{\mathrm{T}}\boldsymbol{A}\boldsymbol{P}=\boldsymbol{B}$，称 $\boldsymbol{A}$、$\boldsymbol{B}$ 合同. 合同不变秩及对称性.

秩为 r 的实二次型 $f=\boldsymbol{x}^{\mathrm{T}}\boldsymbol{A}\boldsymbol{x}$ 存在可逆线性变换 $\boldsymbol{x}=\boldsymbol{P}\boldsymbol{y}$，使 f 化为标准形

$$f=d_1y_1^2+\cdots+d_py_p^2-d_{p+1}y_{p+1}^2-\cdots-d_ry_r^2,\quad d_i>0$$

且正平方项数(正惯性指数)唯一，负平方项数(负惯性指数)唯一.

2. 化二次型为标准形的三种方法

(1) 正交变换化二次型为标准形.

实二次型 $f=\boldsymbol{x}^{\mathrm{T}}\boldsymbol{A}\boldsymbol{x}$ 存在正交变换 $\boldsymbol{x}=\boldsymbol{P}\boldsymbol{y}$，化 f 为标准形，即

$$f=\lambda_1y_1^2+\lambda_2y_2^2+\cdots+\lambda_ny_n^2$$

等价于：对 n 阶实对称矩阵 $\boldsymbol{A}$，存在正交矩阵 $\boldsymbol{P}$，使得

$$\boldsymbol{P}^{-1}\boldsymbol{A}\boldsymbol{P}=\boldsymbol{P}^{\mathrm{T}}\boldsymbol{A}\boldsymbol{P}=\begin{pmatrix}\lambda_1 & & & \\ & \lambda_2 & & \\ & & \ddots & \\ & & & \lambda_n\end{pmatrix}$$

其中，$\lambda_1,\lambda_2,\cdots,\lambda_n$ 是 $\boldsymbol{A}$ 的 n 个特征值，$\boldsymbol{P}$ 的 n 个列向量是对应于这些特征值的标准正交的特征向量.

(2) 配方法化二次型为标准形.

(3) 初等变换法化二次型为标准形.

3. 二次型正定的判定

二次型 $f=\boldsymbol{x}^{\mathrm{T}}\boldsymbol{A}\boldsymbol{x}$ 正定($\boldsymbol{A}_{n\times n}$ 正定)

$\Leftrightarrow \forall\, \boldsymbol{x}\neq\boldsymbol{0},\ f=\boldsymbol{x}^{\mathrm{T}}\boldsymbol{A}\boldsymbol{x}>0$

$\Leftrightarrow f$ 的正惯性指数为 n

$\Leftrightarrow$ 存在可逆矩阵 $\boldsymbol{P}$，使得 $\boldsymbol{P}^{\mathrm{T}}\boldsymbol{A}\boldsymbol{P}=\boldsymbol{E}$

$\Leftrightarrow \boldsymbol{A}$ 的 n 个特征值全大于 0

$\Leftrightarrow \boldsymbol{A}$ 的 n 个顺序主子式全大于 0

对于具体矩阵 $\boldsymbol{A}$,主要用 $\boldsymbol{A}$ 的 n 个顺序主子式全大于零来判断 f 或 $\boldsymbol{A}$ 的正定性.

总复习题 6

一、单项选择题

1. $\boldsymbol{A}$、$\boldsymbol{B}$ 为 n 阶矩阵,下列命题中正确的是(　　).

A. 若 $\boldsymbol{A}$ 与 $\boldsymbol{B}$ 合同,则 $\boldsymbol{A}$ 与 $\boldsymbol{B}$ 相似　　B. 若 $\boldsymbol{A}$ 与 $\boldsymbol{B}$ 相似,则 $\boldsymbol{A}$ 与 $\boldsymbol{B}$ 合同

C. 若 $\boldsymbol{A}$ 与 $\boldsymbol{B}$ 合同,则 $\boldsymbol{A}$ 与 $\boldsymbol{B}$ 等价　　D. 若 $\boldsymbol{A}$ 与 $\boldsymbol{B}$ 等价,则 $\boldsymbol{A}$ 与 $\boldsymbol{B}$ 合同

2. 对二次型 $f=\boldsymbol{x}^{\mathrm{T}}\boldsymbol{A}\boldsymbol{x}$(其中 $\boldsymbol{A}$ 为 n 阶实对称矩阵),下列结论中正确的是(　　).

A. 化 f 为标准的非退化线性变换是唯一的

B. 化 f 为规范形的非退化线性变换是唯一的

C. f 的标准形是唯一确定的

D. f 的规范形是唯一确定的

3. 设二次型 $f=\boldsymbol{x}^{\mathrm{T}}\boldsymbol{A}\boldsymbol{x}$,其中 $\boldsymbol{A}^{\mathrm{T}}=\boldsymbol{A}$,$\boldsymbol{x}=(x_1,x_2,\cdots,x_n)^{\mathrm{T}}$,则 f 正定的充要条件是(　　).

A. $\boldsymbol{A}$ 的行列式 $|\boldsymbol{A}|>0$　　B. f 的负惯性指数为 0

C. f 的秩为 n　　D. $\boldsymbol{A}=\boldsymbol{M}^{\mathrm{T}}\boldsymbol{M}$,$\boldsymbol{M}$ 为 n 阶可逆矩阵

4. $\boldsymbol{M}$ 为正交矩阵,$\boldsymbol{A}$ 为对角矩阵,矩阵 $\boldsymbol{M}^{-1}\boldsymbol{A}\boldsymbol{M}$ 为(　　).

A. 正交矩阵　　B. 对称矩阵

C. 不一定为对称矩阵　　D. 以上都不对

5. 对任意一个 n 阶矩阵,都存在对角矩阵与之(　　).

A. 合同　　B. 相似　　C. 等价　　D. 以上都不对

6. 下列各矩阵中是正定矩阵的是(　　).

A. $\begin{pmatrix}1&1&1\\1&2&3\\1&3&6\end{pmatrix}$　B. $\begin{pmatrix}1&1&1\\0&1&2\\0&0&-1\end{pmatrix}$　C. $\begin{pmatrix}1&-1&1\\-1&1&2\\1&2&-8\end{pmatrix}$　D. $\begin{pmatrix}2&3&4\\3&1&5\\4&5&6\end{pmatrix}$

7. $\boldsymbol{A}$、$\boldsymbol{B}$ 是同阶矩阵,如果它们具有相同的特征值,则(　　).

A. $\boldsymbol{A}$ 与 $\boldsymbol{B}$ 相似　　B. $\boldsymbol{A}$ 与 $\boldsymbol{B}$ 合同　　C. $|\boldsymbol{A}|=|\boldsymbol{B}|$　　D. $\boldsymbol{A}=\boldsymbol{B}$

8. n 阶方阵 $\boldsymbol{A}$ 与 $\boldsymbol{B}$ 的特征多项式相同,则(　　).

A. $\boldsymbol{A}$、$\boldsymbol{B}$ 同时可逆或不可逆　　B. $\boldsymbol{A}$ 与 $\boldsymbol{B}$ 有相同的特征值和特征向量

C. $\boldsymbol{A}$、$\boldsymbol{B}$ 与同一对角矩阵相似　　D. 矩阵 $\lambda\boldsymbol{E}-\boldsymbol{A}$ 与 $\lambda\boldsymbol{E}-\boldsymbol{B}$ 相等

二、填空题

1. 若二次型 $f=-x_1^2-x_2^2-5x_3^2+2tx_1x_2-2x_1x_3+4x_2x_3$ 负定,则 t 的取值范围

为______________.

2. 设 $\boldsymbol{A}$ 是三阶实对称矩阵，且满足 $\boldsymbol{A}^2+2\boldsymbol{A}=\boldsymbol{0}$，若 $k\boldsymbol{A}+\boldsymbol{E}$ 是正定矩阵，则 $k=$______________.

3. 二次型 $f=(x_1,x_2,x_3)=x_1x_2+x_1x_3+x_2x_3$ 的秩 $r(f)=$______________.

4. 已知二次型 $\boldsymbol{x}^{\mathrm{T}}\boldsymbol{A}\boldsymbol{x}=x_1^2-5x_2^2+x_3^2+2ax_1x_2+2bx_2x_3+2x_1x_3$ 的秩为 2，$(2,1,2)^{\mathrm{T}}$ 是 $\boldsymbol{A}$ 的特征向量，那么经正交变换所得的二次型的标准形是______________.

5. 设 $\boldsymbol{\alpha}=(1,0,1)^{\mathrm{T}}$，$\boldsymbol{A}=\boldsymbol{\alpha}\boldsymbol{\alpha}^{\mathrm{T}}$，若 $\boldsymbol{B}=(k\boldsymbol{E}+\boldsymbol{A})^*$ 是正定矩阵，则 k 的取值范围是______________.

6. 将所有的 n 阶实对称可逆矩阵按合同分类，即把彼此合同的矩阵看成一类，则可分成______________类.

7. 二次型 $f=(x_1,x_2,x_3)=(a_1x_1+a_2x_2+a_3x_3)^2$ 的矩阵是______________.

8. 已知 $\boldsymbol{A}=\begin{pmatrix}1&1&1\\1&1&1\\1&1&1\end{pmatrix}$，矩阵 $\boldsymbol{B}=\boldsymbol{A}+k\boldsymbol{E}$ 正定，则 k 的取值为______________.

三、解答题

1. 证明：矩阵 $\begin{pmatrix}a_1&0&0\\0&a_2&0\\0&0&a_3\end{pmatrix}$ 与 $\begin{pmatrix}a_2&0&0\\0&a_3&0\\0&0&a_1\end{pmatrix}$ 合同.

2. 已知齐次线性方程组 $\begin{cases}(a+3)x_1+x_2+2x_3=0\\2ax_1+(a-1)x_2+x_3=0\\(a-3)x_1-3x_2+ax_3=0\end{cases}$ 有非零解，且 $\boldsymbol{A}=\begin{pmatrix}3&1&2\\1&a&-2\\2&-2&9\end{pmatrix}$ 是正定矩阵，求 a，并求当 $\boldsymbol{x}^{\mathrm{T}}\boldsymbol{x}=3$ 时，$\boldsymbol{x}^{\mathrm{T}}\boldsymbol{A}\boldsymbol{x}$ 的最大值.

3. 已知二次型 $f=(x_1,x_2,x_3)=\boldsymbol{x}^{\mathrm{T}}\boldsymbol{A}\boldsymbol{x}$，且 $\boldsymbol{x}=\begin{pmatrix}1\\1\\2\end{pmatrix}$ 是 $\boldsymbol{A}=\begin{pmatrix}0&1&2\\1&0&a\\2&a&b\end{pmatrix}$ 的特征向量，求 a、b 的值，并求正交矩阵 $\boldsymbol{P}$ 使得 $\boldsymbol{P}^{-1}\boldsymbol{A}\boldsymbol{P}=\boldsymbol{\Lambda}$.

4. 设 $\boldsymbol{A}$、$\boldsymbol{B}$ 为两个 n 阶实对称矩阵，且 $\boldsymbol{A}$ 正定. 证明：存在一个 n 阶实可逆矩阵 $\boldsymbol{T}$，使得 $\boldsymbol{T}^{\mathrm{T}}\boldsymbol{A}\boldsymbol{T}$ 与 $\boldsymbol{T}^{\mathrm{T}}\boldsymbol{B}\boldsymbol{T}$ 都是对角矩阵.

5. 设 $\boldsymbol{A}=(a_{ij})_{n\times n}$ 是正定矩阵，证明：

(1) $a_{ij}>0\ (i=1,2,\cdots,n)$；

(2) $\boldsymbol{A}^{-1}$ 为正定矩阵；

(3) $\boldsymbol{A}^*$ 为正定矩阵；

(4) $\boldsymbol{A}^m$（m 为正整数）为正定矩阵；

(5) $k\boldsymbol{A}\ (k>0)$ 为正定矩阵.

第七章　Matlab 软件在线性代数中的应用

本章先介绍 Matlab 软件，再简单地介绍 Matlab 软件在线性代数中的应用，其中包括行列式的计算、矩阵的基本运算和函数运算，以及线性方程组的求解等.

第一节　Matlab 软件介绍

一、Matlab 概述

Matlab 是 Matrix 和 Laboratory 两个英文单词的前 3 个字母的组合，它是 Mathworks(http://www. Mathworks. com)公司的产品，是一个为科学和工程计算而专门设计的高级交互式软件包. 它集成了数值计算与精确求解，并且有丰富的绘图功能，是一个可以完成各种计算和数据可视化的强有力的工具.

Matlab 的特点可以简要地归纳如下.

- 高效方便的矩阵与数组运算

Matlab 默认的运算对象为矩阵和数组，提供了大量的有关矩阵和数组运算的库函数，值得一提的是 Matlab 中矩阵和数组的使用均无须事先进行维数定义.

- 编辑效率高

Matlab 允许用数学形式的语言编写程序. 用它编程犹如在纸上书写计算公式，编程时间大大减少.

- 使用方便

Matlab 语言可以直接在命令行输入语句命令，每输入一条语句，就立即对其进行处理，完成编辑、连接和运行的全过程. 另外，Matlab 可以将源程序编辑为 M 文件，并且可以直接运行，而不需进行编辑和连接.

- 易于扩充

Matlab 有丰富的库函数，并提供了许多解决各种科学和工程计算问题的工具箱.

- 方便的绘图功能

Matlab 提供了一系列绘图函数命令，可以非常方便地实现二维、三维图像绘制的功能.

二、数组(向量)

作为一个基本的数据格式，Matlab 中的数组与其他编程语言中的数组区别不大，但其运算却有很大区别，这主要体现在 Matlab 中的数组与向量是等价的，两者可以互换称呼，因此可以应用于许多向量运算.

1. 数组(向量)的创建

1) 直接输入

当数组(向量)中元素的个数比较少时，可以通过直接键入数组(向量)中的每个元素的值来建立，以中括号作为界定符，元素用空格(" ")或逗号(",")进行分隔.

【例 7-1】 >>A=[1,2,3,4,5](">>"为 Matlab 命令行提示符)

```
A=
    1 2 3 4 5
>>B=[1 2 3 4 5]
B=
    1 2 3 4 5
```

2) 冒号法

冒号操作符在 Matlab 中非常有用，也提供了很大的方便，其基本格式为

S=初值:增值:终值

产生以初值为第一个元素，以增量为步长，直到不超过终值的所有元素组成的数组(向量)S(步长为 1 的格式 S=x1:x2).

【例 7-2】 >>E=10:-2:6

```
E=
    10 8 6
>>F=0:pi/2:2*pi            ("pi"为 Matlab 中定义的常数 π)
F=
    0 1.5708 3.1416 4.7124 6.2832
```

2. 数组(向量)中元素的引用与修改

数组(向量)元素的引用通过其下标进行. Matlab 中数组(向量)元素下标从 1 开始编号. $\boldsymbol{X}(n)$表示数组(向量)$\boldsymbol{X}$ 的第 n 个元素，利用冒号运算可以同时访问数组(向量)中的多个元素.

【例 7-3】 >>x=[5 4 3 2 1];(语句末尾跟";"表示此命令不产生输出)

```
>>x(5)
ans=                    (不指明输出变量时,Matlab 将回应"ans")
    1
>>x(2:4)
ans=
    4 3 2
>>x(2)=5          (将第二个元素的值改为 5)
```

X＝

　　5 5 3 2 1

另外，可以使用“[]”操作符进行数组（向量）元素的删除.

【例 7-4】　>>x=[5 4 3 2 1];

>>x(2)=[]

X＝

　　5 3 2 1　　　　（x 的维数同时减 1）

3. 数组运算

Matlab 中的数组运算是数组元素与对应数组元素之间的运算（其中乘运算采用“. *”，除运算又分为“. /”或“. \”运算）. 标量与数组的运算是标量分别与数组中的各个元素进行运算.

【例 7-5】　>>a=1:5　（步长为 1 的组数）

a＝

　　1 2 3 4 5

>>c=3 * a　　　　（3 为常数，标量）

c＝

　　3 6 9 12 15

>>b=5:-1:1

b＝

　　5 4 3 2 1

>>a+b

ans＝

　　6 6 6 6 6

>>a. * b　　　　（a、b 均为数组，对应元素相乘用“. *”）

ans＝

　　5 8 9 8 5

>>a. /b　　　　（表示 a 中元素除以 b 中对应元素）

ans＝

　　0.2000 0.5000 1.0000 2.0000 5.0000

>>a. \b　　　　（表示 b 中元素除以 a 中对应元素）

ans＝　　　　　（相当于“a. \b”）

　　5.0000 2.0000 1.0000 0.5000 0.2000

4. 数组作为向量运算

数组还可以看成向量，进行向量运算，主要有向量相乘、向量内积、向量交叉积等.

【例 7-6】　>>a=[1 0 1];b=[0 1 0];

```
>>a*b          （向量相乘，即对应分量相乘之和）
ans=
    0
>>dot(a,b)     （向量内积，即数量积）
ans=
    0
>>cross(a,b)
ans=
   -1 0 1      （向量交叉积）
```

三、常量、变量、函数

1. 常量

Matlab 中预先定义了一些常用量. 例如，Pi：圆周率 π；eps：最小浮点数；inf：无穷大；NaN：不定值，0/0.

2. 变量

由字母、数字和下划线组成，最多 31 个字符. Matlab 区分大小写！变量无须事先声明即可使用.

3. 函数

Matlab 中提供了十分丰富的进行数值计算的函数库，按照其对参数的作用效果可以分为标量函数、数组函数和矩阵函数.

(1) 标量函数：包括三角函数，如 sin、cos 等；对数函数，如 ln、lg 等；取整函数，如 round、floor 等；还有绝对值函数 abs 和求平方根函数 sqrt 等. 这些函数本质上是作用于标量参数的. 如果其参数为数组或矩阵，其运算是作用于其中的每一个元素.

【例 7-7】

```
>>x=[1 2 3 ; 4 5 6];
>>sin(x)
    0.8415     0.9093     0.1411
   -0.7568    -0.9589    -0.2794
```

(2) 数组函数(向量函数)：诸如最大值 max、最小值 min、求和 sum、平均值 mean 等函数，只有当它们作用于数组即行向量和列向量时才有意义. 如果它们作用于矩阵，则相当于分别作用于矩阵的每个列向量，得到的结果组成一个列向量.

【例 7-8】

```
>>α=[-0.1  -5.0  5.0  6.5  7.0  4.0];
>>m=max(a)
m=
    7.0
>>α=[-0.1  -5.0  5.0 ; 6.5  7.0  4.0];
```

```
>>m=max(α)
m=
    6.5  7.0  5.0
```

【例 7-9】

```
>>α=[-0.1  -5.0  5.0  6.5  7.0  4.0];
>>m=sum(α)
m=
    17.4
>>α=[-0.1  -5.0  5.0 ; 6.5  7.0  4.0];
>>m=mean(α)
m=
    3.2  1.0  4.5
```

(3) 矩阵函数：Matlab 中有许多进行矩阵运算的函数，如求行列式 det、求特征值 eig、求矩阵的秩 rank 等函数.

四、绘图函数

略.

五、符号运算

Matlab 提供符号运算工具以满足数学中对含有字符的矩阵或函数进行处理和运算.

1. 符号变量和符号表达式的创建

Matlab 提供了两个函数——syms、sym，来创建符号变量或符号表达式.

syms 可以同时声明多个符号变量，其调用格式为

>>syms　x　y　z　(同时将 x,y,z 声明成符号变量)

sym 的调用格式为：变量=sym('表达式').

【例 7-10】

```
>>y=sym('x^2+x+0.1')
y=
    x^2+x+0.1
```

如果 sym 函数的调用格式为：变量=sym(数值)(注意：没有引号)，则可以将数值转化为精确的数值符号.

【例 7-11】

```
>>x=[0.1  0.5  2.1 ; 1.5  0.76  0.6];y=sym(x)
y=
    [1/10,1/2,21/10]
    [3/2,19/25,3/5]
```

另外，可以直接用单引号定义符号表达式.

【例 7-12】 >>y='x^2+x+1.0'

```
y=
    x^2+x+1.0
```

2. 求字符表达式的值

· numeric:将符号表达式转换为数值表达式.

【例 7-13】 >>α=sym('1+2 * sqrt(4)');

```
>>numeric(α)
ans=
    5
```

· eval:执行此字符表达式.

【例 7-14】 >>f=sym('1+2 * sqrt(x)');

```
>>x=[1  4 ; 9  16];
>>eval(f);
ans=
    3  5
    7  9
```

3. 符号矩阵运算

符号矩阵可以看作和一般数值矩阵一样,进行各种运算. 下面以矩阵求逆为例加以说明.

【例 7-15】 >>syns a b c

```
>>b=[a  2a  3a;2a  2a  a;3a  4a  3a];
>>c=inv(b)
    c=
    [1/a,3/a,-2/a]
    [-3/2a,-3/a,5/2a]
    [1/a,1/a,-1/a]
>>subs(c,2.0)
ans=
       0.500    1.500     -1
      -0.75    -1.500     1.25
       0.500    0.500    -0.500
```

六、命令环境与数据显示

1. 常用命令

· help 命令,用法:help 函数名.

在命令行窗口，即在命令行提示符>>后键入 help 函数名，可以得到关于这个函数的详细介绍.

>>help inv

inv Matirx inverse.

Inv (X) is the inverse of the square matrix X.

A warning message is printed. if X is badly scaled or

nearly singular.

See also SLASH,PINV,COND,CONDEST,LSQNONNEG,LSCOV.

· lookfor 命令，用法：lookfor 关键词.

用来在函数的 help 文档中的全文搜索包含此关键词的所有函数. 此命令适用于查找具有某种功能的函数但又不知道准确名称的情况. 例如，查找求解特征值问题的函数，可以通过查询关键词 eigen 找到相关的函数.

>>lookfor eigen

EIG Eigenvalues and eigenvectors.

POLYEIG Polynomial eigenvalue problem.

QZQZ factorization for generalized eigenvalues.

EIGS Find a few eigenvalues and eigenvectors of a matrix using ARPACK.

· save 命令，用法：load 文件名.

把所有变量及其取值保存在磁盘文件中，后缀名为". mat"，用于保存所做的工作.

· load 命令，用法：load 文件名.

调出. mat 文件，即将 save 命令保存的工作重新调入 Matlab 运行环境中.

· diary 命令，用法：diary 文件名.

将所有在 Matlab 命令行输入的内容及输出结果(不包括图形)记录在一个文件中. 如果省略文件名，将默认地存放在 diary 文件中.

· pwd 命令，用法：pwd.

显示当前工作目录，可以通过 cd 命令进行改变.

2. 数据显示

· format 命令，用法：format 格式参数.

常用的格式参数及其描述如表 7.1 所示(以 pi 的显示为例).

表 7.1

格式参数	说明	举例
Short	小数点后保留 4 位(默认格式)	3.1416

续表

格式参数	说　明	举　例
Long	总共 15 位数字	3.14159265358979
Short e	5 位科学技术法	3.1416e+000
Long e	15 位科学技术法	3.141592653589793e+000
Rat	最接近的有理数	355/133

七、程序设计

1. M 文件

为执行复杂的任务，需要进行程序设计. Matlab 的程序文件以“.m”为其扩展名，通常称为 M 文件. 它分为两类：命令文件和函数文件. 前者只需要将原来在命令行中一行一行输入的语句按原来的顺序存放在一个文件中即可构成一个命令文件，Matlab 可以直接执行此文件；后者是用户可以自己定义的实现一定功能的函数文件，一般留有调用接口，即有输入，最后产生输出. 调用者可以不需关心其运算过程.

函数文件的一般格式

Function[输出参数列表]=函数名(输入参数列表)

%注释行

函数体

注意：函数文件必须以 Function 开始，参数列表中参数多于一个的用逗号相分隔. 输出参数如果只有一个，可以省略中括号；如果没有输出，可以省略输出参数列表及等号的、或用空的中括号表示.

特别注意：每个函数文件独立保存，其文件名必须和函数名相同，以“.m”作为文件后缀.

【例 7-16】 计算 r=sin(x)+cos(y).

```
Function r=sinpluscos(x,y)          %Caculate r with sin(x)+cos(y)
R=sin(x)+cos(y);
```

将上述函数定义程序保存为 sinpluscos.m 文件. 调用该函数：

```
>>a=pi/2;b=pi/4;sinpluscos(a,b).
ans=
        1.7071
```

2. 程序流程控制

作为一门程序设计语言，Matlab 同样提供了赋值语句、分支语句和循环语句，以控制程序结构. 赋值语句与其他语言相似，下面仅就分支语句和循环语句进行一些说明.

1）分支语句

· if…end 语句

```
if 条件表达式 1
语句组 1
[else if 条件表达式 2]
  语句组 2
  …
[else
    语句组 n]
    End
```

式中的中括号为可选项，即当只有一个选择时为：if…end 结构；有两个选择时为：if…else…end 结构；两个以上选择时，需要再加入 else if 选择语句.

2）开关语句（switch…case…end 语句）

```
switch 开关表达式
  case 表达式 1
  语句组 1
  case 表达式 2
  语句组 2
  …
  otherwise
  语句组 n
end
```

当开关表达式的值等于 case 后面的表达式时，程序执行其后的语句组，执行完后，跳出执行 end 后面的语句. 当所有 case 后的表达式均不等于开关表达式时，执行 otherwise 后面的语句组.

3）循环语句

· for…end 语句

```
for 变量句＝表达式
    循环体语句组
    end
```

其中，表达式一般以冒号表达式方式给出，即“s1：s2：s3”，“s1”为初值，“s2”为步长，“s3”为终值. 若步长为正，则变量值大于“s3”时循环终止；若步长为负，则变量值小于“s3”时循环终止.

【例 7-17】 利用 for 语句产生一个三阶 Hilbert 矩阵.

```
H＝zeros(3,3);
```

```
for      i=1:3
for      j=1:3
H(i,j)=1/(i+j-1);
end
end
disp(H)      (显示“H”)
 1    1/2   1/3
1/2   1/3   1/4
1/3   1/4   1/5
```

4) While…end 语句

与 for 语句不同,While 语句一般适用于实现不能确定循环次数的情况下.

```
While 条件表达式
        循环体语句组
End
```

当条件表达式成立时,执行循环体语句组.可以在循环体中加入 break 语句以跳出循环.

第二节 矩阵的生成

一、数值矩阵的生成

当需要输入的矩阵维数比较小时,可以直接输入数据建立矩阵.矩阵数据(或矩阵元素)的输入格式如下:

(1) 输入矩阵时要以“[ ]”作为首尾符号,矩阵的数据应放在“[ ]”内部,此时 Matlab 才能将其识别为矩阵;

(2) 要逐行输入矩阵的数据,同行数据之间可由空格或“,”相分隔,空格的个数不限,行与行之间可用“;”或回车符相分隔;

(3) 矩阵数据可为运算表达式;

(4) 矩阵大小可不预先定义;

(5) 如果不想显示输入的矩阵(作为中间结果),可以在矩阵输入完成后以“;”结束;

(6) 无任何元素的空矩阵也合法.

【例 7-18】 建立矩阵并显示结果.

```
>> X=[1,2,1+2;4,8-3,6;7,16/2,3*3]
```

回车后可得:

```
X =
        1     2     3
        4     5     6
        7     8     9
```

注 “>>”表示运算提示符,在窗口中不用输入,以下例子类似.

二、特殊矩阵的生成

(1) 零矩阵:所有元素都为零的矩阵.

调用函数为:zeros(n)　　%生成 n×n 方阵

　　　　　zeros(m,n)　%生成 m×n 矩阵

(2) 幺矩阵:所有元素都为 1 的矩阵.

调用函数为:ones(n)　　%生成 n×n 方阵

　　　　　ones(m,n)　%生成 m×n 矩阵

(3) 单位矩阵:主对角元素均为 1,而其他元素全部为 0 的方阵;进一步扩展,也可使其为 m×n 矩阵.

调用函数为:eye(n)　　%生成 n×n 方阵

　　　　　eye(m,n)　%生成 m×n 矩阵

【例 7-19】 特殊矩阵的生成.

```
>>zeros(2,2);              % 定义全为 0 的矩阵(2×2 的阵列)
ans =
     0     0
     0     0
```

三、符号矩阵的生成

在 Matlab 中输入符号向量或者矩阵的方法与输入数值类型的向量或者矩阵在形式上很相像,只不过要用到符号矩阵定义函数 sym,或者是用到符号定义函数 syms.先定义一些必要的符号变量,再像定义普通矩阵一样输入符号矩阵.

1. 用命令 sym 定义矩阵

这时的函数 sym 实际是在定义一个符号表达式,这时的符号矩阵中的元素可以是任何的符号或者是表达式,而且长度没有限制,只是将方括号置于用于创建符号表达式的单引号中.要注意标点符号的区别.

【例 7-20】

```
>> A = sym('[1 b e;Jack,HelpMe!,NOWAY!]')
```

```
A =
[      1,      b,      e]
[   Jack, HelpMe!,  NOWAY!]
>> B = sym('[1 2 3;e f g; sin(x) cos(x) cot(x)]')
B =
[      1,      2,      3]
[      e,      f,      g]
[sin(x),   cos(x),   cot(x)]
```

2. 用命令 syms 定义矩阵

先定义矩阵中的每一个元素为一个符号变量，而后像普通矩阵一样输入符号矩阵.

【例 7-21】

```
>>syms  a  b  c;
>>M1 = sym('Classical');
>>M2 = sym('Jazz');
   >>M3 = sym('Blues');
>>syms_matrix = [a b c; M1 M2 M3;1 3 5]
syms_matrix =
[  a        b     c]
[Classical  Jazz  Blues]
[  1        3     5]
```

【例 7-22】

```
>> syms x
>> A=[cos(x) sin(x);-sin(x) cos(x)]
 A =
 [ cos(x), sin(x)]
 [ -sin(x), cos(x)]
```

第三节　矩阵的运算

一、算术运算

矩阵的算术运算是指矩阵之间的加、减、乘、除、幂等运算，表 7.2 给出了矩阵算术运算对应的运算符和 Matlab 表达式.

表 7.2

经典的算术运算符		
名称	运算符	Matlab 表达式
加	+	a+b
减	−	a−b
乘	*	a * b
除	/ 或 \	a/b 或 a\b
幂	^	a^n

矩阵进行加减运算时，相加减的矩阵必须是同阶的；矩阵进行乘法运算时，相乘的矩阵要有相邻公共维，即若 $\boldsymbol{A}$ 为 $i\times j$ 阶，则 $\boldsymbol{B}$ 必须为 $j\times k$ 阶，此时 $\boldsymbol{A}$ 和 $\boldsymbol{B}$ 才可以相乘.

常数与矩阵的运算，是常数与矩阵的各元素之间进行运算，如数加是指矩阵的每个元素都加上此常数，数乘是指矩阵的每个元素都与此常数相乘. 需要注意的是，当进行数除时，常数通常只能做除数.

在线性代数中，矩阵没有除法运算，只有逆矩阵. 矩阵除法运算是 Matlab 从逆矩阵的概念引申而来，主要用于解线性方程组. 如方程 A * X=B，设 X 为未知矩阵，在等式两边同时左乘 inv(A)，即

inv(A) * A * X= inv(A) * B

X= inv(A) * B=A\B

把 A 的逆矩阵左乘以 B，Matlab 就记为 A\，称之为"左除". 左除时，A、B 两矩阵的行数必须相等.

如果方程的未知数矩阵在左，系数矩阵在右，即 X * A=B，同样有

X=B * inv(A)=B/A

把 A 的逆矩阵右乘以 B，Matlab 就记为/A，称之为"右除". 右除时，A、B 两矩阵的列数必须相等.

【例 7-23】 设 A=[2 1 4;0 1 2];B=[−2 4 0;1 3 1]，求 C=2A−3B.

```
>> A=[2 1 4;0 1 2];B=[-2 4 0;1 3 1];C=2*A-3*B
C =
    10   -10    8
    -3    -7    1
```

【例 7-24】 设矩阵 A=[1 0 −1;2 0 1];B=[1 2;−1 1;0 0];计算 AB，BA.

```
>> A=[1 0 -1;2 0 1];B=[1 2;-1 1;0 0];C1=A*B,C2=B*A
C1 =
     1     2
```

```
    2     4
C2 =
    5     0     1
    1     0     2
    0     0     0
```

【例 7-25】 已知 A∗X=B,Y∗C=D,A=[1,2;3,4],B=[4;10],C=[1,3;2,4],D=[4,10],计算未知数矩阵 X 和 Y.

```
>> A=[1,2;3,4];B=[4;10];C=[1,3;2,4];D=[4,10];
>> X=A\B
X =
    2.0000
    1.0000
>> Y=D/C
Y =
    2.0000    1.0000
```

在 Matlab 中,进行矩阵的幂运算时,矩阵可以作为底数,指数是标量,矩阵必须是方阵;矩阵也可以作为指数,底数是标量,矩阵也必须是方阵;但矩阵和指数不能同时为矩阵,否则将显示错误信息.

【例 7-26】 矩阵的幂运算.

```
>> a=[1 2;3 4]
a =
       1       2
       3       4
>> a^2            % n为正整数,a^n表示矩阵a自乘n次
ans =
       7      10
      15      22
>> a^(-2)         % n为负整数,a^n表示矩阵a的逆自乘n次
ans =
       5.5000    -2.5000
      -3.7500     1.7500
>> inv(a^2)
ans =
       5.5000    -2.5000
      -3.7500     1.7500
```

```
>> 2^a
ans =
        10.4827      14.1519
        21.2278      31.7106
>> 2.^a          % 注意和上面的计算符号的区别,具体可看下一节
ans =
        2      4
        8      16
```

二、Matlab 的阵列运算

Matlab 的运算是以阵列(array)运算和矩阵(matrix)运算两种方式进行的,而两者在 Matlab 的基本运算性质上有所不同:阵列运算采用的是元素对元素的运算规则,而矩阵运算则是采用线性代数的运算规则.

在 Matlab 中,阵列的基本运算采用扩展的算术运算符,如表 7.3 所示.

表 7.3

扩展的算术运算符		
名 称	运 算 符	Matlab 表达式
阵列乘	.*	a.*b
阵列除	./ 或 .\	a./b 或 a.\b
阵列幂	.^	a.^b

关于常数和矩阵之间的运算,数加和数减运算可以在运算符前不加“.”,但如果一定要在运算符前加“.”,那么一定要把常数写在运算符前面,否则会出错.

【例 7-27】

```
>> a=1:10;b=11:20;
>> a+b
ans =
    12   14   16   18   20   22   24   26   28   30
>> a.-b
??? a.-b
        |Error: Unexpected Matlab operator.
>> a-b
ans =
    -10   -10   -10   -10   -10   -10   -10   -10   -10   -10
>> a+50
```

```
ans =
    51   52   53   54   55   56   57   58   59   60
>> a. +50
??? a. +50
          |Error: Unexpected Matlab operator.
>> 50. +a
ans =
    51   52   53   54   55   56   57   58   59   60
```

常数和矩阵之间的数乘运算，即为矩阵元素分别与此常数进行相乘，常数在前在后、加不加“.”都一样.常数和矩阵之间的除法运算，对矩阵运算而言常数只能做除数；而对阵列运算而言，由于是“元素对元素”的运算，因此没有任何限制（但一定要加“.”运算）.

【例 7-28】

```
>> a =ones(3,4);
>> a*8                   % a*8、8*a、a. *8 和 8. *a 结果一样
ans =
     8     8     8     8
     8     8     8     8
     8     8     8     8
>> a/3                   % a/3 和 3\a 都是矩阵除法，结果一样，但 3/a 和 a\3 不合法
ans =
    0.3333    0.3333    0.3333    0.3333
    0.3333    0.3333    0.3333    0.3333
    0.3333    0.3333    0.3333    0.3333
>> 5./a
ans =
     5     5     5     5
     5     5     5     5
     5     5     5     5
>> a./5
ans =
    0.2000    0.2000    0.2000    0.2000
    0.2000    0.2000    0.2000    0.2000
    0.2000    0.2000    0.2000    0.2000
```

阵列的幂运算运算符为“.^”，它表示每个矩阵元素单独进行幂运算，这是与矩阵的幂运算不同的，矩阵的幂运算和阵列的幂运算所得的结果有很大的差别.

【例 7-29】

```
>> b=[2,2;2,2];
>> b^2
ans =
     8     8
     8     8
>> b.^2
ans =
     4     4
     4     4
```

三、矩阵的其他运算

1. 方阵的行列式

方阵的行列式的值由 det 函数计算得出.

【例 7-30】 计算矩阵 A=[1 2 2;2 3 5;4 5 7]的行列式的值.

```
>> A=[1 2 2;2 3 5;4 5 7];det(A)
ans =
     4
```

【例 7-31】 计算矩阵 A=[a b;c d]的行列式的值.

```
>> syms a b c d;A=[a b;c d],det(A)
  A =
  [ a, b]
  [ c, d]
ans =
  a*d-b*c
```

2. 矩阵的秩

矩阵的秩由 rank 函数来计算.

【例 7-32】 计算矩阵 A=[1 2 2;2 3 5;4 5 7]的秩.

```
>> A=[1 2 2;2 3 5;4 5 7];
>> rank(A)
     ans =
          3
```

3. 矩阵的维数和长度

```
size()      %求矩阵的维数 (columns & rows)
```

length() %求矩阵的长度,矩阵的长度用向量(或 columns)数定义,表示的是矩阵的列数和行数中的最大数

【例 7-33】

```
>> a=[10,20,42;34,20,4;198,34,6;10 20 30];
    >> size(a)
    ans =
4 3
    >> length(a)
ans =
            4
```

注意:size(a)与 length(a)两者之间的区别.

4. 矩阵的迹

矩阵的迹定义为该矩阵对角线上的各元素之和,也等于该矩阵的特征值之和. Matlab 调用格式为:trace().

【例 7-34】 求矩阵 A=[1 2 30;2 20 3;3 2 11]的迹.

```
>> A=[1 2 30;2 20 3;3 2 11];trace(A)
ans =
32
```

5. 转置运算

在 Matlab 中,矩阵转置运算的表达式和线性代数一样,即对于矩阵 A,其转置矩阵的 Matlab 表达式为 A′或 transpose(A). 但应该注意,在 Matlab 中,有几种类似于转置运算的矩阵元素变换运算是线性代数中没有的,它们分别是:

fliplr(A):将 A 左右翻转;

flipud(A):将 A 上下翻转;

rot90(A):将 A 逆时针方向旋转 90°.

【例 7-35】 求矩阵 A=[1 2 30;2 20 3;3 2 11]的转置矩阵.

```
>> A=[1 2 30;2 20 3;3 2 11],B=A'
A =
     1   2   30
     2  20    3
     3   2   11
B =
     1   2    3
     2  20    2
    30   3   11
```

```
>> transpose(A)
ans =
     1    2    3
     2   20    2
    30    3   11
>> rot90(A)
ans =
    30    3   11
     2   20    2
     1    2    3
```

6. 逆矩阵运算

矩阵的逆运算是矩阵运算中很重要的一种运算，它在线性代数及计算方法中都有很多的论述，而在 Matlab 中，众多的复杂理论只变成了一个简单的命令 inv().

【例 7-36】 求矩阵 A=[1 2; 3 4]的逆矩阵.

```
>> A=[1 2;3 4],invA=inv(A),A * invA
A =
     1    2
     3    4
invA =
    -2.0000    1.0000
     1.5000   -0.5000
ans =

     1.0000         0
     0.0000    1.0000
```

7. 简化行阶梯形

命令：rref().

【例 7-37】 求矩阵 A=[1 2 0 1 3;-2 1 5 3 5;-1 0 1 3 1]的简化行阶梯形.

```
>> A=[1 2 0 1 3;-2 1 5 3 5;-1 0 1 3 1]
A =
     1    2    0    1    3
    -2    1    5    3    5
    -1    0    1    3    1
>> rref(A)
```

```
ans =

     1.0000         0         0   -5.0000   -0.6000
          0    1.0000         0    3.0000    1.8000
          0         0    1.0000   -2.0000    0.4000
```

第四节　线性方程组求解

我们将线性方程组的求解分为两类：一类是方程组求唯一解或求特解；另一类是方程组求无穷解即通解. 这些都可以通过系数矩阵的秩来判断.

若系数矩阵的秩和增广矩阵的秩相等且等于 n(n 为方程组中未知变量的个数)，则有唯一解；

若系数矩阵的秩和增广矩阵的秩相等且 $r<n$，则有无穷解；

线性方程组的无穷解 ＝ 对应齐次方程组的通解＋非齐次方程组的一个特解；其特解的求法属于解的第一类问题，通解部分属第二类问题.

一、求线性方程组的唯一解或特解(第一类问题)

已知方程：AX＝b，求 X.

解法 1　利用矩阵除法求线性方程组的特解(或一个解)X＝A\b.

【例 7-38】　求方程组的解.

$$\begin{cases} 5x_1+6x_2 & =1 \\ x_1+5x_2+6x_3 & =0 \\ x_2+5x_3+6x_4 & =0 \\ x_3+5x_4+6x_5 & =0 \\ x_4+5x_5 & =1 \end{cases}$$

解

```
>>A=[5   6   0   0   0
     1   5   6   0   0
     0   1   5   6   0
     0   0   1   5   6
     0   0   0   1   5];
B=[1 0 0 0 1]';
R_A=rank(A)      %求秩
X=A\B      %求解   或   X=inv(A) * B
```

运行后结果如下：

```
R_A =
```

```
     5
X =
     2.2662
    -1.7218
     1.0571
    -0.5940
     0.3188
```

这就是方程组的解.

解法 2　用函数 rref()求解：

```
>> C=[A,B] %由系数矩阵和常数列构成增广矩阵 C
>> R=rref(C) %将 C 化成行最简形
R =
    1.0000         0         0         0         0    2.2662
         0    1.0000         0         0         0   -1.7218
         0         0    1.0000         0         0    1.0571
         0         0         0    1.0000         0   -0.5940
         0         0         0         0    1.0000    0.3188
```

则 R 的最后一列元素就是所求之解.

二、求线性齐次方程组的通解

在 Matlab 中，函数 null() 用来求解零空间，即满足 AX=0 的解空间，实际上是求出解空间的一组基（基础解系）.

对齐次线性方程组 Ax=0，其调用函数格式为：

```
z = null(A)          % z 的列向量为方程组的正交规范基，满足 Z'×Z=I
z=null(A,'r')        % z 的列向量是方程 AX=0 的有理基
```

如果 A 为数值矩阵，调用 null(A,'r')，或 调用 null(A)；

如果 A 为符号矩阵，只能调用 null(A).

【例 7-39】　求解方程组的通解：$\begin{cases} x_1+x_2+x_3-x_4=0 \\ x_1-x_2+x_3-3x_4=0. \\ x_1+3x_2+x_3+x_4=0 \end{cases}$

解

```
>>A=[1 1 1 -1;1 -1 1 -3;1 3 1 1];
>>format rat            %指定有理式格式输出
>>B=null(A,'r')         %求解空间的有理基
```

运行后显示结果如下：

```
B =

        -1        2
         0       -1
         1        0
         0        1
```

即方程组的通解为：$k_1(-1,0,1,0)^T+k_2(2,-1,0,1)^T$.

若调用：c=null(A)，则应：

```
>> format short
>> c=null(A)
```

得

```
c =

      -0.5000      0.7071
     -0.1667     -0.4714
      0.8333      0.2357
      0.1667      0.4714
```

或通过行最简形得到基：

```
>> B=rref(A)
B =

     1     0     1    -2
     0     1     0     1
     0     0     0     0
```

三、求非齐次线性方程组的通解

非齐次线性方程组需要先判断方程组是否有解，若有解，再去求通解，步骤如下.

第一步：判断 AX=b 是否有解，若有解则进行第二步；

第二步：求 AX=b 的一个特解；

第三步：求 AX=0 的通解；

第四步：AX=b 的通解=(AX=0 的通解)+(AX=b 的一个特解).

【例 7-40】 求非齐次线性方程组的通解：$\begin{cases} x_1+x_2-3x_3-x_4=1 \\ 3x_1-x_2-3x_3+4x_4=4. \\ x_1+5x_2-9x_3-8x_4=0 \end{cases}$

解法 1 在 Matlab 编辑器中建立 M 文件如下：

```
A=[1 1 -3 -1;3 -1 -3 4;1 5 -9 -8];
b=[1 4 0]';
B=[A b];
```

```
n=4;
R_A=rank(A)
R_B=rank(B)
format rat
if R_A==R_B&R_A==n
    X=A\b
else if R_A==R_B&R_A<n
    X=A\b
    C=null(A,'r')
else
X='Equation has no solves'
end
```

运行后结果显示为：

```
R_A =
     2
R_B =
     2
Warning: Rank deficient, rank = 2 tol = 8.8373e-015.
> In D:\Matlab\pujun\lx0723.m at line 11
X =
     0
     0
     -8/15
     3/5
C =
     3/2       -3/4
     3/2        7/4
      1          0
      0          1
```

所以原方程组的通解为 $X=k1\begin{pmatrix}3/2\\3/2\\1\\0\end{pmatrix}+k2\begin{pmatrix}-3/4\\7/4\\0\\1\end{pmatrix}+\begin{pmatrix}0\\0\\-8/15\\3/5\end{pmatrix}$

解法 2　用函数 rref()求解.

```
A=[1 1 -3 -1;3 -1 -3 4;1 5 -9 -8];
```

```
b=[1 4 0]';
B=[A b];
C=rref(B)        %求增广矩阵的行最简形,可得最简同解方程组
```

运行后结果显示为:

```
C =

     1     0    -3/2     3/4     5/4
     0     1    -3/2    -7/4    -1/4
     0     0     0       0       0
```

对应齐次方程组的基础解系为:$\xi_1=\begin{pmatrix}3/2\\3/2\\1\\0\end{pmatrix}$,$\xi_2=\begin{pmatrix}-3/4\\7/4\\0\\1\end{pmatrix}$.非齐次方程组的特解为:$\eta^*=\begin{pmatrix}5/4\\-1/4\\0\\0\end{pmatrix}$.所以,原方程组的通解为:$X=k1\xi_1+k2\xi_2+\eta^*$.

第五节 矩阵的初等变换及二次型

矩阵的初等变换的计算过程十分烦琐,而其结果又十分简洁明了,利用 Matlab 将会十分方便地实现这一过程.

一、矩阵和向量组的秩以及向量组的线性相关性

矩阵 A 的秩是矩阵 A 中最高阶非零子式的阶数;向量组的秩通常由该向量组构成的矩阵来计算.

函数　rank()

格式　k=rank(A)　　%返回矩阵 A 的行(或列)向量中线性无关个数

k=rank(A,tol)　　%tol 为给定误差

【例 7-41】 求向量组 $\alpha1=(1\ \ -2\ \ 2\ \ 3)$,$\alpha2=(-2\ \ 4\ \ -1\ \ 3)$,$\alpha3=(-1\ \ 2\ \ 0\ \ 3)$,$\alpha4=(0\ \ 6\ \ 2\ \ 3)$,$\alpha5=(2\ \ -6\ \ 3\ \ 4)$的秩,并判断其线性相关性.

```
>>A=[1 -2 2 3;-2 4 -1 3;-1 2 0 3;0 6 2 3;2 -6 3 4];
>>k=rank(A)
```

结果为

```
k =

     3
```

由于秩为 3<向量个数=5,因此向量组线性相关.

二、求行阶梯矩阵及向量组的基

行阶梯使用初等行变换,矩阵的初等行变换有三条:

(1) 交换两行(第 i、第 j 两行交换);

(2) 第 i 行的乘 K 倍;

(3) 第 i 行的 K 倍加到第 j 行上去.

通过这三条变换可以将矩阵化成行最简形,从而找出列向量组的一个最大无关组,Matlab 将矩阵化成行最简形的命令是 rref 或 rrefmovie.

函数　rref(或 rrefmovie)

格式　R = rref(A)　　%用高斯-约当消元法和行主元法求 A 的行最简行矩阵 R

[R,jb] = rref(A)　　%jb 是一个向量,其含义为:r = length(jb)为 A 的秩;A(:, jb)为 A 的列向量基;jb 中元素表示基向量所在的列

[R,jb] = rref(A,tol)　%tol 为指定的精度

rrefmovie(A)　　%给出每一步化简的过程

【例 7-42】 用初等行变换将矩阵 A=[2 −1 8 1;1 2 −1 3;1 1 1 2]化成行最简阶梯形.

```
>> A=[2 -1 8 1;1 2 -1 3;1 1 1 2];rref(A)
ans =
     1     0     3     1
     0     1    -2     1
     0     0     0     0
```

【例 7-43】 用初等行变换将矩阵 A=[1 −1 −1 1 0;0 1 2 −4 1;2 −2 −4 6 −1;3 −3 −5 7 −1]化成行最简阶梯形.

```
>> A=[1 -1 -1 1 0;0 1 2 -4 1;2 -2 -4 6 -1;3 -3 -5 7 -1];
rref(A)
ans =
    1.0000         0         0   -1.0000    0.5000
         0    1.0000         0         0         0
         0         0    1.0000   -2.0000    0.5000
         0         0         0         0         0
```

【例 7-44】 求向量组 a1=(1,−2,2,3),a2=(−2,4,−1,3),a3=(−1,2,0,3),a4=(0,6,2,3),a5=(2,−6,3,4)的一个最大无关组.

```
>> a1=[1  -2  2  3]';
```

```
>>a2=[-2  4  -1  3]';
>>a3=[-1  2  0  3]';
>>a4=[0  6  2  3]';
>>a5=[2  -6  3  4]';
A=[a1  a2  a3  a4  a5]
A =

     1   -2   -1   0    2
    -2    4    2   6   -6
     2   -1    0   2    3
     3    3    3   3    4
>> [R,jb]=rref(A)
R=

    1.0000         0    0.3333         0    1.7778
         0    1.0000    0.6667         0   -0.1111
         0         0         0    1.0000   -0.3333
         0         0         0         0         0
jb =

     1     2     4
>> A(:,jb)
ans =

     1   -2   0
    -2    4   6
     2   -1   2
     3    3   3
```

即 a1、a2、a4 为向量组的一个基，即为向量组的一个极大无关组.

三、特征值与特征向量的求法

设 $\boldsymbol{A}$ 为 n 阶方阵，如果数 λ 和 n 维列向量 $\boldsymbol{x}$ 使得关系式 $\boldsymbol{Ax}=\boldsymbol{\lambda x}$ 成立，则称 λ 为方阵 $\boldsymbol{A}$ 的特征值，非零向量 $\boldsymbol{x}$ 称为 $\boldsymbol{A}$ 对应于特征值 $\boldsymbol{\lambda}$ 的特征向量.

矩阵的特征值和特征向量由 Matlab 提供的函数 eig()可以很容易地求出，该函数的调用格式如下：

```
d=eig(A) %只求解特征值
[V,D]= eig(A)      %求解特征值和特征向量
```

其中，d 为特征值构成的向量，D 为一个对角矩阵，其对角线上的元素为矩阵 A 的特征值，而每个特征值对应的 V 矩阵的列为该特征值的特征向量. Matlab 的特征向量

构成的矩阵满足 AV=VD，且每个特征向量各元素的平方和均为 1. A 可以是符号矩阵或数值矩阵，当 A 为数值矩阵时，结果 V 为规范的（或单位化的）特征向量.

【例 7-45】 求矩阵 a=[10 2 12;34 2 4;98 34 6]的特征值和特征向量.

```
>> a=[10 2 12;34 2 4;98 34 6];
    >> [v,d]=eig(a)       %产生矩阵 a 的特征值 d 和特征向量 v
v =
    -0.2960     -0.3635      0.3600
    -0.2925      0.4128     -0.7886
    -0.9093      0.8352     -0.4985
d =
    48.8395        0            0
       0       -19.8451         0
       0           0        -10.9943
```

【例 7-46】 求矩阵 a=[1 2;3 2]的特征值和特征向量.

```
>> a=[1 2;3 2]; [v,d]=eig(a)
v =
      -0.7071     -0.5547
       0.7071     -0.8321
d =
      -1     0
       0     4
>> a*v
ans =
       0.7071     -2.2188
      -0.7071     -3.3282
>> v*d
ans =
       0.7071     -2.2188
      -0.7071     -3.3282
```

由此可以看出：av=vd.

```
>> v(:,1)'*v(:,1),v(:,2)'*v(:,2)
ans =
      1.0000
ans =
      1.0000
```

由此可以看出:v 的各列的平方和为 1.

【例 7-47】 求矩阵 A=[-2 1 1;0 2 0;-4 1 3]的特征值和特征向量.

```
>>A=[-2 1 1;0 2 0;-4 1 3];
>>[V,D]=eig(A)
```

结果显示:

```
V =

   -0.7071   -0.2425   0.3015
         0         0   0.9045
   -0.7071   -0.9701   0.3015

D =

    -1     0     0
     0     2     0
     0     0     2
```

即:特征值-1 对应特征向量(-0.7071 0 -0.7071)';特征值 2 对应特征向量(-0.2425 0 -0.9701)'和(-0.3015 0.9045 -0.3015)'.

【例 7-48】 求矩阵 A=[-1 1 0;-4 3 0;1 0 2]的特征值和特征向量.

```
>>A=[-1 1 0;-4 3 0;1 0 2];
>>[V,D]=eig(A)
```

结果显示为

```
V =

          0    0.4082   -0.4082
          0    0.8165   -0.8165
     1.0000   -0.4082    0.4082

D =

     2  0  0
     0  1  0
     0  0  1
```

说明:当特征值为 1 (二重根)时,对应特征向量都是 k(0.4082 0.8165 -0.4082)',k 为任意常数.

四、正交基

如果矩阵 $\boldsymbol{Q}$ 满足:$\boldsymbol{QQ'}=\boldsymbol{E}$,$\boldsymbol{Q'Q}=\boldsymbol{E}$,则 $\boldsymbol{Q}$ 为正交矩阵.

Matlab 提供了求正交矩阵的函数 orth(),其调用格式为:

Q=orth(A) %将矩阵 A 正交规范化,Q 的列与 A 的列具有相同的空间,Q 的列向量是正交向量,且满足:Q' * Q = eye(rank(A))

注意：正交化的方法不是 Schmidt 法.

若 $\boldsymbol{A}$ 为非奇异矩阵，则得出的正交基矩阵 $\boldsymbol{Q}$ 满足 $\boldsymbol{QQ'}=\boldsymbol{E}$，$\boldsymbol{Q'Q}=\boldsymbol{E}$；若 $\boldsymbol{A}$ 为奇异矩阵，则得出的矩阵 $\boldsymbol{Q}$ 的列数即为矩阵 $\boldsymbol{A}$ 的秩，且满足 $\boldsymbol{Q'Q}=\boldsymbol{E}$，而不满足 $\boldsymbol{QQ'}=\boldsymbol{E}$.

【例 7-49】 求矩阵 $a=[1\ 1;1\ -1]$的正交矩阵.

```
>> A=[1 1;1 -1]; B=orth(A)
B =
      -0.7071      -0.7071
      -0.7071       0.7071
```

【例 7-50】 将矩阵 A=[4 0 0; 0 3 1; 0 1 3]正交规范化.

```
>>A=[4 0 0; 0 3 1; 0 1 3];
>>B=orth(A)
>>Q=B' * B
```

则显示结果如下：

```
B =
      1.0000        0         0
           0   0.7071   -0.7071
           0   0.7071    0.7071
Q =
      1.0000        0        0
           0   1.0000        0
           0        0   1.0000
```

【例 7-51】 将下列向量 (1,1,0,0),(1,0,0,−1),(1,1,1,1)正交规范化.

在窗口输入如下命令：

```
A=[1 1 1 ;1 0 1;0 0 1;0 -1 1]
q=orth(A)
q' * q
q(:,1)' * q(:,2)
q(:,1)' * q(:,3)
q(:,1)' * q(:,1)
```

回车可得：

```
   q =
        -0.6635    0.5230    0.1904
        -0.5925   -0.0443   -0.6301
        -0.3566   -0.2473    0.7495
        -0.2856   -0.8145   -0.0710
```

```
ans =
      1.0000    0.0000    0.0000
      0.0000    1.0000    0.0000
      0.0000    0.0000    1.0000
ans =
      3.8858e-016
ans =
      1.1102e-016
ans =
      1
```

五、正定矩阵

正定矩阵是在对称矩阵的基础上建立起来的概念. 如果一个对称矩阵所有的主子行列式均为正数,则称该矩阵为正定矩阵. 相应的,如果所有的主子式均为非负的数值,则称为半正定矩阵.

Matlab 的函数 chol()可以判定矩阵的正定性,调用格式为:

[D,p]=chol(A) %若 p=0,则 A 为正定矩阵,若 p>0,则 A 为非正定矩阵,其中矩阵 D 为矩阵 A 的 cholesky 分解矩阵

【例 7-52】 判别下列矩阵的正定性:A=[1 -1 0;-1 2 1;0 1 3];B=[2 -2 0;-2 1 -2;0 -2 0].

```
>> [D,p]=chol(A)
D =
     1.0000   -1.0000         0
          0    1.0000    1.0000
          0         0    1.4142
p =
     0
```

由于 p=0,从而可知矩阵 A 为正定矩阵.

```
>> [D,p]=chol(B)
D =
     1.4142
p =
     2
```

由于 p=2>0,从而可知矩阵 B 为非正定矩阵.

六、特征值求根

利用矩阵的特征值可以方便地求出多项式的根.先用函数 compan(p)求得多项式的友元阵 A,再用函数 eig(A)来求得矩阵 A 的特征值.由线性代数理论可知,矩阵 A 的特征值就是其特征多项式的根,而多项式 p 恰是矩阵 A 的特征多项式.

【例 7-53】 求多项式 x^4－6x^2＋3x－8＝0 的根.

```
>>p=[1 0 -6 3 -8];A=compan(p),roots=eig(A)
A =
     0   6   -3   8
     1   0    0   0
     0   1    0   0
     0   0    1   0
roots =
   -2.8374
    2.4692
    0.1841 + 1.0526i
    0.1841 - 1.0526i
```

从结果变量 roots 可知,该多项式有 2 个实根、2 个复根.

```
>> roots(p) %多项式求根的直接函数
  ans =
   -2.8374
    2.4692
    0.1841 + 1.0526i
    0.1841 - 1.0526i
```

其结果与特征值求根方法的结果一致.

【例 7-54】 求多项式 x^2－4x＋4＝0 的根.

```
  >> p=[1 -4 4];A=compan(p),r1=eig(A),r2=roots(p)
  A =
      4     -4
      1      0
  r1 =
      2
      2
  r2 =
      2
      2
```

七、矩阵的对角化

1. 矩阵对角化的判断

对于 $n\times n$ 的矩阵，由线性代数的知识可知，它能够对角化的条件是 $\boldsymbol{A}$ 具有 n 个线性无关的特征向量；也就是对每一个特征值来说，它的几何重数要等于其代数重数，基于此可以判断矩阵 $\boldsymbol{A}$ 是否可以对角化.

编写如下程序 trigle().

```
function y=trigle(A)
y=1;c=size(A);
if c(1)~=c(2)
    y=0;
    return;
end
e=eig(A);   %求矩阵的特征值向量
n=length(A);
for i=1:n
    if isempty(e)
      return;
    end
    d=e(i);
    f=sum(abs(e-d)<0.0001);%找出与 d 相同的特征值个数
    g=n-rank(A-d*eye(n));%求 A-d*eye(n)的零空间的秩
    if f~=g   %如果两者不相等,则矩阵不可对角化
      y=0;return;
    end
end
```

如果输出结果为 0，表示不可以对角化，输出结果为 1，表示可以对角化.

【例 7-55】 判断矩阵 A=[-2 1 1;0 2 0;-4 1 3],B=[-3 1 -1;-7 5 -1;-6 6 -2]是否可以对角化.

```
>> A=[-2 1 1;0 2 0;-4 1 3];B=[-3 1 -1;-7 5 -1;-6 6 -2];y1=trigle(A),y2=trigle(B)
y1 =
      1
y2 =
      0
```

从结果可以看出，矩阵 A 能相似对角化，而矩阵 B 不能相似对角化.

```
>> [v1,d1]=eig(A),[v2,d2]=eig(B)
v1 =
    -0.7071   -0.2425   0.3015
          0         0   0.9045
    -0.7071   -0.9701   0.3015
d1 =
    -1  0  0
     0  2  0
     0  0  2
v2 =
    0.0000  0.7071  -0.7071
    0.7071  0.7071  -0.7071
    0.7071  0.0000   0.0000
d2 =
    4.0000        0        0
         0  -2.0000        0
         0        0  -2.0000
```

从特征向量 v1、v2 可以看出，矩阵 A 有 3 个线性无关的特征向量，而矩阵 B 只有 2 个线性无关的特征向量.

2. 矩阵 $p^{-1}AP$ 对角化

由线性代数理论可知，对于任意可以对角化的矩阵 A，都存在一个可逆矩阵 P，使得 inv(P)AP 为对角阵，对角阵的对角线元素为矩阵 A 的特征值. Matlab 中有可以直接求矩阵 P 的函数[P,D]=eig(A)，用此函数将矩阵 A 的特征向量矩阵 P 求出，此矩阵 P 是不唯一的，用上述方法求得的矩阵 P 的列向量长度都是 1，将矩阵 P 的任意列乘以任意非零的实数，所得的矩阵仍然符合条件.

【例 7-56】 将矩阵 A=[-2 1 1;0 2 0;-4 1 3]相似对角化.

```
>> A=[-2 1 1;0 2 0;-4 1 3]; [v,d]=eig(A),inv(v)*A*v
v =
    -0.7071   -0.2425   0.3015
          0         0   0.9045
    -0.7071   -0.9701   0.3015
d =
    -1  0  0
     0  2  0
     0  0  2
```

```
ans =
     -1.0000   0.0000   -0.0000
           0   2.0000         0
           0        0    2.0000
```

从以上结果可以看出,矩阵 A 相似于其特征值构成的对角矩阵,可逆矩阵 P 正是其特征向量所构成的矩阵 V.

八、二次型

实对称矩阵 A 都是可以对角化的,并且都存在正交矩阵 Q,使得 inv(Q)AQ 为对角阵,对角阵的对角线元素为矩阵 A 的特征值. 对于实对称矩阵,特征值分解函数 eig(A)返回的特征向量矩阵就是正交矩阵 Q.

【例 7-57】 设实对称矩阵 A=[1 2 2;2 1 2;2 2 1],求正交矩阵 C,使 inv(C)AC 为对角矩阵.

```
>> A=[1 2 2;2 1 2;2 2 1];[c,d]=eig(A)
c =

      0.6206    0.5306   0.5774
      0.1492   -0.8027   0.5774
     -0.7698    0.2722   0.5774
d =

     -1.0000         0        0
           0   -1.0000        0
           0         0   5.0000
```

所求的 c 矩阵就是正交矩阵,将矩阵 A 正交变换为矩阵 d. 验证如下:

```
>> c'*c
ans =
      1.0000   -0.0000   -0.0000
     -0.0000    1.0000    0.0000
     -0.0000    0.0000    1.0000
>> c*c'
ans =

      1.0000         0   -0.0000
           0    1.0000   -0.0000
     -0.0000   -0.0000    1.0000
```

```
>> inv(c) * A * c
ans =
      -1.0000   -0.0000    0.0000
       0.0000   -1.0000   -0.0000
      -0.0000    0.0000    5.0000
```

【例 7-58】 求一个正交变换 X=PY,把二次型 $f(x_1,x_2,x_3)=2x_1x_2+2x_2x_3-2x_1x_3$ 化成标准形.

解 先写出二次型的实对称矩阵

$$A=\begin{pmatrix}0&1&-1\\1&0&1\\-1&1&0\end{pmatrix}$$

在 Matlab 编辑器中建立 M 文件如下:

```
A=[0 1 -1;1 0 1;-1 1 0];
[P,D]=eig(A)
syms y1 y2 y3
y=[y1;y2;y3];
X=vpa(P,2) * y ;                % vpa 表示可变精度计算,这里取 2 位精度
f=[y1 y2 y3 ] * D * y
```

运行后结果显示如下:

```
P =
      -0.5774   0.3938   -0.7152
       0.5774   0.8163   -0.0166
      -0.5774   0.4225    0.6987
D =

      -2.0000        0         0
            0   1.0000         0
            0        0    1.0000
f =
-2 * y1^2+y2^2+y3^2
```

即化 f 为标准形

$$f=-2y_1^2+y_2^2+y_3^2$$

总复习题 7

1. 设矩阵 **A**=[1 1 -1;2 3 4],**B**=[1 6;-1 1;0 1],计算 **AB**.

2. 计算矩阵 $\boldsymbol{A}$=[1 2 3;4 5 6 ;7 8 9]的行列式的值以及 **A**. ^2,**A**^2

3. 求矩阵 $\boldsymbol{A}$=[1 0 4;2 2 7; 0 1 －2]的逆矩阵.

4. 求解方程组

$$\begin{cases}x_1-2x_2+3x_3-x_4=1\\3x_1-x_2+5x_3-3x_4=2\\2x_1+x_2+2x_3-2x_4=3\end{cases}$$

5. 求向量组 $\boldsymbol{\alpha}_1=(1,-2,3)^{\mathrm{T}},\boldsymbol{\alpha}_2=(0,2,-5)^{\mathrm{T}},\boldsymbol{\alpha}_3=(-1,0,2)^{\mathrm{T}}$ 的秩，并判断其线性相关性.

6. 求向量组 $\boldsymbol{a}_1=(1,2,1,0),\boldsymbol{a}_2=(4,5,0,5),\boldsymbol{a}_3=(1,-1,-3,5),\boldsymbol{a}_4=(0,3,1,1)$的一个极大无关组.

7. 求矩阵 $\boldsymbol{a}$=[－3 1 －1;－7 5 －1;－6 6 －2]的特征值和特征向量.

8. 将矩阵 $\boldsymbol{A}$=[1 1 1 1;1 1 1 0;1 1 0 0;1 0 0 0]正交规范化.

9. 判别下列矩阵 $\boldsymbol{A}$=[3 1 0;1 3 1;0 1 3] 的正定性.

10. 判断矩阵 $\boldsymbol{A}$=[1 2;0 1],$\boldsymbol{B}$=[3 2 4;2 0 2;4 2 3]是否可以对角化.

11. 求一个正交变换 $\boldsymbol{X}=\boldsymbol{PY}$，把二次型 $f(x_1,x_2,x_3)=2x_1x_2+2x_2x_3+2x_1x_3$ 化成标准形.

课后习题答案

习题 1.1

1. 计算下列行列式.

(1) 1；　(2) $\lambda^2-3\lambda$　(3) 10

2. 解三元线性方程组.

解　用对角线法则计算行列式,得

$$D=8,\quad D_1=8,\quad D_2=16,\quad D_3=24$$

可知 $x_1=1,x_2=2,x_3=3$

习题 1.2

1. 求下列排列的逆序数和奇偶性.

(1) $\tau[653421]=14$　偶排列

(2) $\tau[24687531]=16$　偶排列

2. 根据 n 阶行列式的定义知:四阶行列式的项是取自不同行不同列的 4 个元素的乘积并冠以符号后的值,所以 $D=|a_{ij}|_{4\times4}$ 展开式中含 $a_{13}a_{42}$ 的项为

$a_{13}a_{24}a_{31}a_{42}$　　$-a_{13}a_{24}a_{32}a_{42}$

3. 按定义计算下列行列式的值.

(1) $D_n=(-1)^{\frac{n(n-1)}{2}}n!$　　(2) $D_n=(-1)^{n-1}n!$

习题 1.3

1. 计算下列行列式.

(1) $D=0$　(2) $D=4$　(3) $D=(a-b)^3$

2. 证明过程略　　3. $D_n=x^{n-1}\left(x-\dfrac{a^2}{x}\right)$　　4. 证明过程略

习题 1.4

1. $D=-85$　　2. $D=x^n+(-1)^{n+1}y^n$　　3. $A_{11}+A_{21}+A_{31}+A_{41}=0$

4. $x_1=-1,x_2=3,x_3=0$　　5. 证明过程略.

习题 1.5

1. $D=12,D_1=48,D_2=-72,D_3=48,D_4=-12$

$x_1=4,x_2=-6,x_3=4,x_4=-1$

2. 系数行列式 $D\neq0$,所以该齐次线性方程组仅有零解.

3. $D=(k+2)(k-1)^2$,而齐次线性方程组有非零解的充要条件是系数行列式为 0,由此得出 $k=-2,k=1$.

总复习题 1 答案

一、单项选择题

1. A　2. D　3. A　4. C　5. C　6. D　7. A　8. B　9. C　10. D

11. B　12. B

二、填空题

1. $\frac{n(n+1)}{2}$　2. "$-$"　3. $a_{14}a_{22}a_{31}a_{43}$　4. 0　5. 0　6. $(-1)^{n-1}n!$

7. $(-1)^{\frac{n(n-1)}{2}}a_{1n}a_{2(n-1)}\cdots a_{n1}$　8. $-3M$　9. -160　10. x^4　11. $(\lambda+n)\lambda^{n-1}$

12. -2　13. 0　14. 0　15. $12,-9$　16. $n!\left(1-\sum_{k=1}^{n}\frac{1}{k}\right)$　17. $k\neq-2,3$

18. $k=7$

三、计算题

1. $-(a+b+c+d)(b-a)(c-a)(d-a)(c-b)(d-b)(d-c)$　2. $-2(x^3+y^3)$

3. $x=-2,0,1$　4. $\prod_{k=1}^{n-1}(x-a_k)$　5. $\prod_{k=0}^{n}(a_k-1)\left(1+\sum_{k=0}^{n}\frac{1}{a_k-1}\right)$

6. $-(2+b)(1-b)\cdots((n-2)-b)$　7. $(-1)^n\prod_{k=1}^{n}(b_k-a_k)$

8. $\left(x+\sum_{k=1}^{n}a_k\right)\prod_{k=1}^{n}(x-a_k)$　9. $1+\sum_{k=1}^{n}x_k$　10. $n+1$　11. $(1-a)(1+a^2+a^4)$

四、证明题（证明过程略）

习题 2.1

1. 略　2. $a=6,c=2,b=-8$

习题 2.2

1. (1) 10　(2) $\begin{pmatrix}3&6&9\\2&4&6\\1&2&3\end{pmatrix}$.　2. $\boldsymbol{AC}=\begin{pmatrix}1&1\\6&6\end{pmatrix}$；$\boldsymbol{BC}=\begin{pmatrix}1&1\\6&6\end{pmatrix}$

3. $\boldsymbol{AB}=\begin{pmatrix}0&0\\0&0\end{pmatrix}$；$\boldsymbol{BA}=\begin{pmatrix}2&2\\-2&-2\end{pmatrix}$　4. $\boldsymbol{X}=\begin{pmatrix}-\frac{2}{3}&2&-4\\4&-2&\frac{2}{3}\end{pmatrix}$

5. $|\boldsymbol{\alpha}_3-2\boldsymbol{\alpha}_1,3\boldsymbol{\alpha}_2,\boldsymbol{\alpha}_1|=6$　6. $(-1)^n\cdot 8$　7. 证明过程略

习题 2.3

1. $\boldsymbol{A}^*=\begin{pmatrix}-3&2&-2\\9&-6&-5\\-4&-1&1\end{pmatrix}$　2. 证明过程略　3. $|(3\boldsymbol{A})^{-1}-18\boldsymbol{A}^*|=-1$

4. $|\boldsymbol{A}|=ad-bc$

当 $ad-bc\neq0$ 时，$|\boldsymbol{A}|\neq0$，从而 $\boldsymbol{A}$ 可逆，此时 $\boldsymbol{A}^{-1}=\begin{pmatrix}\frac{d}{ad-bc}&-\frac{b}{ad-bc}\\-\frac{c}{ad-bc}&\frac{a}{ad-bc}\end{pmatrix}$.

当 $ad-bc=0$ 时，$|\boldsymbol{A}|=0$，从而 $\boldsymbol{A}$ 不可逆.

5. $|\boldsymbol{A}+\boldsymbol{B}^{-1}|=3$　6. (1) $\boldsymbol{X}=\frac{1}{12}\begin{pmatrix}12&12\\3&0\end{pmatrix}$　(2) $\boldsymbol{X}=\begin{pmatrix}-6&-11&8\\0&1&1\\-11&-21&15\end{pmatrix}$

7. $\boldsymbol{X}=\begin{pmatrix}2^{-1} & 4^{-1} & 2^{-1}\\ 0 & 2^{-1} & 0\\ 2^{-1} & 4^{-1} & 0\end{pmatrix}$　8. $\boldsymbol{B}=\begin{pmatrix}2 & 2 & 0\\ 0 & -4 & 0\\ 0 & 0 & 2\end{pmatrix}$　9. (1) $\frac{4}{3}$　(2) $-\frac{1}{6}\begin{pmatrix}1 & 0 & 0\\ 9 & 3 & 0\\ -5 & 7 & -2\end{pmatrix}$

10. $\boldsymbol{A}=\begin{pmatrix}1 & 0 & 0\\ 2 & 0 & 0\\ 6 & -1 & -1\end{pmatrix}$，$\boldsymbol{A}^{10}=\begin{pmatrix}1 & 0 & 0\\ 2 & 0 & 0\\ -2 & 1 & 1\end{pmatrix}$　11. $\boldsymbol{A}^{101}=100^{100}\begin{pmatrix}0 & 0 & 0\\ 0 & 64 & 48\\ 0 & 48 & 36\end{pmatrix}$

12. (1) 证明过程略　$(\boldsymbol{A}+\boldsymbol{E})^{-1}=\boldsymbol{A}-3\boldsymbol{E}$　(2) 证明过程略　$(\boldsymbol{A}+\boldsymbol{E})^{-1}=-\frac{1}{4}(\boldsymbol{A}^2-\boldsymbol{A}+\boldsymbol{E})$

习题 2.4

1. $\boldsymbol{AB}=\begin{pmatrix}4 & 1 & 0\\ 3 & 4 & 1\\ 5 & 10 & 6\end{pmatrix}$　2. $\boldsymbol{A}^{-1}=\begin{pmatrix}\frac{1}{5} & 0 & 0\\ 0 & 1 & -1\\ 0 & -2 & 3\end{pmatrix}$　3. $\boldsymbol{D}^{-1}=\begin{pmatrix}\boldsymbol{A}^{-1} & \boldsymbol{0}\\ -\boldsymbol{B}^{-1}\boldsymbol{C}\boldsymbol{A}^{-1} & \boldsymbol{B}^{-1}\end{pmatrix}$

4. 可逆　$\boldsymbol{A}^{-1}=\begin{pmatrix}\frac{1}{3} & 0 & 0 & 0\\ 0 & 3 & -2 & 0\\ 0 & -1 & 1 & 0\\ 0 & 0 & 0 & \frac{1}{5}\end{pmatrix}$；$\boldsymbol{A}^2=\begin{pmatrix}9 & 0 & 0 & 0\\ 0 & 3 & 8 & 0\\ 0 & 4 & 11 & 0\\ 0 & 0 & 0 & 25\end{pmatrix}$

总复习题 2 答案

一、单项选择题

1. D　2. D　3. D　4. C　5. D

二、填空题

1. 54　2. 108　3. $\begin{pmatrix}0 & \frac{1}{2}\\ -1 & -1\end{pmatrix}$　4. $\begin{pmatrix}0 & 0 & \frac{1}{a_3}\\ \frac{1}{a_1} & 0 & 0\\ 0 & \frac{1}{a_2} & 0\end{pmatrix}$　5. $\begin{pmatrix}1 & 0 & 0\\ -\frac{1}{2} & \frac{1}{2} & 0\\ 0 & 0 & 1\end{pmatrix}$

6. $\begin{pmatrix}3 & 0 & 0\\ 0 & 2 & 0\\ 0 & 0 & 1\end{pmatrix}$　7. $\begin{pmatrix}1 & \frac{1}{2} & 0\\ -\frac{1}{2} & 1 & 0\\ 0 & 0 & 2\end{pmatrix}$　8. $\frac{\boldsymbol{A}+2\boldsymbol{E}}{2}$　9. $\boldsymbol{AB}=\boldsymbol{BA}$

10. $\begin{pmatrix}0 & 0 & 3 & 2\\ 0 & 0 & 1 & 1\\ 1 & -2 & 0 & 0\\ -2 & 5 & 0 & 0\end{pmatrix}$

三、解答题

1. $\begin{pmatrix}0 & 9 & 3\\ -1 & 19 & 11\end{pmatrix}$

2. $\left(\begin{array}{ccc:ccc}1&1&-1&1&0&0\\0&2&2&0&1&0\\1&-1&0&0&0&1\end{array}\right)\to\left(\begin{array}{ccc:ccc}1&1&-1&1&0&0\\0&2&2&0&1&0\\0&-2&1&-1&0&1\end{array}\right)\to\left(\begin{array}{ccc:ccc}1&1&-1&1&0&0\\0&1&1&0&\frac{1}{2}&0\\0&0&3&-1&1&1\end{array}\right)$

$$\to\left(\begin{array}{ccc:ccc}1&1&-1&1&0&0\\0&1&1&0&\frac{1}{2}&0\\0&0&1&-\frac{1}{3}&\frac{1}{3}&\frac{1}{3}\end{array}\right)\to\left(\begin{array}{ccc:ccc}1&0&0&\frac{1}{3}&\frac{1}{6}&\frac{2}{3}\\0&1&0&\frac{1}{3}&\frac{1}{6}&-\frac{1}{3}\\0&0&1&-\frac{1}{3}&\frac{1}{3}&\frac{1}{3}\end{array}\right)$$

所以 $\boldsymbol{A}^{-1}=\begin{pmatrix}\frac{1}{3}&\frac{1}{6}&\frac{2}{3}\\\frac{1}{3}&\frac{1}{6}&-\frac{1}{3}\\-\frac{1}{3}&\frac{1}{3}&\frac{1}{3}\end{pmatrix}$.

3. 因为$(\boldsymbol{E}+\boldsymbol{A})(\boldsymbol{E}-\boldsymbol{A})=\boldsymbol{E}-\boldsymbol{A}^2=\boldsymbol{E}$,所以 $\boldsymbol{E}+\boldsymbol{A}$ 的逆矩阵为 $\boldsymbol{E}-\boldsymbol{A}$.

4. 因为$(\boldsymbol{E}-\boldsymbol{A})(\boldsymbol{E}+\boldsymbol{A}+\boldsymbol{A}^2)=\boldsymbol{A}^3-\boldsymbol{E}=\boldsymbol{E}$,所以 $\boldsymbol{E}-\boldsymbol{A}$ 的逆矩阵为 $-\boldsymbol{E}-\boldsymbol{A}-\boldsymbol{A}^2$.

5～8 题略

9. 由 $\boldsymbol{\alpha}\boldsymbol{\alpha}^{\mathrm{T}}=\begin{pmatrix}1&-1&1\\-1&1&-1\\1&-1&1\end{pmatrix}=\begin{pmatrix}1\\-1\\1\end{pmatrix}(1,-1,1)$ 知 $\alpha=\begin{pmatrix}1\\-1\\1\end{pmatrix}$,于是 $\boldsymbol{\alpha}\boldsymbol{\alpha}^{\mathrm{T}}=\begin{pmatrix}1\\-1\\1\end{pmatrix}(1,-1,1)$ $=3$.

10. 若 $\boldsymbol{\alpha},\boldsymbol{\beta}$ 是 n 维列向量,则 $\boldsymbol{A}=\boldsymbol{\alpha}\boldsymbol{\beta}^{\mathrm{T}}$ 是秩为 1 的 n 阶矩阵,而 $\boldsymbol{\alpha}^{\mathrm{T}}\boldsymbol{\beta}$ 是一阶矩阵,是一个数,由于矩阵乘法满足结合律,此时 $\boldsymbol{A}=\boldsymbol{\alpha}^{\mathrm{T}}\boldsymbol{\beta}=\begin{pmatrix}1\\2\\3\end{pmatrix}\left(1,\frac{1}{2},\frac{1}{3}\right)=\begin{pmatrix}1&\frac{1}{2}&\frac{1}{3}\\2&1&\frac{2}{3}\\3&\frac{3}{2}&1\end{pmatrix}$ 是一个三阶矩阵,于是

$\boldsymbol{A}^n=(\boldsymbol{\alpha}^{\mathrm{T}}\boldsymbol{\beta})(\boldsymbol{\alpha}^{\mathrm{T}}\boldsymbol{\beta})(\boldsymbol{\alpha}^{\mathrm{T}}\boldsymbol{\beta})\cdot\cdots\cdot(\boldsymbol{\alpha}^{\mathrm{T}}\boldsymbol{\beta})=\boldsymbol{\alpha}^{\mathrm{T}}(\boldsymbol{\alpha}\boldsymbol{\beta}^{\mathrm{T}})(\boldsymbol{\alpha}\boldsymbol{\beta}^{\mathrm{T}})\cdot\cdots\cdot(\boldsymbol{\alpha}\boldsymbol{\beta}^{\mathrm{T}})\boldsymbol{\beta}=3^{n-1}\boldsymbol{\alpha}^{\mathrm{T}}\boldsymbol{\beta}=$ $3^{n-1}\begin{pmatrix}1&\frac{1}{2}&\frac{1}{3}\\2&1&\frac{2}{3}\\3&\frac{3}{2}&1\end{pmatrix}$.

11. 略　　12. 略

习题 3.1

1. 略

2. (1) $\boldsymbol{A}^{-1}=\begin{pmatrix}-1&1&1\\1&-2&1\\1&0&-2\end{pmatrix}$　(2) $\boldsymbol{A}^{-1}=\begin{pmatrix}-1&-4&-3\\1&-5&-3\\-1&6&4\end{pmatrix}$

(3) $\boldsymbol{A}^{-1}=\frac{1}{4}\begin{pmatrix}1&1&1&1\\1&1&-1&-1\\1&-1&1&-1\\1&-1&-1&1\end{pmatrix}$

3. $\boldsymbol{X}=\begin{pmatrix}2&-1&0\\1&3&-4\\1&0&-2\end{pmatrix}$　4. (1) $\boldsymbol{X}=\begin{pmatrix}2&-1\\-3&1\\-1&1\end{pmatrix}$　(2) $\boldsymbol{X}=\begin{pmatrix}2&-1&-1\\-4&7&4\end{pmatrix}$

习题 3.2

1. $r(\boldsymbol{A})=3, r(\boldsymbol{B})=2$

2. (1) $k=1$　(2) $k=-2$　(3) $k\in\mathbf{R}$ 且 $k\neq1, k\neq2, r(\boldsymbol{A})=3$　3. $\lambda=1$　4. $\begin{cases}\lambda=5\\\mu=1\end{cases}$

5. 3　6. 证明过程略　7. (1) 错　(2) 错　(3) 对　(4) 错　(5) 对

习题 3.3

1. (1) 方程组无解　(2) $\boldsymbol{x}=\begin{bmatrix}-1\\-1\\0\\0\end{bmatrix}+k_1\begin{bmatrix}5\\0\\1\\0\end{bmatrix}+k_2\begin{bmatrix}1\\4\\0\\1\end{bmatrix}$ (k_1, k_2 为任意常数)

2. (1) $\boldsymbol{x}=c_1\begin{pmatrix}2\\5\\7\\0\end{pmatrix}+c_2\begin{pmatrix}3\\4\\0\\7\end{pmatrix}$, c_1, c_2 为任意常数　(2) $x=c\begin{pmatrix}0\\2\\1\\0\end{pmatrix}$, c 为任意常数

3. (1) 当 $\lambda=0$ 时, $\begin{cases}x_1=-x_3\\x_2=x_3\end{cases}$, x_3 为自由未知量

(2) 当 $\lambda=1$ 时, $\begin{cases}x_1=-x_3\\x_2=2x_3\end{cases}$, x_3 为自由未知量

4. $\boldsymbol{X}=\begin{pmatrix}3&-1\\2&0\\1&-1\end{pmatrix}$　5. 证明过程略　6. 证明过程略

7. (1) 对　(2) 错　(3) 错　(4) 对　(5) 错

总复习题 3 答案

一、判断题.

(1) 对　(2) 对　(3) 错　(4) 对　(5) 对　(6) 对　(7) 对

二、解答下列各题.

1. (1) $\boldsymbol{x}=\begin{pmatrix}1/6\\1/6\\1/6\\0\end{pmatrix}+c\begin{pmatrix}5/6\\-7/6\\5/6\\1\end{pmatrix}$　(2) $\boldsymbol{x}=c_1\begin{pmatrix}-3\\1\\0\\0\\0\end{pmatrix}+c_2\begin{pmatrix}7/5\\0\\1/5\\1\\0\end{pmatrix}+c_3\begin{pmatrix}1/5\\0\\-2/5\\0\\1\end{pmatrix}+\begin{pmatrix}3/5\\0\\4/5\\0\\0\end{pmatrix}$

2. 当 $a=-1$ 时，通解为 $\boldsymbol{x}=k\begin{pmatrix}1\\0\\1\\0\end{pmatrix}$，$k$ 为任意常数；当 $a=2$ 时，通解为 $\boldsymbol{x}=k\begin{pmatrix}0\\1\\0\\-1\end{pmatrix}$，$k$ 为任意常数

3. $\boldsymbol{X}=\begin{pmatrix}0 & 1 & 0\\3 & -\frac{24}{5} & \frac{11}{5}\end{pmatrix}$　　4. $\boldsymbol{X}=\begin{pmatrix}1/4 & 1/4 & 0\\0 & 1/4 & 1/4\\1/4 & 0 & 1/4\end{pmatrix}$

5. 当 $a\neq 0,b\neq 1$ 时，$r(\boldsymbol{A})=r(\boldsymbol{A},\boldsymbol{b})=3$，方程组有唯一解；

当 $a=\frac{1}{2},b=1$ 时，方程组有无穷解，通解为 $\boldsymbol{x}=c\begin{pmatrix}-1\\0\\1\end{pmatrix}+\begin{pmatrix}2\\2\\0\end{pmatrix}$.

6. $\boldsymbol{B}=\begin{pmatrix}1 & -1\\5 & 11\\8 & 0\\0 & 8\end{pmatrix}$　　7. $\begin{cases}x_1-2x_3+2x_4=0\\x_2+3x_3-4x_4=0\end{cases}$

8. 当 $\lambda\neq 1,\lambda\neq 10$ 时，方程组有唯一解.

当 $\lambda=10$ 时，方程组无解；

当 $\lambda=1$ 时，通解为 $\boldsymbol{x}=c_1\begin{pmatrix}-2\\1\\0\end{pmatrix}+c_2\begin{pmatrix}2\\0\\1\end{pmatrix}+\begin{pmatrix}1\\0\\0\end{pmatrix}$.

三、证明下列各题.(证明过程略)

习题 4.1

1. $\begin{pmatrix}0\\1\\2\\-2\end{pmatrix}$　　2. $\mu=-1,k=5,\lambda=-4$

习题 4.2

1. (1) $\boldsymbol{\beta}=\boldsymbol{\alpha}_1+2\boldsymbol{\alpha}_2-\boldsymbol{\alpha}_3$；　(2) $\boldsymbol{\beta}$ 不能由 $\boldsymbol{\alpha}_1,\boldsymbol{\alpha}_2,\boldsymbol{\alpha}_3$ 线性表示

2. 证明过程略　　3. (1) 错　(2) 错　(3) 错　(4) 错　(5) 对

4. 证明过程略　　5. 证明过程略

6. (1) $\boldsymbol{\alpha}_1,\boldsymbol{\alpha}_2,\boldsymbol{\alpha}_3,\boldsymbol{\alpha}_4$ 线性相关，$\boldsymbol{\alpha}_2=-2\boldsymbol{\alpha}_1+\boldsymbol{\alpha}_3+\boldsymbol{\alpha}_4$　(2) $\boldsymbol{\alpha}_1,\boldsymbol{\alpha}_2,\boldsymbol{\alpha}_3$ 线性无关

7. (1) $\lambda=15$　(2) $t=2$ 或 -1

8. (1) $a=-1,b\neq 0$. $\boldsymbol{\beta}$ 不能由 $\boldsymbol{\alpha}_1,\boldsymbol{\alpha}_2,\boldsymbol{\alpha}_3,\boldsymbol{\alpha}_4$ 线性表示

(2) $a\neq 1$ 时，表达式唯一，且

$$\boldsymbol{\beta}=-\frac{2b}{a+1}\boldsymbol{\alpha}_1+\frac{a+b+1}{a+1}\boldsymbol{\alpha}_2+\frac{b}{a+1}\boldsymbol{\alpha}_3+0\cdot\boldsymbol{\alpha}_4$$

习题 4.3

1. (1) $\boldsymbol{\alpha}_1,\boldsymbol{\alpha}_2$ 或 $\boldsymbol{\alpha}_1,\boldsymbol{\alpha}_3$ 或 $\boldsymbol{\alpha}_2,\boldsymbol{\alpha}_3$ 或 $\boldsymbol{\alpha}_1,\boldsymbol{\alpha}_4$　(2) $\boldsymbol{\alpha}_1,\boldsymbol{\alpha}_2,\boldsymbol{\alpha}_3$　　2. $a=2,b=5$

3. (1) $\boldsymbol{a}_1,\boldsymbol{a}_2,\boldsymbol{a}_3$ 是 $\boldsymbol{A}$ 的列向量组的一个最大无关组；而 $\boldsymbol{a}_4=\frac{8}{5}\boldsymbol{a}_1-\boldsymbol{a}_2+2\boldsymbol{a}_3$.

(2) $\boldsymbol{a}_1,\boldsymbol{a}_2,\boldsymbol{a}_3$ 是 $\boldsymbol{A}$ 的列向量组的一个最大无关组，而

$$\boldsymbol{a}_4=\boldsymbol{a}_1+3\boldsymbol{a}_2-\boldsymbol{a}_3,\quad \boldsymbol{a}_5=-\boldsymbol{a}_2+\boldsymbol{a}_3$$

4. (1) 对　(2) 对　(3) 对　(4) 错　(5) 对

5. 提示：$\boldsymbol{\alpha}_1+\boldsymbol{\alpha}_2,\boldsymbol{\alpha}_2+\boldsymbol{\alpha}_3,\boldsymbol{\alpha}_3+\boldsymbol{\alpha}_4,\boldsymbol{\alpha}_4+\boldsymbol{\alpha}_1$ 线性相关，而 $\boldsymbol{\alpha}_1+\boldsymbol{\alpha}_2,\boldsymbol{\alpha}_2+\boldsymbol{\alpha}_3,\boldsymbol{\alpha}_3+\boldsymbol{\alpha}_4$ 线性无关，则所求向量组的秩为 3.

6. 证明过程略

习题 4.4

1. $\boldsymbol{V}_1$ 是向量空间，$\boldsymbol{V}_2$ 不是向量空间. 因为向量空间必包含零向量，显然 $\boldsymbol{V}_2$ 不包含零向量.

2. 证明过程略

3. $\boldsymbol{\alpha}=x_2(-1,1,0)^{\mathrm{T}}+x_3(2,0,1)^{\mathrm{T}}$，其中，$\boldsymbol{\alpha}_1=(-1,1,0)^{\mathrm{T}},\boldsymbol{\alpha}_2=(2,0,1)^{\mathrm{T}},\dim\boldsymbol{V}=2$

4. 坐标向量为 $(1,2,2)^{\mathrm{T}}$　　5. $\boldsymbol{\beta}_1=2\boldsymbol{\alpha}_1+3\boldsymbol{\alpha}_2-\boldsymbol{\alpha}_3,\boldsymbol{\beta}_2=3\boldsymbol{\alpha}_1-3\boldsymbol{\alpha}_2-2\boldsymbol{\alpha}_3$

6. 思路：须证明 $r(\boldsymbol{\alpha}_1,\boldsymbol{\alpha}_2,\boldsymbol{\beta}_1,\boldsymbol{\beta}_2)=r(\boldsymbol{\alpha}_1,\boldsymbol{\alpha}_2)=r(\boldsymbol{\beta}_1,\boldsymbol{\beta}_2)=2$ 即可.

7. $\boldsymbol{P}=\begin{pmatrix}2&3&4\\0&-1&0\\-1&0&-1\end{pmatrix}$　　8. (1) $(3,4,4)^{\mathrm{T}}$　(2) $\left(\frac{11}{2},-5,\frac{13}{2}\right)^{\mathrm{T}}$

习题 4.5

1. (1) 对　(2) 错　(3) 对　　2. (1) $\boldsymbol{\xi}_1=\begin{pmatrix}0\\1\\0\\4\end{pmatrix},\boldsymbol{\xi}_2=\begin{pmatrix}-4\\0\\1\\-3\end{pmatrix}$　(2) $\boldsymbol{\xi}_1=\begin{pmatrix}1\\7\\0\\19\end{pmatrix},\boldsymbol{\xi}_2=\begin{pmatrix}0\\0\\1\\2\end{pmatrix}$

3. (1) 通解为 $C\begin{pmatrix}-1\\1\\1\\0\end{pmatrix}+\begin{pmatrix}-8\\13\\0\\2\end{pmatrix}$　(2) 通解为 $C_1\begin{pmatrix}-9\\1\\7\\0\end{pmatrix}+C_2\begin{pmatrix}-4\\0\\\frac{7}{2}\\1\end{pmatrix}+\begin{pmatrix}-17\\0\\14\\0\end{pmatrix}$

4. (1) 基础解系 $\boldsymbol{\xi}_1=\begin{pmatrix}1\\1\\0\\-1\end{pmatrix},\boldsymbol{\xi}_2=\begin{pmatrix}-1\\0\\1\\1\end{pmatrix}$　(2) 公共解：$\boldsymbol{x}=k\begin{pmatrix}-1\\1\\2\\1\end{pmatrix},k\in\mathbf{R}$

5. $\begin{cases}x_1-2x_2+3x_3=0\\2x_1-3x_2+x_4=0\end{cases}$

总复习题 4 答案

一、单项选择题

1. B　2. D　3. A　4. B　5. B　6. D　7. D　8. A　9. B　10. C

11. C　12. D　13. A　14. B　15. A

二、填空题

1. 5　2. 相关　3. $\alpha\neq 0$　4. 相关　5. 无关　6. 线性无关　7. -1

8. 无关　9. 相等　10. $\leqslant$　11. 线性无关　12. 0　13. $x=\pm 1, y=\pm\frac{1}{\sqrt{2}}$

14. 对应分量成比例

三、计算题

1. **解**

(1) 当 $\lambda\neq 0,\lambda\neq -3$ 时，$|\boldsymbol{A}|\neq 0$，方程组有唯一解，所以 $\boldsymbol{\beta}$ 可由 $\boldsymbol{\alpha}_1,\boldsymbol{\alpha}_2,\boldsymbol{\alpha}_3$ 唯一地线性表示；

(2) 当 $\lambda=0$ 时，方程组有无穷多解，所以 $\boldsymbol{\beta}$ 可由 $\boldsymbol{\alpha}_1,\boldsymbol{\alpha}_2,\boldsymbol{\alpha}_3$ 线性表示，但表示式不唯一；

(3) 当 $\lambda=-3$ 时，所以 $\boldsymbol{\beta}$ 不能由 $\boldsymbol{\alpha}_1,\boldsymbol{\alpha}_2,\boldsymbol{\alpha}_3$ 线性表示.

2. (1) 当 $a=\pm 1$ 且 $b\neq 0$ 时，$\boldsymbol{\beta}$ 不能表示为 $\boldsymbol{\alpha}_1,\boldsymbol{\alpha}_2,\boldsymbol{\alpha}_3,\boldsymbol{\alpha}_4$ 的线性组合；

(2) 当 $a\neq\pm 1$，b 任意时，$\boldsymbol{\beta}$ 能唯一地表示为 $\boldsymbol{\alpha}_1,\boldsymbol{\alpha}_2,\boldsymbol{\alpha}_3,\boldsymbol{\alpha}_4$ 的线性组合.

3. $\boldsymbol{\alpha}_1,\boldsymbol{\alpha}_2,\boldsymbol{\alpha}_4$ 为一个极大无关组，且 $\boldsymbol{\alpha}_3=-\boldsymbol{\alpha}_1+\boldsymbol{\alpha}_2+0\boldsymbol{\alpha}_4$，$\boldsymbol{\alpha}_5=2\boldsymbol{\alpha}_1+\boldsymbol{\alpha}_2-\boldsymbol{\alpha}_4$.

4. 当 $t=5$ 时，$\boldsymbol{\alpha}_1,\boldsymbol{\alpha}_2,\boldsymbol{\alpha}_3$ 线性相关；当 $t\neq 5$ 时，$\boldsymbol{\alpha}_1,\boldsymbol{\alpha}_2,\boldsymbol{\alpha}_3$ 线性无关.

5. $$\gamma_1=\frac{\boldsymbol{\beta}_1}{\|\boldsymbol{\beta}_1\|}=\left(\frac{1}{\sqrt{5}},\frac{2}{\sqrt{5}},0\right)^{\mathrm{T}},\quad \gamma_2=\frac{\boldsymbol{\beta}_2}{\|\boldsymbol{\beta}_2\|}=\left(-\frac{2}{\sqrt{30}},\frac{1}{\sqrt{30}},\frac{5}{\sqrt{30}}\right)^{\mathrm{T}}$$

$$\gamma_3=\frac{\boldsymbol{\beta}_3}{\|\boldsymbol{\beta}_3\|}=\left(\frac{2}{\sqrt{6}},-\frac{1}{\sqrt{6}},\frac{1}{\sqrt{6}}\right)^{\mathrm{T}}$$

$\boldsymbol{\gamma}_1,\boldsymbol{\gamma}_2,\boldsymbol{\gamma}_3$ 为标准正交向量组.

四、证明题(证明过程略)

习题 5.1

1. 略

2. (1) 取 $\boldsymbol{b}_1=\begin{pmatrix}1\\1\\1\end{pmatrix},\boldsymbol{b}_2=\begin{pmatrix}-1\\0\\1\end{pmatrix},\boldsymbol{b}_3=\frac{1}{3}\begin{pmatrix}1\\-2\\1\end{pmatrix}$

(2) 取 $\boldsymbol{b}_1=\begin{pmatrix}1\\0\\-1\\1\end{pmatrix},\boldsymbol{b}_2=\frac{1}{3}\begin{pmatrix}1\\-3\\2\\1\end{pmatrix},\boldsymbol{b}_3=\frac{1}{5}\begin{pmatrix}-1\\3\\3\\4\end{pmatrix}$

3. 答：(1) 不是，因为第 1 个列向量不是单位向量.

(2) 是，因为此矩阵的 3 个向量构成规范正交基.

4. $\lambda=-2,\boldsymbol{r}=\begin{pmatrix}-2\\2\\-1\end{pmatrix}$　5. $\boldsymbol{\alpha}_2=(-2,1,0)^{\mathrm{T}},\boldsymbol{\alpha}_3=\frac{1}{5}(-3,-6,5)^{\mathrm{T}}$

6. **证**　对称性：$\boldsymbol{H}^{\mathrm{T}}=(\boldsymbol{E}-2\boldsymbol{\alpha}\boldsymbol{\alpha}^{\mathrm{T}})^{\mathrm{T}}=\boldsymbol{E}-2\boldsymbol{\alpha}\boldsymbol{\alpha}^{\mathrm{T}}=\boldsymbol{H}$　正交性：$\boldsymbol{H}^{\mathrm{T}}\boldsymbol{H}=\boldsymbol{H}^2=\boldsymbol{E}$

习题 5.2

1. (1) 错　(2) 错　(3) 错

2. (1) $\lambda_1=2, \boldsymbol{p}_1=c\begin{pmatrix}1\\1\end{pmatrix}$; $\lambda_2=4, \boldsymbol{p}_2=c\begin{pmatrix}-1\\1\end{pmatrix}$; $\boldsymbol{p}_1, \boldsymbol{p}_2\neq 0$

(2) $\lambda_1=-1, \boldsymbol{p}_1=c\begin{pmatrix}1\\0\\1\end{pmatrix}$; $\lambda_2=\lambda_3=2, \boldsymbol{p}_2=c_1\begin{pmatrix}0\\1\\-1\end{pmatrix}+c_2\begin{pmatrix}1\\0\\4\end{pmatrix}$. 且 $p_1, p_2\neq 0$

3. $\boldsymbol{A}^{-1}$的特征值:$\frac{1}{\lambda_1}, \frac{1}{\lambda_2}, \frac{1}{\lambda_3}$　$\boldsymbol{A}^*$ 的特征值:$\lambda_2\lambda_3, \lambda_1\lambda_3, \lambda_1\lambda_2$　$3\boldsymbol{A}-2\boldsymbol{E}$ 的特征值:$3\lambda_1-2, 3\lambda_2-2, 3\lambda_3-2$

4. (1) 18　(2) 25　　5. $\lambda_1=2, a=1, \lambda_2=\lambda_3=0$

习题 5.3

1. (1) 错　(2) 对　(3) 错　(4) 错

2. $\boldsymbol{A}$ 的特征值 $\lambda_1=1, \lambda_2=3, \lambda_3=2$

对应的特征向量 $\boldsymbol{x}_1=k(1,2,1)^{\mathrm{T}}, \boldsymbol{x}_2=k(1,0,1)^{\mathrm{T}}, \boldsymbol{x}_3=k(0,1,1)^{\mathrm{T}}$

3. (1) $\boldsymbol{A}$ 可对角化　(2) 特征向量 $\boldsymbol{p}_1=\begin{pmatrix}1\\-2\\1\end{pmatrix}, \boldsymbol{p}_2=\begin{pmatrix}1\\0\\0\end{pmatrix}, \boldsymbol{p}_3=\begin{pmatrix}2\\1\\2\end{pmatrix}$

(3) $\boldsymbol{A}^{100}=\begin{pmatrix}1 & 0 & 5^{100}-1\\ 0 & 5^{100} & 0\\ 0 & 0 & 5^{100}\end{pmatrix}$

4. $x=3$　　5. $\boldsymbol{A}=\begin{pmatrix}-2 & 3 & -3\\ -4 & 5 & -3\\ -4 & 4 & -2\end{pmatrix}$

习题 5.4

1. (1) $\boldsymbol{P}=\frac{1}{3}\begin{pmatrix}1 & 2 & 2\\ 2 & 1 & -2\\ 2 & -2 & 1\end{pmatrix}$, 使得 $\boldsymbol{P}^{-1}\boldsymbol{AP}=\begin{pmatrix}-2 & & \\ & 1 & \\ & & 4\end{pmatrix}$

(2) $\boldsymbol{P}=\begin{pmatrix}\frac{1}{3} & 0 & \frac{4}{3\sqrt{2}}\\ \frac{2}{3} & \frac{1}{\sqrt{2}} & -\frac{1}{3\sqrt{2}}\\ -\frac{2}{3} & \frac{1}{\sqrt{2}} & \frac{1}{3\sqrt{2}}\end{pmatrix}$, 使得 $\boldsymbol{P}^{-1}\boldsymbol{AP}=\begin{pmatrix}10 & & \\ & 1 & \\ & & 1\end{pmatrix}$

2. $\boldsymbol{A}=\begin{pmatrix}1 & 0 & 0\\ 0 & \frac{1}{2} & -\frac{1}{2}\\ 0 & -\frac{1}{2} & \frac{1}{2}\end{pmatrix}$

3. $\boldsymbol{A}$ 与 $\boldsymbol{B}$ 相似

$|\lambda \boldsymbol{E}-\boldsymbol{A}|=\lambda^{n-1}(\lambda-n)$，知 $\boldsymbol{A}$ 与对角阵 $\begin{pmatrix} n & & & \\ & 0 & & \\ & & \ddots & \\ & & & 0 \end{pmatrix}$ 相似

$|\lambda \boldsymbol{E}-\boldsymbol{A}|=\lambda^{n-1}(\lambda-n)$ 且 $r(\boldsymbol{B})=1$，知 $\boldsymbol{B}$ 也与对角阵 $\begin{pmatrix} n & & & \\ & 0 & & \\ & & \ddots & \\ & & & 0 \end{pmatrix}$ 相似. 故 A 与 B 相似

总复习题 5 答案

一、单项选择题

1. C　2. B　3. C　4. C　5. A　6. B　7. D　8. C

二、填空题

1. 6,2　2. $3c-\dfrac{2}{c}$　3. $\boldsymbol{B}$　4. $\boldsymbol{E}$　5. $\lambda_1=n,\lambda_2=\cdots=\lambda_n=0$

6. 24　7. 1,−1　8. 0

三、解答题

1. 证明过程略

2. $\boldsymbol{P}=(\boldsymbol{\alpha}_1,\boldsymbol{\alpha}_2,\cdots,\boldsymbol{\alpha}_k,\boldsymbol{\beta}_1,\boldsymbol{\beta}_2,\cdots,\boldsymbol{\beta}_s)$，得 $\boldsymbol{P}^{-1}\boldsymbol{AP}=\mathrm{diag}(1,1,\cdots,1,2,2\cdots2)$，其中 $\mathrm{diag}(1,1,\cdots,1,2,2\cdots2)$ 有 k 个 1，s 个 2.

3. (1) $\boldsymbol{B}=\begin{pmatrix} 1 & 0 & 0 \\ 1 & 2 & 2 \\ 1 & 1 & 3 \end{pmatrix}$　(2) 特征值为 $\lambda_1=\lambda_2=1,\lambda_3=4$

(3) $\boldsymbol{P}=\boldsymbol{CQ}=(\alpha_1,\alpha_2,\alpha_3)\begin{pmatrix} -1 & -2 & 0 \\ 1 & 0 & 1 \\ 0 & 1 & 1 \end{pmatrix}=(-\boldsymbol{\alpha}_1+\boldsymbol{\alpha}_2,-2\boldsymbol{\alpha}_1+\boldsymbol{\alpha}_3,\boldsymbol{\alpha}_2+\boldsymbol{\alpha}_3)$，$\boldsymbol{P}$ 即为所求可逆矩阵

4. 若 $\lambda=2$ 是特征方程的二重根，$\boldsymbol{A}$ 可对角化；若 $\lambda=2$ 不是特征方程的二重根，$\boldsymbol{A}$ 不可对角化.

5. 略.

习题 6.1

1. (1) 3　(2) 4　(3) 3　2. 证明过程略

习题 6.2

1. (1) $\boldsymbol{P}=\begin{pmatrix} 2/3 & 2/3 & 1/3 \\ 1/3 & -2/3 & 2/3 \\ -2/3 & 1/3 & 2/3 \end{pmatrix}$，$f=y_1^2+4y_2^2-2y_3^2$

(2) $\boldsymbol{P}=\begin{pmatrix} 0 & \dfrac{4}{3\sqrt{2}} & \dfrac{1}{3} \\ \dfrac{1}{\sqrt{2}} & \dfrac{1}{3\sqrt{2}} & -\dfrac{2}{3} \\ \dfrac{1}{\sqrt{2}} & -\dfrac{1}{3\sqrt{2}} & \dfrac{2}{3} \end{pmatrix}$，$f=9y_3^2$

2. (1) $f(x_1,x_2,x_3)=y_1^2+2y_2^2$ (2) $f(x_1,x_2,x_3)=z_1^2-z_2^2+3z_3^2$

3. $t=-2$, $\boldsymbol{P}=\begin{pmatrix} 0 & 1 & 0 \\ \frac{1}{\sqrt{2}} & 0 & -\frac{1}{\sqrt{2}} \\ \frac{1}{\sqrt{2}} & 0 & \frac{1}{\sqrt{2}} \end{pmatrix}$

习题 6.3

1. (1) 正定 (2) 负定 2. (1) 负定二次型 (2) 正定二次型

3. $-\frac{4}{5}<a<0$ 时,f 正定 4. 存在 证明过程略

总复习题 6 参考答案

一、单项选择题

1. C 2. D 3. D 4. B 5. C 6. A 7. C 8. A

二、填空题

1. $\left(0,\frac{4}{5}\right)$ 2. $k<\frac{1}{2}$ 3. 3 4. $3y_1^2-6y_2^2$ 5. $k>0$ 或 $k<-2$ 6. $n+1$

7. $\boldsymbol{A}=\begin{pmatrix} a_1^2 & a_1a_2 & a_1a_3 \\ a_1a_2 & a_2^2 & a_2a_3 \\ a_1a_3 & a_2a_3 & a_3^2 \end{pmatrix}$ 8. $k>0$

三、解答题

1. 证明过程略 2. 当 $\boldsymbol{x}^{\mathrm{T}}\boldsymbol{x}=3$ 时,$\boldsymbol{x}^{\mathrm{T}}\boldsymbol{A}\boldsymbol{x}$ 的最大值是 30

3. $\boldsymbol{P}=\begin{pmatrix} -\frac{1}{\sqrt{2}} & -\frac{1}{\sqrt{3}} & \frac{1}{\sqrt{6}} \\ \frac{1}{\sqrt{2}} & -\frac{1}{\sqrt{3}} & \frac{1}{\sqrt{6}} \\ 0 & \frac{1}{\sqrt{3}} & \frac{2}{\sqrt{6}} \end{pmatrix}$,则 $\boldsymbol{P}^{-1}\boldsymbol{A}\boldsymbol{P}=\begin{pmatrix} -1 & & \\ & -1 & \\ & & 5 \end{pmatrix}$

4. 证明过程略 5. 证明过程略

总复习题 7 参考答案

1.

```
>> A=[1 1 -1;2 3 4];B=[1 6;-1 1;0 1];A*B
```

2.

```
>> A=[1 2 3;4 5 6 ;7 8 9];A1=det(A),A2=A.^2,A3=A^2
```

3.

```
>>A=[1 0 4;2 2 7; 0 1 -2];
>>invA=inv(A)
```

4.

在 Matlab 中建立 M 文件如下:

```
A=[1 -2 3 -1;3 -1 5 -3;2 1 2 -2];
```

```
b=[1 2 3]';
B=[A b];
n=4;
R_A=rank(A)
R_B=rank(B)
format rat
if R_A==R_B&R_A==n                %判断有唯一解
    X=A\b
elseif R_A==R_B&R_A<n             %判断有无穷解
    X=A\b                         %求特解
    C=null(A,'r')                 %求 AX=0 的基础解系
else
X='equition no solve'             %判断无解
end
```

5.

```
>>A=[1 0 -1;-2 2 0;3 -5 2];
>>k=rank(A)
```

结果为

```
k =
    2
```

由于秩为 2 < 向量个数 3,因此向量组线性相关.

6.

在命令窗口输入:

```
a1=[1,2,1,0]';a2=[4,5,0,5]';a3=[1,-1 ,-3,5]';a4=[0,3,1,1]';
A=[a1 a2 a3 a4 ],[R,jb]=rref(A)
```

回车可得:

```
A =
    1  4   1  0
    2  5  -1  3
    1  0  -3  1
    0  5   5  1
R =
    1  0  -3  0
    0  1   1  0
    0  0   0  1
    0  0   0  0
jb =
    1  2  4
```

即:a1 a2 a4 为向量组的一个基,即为向量组的一个极大无关组.

7.

```
>> a=[-3,1,-1;-7,5,-1;-6,6,-2];
>> [v,d]=eig(a)          % 产生矩阵a的特征值d和特征向量v
v =
0.0000  0.7071  -0.7071
0.7071  0.7071  -0.7071
0.7071  0.0000   0.0000
d =
    4.0000        0        0
         0  -2.0000        0
         0        0  -2.0000
```

8.

```
>>A=[1 1 1 1;1 1 1 0;1 1 0 0;1 0 0 0];
>>q=orth(A)
>>q'*q
>>q*q'
q =
    -0.6565  -0.5774   0.4285  -0.2280
    -0.5774  -0.0000  -0.5774   0.5774
    -0.4285   0.5774  -0.2280  -0.6565
    -0.2280   0.5774   0.6565   0.4285
ans =
  1.0000  -0.0000  -0.0000   0.0000
 -0.0000   1.0000   0.0000  -0.0000
 -0.0000   0.0000   1.0000  -0.0000
  0.0000  -0.0000  -0.0000   1.0000
ans =
     1.0000  -0.0000   0.0000   0.0000
    -0.0000   1.0000  -0.0000  -0.0000
     0.0000  -0.0000   1.0000   0.0000
     0.0000  -0.0000   0.0000   1.0000
```

9.

```
:>> A=[3 1 0;1 3 1;0 1 3] ;[D,p]=chol(A)
D =
    1.7321  0.5774       0
         0  1.6330  0.6124
         0       0  1.6202
```

p = 0

由于 p=0，从而可知矩阵 A 为正定矩阵.

10.

```
:>> A=[1 2;0 1];B=[3 2 4;2 0 2;4 2 3];y1=trigle(A),y2=trigle(B)
y1 =
     0
y2 =
     1
```

从结果可以看出，矩阵 A 不能相似对角化，而矩阵 B 能相似对角化.

11.

先写出二次型的实对称矩阵

$$\mathbf{A}=\begin{pmatrix}0 & 1 & 1\\ 1 & 0 & 1\\ 1 & 1 & 0\end{pmatrix}$$

在 Matlab 编辑器中建立 M 文件如下：

```
A=[0 1 1;1 0 1;1 1 0];
[P,D]=eig(A)
syms y1 y2 y3
y=[y1;y2;y3];
X=vpa(P,2) * y ;                % vpa表示可变精度计算，这里取2位精度
f=[y1 y2 y3 ] * D * y
```

运行后结果显示如下：

```
P =
    -0.7152    0.3938   0.5774
     0.0166   -0.8163   0.5774
     0.6987    0.4225   0.5774
D =
    -1.0000         0        0
          0   -1.0000        0
          0         0   2.0000
f =
-y1^2-y2^2+2 * y3^2
```

即化 f 为标准形.

参 考 文 献

[1] David C. Lay. 线性代数及其应用(第三版)[M]. 北京:机械工业出版社.
[2] 同济大学数学系. 工程数学线性代数(第五版)[M]. 北京:高等教育出版社.
[3] 林升旭,梅家斌. 线性代数教程(第二版)[M]. 武汉:华中科技大学出版社.
[4] 吴传生. 经济数学——线性代数(第二版)[M]. 北京:高等教育出版社.
[5] 张军好,余启港,欧阳露莎. 线性代数(第二版)[M]. 北京:科学出版社.
[6] 周勇,朱硕. 工程数学线性代数[M]. 上海:复旦大学出版社.
[7] 铁军. 考研数学线性代数基础教材[M]. 北京:中国人民大学出版社.